住房和城乡建设部“十四五”规划教材

高等学校土木工程专业系列教材

钢结构设计原理

（第二版）

李幗昌　张曰果　赵赤云　主编

李国强　主审

中国建筑工业出版社

图书在版编目（CIP）数据

钢结构设计原理 / 李幗昌，张曰果，赵赤云主编
. —2 版. —北京：中国建筑工业出版社，2022.4（2024.11重印）
住房和城乡建设部“十四五”规划教材 高等学校土
木工程专业系列教材
ISBN 978-7-112-28486-3

Ⅰ.①钢… Ⅱ.①李… ②张… ③赵… Ⅲ.①钢结构
—结构设计—高等学校—教材 Ⅳ.①TU391.04

中国国家版本馆 CIP 数据核字（2023）第 041422 号

《钢结构设计原理》教材是根据普通高校土木工程专业认证要求的培养目标和课程大纲编写的，主要内容包括钢结构的材料、钢结构的连接、轴心受力构件、受弯构件、拉弯和压弯构件以及钢结构的节点。涵盖了土木工程专业本、专科学生专业培养所要求的全部内容。本教材按照最新的《钢结构设计标准》GB 50017和相关国家规范进行编写，不但可以作为土木工程专业本科教材，也可以用作高职高专、成人教育等建筑工程专业的钢结构课程教材，还可供钢结构设计、制造、施工、管理和研究等方面的工程技术人员参考使用。

为了便于教学，作者特别制作了与教材配套的课件，如有需求，可通过如下三种途径索取。
邮箱：jckj@ cabp. com. cn， cabplvna@qq. com
电话：01058337285
建工书院：http://edu. cabplink. com

责任编辑：吕 娜
责任校对：党 蕾

住房和城乡建设部“十四五”规划教材
高等学校土木工程专业系列教材
钢结构设计原理（第二版）
李幗昌 张曰果 赵赤云 主编
李国强 主审
*
中国建筑工业出版社出版、发行（北京海淀三里河路 9 号）
各地新华书店、建筑书店经销
北京建筑工业印刷厂制版
廊坊市海涛印刷有限公司印刷
*
开本：787 毫米×1092 毫米 1/16 印张：20¾ 字数：500 千字
2023 年 7 月第二版 2024 年 11 月第二次印刷
定价：**59.00** 元（赠教师课件）
ISBN 978-7-112-28486-3
（40902）

出版说明

党和国家高度重视教材建设。2016 年，中办国办印发了《关于加强和改进新形势下大中小学教材建设的意见》，提出要健全国家教材制度。2019 年 12 月，教育部牵头制定了《普通高等学校教材管理办法》和《职业院校教材管理办法》，旨在全面加强党的领导，切实提高教材建设的科学化水平，打造精品教材。住房和城乡建设部历来重视土建类学科专业教材建设，从“九五”开始组织部级规划教材立项工作，经过近 30 年的不断建设，规划教材提升了住房和城乡建设行业教材质量和认可度，出版了一系列精品教材，有效促进了行业部门引导专业教育，推动了行业高质量发展。

为进一步加强高等教育、职业教育住房和城乡建设领域学科专业教材建设工作，提高住房和城乡建设行业人才培养质量，2020 年 12 月，住房和城乡建设部办公厅印发《关于申报高等教育职业教育住房和城乡建设领域学科专业“十四五”规划教材的通知》（建办人函〔2020〕656 号），开展了住房和城乡建设部“十四五”规划教材选题的申报工作。经过专家评审和部人事司审核，512 项选题列入住房和城乡建设领域学科专业“十四五”规划教材（简称规划教材）。2021 年 9 月，住房和城乡建设部印发了《高等教育职业教育住房和城乡建设领域学科专业“十四五”规划教材选题的通知》（建人函〔2021〕36 号）。为做好“十四五”规划教材的编写、审核、出版等工作，《通知》要求：（1）规划教材的编著者应依据《住房和城乡建设领域学科专业“十四五”规划教材申请书》（简称《申请书》）中的立项目标、申报依据、工作安排及进度，按时编写出高质量的教材；（2）规划教材编著者所在单位应履行《申请书》中的学校保证计划实施的主要条件，支持编著者按计划完成书稿编写工作；（3）高等学校土建类专业课程教材与教学资源专家委员会、全国住房和城乡建设职业教育教学指导委员会、住房和城乡建设部中等职业教育专业指导委员会应做好规划教材的指导、协调和审稿等工作，保证编写质量；（4）规划教材出版单位应积极配合，做好编辑、出版、发行等工作；（5）规划教材封面和书脊应标注“住房和城乡建设部‘十四五’规划教材”字样和统一标识；（6）规划教材应在“十四五”期间完成出版，逾期不能完成的，不再作为《住房和城乡建设领域学科专业“十四五”规划教材》。

住房和城乡建设领域学科专业“十四五”规划教材的特点，一是重点以修订教育部、住房和城乡建设部“十二五”“十三五”规划教材为主；二是严格按照专业标准规范要求编写，体现新发展理念；三是系列教材具有明显特点，满足不同层次和类型的学校专业教学要求；四是配备了数字资源，适应现代化教学的要求。规划教材的出版凝聚了作者、主审及编辑的心血，得到了有关院校、出版单位的大力支持，教材建设管理过程有严格保障。希望广大院校及各专业师生在选用、使用过程中，对规划教材的编写、出版质量进行反馈，以促进规划教材建设质量不断提高。

住房和城乡建设部“十四五”规划教材办公室

2021年11月

修订说明

本教材于2021年被遴选为住房和城乡建设部“十四五”规划教材。基于行业发展对人才培养的需求，编写组对第一版教材内容进行了修订。通过修订，使本教材钢结构基本理论与工程应用结合更为紧密，进一步提升土木工程专业高级应用型人才的培养质量，突出了本教材的特色和优势。

本次主要修订了以下内容：

1. 全文修订了文字内容，使钢结构理论论述更为简练准确；

2. 基于钢结构的发展和工程设计需要更新和增加了部分计算例题，使例题内容更贴近工程实际；

3. 删除了第5章有关檩条布置的相关内容；

4. 删除了第7章有关混凝土与钢柱组合受力刚性柱脚内容；

5. 针对典型钢结构的连接、基本构件稳定、钢结构节点等内容增加了20余个动画模拟，使读者对相关内容的理解更为直观、深入。

2022年12月

第二版前言

PREFACE

“钢结构设计原理”是土木工程专业的核心专业基础课程，在土木工程专业本科生培养中具有突出的地位和作用。近年来，随着我国钢结构工程应用的不断发展，“钢结构设计原理”课程的重要性不断加强，其适应不同培养目标的配套教材建设也就愈加重要。

本教材立足土木工程高级应用型人才培养需求，突出实用性特点，根据《钢结构通用规范》GB 55006—2021、《钢结构设计标准》GB 50017—2017 等现行国家规范编写修订。本书涵盖的钢结构设计原理内容主要包括：钢结构的材料、钢结构的连接、钢结构基本构件和钢结构的节点等，适用于土木工程专业本、专科学生钢结构原理类课程的教学要求。教材正文共包含 7 章内容，其中，第 1 章绪论，讲述了钢结构的特点、应用和发展以及钢结构的设计方法；第 2 章钢结构的材料，讲述了钢结构用钢材的性能及其影响因素、钢材的疲劳、钢材的种类及选择；第 3 章钢结构的连接，讲述了钢结构常用连接方法的受力性能以及各种连接的设计计算方法；第 4 章轴心受力构件，讲述了轴心受力构件的强度、刚度以及构件整体和局部稳定问题；第 5 章受弯构件，讲述了钢梁的强度、挠曲变形、整体稳定以及局部稳定的基本理论和设计方法；第 6 章拉弯和压弯构件，讲述了压弯和拉弯构件的强度、压弯构件的稳定理论及设计方法；第 7 章钢结构的节点，讲述了常用钢结构节点的受力性能、设计计算要点以及构造要求等。此外，为便于本书的使用，书后附有钢结构设计计算所常用的 9 个附录，主要包括轴压稳定系数表、钢梁整体稳定系数计算方法、框架柱计算长度系数以及型钢表等。

本书的编写修订进一步突出了钢结构基本理论与工程应用的有机结合，文字表述严谨、条理清晰，知识论述深入浅出，适用于不同基础读者的学习。本书针对各重点和难点知识点均给出了紧密结合工程实际的例题和习题，以便于读者对相关知识点的深入理解和掌握。为培养读者钢结构施工图的制图和视图能力，书中配图均按照国家现行制图标准绘制。

本书第 1 章、第 3 章由沈阳建筑大学李幗昌编写；第 2 章、第 6 章、第 7 章和附录部分由沈阳建筑大学张曰果编写；第 4 章和第 5 章由北京建筑大学赵赤云编写。

由于编者的水平所限，不足之处在所难免，欢迎广大读者批评指正。

2022 年 12 月

第一版前言

PREFACE

钢结构设计原理是土木工程专业的一门专业基础课程，也是满足普通高校土木工程专业认证要求的核心课程之一，在土木工程专业本科生培养中具有突出的地位和作用。近年来，随着我国钢材产量的迅速增长，钢结构房屋的应用也不断发展，因此，钢结构设计原理课程的重要性不断加强，其配套教材建设也就愈加重要。

本书按照最新的《钢结构设计标准》GB 50017—2017 的内容和体系进行编写，突出实用性。本书内容主要包括绪论、钢结构的材料、钢结构的连接、轴心受力构件、受弯构件、拉弯和压弯构件和钢结构节点 7 部分，涵盖了土木工程专业本、专科学生教学大纲所要求的全部内容。其中，第 1 章绪论，讲述了钢结构的特点、应用和发展以及钢结构的设计方法；第 2 章钢结构的材料，讲述了钢结构用钢材的性能及其影响因素、钢材的疲劳、钢材的种类及选择；第 3 章钢结构的连接，讲述了钢结构的常用连接方法、受力性能以及各种连接的设计计算方法；第 4 章轴心受力构件，讲述了轴心受力构件的强度、刚度以及构件整体和局部稳定问题；第 5 章受弯构件，讲述了钢梁的强度、挠曲变形、整体稳定以及局部稳定的基本理论和设计方法；第 6 章拉弯和压弯构件，讲述了压弯和拉弯构件的强度、压弯构件的稳定理论及设计方法；第 7 章钢结构的节点，讲述了常用钢结构节点的受力性能、设计计算要点以及构造要求等。此外，为便于本书的使用，书后附有钢结构设计计算常用的 9 个附录，如轴压稳定系数表、钢梁整体稳定系数计算方法、框架柱计算长度系数以及型钢表等。

本书的编写做到了基本理论与工程应用的有机结合，概念清楚、条理清晰，知识论述深入浅出。本书针对各重点和难点知识点均给出了紧密结合工程实际的例题和习题，以便于读者对相关知识点的学习理解和掌握。书中配图均严格按照钢结构施工图的制图标准绘制，以便于读者后续从事钢结构工程工作时尽快识图和制图。

本书第 1 章、第 2 章和第 3 章由沈阳建筑大学李帼昌编写；第 4 章和第 5 章由北京建筑大学赵赤云编写；第 6 章、第 7 章和附录部分由沈阳建筑大学张曰果编写。

由于编者的水平所限，不足之处在所难免，欢迎广大读者批评指正。

2019 年 5 月

目 录

CONTENTS

第1章 绪 论

Chapter 01

1.1 钢结构的发展现状

钢结构体系虽然在我国的发展历史较短，但却具有巨大的发展潜力和理想的发展前景，钢结构也越来越得到人们的认同。北京奥运会、上海世博会、西部大开发以及振兴东北等相关工程的开展，有力地推动了钢结构的发展。

钢结构的发展与钢铁产量和钢铁冶炼技术有着密切的关系。我国古代钢铁冶炼技术在世界处于领先地位，因此，我国是最早用钢铁建造桥梁等承重结构的少数几个国家之一。早在公元前二百多年，我国就已用铁建造桥墩。公元 60 年前后，我国开始在西南地区的深山峡谷上建造铁链悬桥。其中以四百多年前（明代）云南的沅江桥、三百多年前（清代）贵州的盘江桥及四川泸定的大渡河桥最为著名，这些都是举世公认的世界上最古老的铁桥。除铁链悬桥外，我国古代还建造了许多纪念性建筑，如建于公元 1061 年（宋代）湖北荆州的 13 层玉泉寺铁塔、山东济宁的铁塔寺铁塔和江苏镇江的甘露寺铁塔等。

18 世纪欧洲工业革命以后，由于钢铁工业的发展，钢结构在欧洲各国的应用逐渐增多，范围也不断扩大，而我国由于长期受封建主义社会制度的束缚，特别是 1840 年鸦片战争以后，经济停滞不前，钢结构发展非常缓慢。

在 19 世纪，美国的芝加哥学派建造了一批钢结构摩天大楼，法国工程师埃菲尔建造了世界瞩目的铁塔，金属建筑从此进入了第一个光辉时代。19 世纪末，我国开始采用现代化钢结构。1902 年建成的青岛四方机车修理工厂，是近代中国工业史上全钢结构建筑的最早实例。20 世纪初焊接技术的出现，以及 1934 年高强度螺栓连接的出现，极大地促进了钢结构的发展。除西欧、北美之外，钢结构在苏联和日本等国家也获得了广泛的应用，逐渐发展成为全世界所接受的重要结构体系。中华人民共和国成立后，钢结构的应用在我国得以迅速发展，无论数量还是质量都远超之前。1967 年 9 月建成了我国第一座大跨度平板网架结构——北京首都体育馆；1970 年 9 月建成的上海文化广场屋盖结构为三向平板网架，平面形状为扇形，这是我国第一座采用空心球节点和钢管杆件的大跨度网架结构。

20 世纪 70 年代至今，随着全球经济的快速发展，钢结构技术在经济发达国家和地区得到了深入发展，总体走向成熟。目前，西方发达国家已提出预工程化金属建筑概念，预工程化金属建筑是指将建筑结构分成若干模块在工厂加工完成，从而使钢结构建筑的设计、加工和安装得以一体化。这就大大降低了建筑成本（比传统金属结构形式低 10%～20%），缩短了施工周期，使钢结构的综合优势更加明显。

目前，全球独领风骚的建筑材料是钢材，钢结构现今已是发达国家主导建筑结构，被广泛应用于高层、超高层建筑，大跨大空间建筑，量大面广的中小型工业、商业等建筑，以及大部分的低层非居住型建筑中。

钢结构体系具有自重轻、安装容易、施工周期短、抗震性能好、投资回收快、环境污染少等综合优势，与钢筋混凝土结构相比，更具有“高、大、轻”三个方面发展的独特优势。最近在我国建筑工程领域中已经出现了产品结构调整，长期以来混凝土和砌体结构一统天下的局面正在发生变化，钢结构以其自身的优越性引起业内的关注，已经在工程中得到合理的、迅速的应用。高层建筑钢结构近年来如雨后春笋般拔地而起，发展十分迅速。如1985年在上海建造的金沙江大酒店是我国自行设计并使用国产H型钢材料制造和安装的第一幢高层钢结构建筑；大连远洋大厦A座洲际酒店高度200m，其设计、制造、安装和材料全部是由国内承担和供应的，这说明完全由我国独立设计并建造超高层钢结构是可以做到的；又如，上海环球金融中心高492m，它不仅被世界高层建筑与都市人居学会评为“2008年度最佳高层建筑”，还获得LEED铂金级绿色建筑认证；澳门摩珀斯酒店高度为154.8m，是全球首个采用自由形态外骨骼网架结构的摩天大楼。

钢结构产业在我国有了可喜的进步，但是发展力度远远不够。一是世界各国建筑业都是钢材的主要用户之一，工业发达国家在其建筑业的增长时期基本建设用钢量一般占钢材总量的30%以上，而我国目前建筑用钢量只达到22%～26%，这5%～6%的差距主要在于我国房屋结构的用钢量还比较少，在学校、医院、高层住宅等重点建筑和市政公路桥梁等重要基础设施中的占比更是不足1%。在每年新开工的住宅数量中，使用钢结构的也仅约为2%～3%。二是虽然行业管理部门和社会各界都在强调发展钢结构建筑，但由于多年以来钢结构的发展较钢筋混凝土结构慢，人们对此了解较少，对钢结构建筑多方面的优越性认识不够，一些工程还不能采用最优方案的钢结构体系，存在着转变观念的问题；三是对于业主和设计单位，钢结构正逐步改变着传统建筑设计理念，这需要我们结构设计人员不断充实钢结构设计思维，学习先进的设计经验，突破传统结构约束，来不断适应新形势的要求。

“十三五”期间，我国钢结构行业发展质量得到稳步提升，一系列标志性建筑都采用了钢结构建筑，如北京大兴国际机场航站楼、国家速滑馆（冰丝带）、北京中信大厦、上海中心大厦等。根据中国钢结构协会统计，2019年我国钢结构加工制造总产量为7920万t，2020年为8900万t，年增长率为12.4%。“十三五”期间，我国钢结构产量从5100万t增加到8900万t；钢结构产值从5000多亿元增加到6000亿元以上；钢结构产量占全国粗钢产量的比重从6.34%增加到8.35%左右，钢结构得到了快速发展。

2021年，中国钢结构协会发布了《钢结构行业“十四五”规划及2035年远景目标》，指出了“十四五”期间钢结构行业发展目标为：到2025年底，全国钢结构用量达到1.4亿t左右，占全国粗钢产量比例15%以上，钢结构建筑占新建建筑面积比例达到15%以上。到2035年，我国钢结构建筑应用达到中等发达国家水平，钢结构用量达到每年2.0亿t以上，占粗钢产量25%以上，钢结构建筑占新建建筑面积比例逐步达到40%，基本实现钢结构智能建造。“十四五”期间的重点任务，包括加快重点技术研发，促进钢结构标准化、通用化，推动信息化与智能建造，大力推进高性能与高效能钢材的应用等。

1.2　钢结构的特点及应用范围

1.2.1　钢结构的特点

钢结构是指由钢板、型钢、钢管、钢索等钢材，用焊缝、铆钉、螺栓等连接而成的重载、高耸、大跨、轻型的结构形式。相对于传统钢筋混凝土结构，钢结构具有如下特点：

1. 钢结构重量轻，强度高

用钢结构建造的住宅重量是钢筋混凝土住宅的1/2左右，而且，和其他材料相比，钢结构强度高得多，所以，当承受的荷载和其他条件相同时，钢结构构件截面较小，要比钢筋混凝土结构轻。

2. 钢材具有良好的塑性和韧性

钢材的塑性良好。钢结构在承受较大的外力载荷时，钢材能够实现局部高峰应力的再分配，这就使得钢结构内部的应力变化趋于平缓，不会因为应力突然增加而导致结构断裂；此外，钢材的韧性良好，使得钢结构在动力载荷不易发生脆性断裂破坏。

3. 钢材材质均匀，更接近于匀质等向体

钢材的内部组织比较均匀，非常接近于匀质体，在一定的应力幅度内几乎是完全弹性的，而且其各个方向上的物理力学性能基本相同，比较接近各向同性体。钢材的这些性能与力学计算中的假定非常符合，所以钢结构的实际受力情况和工程力学计算结果最为符合。

4. 钢材具有不渗漏性，便于做成密闭结构

钢材本身组织非常致密，当采用焊接连接，甚至采用铆钉或螺栓连接时，都易做到密不渗漏。因此是制造容器，特别是高压容器的良好材料。

5. 钢结构制造简便，施工周期短，装配性良好

钢结构的加工比较简便，采用机械操作，而且钢结构所用的材料是各种型材。钢结构一般在专业化的金属结构厂制造，所以精确度较高。构件运到现场拼装，可以采用普通螺栓连接和高强度螺栓连接，还可采用地面拼装及吊装，且结构轻，施工方便，故缩短了施工周期。此外，对于已建成的钢结构也容易进行加固和改建，对于采用螺栓连接的结构还可以进行拆迁。

6. 钢材耐腐蚀性差，应采取保护措施

耐腐蚀性差是钢结构的一大弱点，尤其是处于有腐蚀介质的环境中，构件必须镀锌或刷漆，而且应注意在使用期间定期维护。这使得维护费用比钢筋混凝土结构高。近年来，为提高钢材的耐腐蚀性，可以采用电镀或喷镀的方法覆盖在钢材的表面。对于一些耐腐蚀性要求较高的结构还可以采用耐候钢，其质量要求应符合现行国家标准《耐候结构钢》GB/T 4171的规定。

7. 钢材耐热但不耐火

钢结构的耐热性能好，但耐火性差。随着温度的升高，钢材的强度及弹性模量将会降低，无防火保护钢材的耐火极限仅为15min，当周围的环境的辐射温度达到150℃以上时，须采用遮挡措施加以保护。钢材不耐火，若发生火灾很可能在结构达到500℃以上时，结构骤然发生崩溃。所以重要的结构必须注意采取防火措施，防护会使钢结构的造价提高，解决这一问题的关键是研究开发耐火性能好的钢材。

8. 钢结构用料绿色，且可循环使用，节能环保

钢结构建筑现场施工主要是部件的组合安装干作业，而且作业量少。钢结构建筑中的钢材可循环使用，且钢结构建筑施工时大大减少了砂、石、灰的用量，所用的材料主要是绿色、可回收或可降解的材料。在建筑物拆除时，大部分材料可以再生或降解，既节约资源又大量减少了建筑垃圾的产生，因而较少造成环境污染，符合国家对建筑业提

出的可持续发展的要求。

1.2.2 钢结构的应用

钢结构具备较强的可塑性，其应用范围非常广泛。钢结构的合理应用范围不仅取决于钢结构本身的特性，也取决于国民经济发展的具体情况。过去由于钢材短缺而导致钢产量不能满足国民经济各部门的需求限制了钢结构的发展和应用。近年来由于我国钢产量有了很大的提高，由 1949 年钢产量十几万吨达到 2021 年的 13.4 亿 t，钢结构的形式也得到了很大的改善，钢结构在土建工程中得到了很大的发展。

根据钢结构的特点以及在我国的实践经验，其合理应用范围如下：

1. 大跨空间结构

结构的跨度越大，全部载荷中自重所占的比例就越大，减轻结构的自重可以取得明显的经济效果，由于钢结构强度高而质量轻，可以跨越很大的跨度，特别适合大跨桥梁和大跨建筑结构。如：世界第一跨度钢结构斜拱——南京奥林匹克体育中心主体育场钢结构斜拱（图 1-1），总跨度 361.582m，以及国家大剧院、浦东国际机场、广州国际会展中心等大跨度结构，都充分展示了钢结构在大跨度结构中的独特优势。

图 1-1 南京奥林匹克体育中心主体育场

2. 重型工业厂房结构

钢结构厂房具有：建造时间短、造价低廉、实用等特点。重型机器制造工业，冶金工业以及大型动力设备制造工业等重工业企业的厂房大都属于重型厂房，如图 1-2 所示，厂房中的重级或中级工作制吊车均达到 100t 以上，甚至达到 440t，所以这些车间的主要承重骨架常全部和部分采用钢结构，此外，对于有强烈辐射的车间也经常采用钢结构。

3. 受动力荷载作用的结构

由于钢材具有良好的韧性及塑性，在地震时，通过结构的塑性变形能够吸收一部分的震动能量，可以有效地提高建筑物的抗震性能。对于抗震性能要求高的结构都常采用钢结构。对于具有较大锻锤或动力设备的厂房，其结构骨架直接承受的动力荷载尽管不大，但间接的振动却较为强烈，常采用钢结构。

图 1-2　钢结构厂房

4. 可拆卸的移动结构

钢结构重量轻便于搬迁，可以采用螺栓连接，非常便于装配和拆卸，对于流动式展览馆和活动房屋来说，采用钢结构最适宜，建筑机械则必须采用钢结构。移动结构建造和拆除时对环境污染较少，符合推进建筑产业化、发展节能环保建筑的国家政策。

5. 高耸结构和高层建筑

高耸结构包括塔架（图 1-3）以及桅杆等结构，如：广播、电视发射塔架和高压输电线路等。高耸结构主要承受风载荷，由于钢结构的构件截面小，从而大大减小了风荷载，因而能够取得更大的经济效益。随着现代结构高度和跨度的不断加大，结构体系愈加复杂，而钢结构本身具备自重轻、强度高、施工快等独特优点，因此高层、超高层建筑采用钢结构非常理想。目前世界上较高、较大的结构采用的大多为钢结构。

图 1-3　钢结构塔架

6. 轻型钢结构

钢结构对于跨度比较小的结构也有一定的优势，因为在这类结构中，结构的自重是一个很重要的因素，对于采用轻屋面的轻钢屋盖结构与钢筋混凝土相比，在用钢指标接近的情况下，结构自重可以减轻70%～80%，用钢量相比于普通钢结构会降低25%～50%，自重减少20%～50%（图1-4）。目前我国应用最广的轻钢结构是门式刚架，今后将更多地发展多层轻钢结构房屋，使其可用于住宅、学生宿舍和办公楼等民用建筑，发展空间很大。

图1-4 门式刚架轻型钢结构厂房

7. 容器及其他构筑物

对于冶金、化工、石油企业中的油罐、高炉、热风炉等，应广泛采用密封和耐高压性能好的钢板焊成的容器，另外，对于通廊栈桥、管道支架、钻井以及海上采油平台等其他构筑物常采用钢结构。

1.3 钢结构的设计方法

1.3.1 钢结构设计方法的发展

钢结构设计的目的是在现有的技术基础上用最少的人力、物力消耗获得能够完成全部功能要求的足够可靠的结构。由于影响结构可靠性的荷载效应和结构构件抗力的基本变量都具有不定性，所以对于结构功能的设计最好采用统计数学来处理。但限于数学的进展和人们认识的局限，长期以来，结构设计的不定性问题是用定值（确定性）方法来处理的。

容许应力设计法是定值法的一种，亦称安全系数设计法。在1957年以前，我国钢结构设计一直采用传统的容许应力设计法。容许应力设计法以线弹性理论为基础，以构件危险截面的某一点或某一局部的计算应力小于或等于材料的容许应力为准则。该法计算简单，但存在着以下不足：① 由于没有考虑结构在塑性阶段仍具有继续承载的能力，使得对结构塑性阶段实际的设计偏于保守；② 不能合理考虑结构几何非线性的影响；③ 采用单一安全系数，无法有效地反映抗力和荷载变异的独立性，致使承受不同类型荷载的结构安全水平相差甚远；④ 不能定量地度量结构的可靠度，更不能使各类结构的可靠度达到同一水准。

到 20 世纪 50 年代，开始出现一种新的设计方法——按照极限状态的设计法。即根据结构能否满足功能要求来确定它们的极限状态。一般规定有两种极限状态：第一种是结构承载能力极限状态，主要包括：构件和连接的强度破坏，疲劳破坏和因过度变形而不适于继续承载，结构和构件丧失稳定，结构转变为机动体系和结构倾覆；第二种是结构的正常使用极限状态，达到此极限状态时，将影响结构、构件和非结构构件正常使用或外观的变形，影响正常使用的振动，影响正常使用或耐久性能的局部破坏以及影响正常使用的其他特定状态。各种承重结构都应按照上述两种极限状态进行设计。

极限状态设计法比安全系数设计法要合理些，也先进些。它把有变异性的设计参数用概率分析引入了结构设计中。根据应用概率分析的程度可分三种水准，即半概率极限状态设计法、近似概率极限状态设计法和全概率极限状态设计法。

20 世纪 50 年代末我国采用的极限状态设计法属于水准一，即半概率极限状态设计法。此种方法考虑荷载和材料强度的不定性，用概率方法确定它们的取值。根据经验确定分项安全系数，但仍然没有将结构可靠度与概率联系起来。

20 世纪 60 年代末，C. A. Cornell 等提出了一次二阶矩法，即水准二。主要是引入了可靠性设计理论。可靠性包括安全性、适用性和耐久性。把影响结构或构件可靠性的各种因素都视为独立的随机变量，根据统计分析确定失效概率来度量结构或构件的可靠性。该方法既有确定的极限状态，又可给出不超过该极限状态的概率（可靠度），因而是一种较为完善的概率极限状态设计方法，把结构可靠度的研究由以经验为基础的定性分析阶段推进到以概率论和数理统计为基础的定量分析阶段。

一次二阶矩法虽然已经是一种概率设计法，但由于在分析中忽略或简化了基本变量随时间变化的关系，确定基本变量的分布时有一定的近似性，且为了简化计算而将一些复杂关系进行了线性化，所以还只能算是一种近似的概率设计法。完全的、真正的全概率法，即水准三，有待今后继续深入和完善，还将经历一个较长的发展过程。

1.3.2 概率极限状态设计方法

结构的工作性能可用结构的功能函数来描述。若结构设计时需要考虑影响结构可靠性的随机变量有 n 个，即 x_1，x_2，…，x_n，则在这 n 个随机变量间通常可建立函数关系：

$$Z=g(x_1, x_2, \cdots, x_n) \tag{1-1}$$

即称为结构的功能函数。

为了简化起见，将各因素概括为两个综合随机变量，即结构或构件的抗力 R 和各种作用对结构或构件产生的效应 S，功能函数可写为：

$$Z=g(R, S)=R-S \tag{1-2}$$

上式中 R 和 S 是随机变量，其函数 Z 也是一个随机变量。在实际工程中，可能出现下列三种情况：

$Z>0$ 结构处于可靠状态；

$Z=0$ 结构达到极限状态，即临界状态；

$Z<0$ 结构处于失效状态。

按照概率极限状态设计方法，结构的可靠度定义为：结构在规定的时间内，在规定的条件下，完成预定功能的概率。所说的“完成预定功能”就是对于规定的某种功能来说结构不失效，即 $Z\geqslant 0$。这样若以 P_s 表示结构的可靠度，则上述定义可表达为：

$$P_s = P(Z\geqslant 0) \tag{1-3}$$

结构的失效概率以 P_f 表示，则：

$$P_f = P(Z<0) \tag{1-4}$$

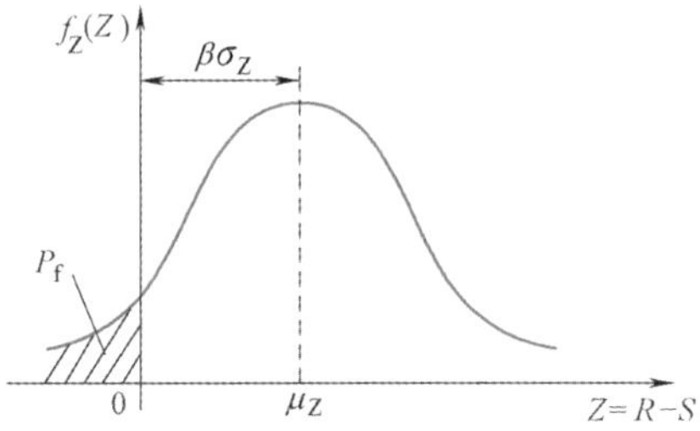

图 1-5　失效概率与可靠指标的关系

因此可以用 P_s 或 P_f 来度量结构的可靠性，习惯上更常用后者。所设计的结构是否可靠是指失效概率是否小到可以接受的预定程度。

为了计算结构的失效概率 P_f，最好是求得功能函数的分布。如图 1-5 所示 Z 的概率密度 $f_Z(Z)$ 曲线，图中的纵坐标处 $Z=0$，结构处于极限状态；纵坐标以左 $Z<0$，结构处于失效状态；纵坐标以右 $Z>0$，结构处于可靠状态。图中阴影面积表示事件（$Z<0$）的概率，可用积分求得：

$$P_f = P(Z<0) = \int_{-\infty}^{0} f_Z(Z)\,dZ \tag{1-5}$$

若 Z 的分布已知，则失效概率可求。但当极限状态方程与多个随机变量有关时，计算 P_f 比较复杂，并且随机变量的实际概率分布曲线的数据也难以全都得到。现在都采用可靠指标代替 P_f 来具体度量结构可靠性，可通过换算由可靠指标得到失效概率。

设 R、S 为互相独立的基本变量，且假设 R、S 均为正态分布。则由概率理论可知，$Z=R-S$ 也必为正态分布，其平均值和标准差为：

$$\mu_Z = \mu_R - \mu_S \tag{1-6}$$

$$\sigma_Z^2 = \sigma_R^2 + \sigma_S^2 \tag{1-7}$$

在图 1-5 中，若用 σ_Z 来表示 μ_Z，可得：

$$\mu_Z = \beta\sigma_Z \tag{1-8}$$

$$\beta = \frac{\mu_Z}{\sigma_Z} = \frac{\mu_R - \mu_S}{\sqrt{\sigma_R^2 + \sigma_S^2}} \tag{1-9}$$

式中 β 称为可靠指标。显然，β 与 P_f 存在着对应关系：

$$\beta = \Phi^{-1}(1-P_f) \tag{1-10}$$

$$P_f = \Phi(-\beta) \tag{1-11}$$

式中　$\Phi(\cdot)$——标准正态分布函数；

$\Phi^{-1}(\cdot)$——标准正态分布函数的反函数。

正态分布时，β 与 P_f 的对应关系如表 1-1 所示。

可靠指标 β 与失效概率 P_f 的对应关系　　**表 1-1**

可靠指标 β	4.5	4.0	3.5	3.0	2.5	2.0	1.5	1.0
失效概率 P_f	3.4×10^{-6}	3.17×10^{-5}	2.33×10^{-4}	1.35×10^{-3}	6.21×10^{-3}	2.28×10^{-2}	6.68×10^{-2}	1.59×10^{-1}

由式（1-9）变化，并写成设计式：

$$\mu_R \geqslant \mu_S + \beta\sqrt{\sigma_R^2+\sigma_S^2} = \mu_S + \beta\frac{\sigma_R^2+\sigma_S^2}{\sqrt{\sigma_R^2+\sigma_S^2}} \tag{1-12}$$

令：

$$\alpha_R = \frac{\sigma_R}{\sqrt{\sigma_R^2+\sigma_S^2}},\ \alpha_S = \frac{\sigma_S}{\sqrt{\sigma_R^2+\sigma_S^2}} \tag{1-13}$$

得：

$$\mu_R - \alpha_R\beta\sigma_R \geqslant \mu_S + \alpha_S\beta\sigma_S \tag{1-14}$$

式（1-14）就是仅有两个基本变量的简单情况时二阶矩设计法的设计式，该式左边为结构抗力，右边为荷载效应（内力）。该式包括了基本变量 R 和 S 的平均值和标准差以及可靠指标 β。如果规定可靠指标 β 值，并获得有关数据，就可用式（1-14）设计和验算结构构件截面。R 和 S 的实际分布十分复杂，当基本变量较多时，其设计式将比式（1-14）复杂。

因为这种方法不考虑功能函数 Z 的全分布，只需求得一阶原点矩（即平均值）和二阶中心矩（即方差或标准差的平方），也就是最高只考虑到二阶矩，故称二阶矩法。当函数 Z 中基本变量不是线性关系时，可将其展开为泰勒级数，仅取其一次幂项而线性化。当函数 Z 中基本变量不是正态分布（例如可变荷载的概率分布基本上都不是正态分布）时，可将其化为当量正态来解决。所以这种方法的全称是：考虑基本变量概率分布类型的一次二阶矩概率极限状态设计法，简称二阶矩设计法。

这种方法对荷载效应 S 和结构构件抗力 R 的联合分布进行了考察，综合考虑了 R 和 S 的变异性对结构可靠度的影响，因此比半概率设计法前进了一步。但在结构可靠度分析中还存在一定的近似性，故有时也称近似概率极限状态设计法，简称近似概率设计法。

1.3.3 设计表达式

一次二阶矩设计法把构件的抗力（承载力）和作用效应的概率分布联系在一起，以可靠指标作为度量结构构件安全性的尺度，可以较合理地对各类构件的安全性作定量分析，以达到设计要求。但是，对于用概率法的设计式，广大设计人员不熟悉也不习惯，同时许多基本统计参数还不完善，不能列出。《建筑结构可靠性设计统一标准》GB 50068 给出了以概率极限状态设计法为基础的实用设计表达式，也就是将一次二阶矩设计法公式等效地转化为以分项系数形式表达的概率极限状态实用设计表达式。

1. 承载力极限状态设计表达式

结构或结构构件按承载能力极限状态设计时，应符合下列规定：

1）结构或结构构件的破坏或过度变形的承载能力极限状态设计，应符合下式规定：

$$\gamma_0 S_d \leqslant R_d \tag{1-15}$$

式中 γ_0——结构重要性系数，对安全等级为一、二、三级的结构构件分别取 1.1、1.0、0.9；

S_d——作用组合的效应设计值；

R_d——结构或结构构件的抗力设计值。

2）结构整体或其中一部分作为刚体失去静力平衡的承载能力极限状态设计，应符合下式规定：

$$\gamma_0 S_{d,dst} \leqslant S_{d,stb} \tag{1-16}$$

式中　$S_{d,dst}$——不平衡作用效应的设计值；

$S_{d,stb}$——平衡作用效应的设计值。

对持久设计状况和短暂设计状况，应采用作用的基本组合，并应符合下列规定：

1）基本组合的效应设计值按下式确定最不利值：

$$S_d = \sum_{i \geqslant 1} \gamma_{G_i} G_{ik} + \gamma_P P + \gamma_{Q_1} \gamma_{L_1} Q_{1k} + \sum_{j > 1} \gamma_{Q_j} \psi_{cj} \gamma_{L_j} Q_{jk} \tag{1-17}$$

式中　G_{ik}——第 i 个永久作用的标准值；

P——预应力作用的有关代表值；

Q_{1k}——第 1 个可变作用的标准值；

Q_{jk}——第 j 个可变作用的标准值；

γ_{Gi}——第 i 个永久作用的分项系数，一般情况取 1.3，当其效应对结构有利时，取值为 1.0，对抗倾覆和滑移有利时，可取 0.9；

γ_P——预应力作用的分项系数，当作用效应对承载力不利时，取值为 1.3；作用效应对承载力有利时，取值不应大于 1.0；

γ_{Q_1}、γ_{Q_j}——第 1 个和第 j 个可变作用的分项系数，一般情况下，取值为 1.5；

γ_{L_1}、γ_{L_j}——第 1 个和第 j 个考虑结构设计使用年限的荷载调整系数，对设计使用年限为 5 年、50 年、100 年的结构构件，取值分别为 0.9、1.0、1.1；

ψ_{cj}——第 j 个可变作用的组合值系数，应按现行有关标准的规定采用。

2）当作用与作用效应按线性关系考虑时，基本组合的效应设计值按下式计算最不利值：

$$S_d = \sum_{i \geqslant 1} \gamma_{G_i} S_{G_{ik}} + \gamma_P S_P + \gamma_{Q_1} \gamma_{L_1} S_{Q_{1k}} + \sum_{j > 1} \gamma_{Q_j} \psi_{cj} \gamma_{L_j} S_{Q_{jk}} \tag{1-18}$$

式中　$S_{G_{ik}}$——第 i 个永久作用标准值的效应；

S_P——预应力作用有关代表值的效应；

$S_{Q_{1k}}$——第 1 个可变作用标准值的效应；

$S_{Q_{jk}}$——第 j 个可变作用标准值的效应。

对偶然设计状况，应采用作用的偶然组合，并应符合下列规定：

1）偶然组合的效应设计值按下式确定：

$$S_d = \sum_{i \geqslant 1} G_{ik} + P + A_d + (\psi_{f1} \text{ 或 } \psi_{q1}) Q_{1k} + \sum_{j > 1} \psi_{qj} Q_{jk} \tag{1-19}$$

式中　A_d——偶然作用的设计值；

ψ_{f1}——第 1 个可变作用的频遇值系数，应按有关标准的规定采用；

ψ_{q1}、ψ_{qj}——第 1 个和第 j 个可变作用的准永久值系数，应按有关标准的规定采用。

2）当作用与作用效应按线性关系考虑时，偶然组合的效应设计值按下式计算：

$$S_d = \sum\nolimits_{i \geqslant 1} S_{G_{ik}} + S_P + S_{Ad} + (\psi_{f1} \text{ 或 } \psi_{q1}) S_{Q_{1k}} + \sum\nolimits_{j > 1} \varphi_{qj} Q_{jk} \tag{1-20}$$

式中　S_{Ad}——偶然作用设计值的效应。

2. 分项系数和组合值系数以及结构重要性系数的确定

先介绍荷载分项系数 γ_G 和 γ_Q 以及抗力分项系数 γ_R 是如何确定的。

现取 $\gamma_0 = 1$ 和只有一种永久荷载和一种可变荷载的简单荷载情况为例，则分项系数设计表达式（1-15）变为：

$$\gamma_G S_{Gk} + \gamma_Q S_{Qk} \leqslant \frac{R_k}{\gamma_R} \tag{1-21}$$

可靠指标设计式（1-14）可简写成：

$$S^* \leqslant R^* \tag{1-22}$$

对上述简单荷载情况，其中包括三个基本变量即 $Z = R - S_Q - S_G$，可以根据多个正态分布基本变量将函数 Z 在中心点处线性化，然后求出 μ_Z 和 σ_Z，可得与式（1-14）形式类似的设计式，但荷载效应一边包括 S_G 和 S_Q 两项，这时式（1-22）左边变为 S_G^* 和 S_Q^* 两项，即：

$$S_G^* + S_Q^* \leqslant R^* \tag{1-23}$$

使式（1-21）与式（1-23）等价，则可得各 γ 值：

$$\left.\begin{aligned} \gamma_Q &= \frac{S_Q^*}{S_{Qk}} \\ \gamma_G &= \frac{S_G^*}{S_{Gk}} \\ \gamma_R &= \frac{S_R^*}{S_{Rk}} \end{aligned}\right\} \tag{1-24}$$

从上式可知，分项系数 γ_G、γ_Q 和 γ_R 不仅与可靠指标 β 有关，而且与全部基本变量的统计参数有关。对每一种构件，在规定 β 值情况下，当可变荷载效应与永久荷载效应的比值 $\rho = S_{Qk}/S_{Gk}$ 改变时，各 γ 值将随之改变，这对设计显然很不方便。反之，如对 γ_G 和 γ_Q 取定值，对各种结构构件的 γ_R 也分别取不同的定值，则由式（1-21）设计的构件，其实际的可靠指标 β 值与规定的 β 值不可能完全一致。但如果调整各分项系数使这两种 β 值之间误差很小，则仍可认为实用设计表达式与二阶矩法设计式等效。

目前规定的全套分项系数就是经过优化找出的最佳匹配取值，使按分项系数实用设计表达式设计的各种结构构件的实际 β 值与规定的 β 值之间在总体上误差最小。

在一般情况下，永久荷载分项系数和可变荷载分项系数分别为：$\gamma_G = 1.3$，$\gamma_Q = 1.5$；当永久荷载效应与可变荷载效应异号时，永久荷载效应对结构构件的承载能力起有利作用，取 $\gamma_G = 1.0$，$\gamma_Q = 1.5$。

在荷载分项系数统一规定下，对钢结构抗力系数进行分析，使按实用设计表达式设计的钢结构构件的实际 β 值与规定的 β 值差值最小，并经过适当调整，对于 Q235 钢的 $\gamma_R = 1.090$；对于 Q355、Q390 钢的 $\gamma_R = 1.125$；Q420 和 Q460 钢的 γ_R 分厚度取不同的值，板厚 6～40mm（含）范围 $\gamma_R = 1.125$，板厚 40～100mm（含）范围 $\gamma_R = 1.180$。

采用分项系数实用设计表达式进行设计时，荷载效应组合采用荷载组合值系数办法来进行。对于有两种和两种以上可变荷载参与组合的情况，通过引入可变荷载组合值系数 ψ_c 对某些可变荷载标准值进行折减（亦即采用荷载的组合值为代表值）。确定组合值系数 ψ_c 的原则是，在荷载标准值和荷载分项系数（一般按一种永久荷载和一种可变荷载的简单荷载组合情况确定的）已给定前提下，当有两种和两种以上可变荷载参与组合时，使按分项系数实用设计表达式设计所得的各类结构构件的可靠指标 β 值与仅有一种可变荷载参与组合的情况下的 β 值有最好的一致性。若取 $\psi_c = 0.6$，对两种可变荷载参与组合的情况下，基本符合上述要求，且偏于安全，对两种以上可变荷载参与组合则更偏于安全。

3. 正常使用极限状态的组合表达式

结构或构件按正常使用极限状态设计时，应符合下列规定：

$$S_d \leqslant C \tag{1-25}$$

式中　S_d——作用组合的效应标准值；

C——设计对变形、裂缝等规定的相应限值，应按有关结构设计标准的规定采用。

按《建筑结构可靠性设计统一标准》GB 50068 的规定，正常使用极限状态设计时，宜根据不同情况采用荷载作用的标准组合、频遇组合和准永久组合进行设计，并使变形等设计不超过相应的规定限制。

钢结构只考虑荷载的标准组合。其设计式为：

1）标准组合的效应值按下式确定：

$$S_d = \sum_{i \geqslant 1} G_{ik} + P + Q_{1k} + \sum_{j>1} \psi_{cj} Q_{jk} \tag{1-26}$$

2）当作用与作用效应按线性关系考虑时，标准组合的效应值按下式计算：

$$S_d = \sum_{i \geqslant 1} S_{G_{ik}} + S_P + S_{Q_{1k}} + \sum_{j>1} \psi_{cj} S_{Q_{jk}} \tag{1-27}$$

1.4　钢结构的发展趋势

我国钢结构市场前景广阔，它符合保护环境和土地资源的国策。我国钢铁产品总量居世界第一，为大力发展钢结构提供了物质基础。钢结构在建筑工程中将会发挥着独特且日益重要的作用，钢结构的应用也将引发一系列设计和施工的革命。

钢结构的发展趋势主要体现在以下几个方面：

1. 采用新的高性能钢材

高性能钢材通常指具有高强度、冷成型性、耐腐蚀性、延展性或焊接性等特性的钢材。这些特性使钢材具有较好的适用性，从而实现建筑和结构设计的创新，还可以减少碳排放以及减少运输、处理和安装的时间和成本。高性能钢材的构件和组件在标志性结构、高层建筑、桥梁、大跨度结构、模块化建筑和极端条件下的建筑结构中得到了越来越多的应用。近年来的研究和技术进步推动了高性能钢材的发展，例如，双金属复合钢材、经济型双相不锈钢、屈服强度超 1000MPa 的钢材等。高性能钢材在美国、日本及欧洲国家已经广泛发展，在我国尚处于发展的初步阶段，有必要系统总结高性能钢材的力学特征，明确其力学特性与优势，掌握其可能的问题与难点。

高性能钢材大幅度提高材料强度，显著提高构件的承载能力，减少材料的用量，将结构做到轻型化，从而实现钢结构体系综合性能的提高。我国新修订的《钢结构设计标准》GB 50017—2017（以下简称《标准》）增加了强度较高的 Q460 级钢，但相较国外仍有所不足，日本、美国、俄罗斯等都已把屈服点为700MPa以上的钢列入规范。由钢结构品种不断更新发展的趋势来看，品种更新及强度更高的结构钢将会不断出现。

同时，改进其耐火和耐腐蚀性能也是开发高性能钢材的一个切入点。国外非常重视研究开发耐腐蚀及耐火性能好的钢材，并大量应用于工程实践中。目前我国也已经开发出了耐腐蚀钢（耐候钢）和耐火钢，即在结构钢材中加入适量的化学成分，从而实现钢材的腐蚀耐久性及高温强度的提高。耐腐蚀钢的抗大气腐蚀能力比普通钢材强2～8倍，大幅度提高了结构的耐久性。并且，采用耐腐蚀钢及耐火钢的钢结构可减少或免除防锈蚀或防火涂装，使用期间维护成本也会大幅度降低。

2. 深入研究结构的真实极限状态

对于构件稳定问题或某一截面的强度问题，我们已经有了较多的理论分析和试验研究工作，但对结构的稳定理论计算方面还有待深入研究，也就是整体结构的极限状态有待深入研究，这就需要更加清楚地认识结构承载能力的表现形式，采取各种有效措施，更加合理地利用钢材，使结构的承载能力具有更高的安全储备。

3. 开发新的结构形式

钢和混凝土的组合结构是一种合理的结构形式，是将二者组合在一起，取长补短、发挥各自的长处以取得相互协作的经济效果。如钢管混凝土柱构件，它的特点是：在压应力作用下，钢管由于有混凝土的支持，提高了稳定性，从而使钢材强度得到最大限度发挥；混凝土受到钢管的紧箍力作用，处于三向受压的应力状态，抗压强度大大提高。作为一个整体，钢管混凝土具有很好的塑性和韧性，抗震性能也得到了提高。钢和混凝土组合结构还有许多其他形式，如压型钢板组合楼板、钢梁和钢筋混凝土组成的组合梁等。前者广泛应用于多层和高层建筑中，后者则较多地应用于桥梁结构中。

近年来网架结构在我国的发展也很快，尤其是在采用了计算机分析之后。网架结构相比于平面结构可以节约钢材，特别是跨度较大时，经济效果更加明显。如首都体育馆、上海体育馆、广州会展中心、国家大剧院等，都标志着网架结构在我国的工程实践中得到了广泛的应用。

推广高强度钢索也是促进钢结构结构形式改革的一个方向。它可以用作悬索桥的主要承重构件，钢索在施加一定的预应力之后，可以配合桁架、环、拱等刚性构件使用。所以对预应力钢结构的研究可以达到节约钢材和减轻结构重量的作用。充分发挥每一种结构形式的优点，促进结构形式的发展，形成诸如组合结构、杂交结构、预应力结构等新型结构形式，以达到节约材料、降低造价的目的。这是今后钢结构建筑发展中值得研究的课题。

4. 钢结构制造和施工技术的研究

钢结构制造的工业化程度会随着新技术的发展而提高。目前，钢结构制造业已趋向机电一体化，施工技术也在进一步提高。为保证钢结构的质量、提高生产效率、进一步缩短施工周期、降低费用，应进一步研究并改进制造工艺和安装架设技术。对批量较大的产品，可逐步实现标准化、系列化。

5. 结构和构件计算技术的研究改进

现代钢结构已广泛应用新的计算技术和测试技术，对结构和构件进行深入计算和测试，为了解结构和构件的实际工作提供了有利条件，先进的计算和测试技术决定了材料的合理使用，从而保证了结构的安全，也增强了经济效益。为了解结构和构件的实际工作性能，现代钢结构在应用计算技术及测试技术方面不断实现创新完善。先进的计算和测试技术决定了材料的合理使用、构件及结构的合理设计，从而使结构具有一定的安全储备，也增强了经济效益。在加强设计计算方法的改进，结构设计考虑优化理论的运用方面，目前人们已经做了大量的工作，今后还应继续研究改进。促进设计计算方法与计算机技术的智能结合，在计算中引入计算机辅助设计及绘图软件，提高设计计算的准确度和效率，也是钢结构设计计算的发展之一。

6. 改进和完善钢结构设计方法

目前，我国钢结构建筑的设计方法是以概率理论为基础的极限状态设计法，但是这一方法仅仅是近似概率极限状态设计法，它计算的可靠度只是构件或某一截面的可靠度，而不是整个结构体系的可靠度。此外，此方法也不适用在反复荷载或动力荷载作用下的结构疲劳计算。同时，连接的极限状态研究滞后于构件，对于整体结构的极限状态，人们认识的并不十分充分。钢结构设计方法的改进和完善仍是今后一个时期所面临的主要任务。

7. 生产过程加速绿色化

改革开放 40 多年来，我国建筑行业发展取得长足进步，随之而来的大量资源、能源消耗给生态环境保护带来巨大压力。当前，建筑行业正努力向绿色化转型，积极探索将绿色化融入设计、生产等各个环节，将“能源消耗低”“环境污染少”“资源节约”等作为发展目标。

第 2 章

钢结构的材料

Chapter 02

2.1 钢材单向拉伸性能

钢材在单向均匀受拉时的工作性能，通常是以标准试件静力拉伸试验所得的应力（σ）-应变（ε）曲线来表示。图2-1（a）为有屈服点钢材一次拉伸时的$\sigma-\varepsilon$试验曲线，图2-1（b）为其简化曲线。从图2-1（b）中可以看出，钢材的静力工作性能可分为如下几个阶段：

1. 弹性阶段（*OA*段）

*OA*段为一条斜直线，应力与应变成正比关系，符合虎克定律，钢材表现出弹性。当荷载降为零时（完全卸载），变形也降为零（回到原点）。直线的斜率为钢材的弹性模量E，钢材弹性模量很大。A点所对应的应力为比例极限f_p，Q235钢的比例极限$f_p \approx 200N/mm^2$，对应的应变$\varepsilon_p \approx 0.1\%$。

2. 弹塑性阶段（*AB*段）

当应力超过弹性极限后，应力与应变不再成正比，应变比应力增加速度快，切线模量逐渐降低，材料表现为弹塑性工作状态。由于*AB*段很短且钢材产生的塑性变形较小，有时可近似视为弹性受力过程。

3. 屈服阶段（*BD*段）

*BD*段初期会出现应力突降，即应力由B点f_b降为C点f_c，但应力降幅不大，且对应应变变化不明显，一般将f_b称为上屈服点，f_c称为下屈服点。*CD*段应力会出现呈锯齿形波动，但总体接近水平线，即应力基本保持不变，但应变迅速增加，曲线斜率接近为零。加载至此阶段卸载，试件不能完全恢复至原来的长度，该阶段称之为屈服阶段（或屈服台阶、流幅段）。卸载后能恢复的变形为弹性变形，不能恢复的变形为塑性变形或残余变形。屈服阶段钢材应变ε为0.15%～0.25%。

现行国家规范对不同钢材屈服强度f_y的取值点不尽相同，对于低碳钢的屈服强度取下屈服点f_c，普通低合金钢的屈服强度则取上屈服点f_b，如Q235钢的屈服强度$f_y = f_c \geqslant 235N/mm^2$，对应的屈服应变$\varepsilon_y$约为0.15%。

试验表明，钢材的屈服强度f_y与比例极限f_p很接近，在屈服强度f_y之前，钢材应变很小，而在屈服强度f_y以后，钢材产生很大的塑性变形，常使结构出现使用上不允许的残余变形。因此，屈服强度f_y是设计时钢材可以达到的最大应力，即f_y是确定钢材强度设计指标的依据。工程中钢材可看作理想的弹－塑性体，即屈服前为弹性材料，屈服后为塑性材料（图2-2）。

4. 强化阶段（*CD*段）

屈服阶段之后，曲线再度上升，但应变的增加快于应力的增加，塑性特性明显，这个阶段称为强化阶段。对应于曲线最高点E点的应力为钢材抗拉强度或极限强度f_u。

5. 颈缩阶段（*EF*段）

到达极限强度后，试件标距范围内局部薄弱截面出现横向收缩，塑性变形迅速增大，即颈缩现象。此时，荷载不断降低，变形继续发展，直至F点试件断裂。

低合金钢与低碳钢类似，有明显的屈服点和屈服平台，如图2-1（a）所示。对高强度钢材（如热处理钢材），应力－应变曲线是一条连续的曲线，没有明显的屈服点和屈服台阶。这类钢的屈服点（或屈服强度）是以卸荷后试件中残余应变为0.2%所对应的应力值定义的，称为名义屈服点或条件屈服点，如图 2-3 所示。

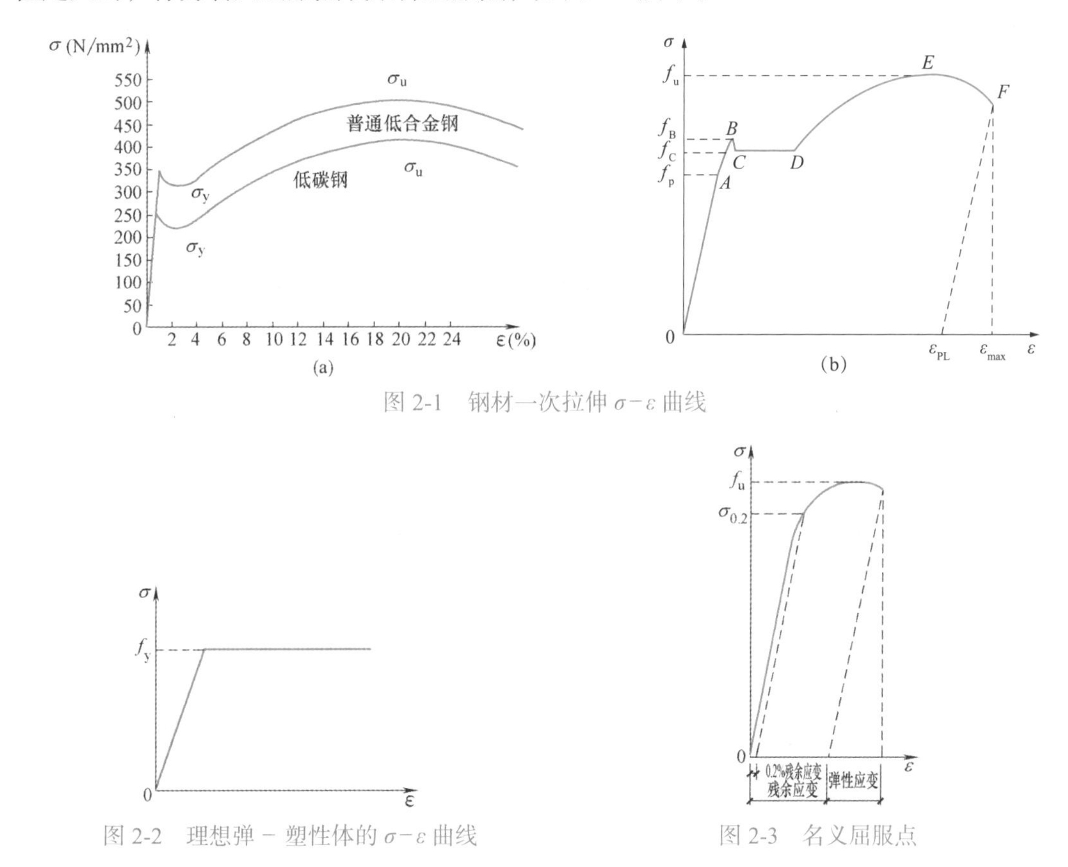

图 2-1　钢材一次拉伸 $\sigma-\varepsilon$ 曲线

图 2-2　理想弹 - 塑性体的 $\sigma-\varepsilon$ 曲线

图 2-3　名义屈服点

2.2　钢材的破坏形式

钢材在上述静力单向均匀拉伸下，破坏前有很大的塑性应变，这种破坏称为塑性破坏。钢结构用钢材因受各种因素的影响还会发生另一种破坏，即脆性破坏，两者的破坏特征有明显的区别。

塑性破坏是指材料破坏过程中产生明显的塑性变形、当应力达到材料的极限强度后而发生的破坏，破坏断口呈纤维状，色泽发暗，破坏前塑性变形持续发展过程长，容易及时发现并采取有效补救措施，通常不会引起严重后果。

脆性破坏是在塑性变形很小，甚至没有塑性变形的情况下突然发生的破坏，破坏时构件的计算应力可能小于钢材的屈服点 f_y，破坏断口平齐并呈有光泽的晶粒状。由于脆性破坏前没有明显的征兆，不能及时觉察和补救，破坏后果严重。如 1972 年廊坊某建筑因一根杆件脆断导致屋架倒塌，1999 年四川綦江大桥倒塌等。因此，在钢结构的设计、施工和使用中，应充分考虑各方面因素，尽量降低钢材发生脆性断裂破坏的可能性。

2.3　钢结构用钢材的性能指标及要求

为了保证结构的可靠性，钢结构所用钢材应满足以下指标要求：

1. 强度

钢材的强度指标主要有屈服强度（屈服点）f_y 和抗拉强度 f_u，可通过钢材的静力单向拉伸试验获得。

屈服强度高，可以减小强度控制时的构件截面尺寸，从而减轻自重，节约钢材，降低造价。

抗拉强度 f_u 是钢材破坏前能够承受的最大应力，屈强比（f_y/f_u）是衡量钢材强度储备的一个系数，屈强比越低，钢材的安全储备越大，但屈强比过小时，钢材强度的利用率太低，不够经济；屈强比过大时，安全储备太小，且构件没有足够的变形能力，因此用于抗震结构的钢材，《建筑抗震设计规范》GB 50011 规定：钢材的屈服强度实测值与抗拉强度实测值的比值不应大于 0.85。

屈服强度 f_y 和抗拉强度 f_u 是承重结构所用钢材应保证的基本性能指标，对一般非承重结构构件用钢材只要保证抗拉强度即可。

2. 塑性性能

塑性是指钢材在应力超过屈服点后，能产生显著的残余变形（塑性变形）而不立即断裂的性质。一般用伸长率 δ 来衡量，它由钢材的静力单向拉伸试验得到。

$$\delta=\frac{l_1-l_0}{l_0}\times 100\% \tag{2-1}$$

式中 l_0、l_1——分别为试件原标距长度和拉断后标距间长度。

显然，δ 值越大，钢材的塑性越好。试件一般有两种，$l_0/d=5$ 和 $l_0/d=10$，d 为试件直径，测得的伸长率分别以 δ_5 和 δ_{10} 表示。

截面收缩率是指试件拉断后，颈缩区的断面面积缩小值与原断面面积比值的百分率，按下式计算：

$$\psi=\frac{A_0-A_1}{A_0}\times 100\% \tag{2-2}$$

式中 A_0——试件原来的断面面积；

A_1——试件拉断后颈缩区的断面面积。

截面收缩率是表示钢材在颈缩区的应力状态条件下，所能产生的最大塑性变形，它是衡量钢材塑性变形的一个指标。由于伸长率 δ 是根据钢材沿长度的均匀变形和颈缩区的集中变形的总和所确定的，因此它不能较好地反映钢材的最大塑性变形能力。截面收缩率是衡量钢材塑性的一个比较真实和稳定的指标，但由于截面收缩率计算公式中的 A_1 测定存在较大的误差，因而钢材的塑性指标仍采用伸长率来保证。

塑性好则结构破坏前变形比较明显，从而可避免发生脆性破坏。塑性好还能调整局部高峰应力，使应力重分布，趋于平缓，并能提高构件的延性和结构的抗震能力。

承重结构用的钢材，不论在静力荷载或动力荷载作用下，以及在加工制作过程中，除了应具有较高的强度外，尚应要求具有足够的伸长率，对非承重结构构件所用钢材也要保证其伸长率。

3. 冲击韧性

冲击韧性是指钢材在塑性变形和断裂过程中吸收能量的能力，是衡量钢材抵抗动力荷载能力的指标，它是强度和塑性的综合表现，是判断钢材在动力荷载作用下是否出现脆性破坏的重要指标之一。冲击韧性的好坏用冲击韧性值 C_v 表示，它是对带有夏比 V 形缺口（Charpy）试件进行冲击试验（图 2-4）测得的试件断裂时的冲击功。

韧性好表示在动荷载作用下破坏时能吸收比较多的能量，从而提高结构抵抗动力荷载的能力，降低脆性破坏的危险程度。

对需要验算疲劳的结构所用钢材应具有在不同试验温度下的冲击韧性的合格保证。对其他重要的受拉或受弯的焊接构件，厚度大于 16mm 的钢材应具有常温冲击韧性的合格保证。

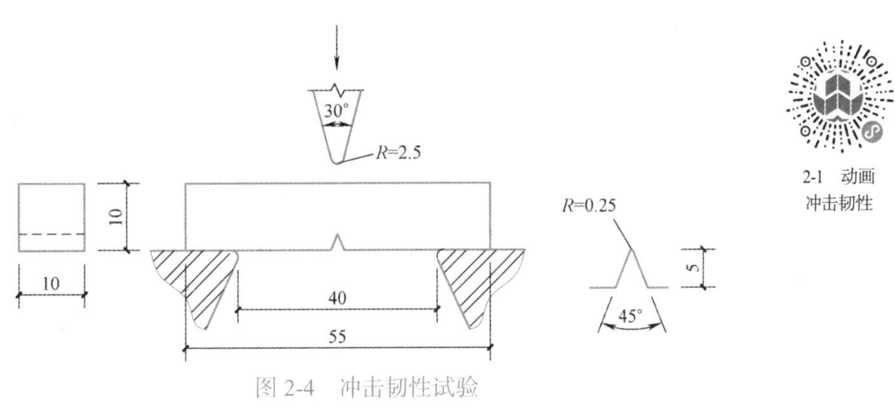

图 2-4　冲击韧性试验

2-1　动画
冲击韧性

4. 冷弯性能

冷弯性能是指钢材在常温下加工发生塑性变形时，对产生裂纹的抵抗能力。冷弯性能用冷弯试验（图 2-5）来检验，如果试件弯曲 180°，无裂纹、断裂或分层，即认为试件冷弯性能合格。

冷弯试验不仅能直接检验钢材的弯曲变形能力或塑性变形能力，还能暴露出钢材的内部缺陷。因此，冷弯性能是衡量钢材力学性能的综合指标。

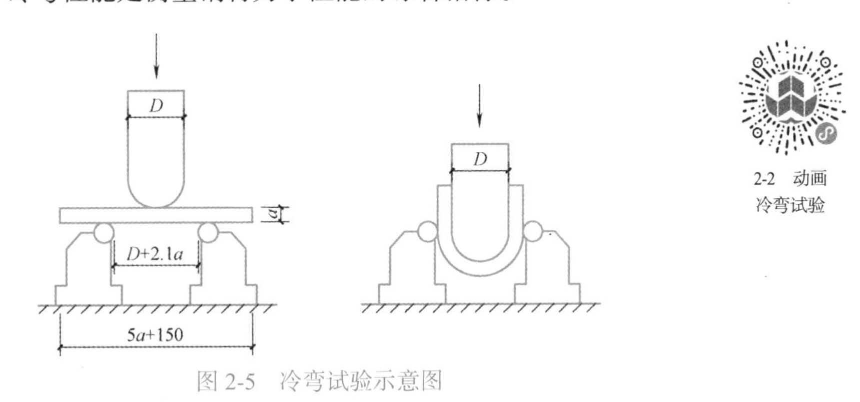

图 2-5　冷弯试验示意图

2-2　动画
冷弯试验

结构构件在制作、安装过程中要进行冷加工，尤其是焊接结构焊后变形的调直等工序都需要钢材有合格的冷弯性能。而非焊接的重要结构（如吊车梁、大跨度重型桁架等）以及需要弯曲成型的构件等，也都要求具有冷弯性能合格的保证。

钢材的强度、塑性、冲击韧性和冷弯性能称为钢材的力学性能或机械性能。

5. 可焊性

钢材的可焊性是指在一定的焊接工艺条件下，钢材焊接后具有良好的焊接接头性能。

钢材的可焊性可分为施工上的可焊性和使用上的可焊性。

施工上的可焊性好是指在一定的焊接工艺下，焊缝金属及其附近金属均不产生裂纹；使用上的可焊性好是指焊接构件在施焊后的力学性能不低于母材的力学性能。

钢材的可焊性受碳含量和合金元素含量的影响。普通碳素钢当其含碳量在 0.27% 以下，含锰量在 0.7% 以下，含硅量在 0.4% 以下，硫、磷含量各在 0.05% 以下时，可焊性较好。对低合金钢可根据碳当量 CEV 衡量其可焊性，CEV 计算公式如下：

$$CEV = \mathrm{C} + \frac{\mathrm{Mn}}{6} + \frac{1}{5}(\mathrm{Cr} + \mathrm{Mo} + \mathrm{V}) + \frac{1}{15}(\mathrm{Ni} + \mathrm{Cu})$$

式中　C、Mn、Cr、Mo、V、Ni、Cu——分别为碳、锰、铬、钼、钒、镍、铜含量（%）。

碳当量 CEV 越高可焊性越差，可焊性差的钢材，需采用预热措施及更为严格的焊接工艺措施来获得合格的焊缝。钢材碳当量 CEV 小于 0.38% 时焊接难度为易；碳当量 CEV 在 0.38%～0.45% 时焊接难度为一般；碳当量 CEV 在 0.45%～0.5% 时焊接难度为较难；碳当量 CEV 大于 0.5% 时焊接难度为难。

2.4　影响钢材性能的主要因素

钢材的性能受许多因素的影响，其中有些因素会促使钢材产生脆性破坏，应格外重视。

2.4.1　化学成分

钢材是由各种化学成分组成的，其基本元素为铁（Fe），碳素结构钢中铁占 99%，碳和其他元素仅占 1%，但对钢材的性能有着决定性的影响。普通低合金钢中还含有低于 5% 的合金元素。

1. 碳（C）

碳是碳素结构钢中仅次于铁的主要元素，是形成钢材强度的主要来源，随着含碳量的增加，钢材强度提高，而塑性和韧性，尤其是低温冲击韧性下降，同时可焊性、抗腐蚀性、冷弯性能明显降低。因此结构用钢的含碳量一般不应超过 0.22%，对焊接结构应低于 0.2%。

2. 硫（S）

硫是一种有害元素，降低钢材的塑性、韧性、可焊性、抗锈蚀性等，在高温时使钢材变脆，即热脆。因此，钢材中硫的含量不得超过 0.05%，在焊接结构中不超过 0.045%。

3. 磷（P）

磷也是一种有害元素，虽然磷的存在使钢材的强度和抗锈蚀性提高，但严重降低钢材的塑性、韧性、可焊性、冷弯性能等，特别是在低温时使钢材变脆，即冷脆。钢材中磷的含量一般不得超过 0.045%。磷在钢材中的强化作用十分显著，有些国家生产高磷钢，含磷量最高可达 0.08%～0.12%，由此引起的不利影响通过降低含碳量来弥补。

4. 氧（O）和氮（N）

氧和氮都是钢材的有害杂质，氧的作用与硫类似，使钢材产生热脆，一般要求其含量小于 0.05%；而氮的作用与磷类似，使钢材产生冷脆，一般要求其含量小于 0.008%。

由于氧、氮容易在冶炼过程中逸出，且根据需要进行不同程度的脱氧处理，其含量一般不会超过极限含量。

5. 锰（Mn）

锰是一种弱脱氧剂，适量的锰含量可以有效地提高钢材的强度，又能消除硫、氧对钢材的热脆影响，而不显著降低钢材的塑性和韧性。但含量过高将使钢材变脆，降低钢材的抗锈蚀性和可焊性。锰在碳素结构钢中的含量为0.3%～0.8%，在低合金钢中一般为1.0%～1.6%。

6. 硅（Si）

硅是一种强脱氧剂，适量的硅可提高钢材的强度，而对塑性、韧性、冷弯性能和可焊性无明显不良影响，但硅含量过大（达1%左右）时，会降低钢材的塑性、韧性、抗锈蚀性和可焊性。硅在碳素结构钢中的含量应不超过0.3%，在低合金钢中的含量为0.2%～0.55%。

为改善钢材的性能，可掺入一定数量的其他元素，如铝（Al）、铬（Cr）、镍（Ni）、铜（Cu）、钛（Ti）、钒（V）等。

2.4.2　冶炼、轧制和热处理

1. 冶炼

目前我国结构钢主要由平炉和氧气顶吹转炉来冶炼，二者冶炼出的钢材质量基本相同，都较好。

为排除钢水中的氧元素，浇铸前要向钢液中投入脱氧剂，按脱氧程度的不同，形成沸腾钢、半镇静钢、镇静钢和特殊镇静钢。

沸腾钢是以锰作为脱氧剂，脱氧不充分，钢水出现剧烈沸腾现象而得名。因沸腾钢含有较多的氧、氮等元素，其塑性、韧性和可焊性较差，容易发生时效和变脆。但沸腾钢成品率高，成本较低，质量能满足一般承重结构的要求，因而广泛应用。

镇静钢除了加锰以外，还加强脱氧剂硅，脱氧比较充分。镇静钢具有较高的冲击韧性，较小的时效敏感性和冷脆性，冷弯性能、可焊性和抗锈蚀性较好等优点。但成品率低，成本较高。

半镇静钢的脱氧程度介于沸腾钢和镇静钢之间，其性能也介于二者之间。

特殊镇静钢是指用锰和硅脱氧之后，再用铝等进行补充脱氧，能明显改善钢材的各项力学性能。

2. 冶金缺陷

常见的冶金缺陷有偏析、非金属夹杂、气孔、裂纹及分层等。偏析是指钢中化学成分分布不均匀，特别是硫、磷偏析严重恶化钢材的性能；非金属夹杂是指钢中含有硫化物、氧化物等杂质；气孔是由于氧化铁与碳作用生成的一氧化碳不能充分逸出而形成的，这些缺陷都将降低钢材的性能。非金属夹杂物在轧制后会造成钢材的分层，使钢材沿厚度受拉的性能大大降低。

3. 轧制

钢材的热轧是在高温（1200～1300℃）和压力作用下将钢锭热轧成钢板或型钢。轧制使钢锭中的小气孔、裂纹等缺陷焊合起来，使金属组织更加致密，从而改善了钢材的

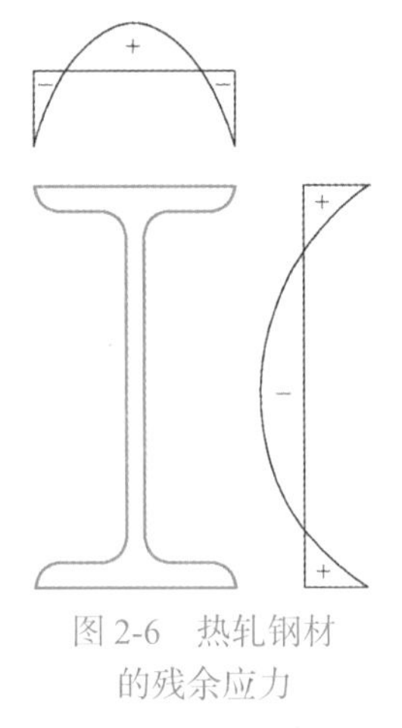

图 2-6　热轧钢材的残余应力

力学性能。一般来说，轧制的钢材越小（越薄），其强度越高，塑性和冲击韧性也越好。因此钢材强度按厚度和直径进行分组，见附表 1-1。

热轧的钢材由于不均匀冷却会产生残余应力，一般在冷却较慢处产生拉应力，早先冷却处产生压应力（图 2-6）。

4. 热处理

钢的热处理就是将钢在固态范围内施以不同的加热、保温和冷却，以改变其性能的一种工艺，根据加热和冷却方法的不同，建筑结构钢的热处理主要有：退火处理、正火处理、淬火处理、回火处理。热处理可改善钢的组织和性能，消除残余应力。淬火加高温回火的综合操作称为调质处理，可让钢材获得强度、塑性和韧性都较好的综合性能。

2.4.3　钢材的硬化

钢材硬化有时效硬化和冷作硬化两种。

时效硬化是指钢材随时间的增长，钢材强度（屈服点和抗拉强度）提高，塑性降低，特别是冲击韧性大幅降低的现象（图 2-7）。时效硬化的过程一般很长。为了测定钢材时效后的冲击韧性，常采用人工快速时效方法，即先使钢材产生 10% 左右的塑性变形，再加热至 250℃左右并保温 1 小时，然后在空气中冷却。

冷作硬化是指钢材常温下加载（剪、冲、拉、弯等）超过其屈服强度出现塑性变形后卸载，再次加载时弹性极限（或屈服点）提高的现象（图 2-8）。冷作硬化降低了钢材的塑性和冲击韧性，增加了出现脆性破坏的可能性。

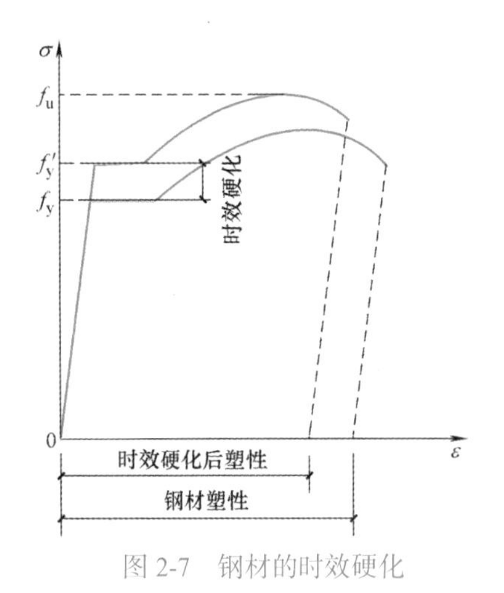

图 2-7　钢材的时效硬化

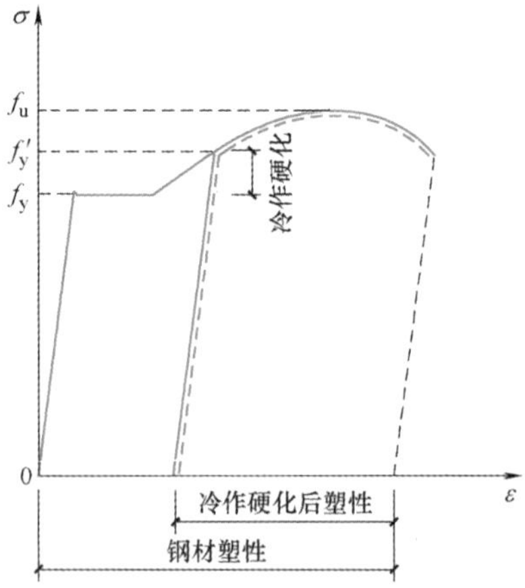

图 2-8　钢材的冷作硬化

2.4.4　温度的影响

钢材的性能受温度而变化。在 0℃以上，总的趋势是温度升高，钢材强度、弹性模量降低，变形增大（图 2-9）。200℃以内时，钢材性能基本不变；在 430～540℃之间强度急剧下降；600℃时强度很低，不能承担荷载。但在250℃左右时，钢材出现抗拉强度提高，冲击韧性下降的蓝脆现象，应避免钢材在蓝脆温度范围内进行热加工，否则可能引起热裂纹；当温度在260～320℃时，在应力持续不变的情况下，钢材以缓慢的速度继续变形，此种现象称为徐变。

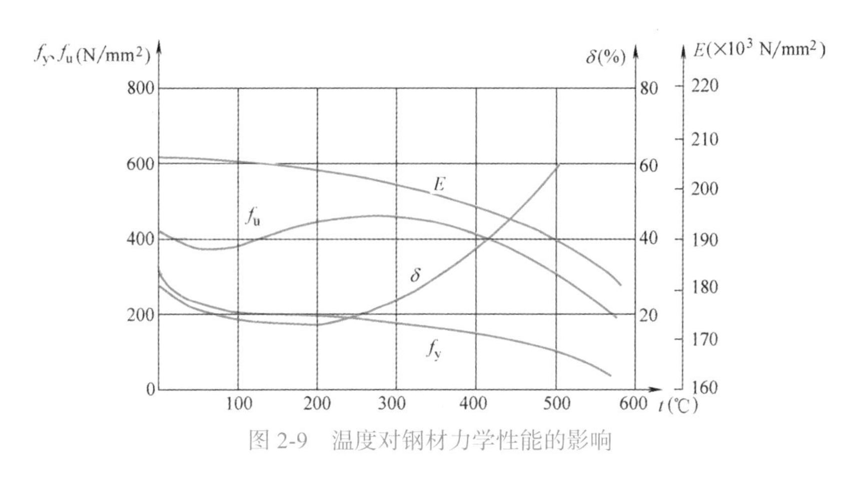

图 2-9 温度对钢材力学性能的影响

在0℃以下，总的趋势是温度降低，钢材强度略有提高，塑性、韧性降低而变脆。特别是当温度下降到某一值时，钢材的冲击韧性突然急剧下降（图 2-10），试件发生脆性破坏，这种现象称为低温冷脆现象。由图 2-10 可见，随着温度的降低，C_V 值下降很快，钢材由塑性破坏转变为脆性破坏，但是这个转变是在一个温度区间 T_1～T_2 内完成的，此温度区间称为钢材的脆性温度转变区，此区间内曲线的反弯点对应的温度 T_0 称为转变温度。T_1 与 T_2 需根据大量的统计数据才能确定。在钢结构设计中要避免完全的脆性破坏，结构所处的温度就应大于 T_1，但不要求必须大于 T_2，否则虽可避免脆性破坏，但浪费材料。

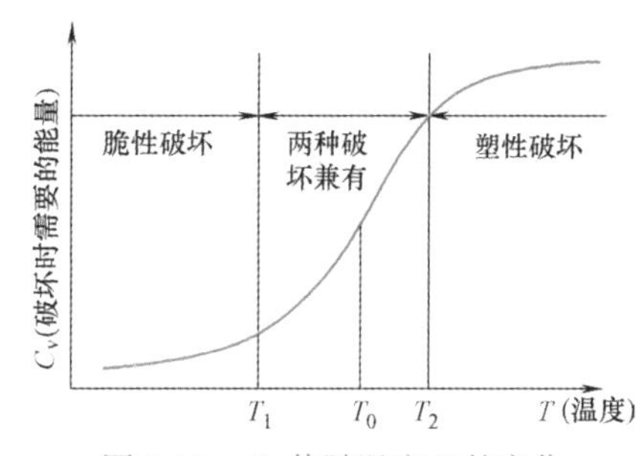

图 2-10 C_V 值随温度 T 的变化

2.4.5 复杂应力状态

钢材在单向应力作用下，当应力达到屈服点 f_y 时，钢材进入塑性状态，即屈服。但在复杂应力（二向或三向应力）作用下（图 2-11），钢材的屈服不能以某个方向的应力是否达到 f_y 来判别，而应按材料力学第四强度理论，用折算应力 σ_{zs} 与钢材单向应力下的 f_y 比较来判别。

$$\sigma_{zs}=\sqrt{\sigma_x^2+\sigma_y^2+\sigma_z^2-(\sigma_x\sigma_y+\sigma_y\sigma_z+\sigma_z\sigma_x)+3(\tau_{xy}^2+\tau_{yz}^2+\tau_{zx}^2)} \tag{2-3}$$

或用主应力表达

$$\sigma_{zs}=\sqrt{\frac{1}{2}[(\sigma_1-\sigma_2)^2+(\sigma_2-\sigma_3)^2+(\sigma_3-\sigma_1)^2]} \tag{2-4}$$

当 $\sigma_{zs} \leqslant f_y$ 时，钢材处于弹性状态；当 $\sigma_{zs} > f_y$ 时钢材处于塑性状态。

由式（2-4）可知，当 σ_1、σ_2、σ_3 同号，且数值接近时，即使每个应力都超过 f_y，钢材也很难进入塑性状态，甚至破坏时也没有明显的塑性变形，呈现脆性破坏。

对于平面应力状态：

$$\sigma_{zs}=\sqrt{\sigma_x^2+\sigma_y^2-\sigma_x\sigma_y+3\tau_{xy}^2} \tag{2-5}$$

对梁腹板，$\sigma_y=0$，记 $\sigma_x=\sigma$，$\tau_{xy}=\tau$ 则：

$$\sigma_{zs}=\sqrt{\sigma^2+3\tau^2} \tag{2-6}$$

对纯剪状态：

$$\sigma_{zs}=\sqrt{3}\tau \tag{2-7}$$

其屈服条件为：$\tau\leqslant f_y/\sqrt{3}\approx 0.58f_y$，故钢材纯剪屈服强度：

$$f_{vy}=0.58f_y \tag{2-8}$$

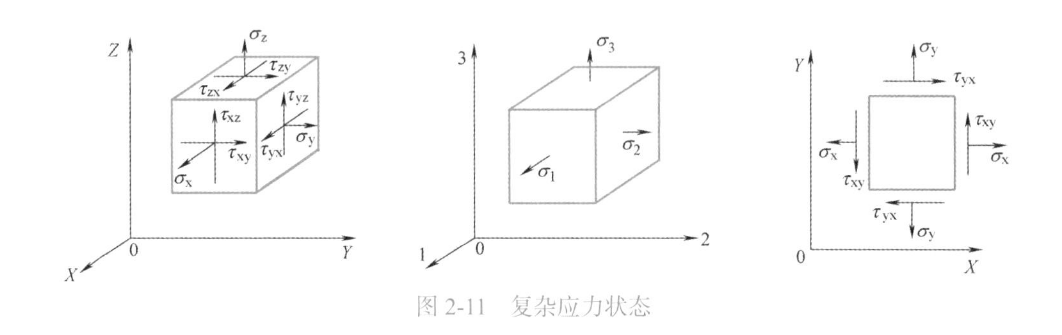

图 2-11　复杂应力状态

2.4.6　应力集中的影响

在钢结构构件中不可避免地存在着孔洞、槽口、凹角、形状变化和内部缺陷等导致的截面变化。对于轴心受力构件来说，缺陷处截面应力将不再保持均匀分布，而是在缺陷附近区域产生局部高峰应力，在其他区域则应力降低，形成应力集中现象（图 2-12）。更严重的是，靠近高峰应力的区域总是存在着同号二向或三向应力场，促使钢材变脆。

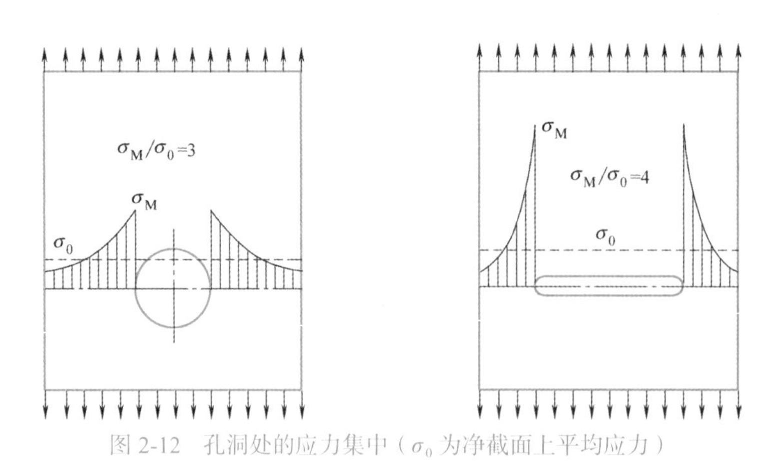

图 2-12　孔洞处的应力集中（σ_0 为净截面上平均应力）

高峰应力 σ_M 与净截面的平均应力 σ_0 之比称为应力集中系数，构件截面变化越急剧，应力集中系数越大，变脆的倾向亦愈严重，如圆形孔洞边应力集中系数为 3，而矩形孔洞边应力集中系数为 4。在一般情况下由于结构用钢材的塑性较好，当内力增大时，应力分布不均匀的现象会逐渐平缓。故受静荷载作用的构件在常温下工作时，只要符合《标准》

规定的有关要求，计算时可不考虑应力集中的影响。但在低温下或动力荷载作用下的钢结构构件，应力集中的不利影响将十分突出，往往是引起脆性破坏的根源，设计时应采取恰当措施避免或减小应力集中现象。

2.4.7　反复荷载作用

当钢材承受低于屈服强度的反复应力时，材料处于弹性工作阶段，次数不多的反复荷载作用对钢材的性能没有影响，也不产生残余应变，但如果循环次数达到一定数值以后，钢材会发生突然的脆性破坏，即高周疲劳破坏，简称疲劳破坏，如吊车梁疲劳破坏。这方面内容下一节将详细叙述。

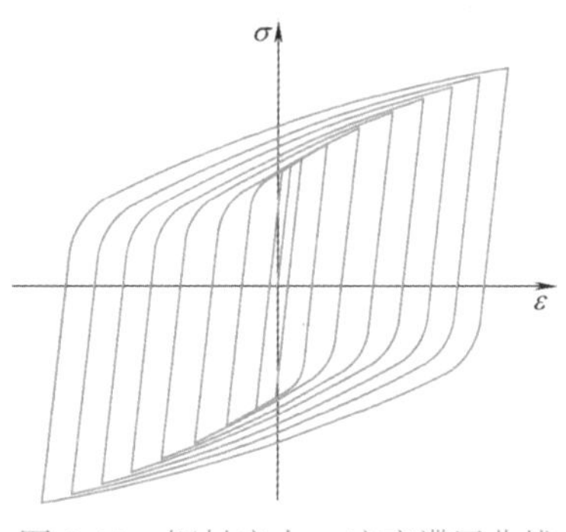

图 2-13　钢材应力－应变滞回曲线

当钢材承受的反复应力高于屈服强度，即材料处于弹塑性阶段时，反复荷载会使钢材的残余应变逐渐增加，最后产生的破坏称为低周疲劳破坏。如地震作用下的结构破坏。钢材受拉产生塑性变形后，卸载并反向加载使钢材受压，则钢材的抗压屈服强度会降低，这种现象称为包辛格效应（Bauschinger effect）（图 2-13）。在反复荷载作用下，应力－应变曲线形成滞回环（滞回曲线），滞回环所围面积代表荷载循环一次单位体积的钢材所吸收的能量（图 2-13）。

从以上论述中，我们看到有许多因素会使钢材产生脆性破坏，因此，在钢结构设计、施工和使用中，只有消除或减少使钢材产生脆性破坏的因素，才能防止或降低钢结构构件发生脆性破坏的可能。

2.5　钢材的疲劳

2.5.1　疲劳破坏的概念

钢材在连续反复荷载作用下，虽然应力低于屈服强度，但仍会发生突然的脆性断裂，称为疲劳破坏。破坏时的最大应力称为疲劳强度。

钢材的疲劳破坏过程经历三个阶段：裂纹的形成，裂纹的缓慢扩展和最后迅速断裂。反复荷载作用下，总会在钢材内部质量缺陷或截面变化处出现应力集中，个别点上首先出现塑性变形，并硬化而逐渐形成一些微观裂痕，随裂痕的数量增加并相互连接，发展成为宏观裂纹，有效截面面积减小，应力集中现象越来越严重，裂纹不断扩展，当钢材截面削弱到不足以抵抗外荷载时，钢材突然断裂。因此疲劳破坏前，塑性变形极小，没有明显的破坏预兆。

对于钢结构和钢构件，由于制作和构造的原因，总会存在各种缺陷，成为裂纹的起源，如焊接构件的焊趾处或焊缝中的孔洞、夹渣、欠焊等处，非焊接构件的冲孔、剪切、气割等处，导致钢材的疲劳破坏实际上只有裂纹扩展和最后断裂两个阶段。

疲劳破坏的断口一般可分为光滑区和粗糙区两部分。光滑区的形成是因为裂纹多次开合的缘故，而截面突然断裂面，类似于拉伸试件的断口，比较粗糙。

2.5.2 影响疲劳破坏的因素

1. 应力循环特征和应力幅

应力循环特征常用应力比 ρ 表示，它是绝对值最小应力 σ_{min} 与绝对值最大应力 σ_{max} 之比 $\rho=\sigma_{min}/\sigma_{max}$，拉应力取正值，压应力取负值。如图 2-14 所示，当 $\rho=-1$ 时称为完全对称循环（图 2-14a），疲劳强度最小；$\rho=0$ 时称为脉冲循环（图 2-14b）；$\rho=1$ 时为静荷载（图 2-14c）；$0<\rho<1$ 时为同号应力循环（图 2-14d），疲劳强度较大；$-1<\rho<0$ 时为异号应力循环（图 2-14e），疲劳强度较小。

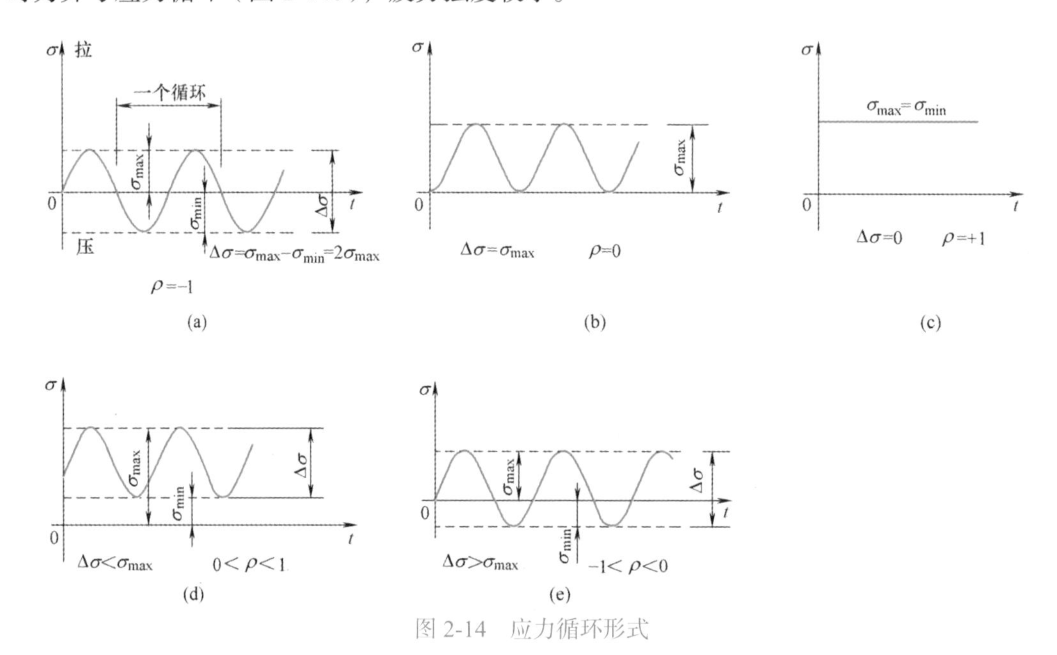

图 2-14 应力循环形式

对焊接结构，存在焊接残余应力，焊缝处及附近残余拉应力常高达屈服强度 f_y，是疲劳裂纹发生和发展最敏感的区域。而该处的名义最大应力和应力比并不代表其真实的应力状态。图 2-15（a）中的焊接板件承受纵向拉压循环，板件中名义应力从 σ_{min} 到 σ_{max} 循环变化。当开始承受拉力时，因焊缝附近的残余拉应力已达屈服强度 f_y，实际拉应力不再增加，保持 f_y 不变；当名义循环应力减小到最小值 σ_{min} 时，焊缝附近的实际应力降至 $f_y-(\sigma_{max}-\sigma_{min})$。显然焊缝附近的真实应力比为 $\rho=[f_y-(\sigma_{max}-\sigma_{min})]/f_y$，而不是名义应力比 $\rho=\sigma_{min}/\sigma_{max}$。如板件中施加应力由 σ 到 0（$\rho=0$），真实应力由 f_y 到 $(f_y-\sigma)$；如施加应力由 $\sigma/2$ 至 $-\sigma/2$（$\rho=-1$），真实应力变化范围仍是由 f_y 到 $(f_y-\sigma)$。因此，对于焊接结构，不管循环荷载下的名义应力比 ρ 为何值，只要应力的幅度 $\sigma_{max}-\sigma_{min}$ 相同，真实的应力比就相同，对构件的实际作用效果就相同。

定义最大应力与最小应力的代数差为应力幅 $\Delta\sigma=\sigma_{max}-\sigma_{min}$，以拉应力为正值，压应力为负值，应力幅总是正值。因此应力幅是决定疲劳的关键，这就是应力幅准则。由以上分析可知，焊接结构的疲劳性能主要取决于应力幅。

应力幅在整个应力循环过程中保持常量的循环称为常幅应力循环，如图 2-16（a）所示，若应力幅是随时间随机变化的，则称为变幅应力循环，如图 2-16（b）所示。

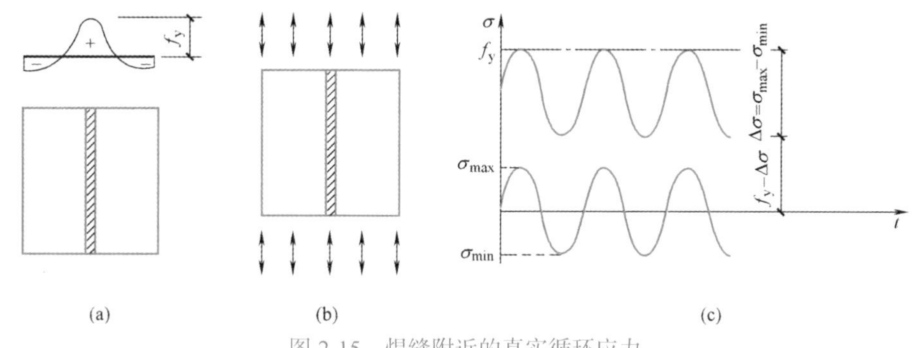

图 2-15　焊缝附近的真实循环应力

（a）残余应力分布；（b）拉压循环荷载；（c）循环应力

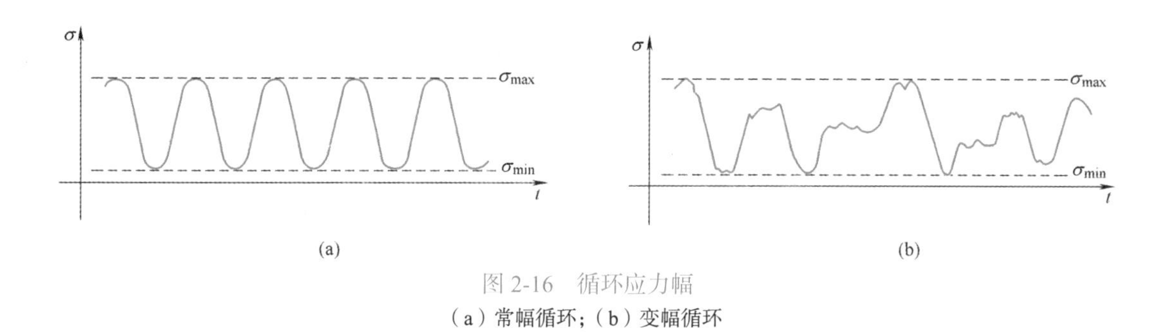

图 2-16　循环应力幅

（a）常幅循环；（b）变幅循环

对于非焊接结构，残余拉应力很小或没有，此时疲劳破坏不仅与应力幅 $\Delta\sigma$ 有关，而且与名义应力比 ρ 相关，为了统一采用应力幅，《标准》对非焊接结构采用折算应力幅：

$$\Delta\sigma=\sigma_{max}-0.7\sigma_{min} \tag{2-9}$$

2. 循环次数（疲劳寿命）

连续反复荷载作用下应力由大到小的循环次数称为疲劳寿命，一般用 N 表示。应力循环次数愈少，产生疲劳破坏的应力幅愈大，疲劳强度愈高。当应力循环次数少到一定程度，就不会产生疲劳破坏。因此，钢结构设计标准规定，直接承受动力荷载重复作用的钢结构构件（如吊车梁、吊车桁架、工作平台梁等）及其连接，当应力循环次数等于或大于 5×10^4 时，才应进行疲劳计算；反之，应力循环次数愈多，产生疲劳破坏的应力幅愈小，疲劳强度愈低。无论常幅循环还是变幅循环，当应力幅小到一定程度，不管循环多少次都不会产生疲劳破坏，这个应力幅称为疲劳截止限。我国《标准》给定的疲劳截止限对应应力循环次数为 1×10^8。

3. 应力集中

应力集中是影响疲劳性能的重要因素。应力集中越严重，钢材越容易发生疲劳破坏。应力集中的程度由构造细节所决定，包括微小缺陷，孔洞、缺口、凹槽及截面尺寸变化（厚度和宽度变化）等；对焊接结构来说则表现为零件之间相互连接的方式和焊缝的形式等。因此，对于相同的连接形式，构造细节的处理不同，也会对疲劳强度造成较大的影响。

研究表明，钢材的静力强度对疲劳性能无显著影响，因此，当构件或连接的承载力由疲劳强度起控制作用时，采用高强度钢材往往不能发挥其高强作用，是不经济的。

2.5.3 容许应力幅

对不同的构件和连接用不同的应力幅进行常幅循环应力试验，可得疲劳破坏时不同的循环次数 N，将足够多的试验点连接起来就可得到 $\Delta\sigma$-N 曲线（图 2-17a），即疲劳曲线，取双对数坐标时，疲劳曲线呈直线，即 S-N 曲线。对于正应力疲劳 S-N 曲线可简化为三折线，如图 2-17（b）所示；对于剪应力疲劳 S-N 曲线可简化为两折线，如图 2-17（c）所示。以正应力疲劳为例，容许应力幅计算方法为：

图 2-17（b）中斜直线 ab（$N \leqslant 5\times10^6$），其方程可表达为：

$$\lg N = b - m\lg\Delta\sigma \tag{2-10}$$

考虑到试验点的离散性，需要有一定的概率保证，则方程改为

$$\lg N = b - m\lg\Delta\sigma - 2\sigma_n \tag{2-11}$$

式中　b——$\lg N$ 轴上的截距；

m——斜直线对纵坐标的斜率（绝对值）；

σ_n——标准差，根据试验数据由统计理论公式得出，它表示 $\lg N$ 的离散程度。

对于随机变量 $\lg N$，其均值减去 $2\sigma_n$，若 $\lg N$ 呈正态分布时，其保证率是 97.7%；若呈 t 分布，则约为 95%。

由式（2-11）可得：

$$\Delta\sigma = \left(\frac{10^{b-2\sigma_n}}{N}\right)^{\frac{1}{m}} = \left(\frac{C_Z}{N}\right)^{\frac{1}{m}} \tag{2-12}$$

取此 $\Delta\sigma$ 作为正应力疲劳容许应力幅，并将 m 调成整数，记为 β_Z：

$$[\Delta\sigma] = \left(\frac{C_Z}{N}\right)^{\frac{1}{\beta_Z}} \tag{2-13}$$

对于图 2-17（b）中 bc 段（$5\times10^6 < N \leqslant 1\times10^8$），同理可得其正应力疲劳容许应力幅：

$$[\Delta\sigma] = \left[\left([\Delta\sigma]_{5\times10^6}\right)\frac{C_Z}{N}\right]^{\frac{1}{\beta_Z+2}} \tag{2-14}$$

式中　N——应力循环次数；

C_Z、β_Z——正应力疲劳时构件和连接的相关系数；

$[\Delta\sigma]_{5\times10^6}$——应力循环次数 $N=5\times10^6$ 时的正应力疲劳容许应力幅。

当正应力循环次数 $N > 1\times10^8$，即图 2-17（b）中 cd 段，容许应力幅记为 $[\Delta\sigma_L]_{1\times10^8}$，即正应力疲劳截止限。

剪应力疲劳容许应力幅计算如下：

当剪应力循环次数 $N \leqslant 1\times10^8$ 时：

$$[\Delta\tau] = \left(\frac{C_J}{N}\right)^{\frac{1}{\beta_J}} \tag{2-15}$$

当剪应力循环次数 $N > 1\times10^8$ 时：

$$[\Delta\tau] = [\Delta\tau_L]_{1\times10^8} \tag{2-16}$$

式中　C_J、β_J——剪应力疲劳时构件和连接的相关系数；

$[\Delta\tau_L]_{1\times10^8}$——剪应力疲劳截止限。

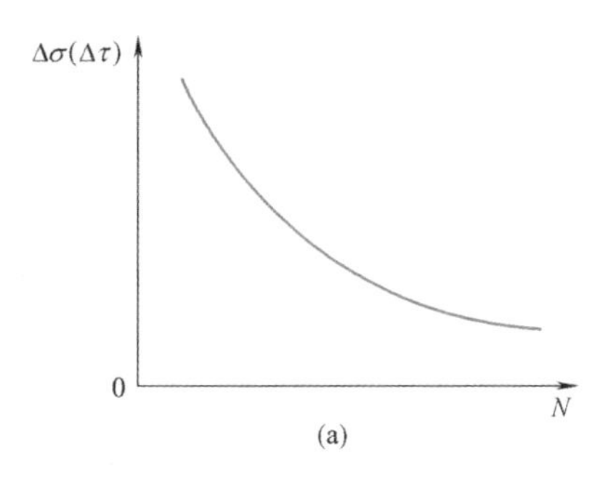

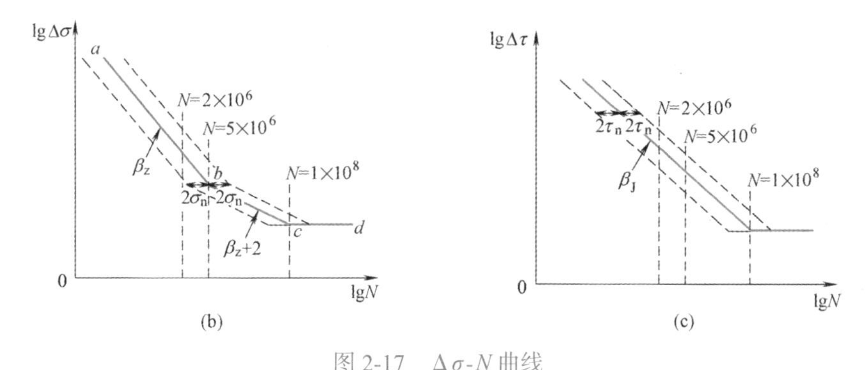

图 2-17 $\Delta\sigma$-N 曲线

（a）疲劳曲线；（b）正应力疲劳 S-N 曲线；（c）剪应力疲劳 S-N 曲线

不同构件和连接形式的试验回归直线方程的斜率和截距不尽相同，为了设计方便，根据已有试验研究结果并参考欧洲钢结构设计规范 EC3，按应力集中的影响程度以及应力种类，将构件和连接形式进行了分类，针对正应力幅疲劳计算，分 14 个类别，为 Z1～Z14；针对剪应力幅疲劳计算，分 3 个类别，为 J1～J3，见附录 6。Z1～Z14 是有不同程度的应力集中的主体金属；J1～J3 为受剪角焊缝、螺栓和栓钉。正应力幅疲劳容许应力幅计算时 C_Z、β_Z 取值见表 2-1；剪应力幅疲劳容许应力幅计算时 C_J、β_J 取值见表 2-2。

由式（2-13）～式（2-15）可知，只要确定了系数 C_Z、β_Z 和 C_J、β_J，就可根据设计使用年限内可能出现的应力循环次数 N 确定容许应力幅 $[\Delta\sigma]$，或根据设计应力幅水平预估应力循环次数 N。

正应力幅的疲劳计算参数 表 2-1

构件与连接类别	构件与连接相关系数		循环次数 n 为 2×10^6 次的容许正应力幅 $[\Delta\sigma]_{2\times10^6}$（$N/mm^2$）	循环次数 n 为 5×10^6 次的容许正应力幅 $[\Delta\sigma]_{5\times10^6}$（$N/mm^2$）	疲劳截止限 $[\Delta\sigma_L]_{1\times10^8}$（$N/mm^2$）
	C_Z	β_Z			
Z1	1920×10^{12}	4	176	140	85
Z2	861×10^{12}	4	144	115	70
Z3	3.91×10^{12}	3	125	92	51
Z4	2.81×10^{12}	3	112	83	46
Z5	2.00×10^{12}	3	100	74	41

续表

构件与连接类别	构件与连接相关系数		循环次数 n 为 2×10^6 次的容许正应力幅 $[\Delta\sigma]_{2\times10^6}$（N/mm²）	循环次数 n 为 5×10^6 次的容许正应力幅 $[\Delta\sigma]_{5\times10^6}$（N/mm²）	疲劳截止限 $[\Delta\sigma_L]_{1\times10^8}$（N/mm²）
	C_Z	β_Z			
Z6	1.46×10^{12}	3	90	66	36
Z7	1.02×10^{12}	3	80	59	32
Z8	0.72×10^{12}	3	71	52	29
Z9	0.50×10^{12}	3	63	46	25
Z10	0.35×10^{12}	3	56	41	23
Z11	0.25×10^{12}	3	50	37	20
Z12	0.18×10^{12}	3	45	33	18
Z13	0.13×10^{12}	3	40	29	16
Z14	0.09×10^{12}	3	36	26	14

注：构件与连接的分类应符合附录 6 的规定。

剪应力幅的疲劳计算参数　　表 2-2

构件与连接类别	构件与连接相关系数		循环次数 n 为 2×10^6 次的容许正应力幅 $[\Delta\tau]_{2\times10^6}$（N/mm²）	疲劳截止限 $[\Delta\tau_L]_{1\times10^8}$（N/mm²）
	C_J	β_J		
J1	4.10×10^{11}	3	59	16
J2	2.00×10^{16}	5	100	46
J3	8.61×10^{21}	8	90	55

注：构件与连接的分类应符合附录 6 的规定。

2.5.4 疲劳计算

一般钢结构都是按照概率极限状态进行验算的，但对于疲劳强度问题，采用荷载标准值按容许应力幅法进行计算，原因在于目前我国对基于可靠度理论的疲劳极限状态设计方法研究还缺乏基础性研究，对不同类型构件及连接的裂纹形成、扩展以致断裂这一全过程的极限状态，包括其严格的定义和影响发展过程的有关因素都还未明确，掌握的疲劳强度数据只是结构抗力表达式中的材料强度部分。

由于疲劳验算方法是以试验为依据，而疲劳试验中已包含了动力影响，故计算时不再考虑荷载的动力系数。

1. 疲劳截止限

试验和理论分析表明，当结构所受的应力幅较低时，无论是常幅疲劳还是变幅疲劳，低于疲劳截止限的应力幅一般不会导致疲劳破坏。因此，在结构设计使用年限期间，当常幅应力循环或变幅应力循环的最大应力幅不超过疲劳截止限时，则疲劳强度满足要求。此外，对于正应力幅的疲劳问题，由于焊趾位置的应力集中或应力梯度变化受板厚影响，导致疲劳强度随着板厚的增加有一定程度的降低，因此需要对容许正应力幅进行板厚变化修正。

（1）正应力幅的疲劳：

$$\Delta\sigma < \gamma_t [\Delta\sigma_L]_{1\times10^8} \tag{2-17}$$

对焊接部位：$\Delta\sigma = \sigma_{max} - \sigma_{min}$

对非焊接部位：$\Delta\sigma = \sigma_{max} - 0.7\sigma_{min}$

（2）剪应力幅的疲劳：

$$\Delta\tau < [\Delta\tau_L]_{1\times10^8} \tag{2-18}$$

对焊接部位：$\Delta\tau = \tau_{max} - \tau_{min}$

对非焊接部位：$\Delta\tau = \tau_{max} - 0.7\tau_{min}$

式中　$\Delta\sigma$——构件或连接计算部位的正应力幅（N/mm^2）；

σ_{max}——计算部位应力循环中的最大拉应力（取正值）（N/mm^2）；

σ_{min}——计算部位应力循环中的最小拉应力或压应力（N/mm^2），拉应力取正值，压应力取负值；

$\Delta\tau$——构件或连接计算部位的剪应力幅（N/mm^2）；

τ_{max}——计算部位应力循环中的最大剪应力（N/mm^2）；

τ_{min}——计算部位应力循环中的最小剪应力（N/mm^2）；

$[\Delta\sigma_L]_{1\times10^8}$——正应力幅的疲劳截止限（$N/mm^2$），根据规定的构件和连接类别按表2-1采用；

$[\Delta\tau_L]_{1\times10^8}$——剪应力幅的疲劳截止限（$N/mm^2$），根据规定的构件和连接类别按表2-2采用；

γ_t——板厚或直径修正系数，按下列规定计算：

① 对于横向角焊缝连接和对接焊缝连接，当连接板厚 t（mm）超过25mm时：

$$\gamma_t = \left(\frac{25}{t}\right)^{0.25} \tag{2-19}$$

② 对于螺栓轴向受拉连接，当螺栓的公称直径 d（mm）大于30mm时：

$$\gamma_t = \left(\frac{30}{d}\right)^{0.25} \tag{2-20}$$

③ 其余情况取 $\gamma_t = 1.0$。

2. 疲劳验算

当应力幅不能满足式（2-17）或式（2-18）要求时，应按下列规定进行疲劳计算：

（1）常幅疲劳

1）正应力幅的疲劳计算：

$$\Delta\sigma < \gamma_t [\Delta\sigma] \tag{2-21}$$

2）剪应力幅的疲劳计算：

$$\Delta\tau < [\Delta\tau] \tag{2-22}$$

式中　$\Delta\sigma$、$\Delta\tau$——常幅疲劳的正应力幅和剪应力幅（N/mm^2），计算公式同前；

$[\Delta\sigma]$、$[\Delta\tau]$——常幅疲劳的容许正应力幅和容许剪应力幅（N/mm^2），按式（2-13）～式（2-15）计算。

（2）变幅疲劳

大部分结构实际所承受的循环应力不是常幅的，而是变幅随机的，如吊车梁、桥梁荷载。对变幅疲劳，若能根据结构实际的应力状况（应力的测定资料），并按雨流法或泄水法等计数方法进行应力幅的频次统计、预测或估算得到结构的设计应力谱，运用 Miner 线性累计损伤定律，则可将变幅疲劳转换为应力循环 200 万次的常幅疲劳计算。

假设设计应力谱包括应力幅水平 $\Delta\sigma_1$、$\Delta\sigma_2$…$\Delta\sigma_i$…及对应的循环次数 n_1、n_2…n_i…。由 S-N 曲线计算得 $\Delta\sigma_i$ 对应的疲劳寿命为 N_i，则 $\Delta\sigma_i$ 应力幅所占损伤率为 n_i/N_i，当式（2-21）成立时，发生疲劳破坏。

$$\sum\frac{n_i}{N_i}=1 \tag{2-23}$$

由式（2-21）可得变幅疲劳相当于常幅疲劳 200 万次的等效应力幅：

$$\Delta\sigma_{\mathrm{e}}=\left[\frac{\sum n_i(\Delta\sigma_i)^{\beta_{\mathrm{Z}}}+([\Delta\sigma]_{5\times10^6})^{-2}\sum n_j(\Delta\sigma_j)^{\beta_{\mathrm{Z}}+2}}{2\times10^6}\right]^{1/\beta_{\mathrm{Z}}} \tag{2-24}$$

$$\Delta\tau_{\mathrm{e}}=\left[\frac{\sum n_i(\Delta\tau_i)^{\beta_{\mathrm{J}}}}{2\times10^6}\right]^{1/\beta_{\mathrm{J}}} \tag{2-25}$$

式中　$\Delta\sigma_{\mathrm{e}}$、$\Delta\tau_{\mathrm{e}}$——由变幅疲劳预期使用寿命（总循环次数 n）折算成循环次数 n 为 2×10^6 次的等效正应力幅和等效剪应力幅（$\mathrm{N/mm^2}$）；

其余符号同前。

这样，变幅疲劳计算就可以用等效应力幅按等幅疲劳计算。

1）正应力幅的疲劳计算：

$$\Delta\sigma_{\mathrm{e}}<\gamma_{\mathrm{t}}[\Delta\sigma]_{2\times10^6} \tag{2-26}$$

2）剪应力幅的疲劳计算：

$$\Delta\tau_{\mathrm{e}}<[\Delta\tau]_{2\times10^6} \tag{2-27}$$

（3）吊车梁疲劳计算

吊车运行时并不总是满载，吊车小车的位置也在变化，因此吊车梁每次的荷载循环都不尽相同。为设计方便，钢结构设计标准对重级工作制吊车梁和重级、中级工作制吊车桁架的变幅疲劳视为欠载状态下的常幅疲劳，引入欠载效应等效系数 $\alpha_{\mathrm{f}}=\Delta\sigma_{\mathrm{e}}/\Delta\sigma_{\max}$，按下式计算：

1）正应力幅的疲劳计算：

$$\alpha_{\mathrm{f}}\Delta\sigma<\gamma_{\mathrm{t}}[\Delta\sigma]_{2\times10^6} \tag{2-28}$$

2）剪应力幅的疲劳计算：

$$\alpha_{\mathrm{f}}\Delta\tau<[\Delta\tau]_{2\times10^6} \tag{2-29}$$

式中　$\Delta\sigma$——所计算部位应力循环中最大应力幅；

α_{f}——欠载效应的等效系数，根据对国内吊车荷载谱的调查统计结果，取 A6～A8 工作级别（重级）的硬钩吊车为 1.0，A6、A7 工作级别（重级）的软钩吊车为 0.8，A4、A5 工作级别（中级）的吊车为 0.5。

2.6 建筑钢材的种类及其选择

2.6.1 钢材的种类和牌号

钢材的品种繁多，钢结构中采用的钢材主要有碳素结构钢、低合金高强度结构钢和建筑结构用钢板。

1. 碳素结构钢

根据现行国家标准《碳素结构钢》GB/T 700的规定，碳素结构钢的牌号由代表屈服强度的字母Q、屈服强度的数值（N/mm^2）、质量等级符号和脱氧方法符号等四个部分按顺序组成。

碳素结构钢分为Q195、Q215、Q235和Q275等四种，屈服强度越大，其含碳量、强度指标和硬度越大，而塑性越低。其中Q235在使用、加工和焊接方面的性能都比较好，是钢结构常用钢材之一。

质量等级分为A、B、C、D四级，由A到D表示质量由低到高。不同质量等级的碳素结构钢对化学成分和力学性能的要求不同。A级无冲击试验要求，对冷弯试验只在需方有要求时才进行，在力学性能符合规定的情况下，其碳、锰、硅含量也可以不作为交货条件；B级、C级、D级分别要求保证20℃、0℃、−20℃时夏比V形缺口冲击功C_v不小于27J（纵向），都要求提供冷弯试验的合格保证，以及碳、锰、硅、硫和磷等含量的质保。

所有钢材交货时供方应提供屈服强度、极限强度和伸长率等力学性能的质保。

碳素结构钢的脱氧方法分为沸腾钢、镇静钢和特殊镇静钢，分别用汉字拼音字首F、Z和TZ表示。对Q235，A、B级钢可以是Z或F，C级钢只能是Z，D级钢只能是TZ。Z和TZ可以省略不写。

如Q235AF表示屈服强度为235N/mm^2的A级沸腾钢；Q235BZ表示屈服强度为235N/mm^2的B级镇静钢；Q235C表示屈服强度为235N/mm^2的C级镇静钢。

2. 低合金高强度结构钢

低合金高强度结构钢是指在炼钢过程中添加一种或几种少量合金元素，其总量低于5%的钢材。低合金钢因含有合金元素而具有较高的强度。根据现行国家标准《低合金高强度结构钢》GB/T 1591的规定，其牌号由代表屈服强度的字母Q、规定的最小上屈服强度数值、交货状态代号、质量等级符号四个部分组成。低合金高强度结构钢分为：Q355、Q390、Q420、Q460、Q500、Q550、Q620和Q690。目前普通钢结构中常用的为Q355、Q390、Q420和Q460四种。

低合金高强度结构钢交货时供方应提供屈服强度、极限强度、伸长率和冷弯试验等力学性能质保；还要提供碳、锰、硅、硫、磷、钒、铝和铁等化学成分含量的质保。

低合金高强度结构钢的质量等级分为B、C、D、E、F级，其中B、C、D级与碳素结构钢的要求指标基本相同，而E、F级要求提供−40℃和−60℃时夏比V形缺口冲击功C_v不应小于27J（纵向）。不同质量等级对碳、硫、磷、铝等的含量要求也有区别。其脱氧方法为镇静钢或特殊镇静钢，在钢牌号中可省略不写。

如Q390ND，表示最小上屈服强度为390N/mm^2，交货状态为正火或正火轧制，质量等级为D级的低合金高强度结构钢。

碳素结构钢和低合金高强度结构钢都可以采取适当的热处理（如调质处理）进一步提高其强度。例如用于制造高强度螺栓的45号优质碳素钢以及40硼（40B）、20锰钛硼（20MnTiB）钢就是通过调质处理提高强度的。

3. 建筑结构用钢板

建筑结构用钢板是一种高性能优质钢材，属于低合金钢。符合现行国家标准《建筑结构用钢板》GB/T 19879的GJ类钢材，其性能明显好于符合现行国家标准《碳素结构钢》GB/T 700或现行国家标准《低合金高强度结构钢》GB/T 1591的普通钢材，同等级GJ类钢材强度设计值高于普通钢材。其牌号表示方法与低合金高强度结构钢类似，由代表屈服强度的字母Q、规定的最小下屈服强度数值、代表高性能建筑结构用钢的字母（GJ）、质量等级符号组成。建筑结构用钢板牌号有Q235GJ、Q345GJ、Q390GJ、Q420GJ、Q460GJ、Q500GJ、Q550GJ、Q620GJ和Q690GJ。目前用于普通钢结构中的为Q345GJ。

建筑结构用钢板的质量等级分为B、C、D、E级，其中Q460GJ以下各质量等级的最小冲击吸收能量值要求均不应小于47J。

如Q345GJC，表示最小下屈服强度为345N/mm^2、质量等级为C级的建筑结构用钢板。

各种牌号的结构钢材强度设计值见附表1-1。

当钢材厚度较大时（如大于40mm），为避免焊接时产生层状撕裂，需采用Z向钢。Z向钢是在某一级结构钢（母级钢）的基础上，经过特殊冶炼和处理的钢材。Z向钢在厚度方向有较好的延展性，有良好的抗层状撕裂能力，适用高层建筑和大跨度钢结构的厚钢板结构。我国生产的Z向钢板的标记是在母级钢牌号后面加上Z向钢板等级标记，如Z15、Z25、Z35等，Z后数字为截面收缩率指标（%），截面收缩率愈高，其抗层状撕裂的性能愈好。Z向钢的钢牌号具体表示示例：Q390NDZ25、Q345GJCZ25等。

为提高钢材的耐腐蚀性能，在低碳钢或低合金钢中加入铜、铬、镍等合金元素，从而冶炼制成一种耐大气腐蚀的钢材，称为耐候钢。在大气作用下，耐候钢表面会自动生成一种致密的防腐薄膜，起到抗腐蚀作用，这种钢材适用于露天的钢结构。

2.6.2 钢材的选用

2.6.2.1 选用钢材的原则

结构钢材的选用应遵循技术可靠、经济合理的原则，综合考虑结构的重要性、荷载特征、结构形式、应力状态、连接方法、工作环境、钢材厚度和价格等因素，选用合适的钢材牌号和材性保证项目。

1. 结构的重要性

结构和构件按其用途、部位和破坏后果的严重性可以分为重要、一般和次要三类，不同类别的结构或构件应选用不同的钢材。例如民用大跨度屋架、重级工作制吊车梁等属重要的结构，应选用质量好的钢材；一般屋架、梁和柱等属于一般的结构；楼梯、栏杆、平台等则是次要的结构，可采用质量等级较低的钢材。

2. 荷载的性质

结构承受的荷载可分为静力荷载和动力荷载两种。对承受动力荷载的结构应选用塑性、冲击韧性好的质量高的钢材，如Q355C或Q235C；对承受静力荷载的结构可选用一般质量的钢材如Q235BF。

3. 连接方法

钢结构的连接有焊接和非焊接之分，焊接结构由于在焊接过程中不可避免地会产生焊接应力、焊接变形和焊接缺陷。因此，应选择碳、硫、磷含量较低，塑性、韧性和可焊性都较好的钢材。对非焊接结构，如高强度螺栓连接的结构，这些要求就可放宽。

4. 结构的工作环境

结构所处的环境如温度变化、腐蚀作用等对钢材的影响很大。在低温下工作的结构，尤其是焊接结构，应选用具有良好抗低温脆断性能的镇静钢，结构可能遭受的最低温度应高于钢材的冷脆转变温度。当周围有腐蚀性介质时，应对钢材的抗锈蚀性作相应要求。

5. 钢材厚度

厚度大的钢材不但强度低，而且塑性、冲击韧性和可焊性也较差，因此厚度大的焊接结构应采用材质较好的钢材。

2.6.2.2　钢材选用建议

1. 承重结构的钢材宜采用Q235、Q355、Q390、Q420和Q345GJ钢材，其质量应分别符合现行国家标准《碳素结构钢》GB/T 700、《低合金高强度结构钢》GB/T 1591和《建筑结构用钢板》GB/T 19879的规定。结构用钢板、热轧工字钢、槽钢、角钢、H型钢和钢管等型材产品的规格、外形、重量及允许偏差应符合国家现行相关标准的规定。

2. 承重结构所用的钢材应具有屈服强度、抗拉强度、断后伸长率和硫、磷含量的合格保证，对焊接结构尚应具有碳当量的合格保证。焊接承重结构以及重要的非焊接承重结构采用的钢材应具有冷弯试验的合格保证；对直接承受动力荷载或需验算疲劳的构件所用钢材尚应具有冲击韧性的合格保证。

3. 钢材质量等级的选用应符合下列规定：

（1）A级钢仅可用于结构工作温度高于0℃的不需要验算疲劳的结构，且Q235A钢不宜用于焊接结构。

（2）需验算疲劳的焊接结构用钢材应符合下列规定：

1）当工作温度高于0℃时其质量等级不应低于B级；

2）当工作温度不高于0℃但高于−20℃时，Q235、Q355钢不应低于C级，Q390、Q420及Q460钢不应低于D级；

3）当工作温度不高于−20℃时，Q235钢和Q355钢不应低于D级，Q390钢、Q420钢、Q460钢应选用E级。

（3）需验算疲劳的非焊接结构，其钢材质量等级要求可较上述焊接结构降低一级但不应低于B级。吊车起重量不小于50t的中级工作制吊车梁，其质量等级要求应与需要验算疲劳的构件相同。

4. 工作温度不高于−20℃的受拉构件及承重构件的受拉板材应符合下列规定：

（1）所用钢材厚度或直径不宜大于40mm，质量等级不宜低于C级；

（2）当钢材厚度或直径不小于40mm时，其质量等级不宜低于D级；

（3）重要承重结构的受拉板材宜满足现行国家标准《建筑结构用钢板》GB/T 19879 的要求。

5. 在 T 形、十字形和角形焊接的连接节点中，当其板件厚度不小于 40mm 且沿板厚方向有较高撕裂拉力作用，包括较高约束拉应力作用时，该部位板件钢材宜具有厚度方向抗撕裂性能即 Z 向性能的合格保证，其沿板厚方向断面收缩率不小于按现行国家标准《厚度方向性能钢板》GB/T 5313 规定的 Z15 级允许限值。钢板厚度方向承载性能等级应根据节点形式、板厚、熔深或焊缝尺寸、焊接时节点拘束度以及预热、后热情况等综合确定。

6. 焊接承重结构为防止钢材的层状撕裂而采用 Z 向钢时，其质量应符合现行国家标准《厚度方向性能钢板》GB/T 5313 的规定。

7. 处于外露环境，且对耐腐蚀有特殊要求或处于侵蚀性介质环境中的承重结构，可采用 Q235NH、Q355NH 和 Q415NH 牌号的耐候结构钢，其质量应符合现行国家标准《耐候结构钢》GB/T 4171 的规定。

8. 非焊接结构用铸钢件的质量应符合现行国家标准《一般工程用铸造碳钢件》GB/T 11352 的规定，焊接结构用铸钢件的质量应符合现行国家标准《焊接结构用铸钢件》GB/T 7659 的规定。

9. 采用塑性设计的结构及进行弯矩调幅的构件，所采用的钢材应符合下列规定：

（1）屈强比不应大于 0.85；

（2）钢材应有明显的屈服台阶，且伸长率不应小于 20%。

10. 当采用《标准》未列出的其他牌号钢材时，宜按照现行国家标准《建筑结构可靠性设计统一标准》GB 50068 进行统计分析，研究确定其设计指标及适用范围。

2.6.3 钢材的规格

钢结构所用的钢材主要为热轧成型的钢板、型钢，以及冷弯成型的薄壁型钢。

1. 钢板

钢板有薄钢板（厚度 0.35～4mm）、厚钢板（厚度 4.5～60mm）、特厚板（板厚＞60mm）和扁钢（厚度 4～60mm，宽度为 12～200mm）等。钢板用“－宽 × 厚 × 长”或“－宽 × 厚”表示，单位为 mm，如 −450×8×3100，−450×8。薄钢板主要用来制造冷弯薄壁型钢，厚钢板用作梁、柱等焊接构件的腹板和翼缘以及连接板。

2. 型钢

钢结构常用的型钢有角钢、工字型钢、槽钢和 H 型钢、钢管等（图 2-18）。除 H 型钢和钢管有热轧和焊接成型外，其余型钢均为热轧成型。

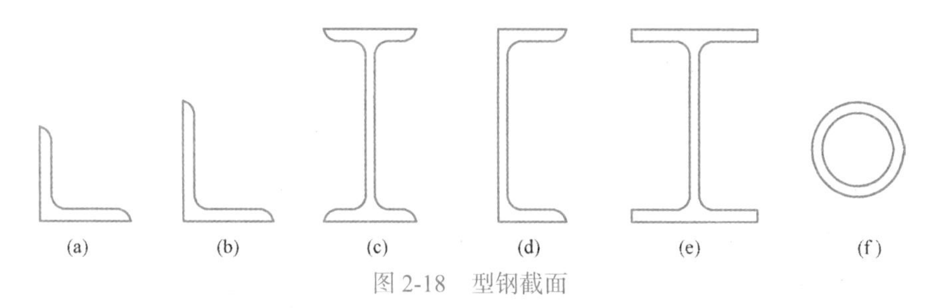

图 2-18 型钢截面

（1）角钢

角钢有等边角钢（图 2-18a）和不等边角钢（图 2-18b）两种。等边角钢以"∟肢宽 × 肢厚"表示，不等边角钢以"∟长肢宽 × 短肢宽 × 肢厚"表示，单位为 mm，如∟63×5、∟100×80×8。

（2）工字钢（图 2-18c）

工字钢有普通工字钢和轻型工字钢两种。普通工字钢用"I"和截面高度的厘米数表示，高度 20cm 以上的工字钢，同一高度最多有三种腹板厚度，分别记为 a、b、c，a 类腹板最薄、翼缘最窄，b 类较厚较宽，c 类最厚最宽，如 I20a。同样高度的轻型工字钢的翼缘要比普通工字钢的翼缘宽而薄，腹板也薄，轻型工字钢可用汉语拼音符号"Q"表示，如 QI40 等。

（3）槽钢（图 2-18d）

槽钢也分普通槽钢和轻型槽钢两种，以"［"或"Q［"和截面高度厘米数表示，如［20b、Q［22 等。

（4）H 型钢（图 2-18e）

H 型钢分热轧和焊接两种。热轧 H 型钢有宽翼缘（HW）、中翼缘（HM）、窄翼缘（HN）和 H 型钢柱（HP）等四类。H 型钢用"高度 × 宽度 × 腹板厚度 × 翼缘厚度"表示，单位为 mm，如 HW250×250×9×14、HM294×200×8×12。

焊接 H 型钢是由钢板用高频焊接组合而成，也用"高度 × 宽度 × 腹板厚度 × 翼缘厚度"表示，如 H350×250×10×16。

（5）钢管（图 2-18f）

钢管有热轧无缝钢管和焊接钢管两种。无缝钢管的外径为 32～630mm。钢管用"Φ 外径 × 壁厚"来表示，单位为 mm，如 Φ273×7。

我国生产的各型钢规格和截面特性见附录 7。对普通钢结构的受力构件不宜采用厚度小于 5mm 的钢板、壁厚小于 3mm 的钢管、截面小于∟45×4 或∟56×36×4 的角钢。

3. 冷弯薄壁型钢（图 2-19）

冷弯薄壁型钢采用薄钢板冷轧制成。其壁厚一般为 1.5～12mm，但承重结构受力构件的壁厚不宜小于 2mm。薄壁型钢能充分利用钢材的强度以节约钢材，在轻钢结构中得到广泛应用。常用冷弯薄壁型钢截面形式有等边角钢（图 2-19a）、卷边等边角钢（图 2-19b）、Z 型钢（图 2-19c）、卷边 Z 型钢（图 2-19d）、槽钢（图 2-19e）、卷边槽钢（C 型钢）（图 2-19f）、钢管（图 2-19g、h）等，其表示方法为：按字母 B、截面形状符号和长边宽度 × 短边宽度 × 卷边宽度 × 壁厚的顺序表示，单位为 mm，长、短边相等时，只标一个边宽，无卷边时不标卷边宽度，如 BC120×40×2.5、BC160×60×20×3。

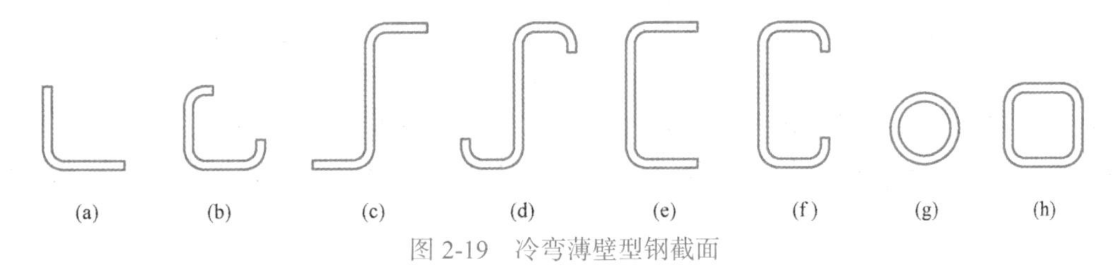

图 2-19　冷弯薄壁型钢截面

压型钢板（图 2-20）是冷弯薄壁型钢的另一种形式，它是用厚度为 0.4～2mm 的钢板、镀锌钢板或彩色涂层钢板经冷轧成的波形板。

冷弯薄壁型钢的规格及截面特性可参考有关文献。

图 2-20 压型钢板
（a）V 形；（b）W 形

思考题

2-1 Q235 钢的应力－应变曲线可以分为哪几个阶段，可得到哪些强度指标？

2-2 什么叫屈强比，它对结构设计有何意义？

2-3 什么叫塑性破坏和脆性破坏？各有什么特征？

2-4 钢结构对钢材有哪些要求？

2-5 试述引起钢材发生脆性破坏的因素有哪些。

2-6 解释名词：（1）韧性；（2）可焊性；（3）蓝脆；（4）时效硬化；（5）应变硬化。

2-7 试述碳、硫、磷、氮对钢材性能的影响。

2-8 温度对钢材性能有什么影响？

2-9 试述应力集中产生的原因及后果。

2-10 什么是疲劳破坏？简述其特点。

2-11 试述疲劳破坏的机理和影响钢材疲劳断裂的因素。

2-12 试说明对焊接结构采用应力幅作为疲劳计算准则的原因。

2-13 指出下列各符号的意义：（1）Q235BF；（2）Q390NDZ25；（3）Q345GJD。

2-14 下列钢材出厂时，对其化学成分和力学性能有哪些具体指标要求？
（1）Q390B；（2）Q235AF；（3）Q420E。

2-15 选用钢材应考虑哪些因素？

2-16 如在你家乡所在地建造多层钢结构住宅和钢结构厂房（含重级工作制吊车，跨度 30m），梁柱采用焊接工字形截面，你认为应分别选用何种钢材？并说明理由。

计算题

2-1 某简支焊接工字形截面吊车梁，上、下翼缘板为 −400×22，腹板为 −1400×12，钢材为 Q355D，$f = 295\text{N/mm}^2$，翼缘板与腹板连接采用角焊缝，重级工作制软钩吊车，吊车产生的最大弯矩标准值为 2700kN·m，最大剪力标准值为 1300kN。试验算循环次数 $N = 2 \times 10^6$ 和 $N = 5 \times 10^6$ 时下翼缘与腹板连接焊缝处的主体金属的疲劳强度是否满足。

第 3 章 钢结构的连接

Chapter 03

3.1 钢结构的连接方法

钢结构是由钢板、型钢等拼合连接成基本构件，如梁、柱、桁架等，通过现场安装连接成整体的结构，如高楼、厂房、电视塔、桥梁等。连接往往是整体钢结构中最薄弱的环节。工程事故统计也表明连接破坏是引起钢结构破坏的主要因素之一。设计时所采用的连接方法是否合理，施工时所完成的连接质量的好坏，都直接影响到钢结构的工程造价、工作性能及使用寿命。由此可见，连接在钢结构中占重要地位。

对于使用高强度钢材的钢结构连接设计和构造应与计算假设一致，应能传递所承受的作用效应，适应作用产生的变形。高强钢结构一般工作应力较大，连接部位变形对连接受力性能会有更大影响，在进行设计和构造时应考虑变形因素。

钢结构的连接方法可分为焊缝连接、铆钉连接和螺栓连接三种（图 3-1）。在同一个钢结构的设计方案中，所采用的连接方法可能有一种或多种。所有的连接方法都必须符合安全可靠、传力明确、节约钢材、施工方便、构造简单、造价低廉的原则。下面介绍三种连接方法的性能及使用范围。

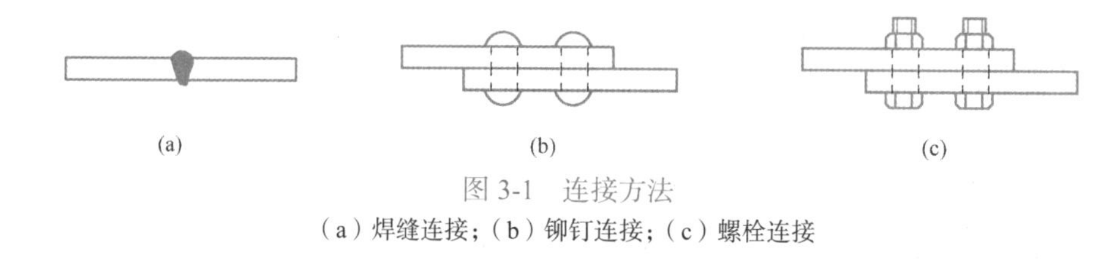

图 3-1 连接方法
（a）焊缝连接；（b）铆钉连接；（c）螺栓连接

3.1.1 焊缝连接

焊缝连接是现代钢结构最主要的连接方法，它的优点是任何形状的结构都可用焊缝连接，构造简单，节约钢材；连接的密封性好，结构刚度大；通过采用自动化作业，还可以提高焊接质量和工作效率。它的缺点是因焊接的高温作用在焊缝附近形成热影响区，钢材的金属组织和力学性能发生改变，某些部位材质变脆；焊接结构对裂纹很敏感，局部裂纹一旦发生，就容易扩展到整体导致断裂。此外，焊接结构的低温冷脆问题也较为突出。焊接过程中钢材受到不均匀的高温和冷却，使结构产生焊接残余应力和残余变形，影响结构的稳定承载力、刚度和使用性能，使其疲劳强度降低，发生脆性破坏的可能性增大。

3.1.2 螺栓连接

螺栓连接分为普通螺栓连接和高强度螺栓连接两种。螺栓连接的优点是安装方便，特别适用于工地安装连接，也便于拆卸，适用于需要装拆结构的连接。其缺点是需要在板件上开孔和拼装时对孔，增加制作工作量；螺栓孔还使构件截面削弱，且被连接的板件需要互相搭接或另加拼接板等连接件，因而多费钢材。

1. 普通螺栓连接

普通螺栓分为 A、B、C 三级。A 级与 B 级习称精制螺栓，C 级习称粗制螺栓。A 级、

B 级螺栓采用 5.6 级和 8.8 级钢材，C 级螺栓采用 4.6 级和 4.8 级钢材。

C 级螺栓用未经加工的圆钢制成，杆身表面粗糙，尺寸存在误差；螺栓孔是在单个零件上一次冲成或不用钻模钻成（Ⅱ类孔），孔径比螺栓直径大 1.5～2.0mm。采用 C 级螺栓的连接，由于螺栓杆与螺栓孔之间有较大的间隙，受剪力作用时，将会产生较大的剪切滑移，连接的变形大；由于安装中距不准，使个别螺栓杆先与孔壁接触，造成各个螺栓受力较不均匀。

A、B 级螺栓是由毛坯在车床上切削加工精制而成，表面光滑，尺寸准确；螺栓杆直径与螺栓孔径相同，对成孔质量要求较高，但分别允许正和负公差，安装时需将螺栓杆轻击入孔。由于有较高的精度，可用于承受较大的剪力、拉力的连接，受力和抗疲劳性能较好，连接变形较小；但其制作安装复杂，价格昂贵，故在钢结构中较少采用，主要用在承受较大动力荷载的重要结构的受剪安装螺栓，目前较少采用。

2. 高强度螺栓连接

高强度螺栓是近四五十年来迅速发展和应用的螺栓连接新形式。螺栓杆内很大的拧紧预拉力把连接的板件夹得很紧，足以在螺栓受剪时产生很大的摩擦力，因而连接的整体性和刚度较好。

高强度螺栓连接在受剪力时，按照设计和受力要求的不同，可分为摩擦型和承压型两种：前者是只依靠摩擦阻力传力，并以剪力不超过接触面摩擦力作为设计准则，故称为摩擦型连接；后者是允许接触面滑移，以连接达到破坏的极限承载力作为设计准则，称为承压型连接。

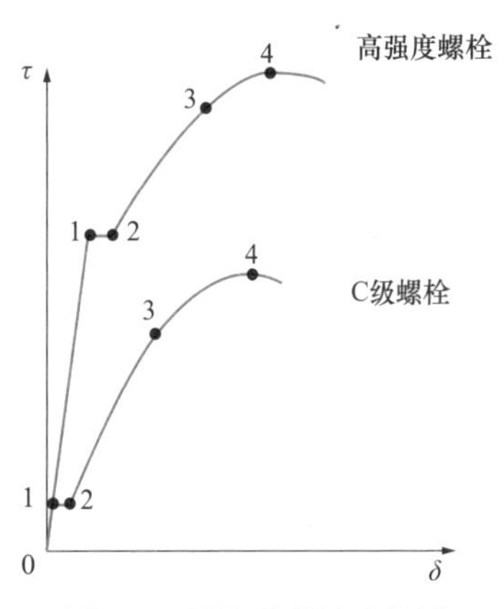

图 3-2 螺栓受剪关系曲线

抗剪连接是最常见的螺栓连接形式，图 3-2 所示为单个螺栓从受剪到剪断的过程中，受剪面上的平均剪应力 τ 和连接的变形 δ 之间的关系曲线，可划分为以下 4 个阶段：

（1）摩擦传力的弹性阶段：即 0-1 直线段，此阶段承受荷载较小，螺栓连接由板件间的摩擦力传递荷载，连接处于弹性工作阶段。但由于板件间摩擦力的大小取决于拧紧螺母时施加于螺杆的预拉力，而普通螺栓的预拉力很小，故此阶段时间很短，计算时可忽略不计；高强度螺栓预拉力很大，此阶段是摩擦型连接高强度螺栓的工作阶段。摩擦型连接高强度螺栓以摩擦阻力刚被克服作为连接承载力的极限状态，即 1 点是其承载力的极限点，但实际上此连接尚有较大的承载潜力。

（2）滑移阶段：当荷载超过摩擦力后，板件接触面产生相对滑移直至螺栓杆与孔壁接触，最大滑移量为螺杆与螺栓孔间的间隙，即 1-2 直线段。

（3）受剪面传力的弹性阶段：这是普通螺栓和承压型连接高强度螺栓的主要工作阶段，即 2-3 线段，3 点是螺杆的剪切屈服点，也是承载力的极限点。此阶段剪力超过摩擦力，构件间发生相互滑移，由螺杆接触螺栓孔壁传力，使螺杆受剪和孔壁承压，同时还受较小的弯矩和轴力作用，因此更加充分利用了螺栓的承载能力。

（4）弹塑性阶段：随着荷载的增加，螺杆受剪面的剪应力超过剪切屈服极限直至连接破坏。此阶段虽然荷载增加较小，但连接的变形迅速增大。

高强度螺栓从施工角度可分为大六角高强度螺栓以及扭剪型高强度螺栓，这两种高强度螺栓都是通过拧紧螺母使螺杆受到拉伸，从而产生很大的预拉力，以使被连接板层间产生压紧力。但两种螺栓对预拉力的控制方法各不相同：大六角型高强度螺栓是通过控制拧紧力矩或转动角度来控制预拉力；扭剪型高强度螺栓采用特制电动扳手，将螺杆顶部的十二面体拧断，使连接达到所要求的预拉力，如图 3-3 所示。

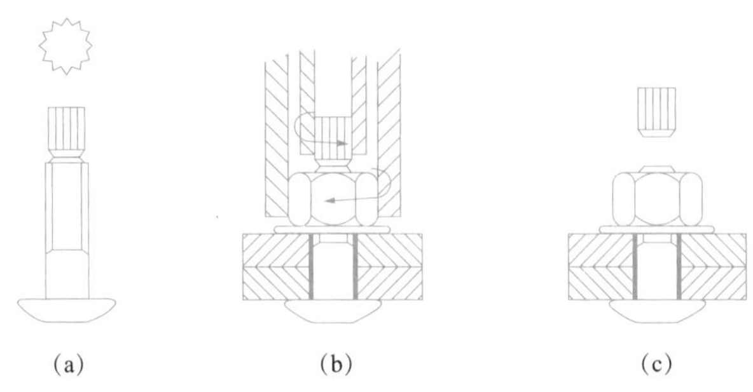

图 3-3 扭剪型高强度螺栓安装过程
（a）安装前；（b）安装中；（c）安装后

高强度螺栓的杆身、螺帽和垫圈都要用抗拉强度很高的钢材制作。高强度螺栓的性能等级有 8.8 级（由 40B 钢、45 号钢和 35 号钢制成），9.8 级 10.9 级（由 20MnTiB 钢和 35VB 钢制成）、12.9 级。常用 8.8 级和 10.9 级。二者抗拉强度分别不低于 $800N/mm^2$ 和 $1000N/mm^2$，其屈强比分别为 0.8 和 0.9。高强度螺栓所有的螺帽和垫圈采用 45 号钢或 35 号钢制成。高强度螺栓应采用钻成孔，摩擦型高强度螺栓靠摩擦力传递荷载，其孔径可比螺栓公称直径大 1.5～2.0mm；承压型高强度螺栓当连接板间发生相对滑移，连接将依靠螺杆抗剪和孔壁承压来传力，受力性能与普通螺栓相同，其孔径与螺栓公称直径之差略小于摩擦型连接，为 1.0～1.5mm。

摩擦型连接的剪切变形小，弹性性能好，施工较简单，可拆卸，耐疲劳，特别适用于承受动力荷载的结构。承压型连接的承载力高于摩擦型，连接紧凑，但其破坏属于剪压破坏形式，螺栓孔为类似普通螺栓的孔隙型螺栓孔。其在承受荷载作用时的变形大，主要用于非承受动力荷载构件连接以及非反复作用构件连接。

对于采用牌号不低于 Q460、Q460GJ 钢材的工业与民用建筑及一般构筑物采用螺栓连接时，考虑到高强钢一般用于结构重要性要求高的工程，对连接的承载力和变形应控制得更严格，故不宜采用普通螺栓连接。高强钢构件应采用高强度螺栓摩擦型连接或承压型连接。

在当前钢结构的螺栓连接设计使用中，当一些管状结构及箱形截面等封闭截面作为被连接件时，普通螺栓很难实现构件两侧同时操作。传统施工方式是在构件上开设手洞并通过此临时洞口在另一端固定螺栓。这种施工方法不仅烦琐费时，且易于破坏构件的整体性，并最终降低结构的承载力。因此必须要为采用封闭截面的构件设计一种仅从封闭截面构件外侧就能实现安装连接的螺栓种类，单边螺栓便应运而生。

单边螺栓可以实现单侧安装、单侧拧紧，因而不需要额外加工安装孔。能在不破坏钢管其他部位的前提下完成螺栓连接。既能规避常规螺栓所产生的问题，又能使焊接量尽可能减少，从而节省施工量和施工费用，具有现场施工简单方便、焊接量极少且连接形式美观的特点。与传统螺栓相比，单边螺栓具有较高的强度、刚度和延性，表现出较好的抵抗动力荷载的能力。同时，在一定条件下其力学性能可以做到与传统高强度螺栓相媲美，非常适合应用于钢管结构的连接，符合目前装配式建筑的发展潮流。

单边螺栓种类繁多。目前按照各类单边螺栓工作原理的不同，可将其分为对拉式、套管变形锚固式、机械锚固式和螺纹锚固式（膨胀型、热钻型、特殊装置型和挤压型四类）。每种单边螺栓都有其安装方法，力学性能及工作方式也有所不同。

（1）对拉式单边螺栓是在钢管管壁上开设螺栓孔，将单边螺栓从被连接件一侧穿入，另一侧穿出，最终在钢管外部安装拧紧螺母。对拉式连接具有良好的抗震性能，但对其施加预拉力时，易导致钢管柱的挤压变形。在使用时，对螺栓孔精度有极高的要求，且当钢管截面尺寸较大时，对拉式单边螺栓螺杆过长，增加制作成本和施工难度。

（2）套管变形锚固式单边螺栓是通过旋转螺杆推动螺母移动，进而撑开带槽套管，最终在钢管的内部形成锚固端。此类单边螺栓会在套管锚固位置出现应力集中现象，容易导致套管发生挤压或剪切破坏，从而使锚固失效，螺栓杆被拔出。只有在合理的结构设计下，该类单边螺栓连接的承载力、延性等指标才能够满足设计要求。且其生产工艺复杂、制作成本高。

（3）机械锚固式单边螺栓利用机械工具将内垫圈折叠，送到螺栓孔的另一侧后，再通过工具将折叠垫圈打开以形成钢管内部锚固端。机械锚固式连接不通过材料变形而形成锚固端，避免了材料应力集中和疲劳损伤带来的危险。机械锚固式连接受力直接，具有优越的承载能力与变形能力。但由于机械锚固缩小了螺杆的截面面积，导致其承载力被削弱。且该类螺栓需要与其匹配的安装工具，其制作工艺复杂，经济效益较低。

（4）螺纹锚固式单边螺栓在被连接件螺栓孔内设置与螺栓杆螺纹匹配的内螺纹，以螺纹孔咬合力代替螺母提供锚固作用。螺纹锚固单边螺栓不需要特殊的螺栓制造工艺和安装工具，并避免了螺栓预紧力的损失。对厚度较大的连接板，还可缩短螺杆长度，因此更方便和经济。但螺纹锚固长度是影响该类连接的关键因素，而钢管的壁厚会限制螺纹锚固长度，同时钢管壁可能发生变形从而影响孔壁螺纹与螺栓杆螺纹的咬合状态。

在我国，单边螺栓的工程应用有诸如厦门人行栈桥工程、武汉广电创新产业园大雨棚、凯尔科技大厦高层办公楼等案例，但总体上来讲单边高强度螺栓在国内的工程实践仍然很少。缺乏相关的技术规程，国内单边螺栓种类单一，国外单边螺栓价格昂贵且不符合我国设计规范的要求等，这些都是推广单边螺栓工程应用的阻力。

3.1.3　铆钉连接

铆钉连接目前不常采用，在这里只作简单介绍。铆钉连接是用一端有半圆形铆头的铆钉，加热到900～1000℃后，迅速插入到需连接板件的预制铆孔中，用铆钉枪或压铆机将钉端打成或压成铆钉头。并要求铆合后的钉杆应充满钉孔。当钉杆冷缩后，连接件被铆钉压紧形成牢固的连接。铆钉具体的连接方法有冷铆法和热铆法。现在的建筑主要采用的是热铆法，即先给铆钉加热，使其高温膨胀，然后迅速将铆钉打入铆孔。铆钉冷却后会收缩，连接件被铆钉压紧形成牢固的连接。

铆钉连接的优点是：连接质量易于直观检查，传力可靠，连接部位的塑性、韧性较好，对构件金属材质的要求低。它的缺点是制造时费工，浪费钢材，铆合时噪声大，劳动条件差，对技工的技术水平要求高，对被连接构件的承载力削弱达到15%～20%等。与焊接相比，铆钉连接的经济性不强。目前除了在一些重型和直接承受动力荷载的结构中偶有应用外，铆钉连接已经被焊接连接和螺栓连接所取代。

1889年修建的法国巴黎埃菲尔铁塔，堪称世界建筑史上的技术杰作。塔身采用钢架镂空搭建，共使用铆钉多达250万枚。中华人民共和国成立初期，桥梁建造工艺比较传统，在没有条件大规模使用高强螺栓的年代，铆钉是连接钢梁的主要方式。南京长江大桥钢桁梁连结采用铆钉连接工艺，钢桁梁板多达9层，板束最厚达180mm，共需150多万颗铆钉。2016年对南京长江大桥钢架进行全面检查时，不管是节点还是横梁、纵梁上的铆钉，绝大部分完好无损，每1000颗铆钉里只有4颗需要更换。

3.2 焊接方法和焊接连接形式

3.2.1 焊接方法

焊接是指通过加热或加压，或两者并用，以焊接材料或不用焊接材料，使母材达到相互融合的一种方法。钢结构焊接方法很多，常用的焊接方法有三种：电弧焊、电阻焊、气焊。

1. 电弧焊

钢结构中主要采用电弧焊，即利用通电后焊条与焊件之间产生强大电弧，提供热源，熔化焊条，滴落在焊件上被电弧吹到小凹槽的熔池中，并与焊件熔化部分结成焊缝，将两焊件连接成为一个整体。

电弧焊又可分为手工电弧焊、埋弧焊（埋弧自动或半自动焊）以及二氧化碳气体保护焊。

（1）手工电弧焊（图3-4）

手工电弧焊采用厚药皮焊条，通电后，在涂有药皮的焊条与焊缝之间产生电弧。电弧的温度可高达3000℃。在高温作用下，电弧周围的金属变成液态，形成熔池。同时，焊条中的焊丝很快熔化，滴落入熔池中，与焊件的熔融金属相结合，冷却后即形成焊缝。焊条药皮随焊条熔化成熔渣覆盖在焊缝上面，同时产生一种气体，保护电弧和熔化金属，防止空气中的氧、氮等有害气体与熔化金属接触而形成易脆的化合物。

手工电弧焊所用焊条应与焊件钢材（或称主体金属）相适应，一般采用等强度原则：对Q235钢采用E43型焊条（E4300～E4328）；对Q355钢、Q390钢和Q345GJ采用E50型或E55型焊条（如：E5015～E5016；E5515～E5516）；对Q420钢和Q460钢采用E55型或E60型焊条（如：E5515～E5516；E6015～E6016）。焊条型号中，字母E表示焊条，前两位数字为熔敷金属的最小抗拉强度（单位：×10MPa），第三、四位数字表示适用焊接位置、电流以及药皮类型等。不同钢种的钢材相焊接时，例如Q235与Q355钢相焊接，宜采用低组配方案，即宜采用与

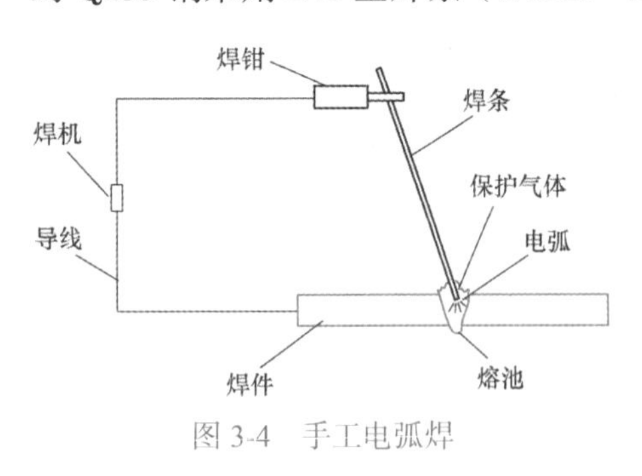

图3-4　手工电弧焊

低强度钢材相适应的焊条。

手工电弧焊具有设备简单、使用灵活且适用性强的优点，特别是对不规则的焊缝、短焊缝、仰焊缝、高空和位置狭窄的焊缝，均能灵活运用，操作自如，所以它是钢结构最常用的焊接方法。但它有如下缺点：① 焊缝质量的波动性大；② 保证焊缝质量的关键是焊工的技术水平，所以要求焊工有较高的技术等级；③ 劳动条件差；④ 由于需要手工操作，所以生产效率低。

（2）埋弧焊（自动或半自动）

埋弧焊（含埋弧堆焊及电渣堆焊等）是一种电弧在焊剂层下燃烧进行焊接的方法。其固有的焊接质量稳定、焊接生产率高、无弧光及烟尘很少等优点，使其成为压力容器、管段制造、箱型梁柱等重要钢结构制作中的主要焊接方法。焊丝送进和电弧焊接方向的移动有专门机构控制完成的称“埋弧自动电弧焊”（图 3-5）；焊丝送进有专门机构，而电弧按焊接方向的移动靠人手工操作完成的称“埋弧半自动电弧焊”。埋弧焊的焊丝不涂药皮，但施焊端为焊剂所覆盖，能对较细的焊丝采用大电流。电弧热量集中，熔深大，适于厚板的焊接。由于采用了自动或半自动化操作，焊接时的工艺条件稳定，焊缝的化学成分均匀，故形成的焊缝质量好，焊件变形小。同时，高的焊速也减小了热影响区的范围。但埋弧焊对焊件边缘的装配精度要求比手工焊高，且埋弧焊需依靠颗粒状焊剂覆盖电弧形成保护条件，只能适用于平面焊接，同时埋弧焊所需的电弧强度大，不适合焊接厚度较小的板材。

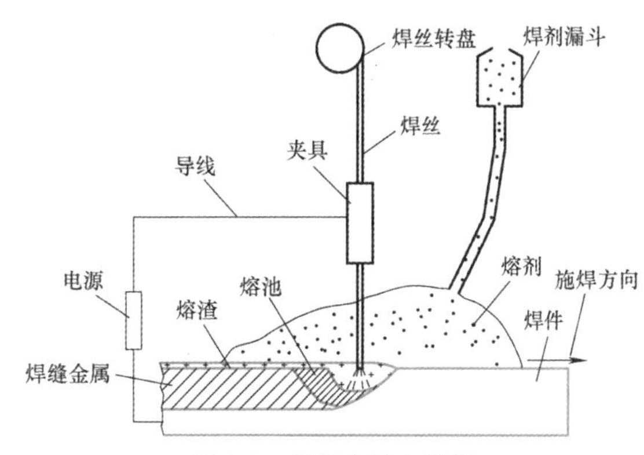

图 3-5　埋弧自动电弧焊

埋弧焊所用焊丝和焊剂应与焊件钢材相匹配，并保证其熔敷金属抗拉强度不低于相应手工焊条的数值。

（3）二氧化碳气体保护焊

焊接时采用成盘光焊丝，围绕焊丝由喷嘴喷出 CO_2 气体，把电弧、熔池与大气隔离进行保护。操作可为自动或半自动，后者需手持焊枪移动。此焊接的优点是：电弧在气流压缩下热量较集中，焊速较快，熔池较小，可减少焊接层数，减小焊口尺寸，热影响区较窄，焊接变形较小；电弧可见，焊接对中容易，容易实现各种位置焊接；从焊接构件的板厚来看，薄板最薄可焊到 1mm 左右，最厚几乎不受限制（可以采取多道焊接），且焊接薄板的速度比气焊快，变形小。焊后无熔渣或少熔渣。因而其生产效率较埋弧焊高。此外，CO_2 气体保护焊采用高锰高硅型焊丝，具有较高的抗锈和还原能力；电弧气的含氢量较易控制，可减小冷裂缝倾向。但此设备稍复杂，电弧光较强，金属飞溅多，焊缝表面成型不如埋弧焊平滑；且不适用于在风较大的地方施焊。

2. 电阻焊

电阻焊是在焊件组合后，通过电极施加压力和馈电，利用电流经焊件的接触面及邻近区域产生电阻热来熔化金属完成焊接的方法（图 3-6）。模压及冷弯薄壁型钢的焊接常用这种接触点焊（即电阻焊）焊接方法，电阻焊适用于厚度为 6～12mm 的板叠合。电阻焊焊接时，不需要填充金属，生产率高，焊件变形小，容易实现自动化。但电阻焊焊接过程时间很短，若焊接时由于某些工艺因素发生波动对焊接质量的稳定性产生影响，往往来不及进行调整。

3. 气焊

气焊是利用可燃气体与助燃气体混合燃烧生成的火焰为热源，熔化焊件和焊接材料使之达到原子间结合的一种焊接方法（图 3-7）。气焊常用在薄钢板和小型结构中。气焊具有如下优点：对铸铁及某些有色金属的焊接有较好的适应性；在电力供应不足的地方需要焊接时，气焊可以发挥更大的作用。但是气焊生产效率较低；焊接后工件变形和热影响区较大；较难实现自动化，且是危险性最高的焊接方法之一。

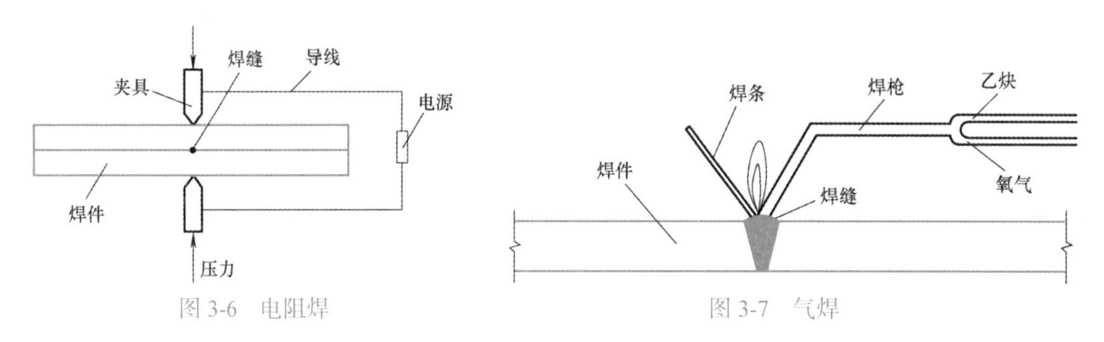

图 3-6 电阻焊　　图 3-7 气焊

3.2.2 焊缝形式及焊接连接形式

1. 焊缝形式

焊缝形式是指焊缝本身的截面形式，按焊缝构造不同，可分为对接焊缝和角焊缝。对接焊缝又称坡口焊缝，是指在焊件的坡口面间或一焊件的坡口面与另一焊件端（表）面间焊接的焊缝，焊件的边缘常加工成各种形状的坡口，焊缝金属填充在坡口内，所以对接焊缝是被连接板件截面的组成部分。角焊缝指的是沿两直交或近直交零件的交线所焊接的焊缝。角焊缝连接的板件不必开坡口，焊缝金属直接填充在由被连接板件形成的直角或斜角区域内。

对接焊缝按所受力的方向分为正对接焊缝（图 3-8a）和斜对接焊缝（图 3-8b）。角焊缝（图 3-8c）可分为正面角焊缝、侧面角焊缝和斜角焊缝。

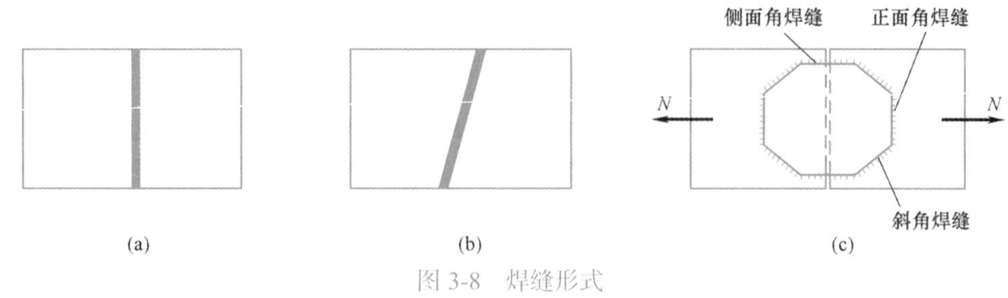

图 3-8 焊缝形式

（a）正对接焊缝；（b）斜对接焊缝；（c）角焊缝

角焊缝按长度方向的布置，有连续角焊缝和断续角焊缝两种形式，如图 3-9 所示。连续角焊缝的受力性能较好，为主要的角焊缝连接形式。断续角焊缝的起、灭弧处容易引起应力集中，重要结构应避免采用。在次要构件或次要焊接连接中，可采用断续角焊缝，断续角焊缝焊段的长度不得小于 $10h_f$ 或 50mm，其净距不应大于 $15t$（对受压构件）或 $30t$（对受拉构件），t 为较薄焊件厚度。腐蚀环境中不宜采用断续角焊缝。

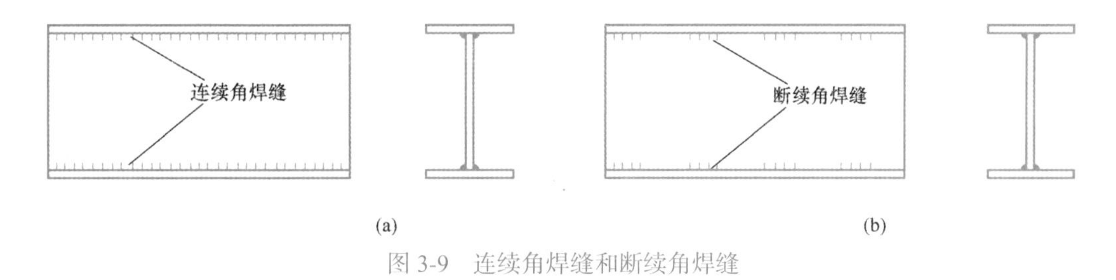

图 3-9 连续角焊缝和断续角焊缝

2. 焊缝的施焊方位

根据施焊时焊工所持焊条与焊件的相互位置的不同，焊缝可分为平焊、立焊、横焊和仰焊等四种方位，如图 3-10 所示。

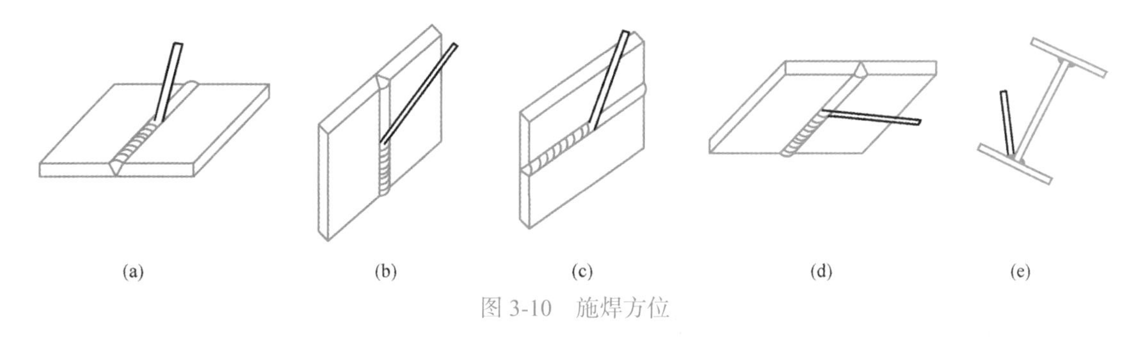

图 3-10 施焊方位

平焊又称俯焊（图 3-10a），施焊质量最易保证。T 形连接的角焊缝可以取船形位置施焊（图 3-10e），也是平焊的一种形式。在工地施焊时，由于焊件常不能翻转，因而出现一些横焊、立焊和仰焊，立焊和横焊比平焊难于操作，质量较难保证（图 3-10b 和图 3-10c）。仰焊（图 3-10d）是最难于操作的施焊位置，焊缝质量不易保证，应尽量避免。

设计时，设计者应根据构件制作厂和安装现场的实际条件，细致地考虑设计的每条焊缝的方位以及焊条和焊缝的相对位置，以便于施焊。

3. 焊接连接的形式

焊缝连接中按被连接钢材的相互位置（通常称为接头）可分为对接、搭接、T 形连接和角部连接四种，如图 3-11 所示。

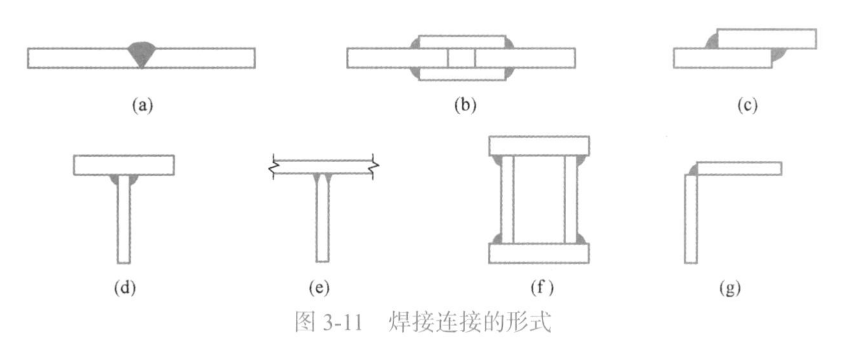

图 3-11 焊接连接的形式

图 3-11（a）、（b）均为对接连接，图 3-11（a）是采用对接焊缝的对接连接，这种连接要求下料准确，板厚超过 6mm 时，板边需开坡口，坡口尺寸要求严格，制造费工；但采用对接焊缝使相互连接的两构件在同一平面内，传力路线简捷，没有明显的应力集中，受力性能好，且用料经济。图 3-11（b）是加双层盖板的对接连接，这种连接费钢，传力不均匀，静力和疲劳强度较低；但其施工简便，所需连接梁板的间隙大小无需严格控制。

图 3-11（c）为用角焊缝的搭接连接，特别适用于不同厚度构件的连接。其优缺点和加盖板的对接连接相同。

图 3-11（d）、（e）为 T 形连接。图 3-11（d）是用双面角焊缝连接的 T 形连接。这种连接的优点是省工省料。缺点是焊件截面有突变，应力集中严重，因而疲劳强度低。由于这种连接具有省工省料等突出优点，所以在不直接受动力荷载的结构中应用广泛，如实腹梁柱等。为了提高图 3-11（d）接头的疲劳强度，可采用如图 3-11（e）所示的 K 形坡口对接焊缝。

角部连接主要用于制作箱形截面，其特点同 T 形连接，如图 3-11（f）、（g）所示。

3.2.3 焊缝连接的缺陷及质量检验

1. 焊接缺陷

焊缝缺陷指焊接过程中产生于焊缝金属或邻近热影响区钢材表面或内部的缺陷。常见的缺陷如图 3-12 所示，有裂纹、焊瘤、烧穿、弧坑、气孔、夹渣、咬边、未熔合、未焊透等，以及焊缝尺寸不符合要求、焊缝成形不良等。焊接缺陷的存在将会降低焊接连接的强度。尖锐的裂纹会引起显著的应力集中，是焊缝连接中最危险的缺陷。按裂纹产生的时间，可分为热裂纹和冷裂纹。热裂纹是在施焊时产生的，冷裂纹是在焊缝冷却过程中产生的。在施焊时，主体金属和焊条的熔化金属相混合，并在加热停止后开始金属结晶，结晶时正在冷却的金属受到冷却引起的拉应力作用，而这些拉应力作用在尚未获得足够强度的热金属上，容易引起热裂纹。这些裂纹起初并不明显，但将来在外荷载作用下可能导致脆性破坏，当有动力荷载作用时，这种裂纹存在安全隐患。主体金属中碳和其他杂质的含量较高，大晶粒组织，焊接厚度大等都能促成热裂纹的产生；有内部应力集中因素（气泡及夹渣）的沸腾钢，也有产生热裂纹的倾向，故在直接承受动力荷载的焊接结构中宜采用镇静钢。气孔、夹渣、咬边、未焊透等缺陷亦将减少焊接连接的截面面积和降低焊缝的强度，对结构和构件的受力性能不利。特别是当结构在动力荷载作用时，焊接缺陷常是导致严重后果的祸根。

2. 质量检验

为了确保结构或构件的受力性能和焊接连接的可靠质量，焊缝质量检验非常重要。

焊缝质量检验一般可用外观检查及内部无损检验，前者检查外观缺陷和几何尺寸，后者检查内部缺陷。内部无损检验目前广泛采用超声波检验，使用灵活、经济，对内部缺陷反应灵敏，但不易识别缺陷性质；有时还用磁粉检验、荧光检验等较简单的方法作为辅助；当前最明确可靠的检验方法是 X 射线或 γ 射线透照或拍片，X 射线应用较广泛。

根据结构的承载情况不同，现行国家标准《钢结构焊接规范》GB 50661 中将焊缝的质量分为一级、二级和三级。三级焊缝只要求对全部焊缝作外观检查且符合三级质量标准；一级、二级焊缝则除外观检查外，还要求一定数量的超声波检验并符合相应级别的质量标准。由于一级、二级焊缝的重要性，不允许存在表面气孔、夹渣、弧坑、裂纹、电弧擦伤等缺陷；无疲劳验算要求的一级焊缝不得存在咬边、未焊满、根部收缩等缺陷；对于有疲劳验算要求的一级、二级焊缝，不允许存在未焊满、根部收缩等缺陷，承受动荷载的一级焊缝，不允许存在咬边缺陷。

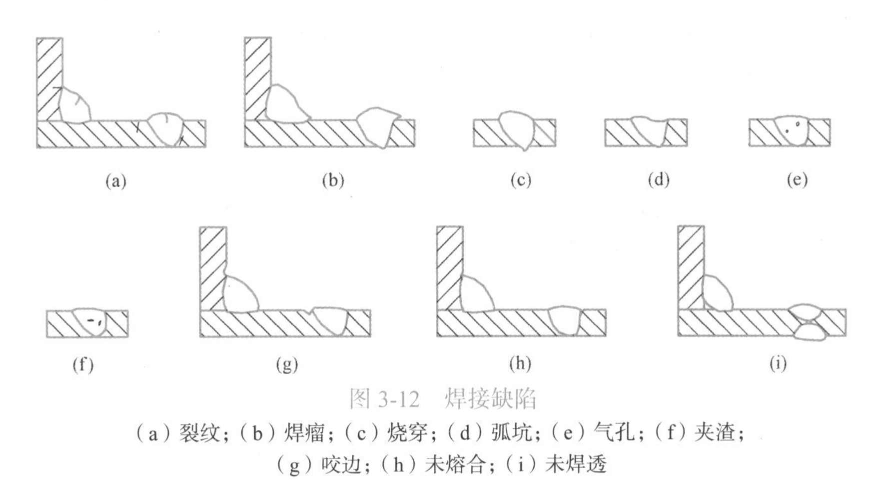

图 3-12 焊接缺陷

（a）裂纹；（b）焊瘤；（c）烧穿；（d）弧坑；（e）气孔；（f）夹渣；（g）咬边；（h）未熔合；（i）未焊透

3. 焊缝质量等级的选用

焊缝的质量等级应根据结构的重要性、荷载特性、焊缝形式、工作环境以及应力状态等情况，按下列原则选用：

（1）在承受动荷载且需要进行疲劳验算的构件中，凡要求与母材等强连接的焊缝应焊透，其质量等级应符合下列规定：

1）作用力垂直于焊缝长度方向的横向对接焊缝或 T 形对接与角接组合焊缝，受拉时应为一级，受压时不应低于二级。

2）作用力平行于焊缝长度方向的纵向对接焊缝不应低于二级。

3）铁路、公路桥的横梁接头板与弦杆角焊缝应为一级；桥面板与弦杆角焊缝、桥面板与 U 形肋角焊缝（桥面板侧）不应低于二级。

4）重级工作制（A6～A8）和起重量 $Q \geqslant 50t$ 的中级工作制（A4、A5）吊车梁的腹板与上翼缘之间以及吊车桁架上弦杆与节点板之间的 T 形连接部位焊缝应焊透，焊缝形式宜为对接与角接的组合焊缝，其质量等级不应低于二级。

（2）在工作温度等于或低于 −20℃的地区，构件对接焊缝的质量不得低于二级。

（3）不需要疲劳验算的构件中，凡要求与母材等强的对接焊缝宜焊透，其质量等级受拉时不应低于二级，受压时不宜低于二级。

（4）部分焊透的对接焊缝、采用角焊缝或部分焊透的对接与角接组合焊缝的 T 形连接部位，以及搭接连接角焊缝，其质量等级应符合下列规定：

1）直接承受动荷载且需要疲劳验算的结构和吊车起重量等于或大于 50t 的中级工作制吊车梁以及梁柱、牛腿等重要节点不应低于二级。

2）其他结构可为三级。

4. 焊缝代号、螺栓及其孔眼图例

《焊缝符号表示法》GB/T 324 规定：焊缝代号由引出线、图形符号和辅助符号三部

分组成。引出线由横线和带箭头的斜线组成。箭头指到图形上的相应焊缝处，横线的上面和下面用来标注图形符号和焊缝尺寸。当引出线的箭头指向焊缝所在的一面时，应将图形符号和焊缝尺寸等标注在水平横线的上面；当箭头指向对应焊缝所在的另一面时，则应将图形符号和焊缝尺寸标注在水平横线的下面。必要时，可在水平横线的末端加一尾部作为其他说明之用。图形符号表示焊缝的基本形式，如用⊿表示角焊缝，用 V 表示 V 形坡口的对接焊缝。辅助符号表示焊缝的辅助要求，如用◣表示现场安装焊缝等。表 3-1 列出了一些常用焊缝代号，可供设计时参考。

焊缝代号　　表 3-1

	角焊缝				对接焊缝	塞焊缝	三面焊缝
	单面焊缝	双面焊缝	安装焊缝	相同焊缝			
形式					c α		
标注方法	h_f	h_f	h_f	h_f	a c V；p c a	h_f	h_f

此外，有关焊缝横截面的尺寸，如角焊缝的焊脚尺寸等一律标在焊缝基本符号的左侧；有关焊缝长度方向的尺寸，如焊缝长度等一律标在焊缝基本符号的右侧。当箭头线的方向改变时，上述原则不变。

当焊缝分布比较复杂或用上述标注方法不能表达清楚时，在标注焊缝代号的同时，可在图形上加栅线表示，如图 3-13 所示。

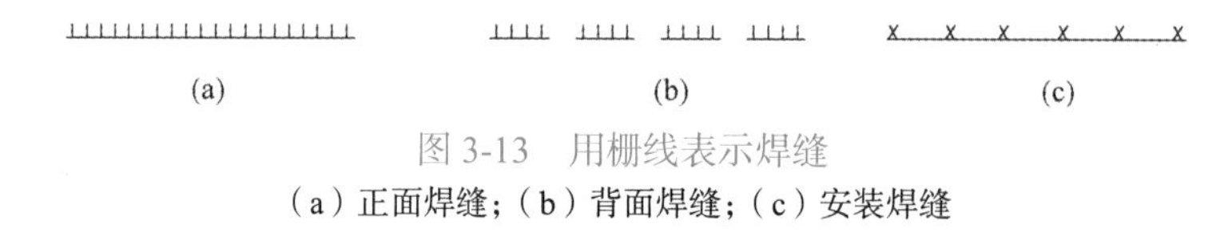

图 3-13　用栅线表示焊缝

（a）正面焊缝；（b）背面焊缝；（c）安装焊缝

螺栓及其孔眼图例见表 3-2，在钢结构施工图上需要将螺栓及其孔眼的施工要求用图形表示清楚，以免引起混淆。

螺栓及其孔眼图例　　表 3-2

名称	永久螺栓	高强度螺栓	安装螺栓	圆形螺栓孔	长圆形螺栓孔
图例					

3.3　对接焊缝的构造和计算

3.3.1　对接焊缝的形式和构造

对接焊缝中，应对板件边缘加工成适当形式和尺寸的坡口（图 3-14），以便焊接时有必要的焊条运转的空间，保证在板件全厚度内焊透，故对接焊缝又叫坡口焊缝。对接焊缝板边的坡口形式有I形（垂直坡口）、V形、U形、X形、单边V形、K形等，如图3-14所示。坡口形式随板厚和焊接方法而不同，应根据焊件厚度按保证焊缝质量、便于施焊及减少焊缝截面积或体积的原则选用。

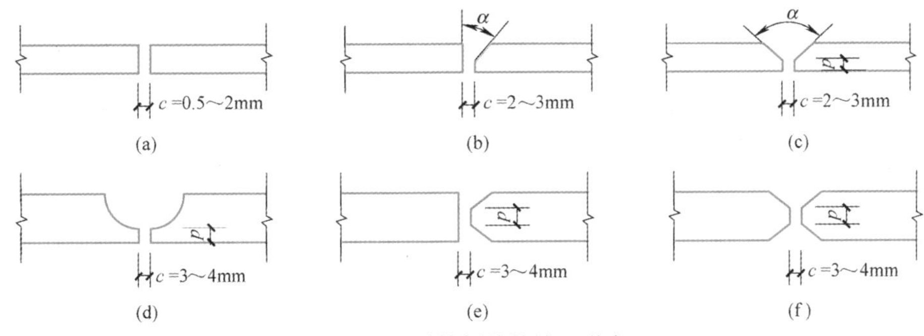

图 3-14　对接焊缝的坡口形式

当焊件厚度很小（手工焊 $t \leq 6$mm）时，可采用I形垂直坡口（图 3-14a），只在板边间留适当的对接间隙即可。当 $t > 6$mm 时，就需开坡口，以保证焊透。板件稍厚（约 $t = 6 \sim 26$mm）时，可用单边 V 形或 V 形坡口（图 3-14b、c），图中的 p 叫钝边，有拖住熔化金属的作用；斜坡口和间隙 c 组成一个焊条能够运转的施焊空间，使焊缝得以焊透；对于更厚的板件（$t > 20$mm），可用 U 形、K 形或 X 形坡口（图 3-14d、e、f），可比 V 形坡口减少焊缝体积，以便节省焊条和减小对焊件的温度影响。V 形和 U 形坡口焊缝主要为正面焊，但对反面焊根应清根补焊，以达到焊透。若不满足此种条件，或因施工条件限制使间隙过大时，则应在坡口下面预设垫板，以阻止熔化金属流淌和使根部焊透。对于 K 形和 X 形坡口焊缝均应清根并双面施焊。

一般情况下，每条焊缝的两端常因焊接时起弧、灭弧的影响而较易出现弧坑、未熔透等缺陷，常称为焊口，容易引起应力集中，对受力不利。因此，对接焊缝焊接时应在两端设置引弧板（图 3-15）。引弧板的钢材和坡口应与焊件相同。焊完后切除，并将板边沿受力方向修磨平整。对受静力荷载的结构设置引弧板有困难时，允许不设置引弧板，此时，可令焊缝计算长度等于实际长度减 $2t$（此处 t 为较薄焊件厚度）。

不同厚度的板材或管材对接接头受拉时，应作平缓过渡。当其厚度差值符合表 3-3 的规定时，焊缝表面的斜度足以满足平缓传递的要求。当其厚度差值不满足表 3-3 的规定时，应在焊前将较厚板的一面或两面及管材的内壁或外壁加工成斜坡，其斜角的坡度最大允许值应为 1 : 2.5（图 3-16），或将焊缝焊成斜坡状，其坡度最大允许值应为 1 : 2.5，以使截面平滑过渡，从而减少应力集中现象。

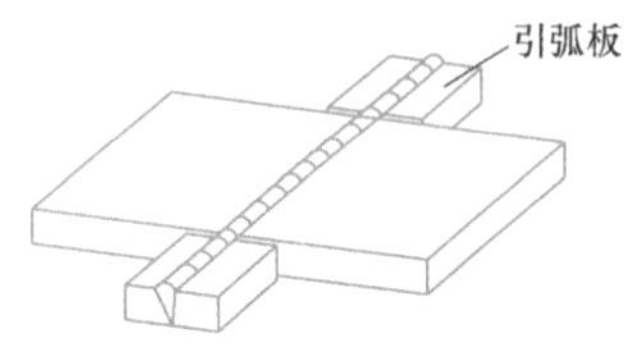

图 3-15　对接焊缝的引弧板

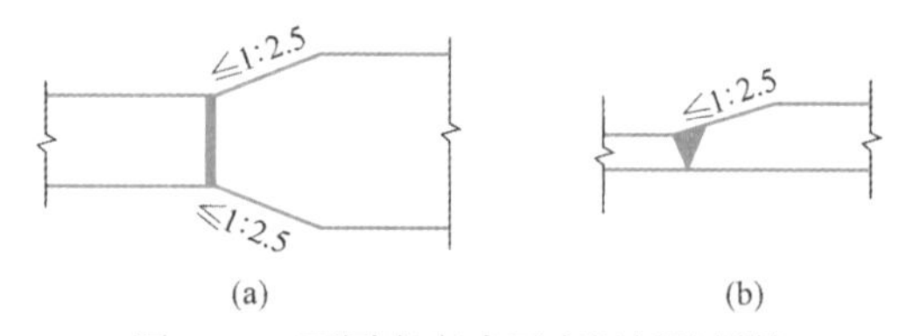

图 3-16　不同宽度或厚度钢板的拼接
（a）不同宽度；（b）不同厚度

不同厚度钢材对接允许的厚度差（mm）　　表 3-3

较薄钢材厚度 t	$5 \leqslant t \leqslant 9$	$9 < t \leqslant 12$	$t > 12$
允许厚度差	2	3	4

对接焊缝用于受力较大或承受动力荷载作用的连接时，为了做到全焊透，须将焊件边缘加工成各种形式的坡口、钝边和间隙，因此要消耗较多的焊缝金属。对于一些受力很小甚至不受力的连接，焊缝主要起联系作用，或者焊缝受力虽较大，但采用全焊透的对接焊缝，强度将不能充分发挥。如改用角焊缝，焊脚尺寸又将过大时，宜改用部分焊透的对接焊缝和对接与角接组合焊缝。这样既保证了连接外形平整，又可节约焊缝金属，且可减少焊接变形。

3.3.2　对接焊缝的计算

对接焊缝是被连接板件截面的组成部分，故焊缝截面的应力情况与被连接构件面相同，设计时采用与被连接构件相同的计算公式。

焊缝质量等级为一、二级的焊缝，其强度与主体钢材的强度相同，所以只要钢材强度满足设计要求，则此种级别的焊缝强度便满足要求。理论分析和试验结果表明，焊接缺陷对受压对接焊缝的强度无明显影响，所以《标准》规定对接焊缝的抗压设计强度和母材的设计强度相同。但是承受拉力的对接焊缝对焊缝中的缺陷非常敏感，缺陷不但降低了连接的静力强度，而且还降低了连接的疲劳强度。三级检验的焊缝允许存在较多缺陷，其抗拉强度仅为母材强度的 85%。所以只对承受拉应力的三级对接焊缝，才需专门进行焊缝抗拉强度的计算。

1. 承受轴心力的对接焊缝

对接焊缝受轴心拉（压）力作用时（图 3-17a），其强度应按下式计算：

$$\sigma = \frac{N}{l_w h_e} \leqslant f_t^w 或 f_c^w \tag{3-1}$$

式中　N——轴心拉力或轴心压力；

l_w——焊缝长度，无法采用引弧板和引出板时，计算每条焊缝长度时应减去 $2t$，t 为焊件的较小厚度；

h_e——对接焊缝的计算厚度（mm），在对接连接节点中取连接件的较小厚度，在 T 形连接节点中取腹板的厚度；

f_t^w、f_c^w——对接焊缝的抗拉、抗压强度设计值。

如果直焊缝不能满足强度要求时，应增加焊缝的长度即采用斜焊缝。但当采用斜焊缝时，在钢板宽度较大的情况下将钢板斜向切割会导致钢材的浪费。因此，斜焊缝对接宜用于较狭窄的钢板，例如可用于焊接工字形截面的受拉翼缘板的拼接，而不宜用于其腹板的拼接。

【例题 3-1】 计算如图 3-17（a）所示钢板对接焊缝连接的强度。图中 $a=540\text{mm}$，$t=22\text{mm}$，轴心力的设计值为 $N=2150\text{kN}$。钢材为 Q235B，手工焊，焊条为 E43 型，焊缝质量等级为三级，施焊时未设引弧板。

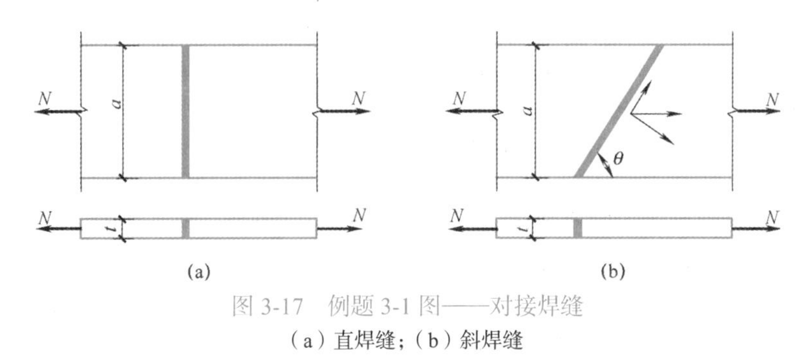

图 3-17 例题 3-1 图——对接焊缝

（a）直焊缝；（b）斜焊缝

【解】 无引弧板直对接焊缝连接的计算长度 $l_w=540-2\times22$，焊缝的强度计算为：

$$\sigma=\frac{N}{l_w h_e}=\frac{2150\times10^3}{(540-2\times22)\times22}=197\text{N/mm}^2>f_t^w=175\text{N/mm}^2$$

不满足要求，改用斜对接焊缝，按照 $\tan\theta\leqslant1.5$ 的要求布置斜焊缝如图 3-17（b）所示，取 $\theta=56°$，$\tan\theta=1.48$。

斜对接焊缝的应力计算如下：

$$l_w=\frac{(540-2\times22)}{\sin56°}=598\text{mm}$$

正应力：

$$\sigma=\frac{N\sin\theta}{l_w h_e}=\frac{2150\times10^3\times\sin56°}{598\times22}=135.48<f_t^w=175\text{N/mm}^2$$

剪应力：

$$\tau=\frac{N\cos\theta}{l_w h_e}=\frac{2150\times10^3\times\cos56°}{598\times22}=91.39<f_v^w=120\text{N/mm}^2$$

计算证明，焊缝与作用力间的夹角 θ 符合 $\tan\theta\leqslant1.5$ 时（图 3-17b），斜对接焊缝的强度不低于母材强度，可不再进行验算。

2. 承受弯矩和剪力共同作用的对接焊缝

图 3-18（a）所示对接接头受到弯矩和剪力的共同作用，由于焊缝截面是矩形，正应力与剪应力图形分别是三角形与抛物线形，其强度应按下式计算：

$$\sigma_{max}=\frac{M}{W_w}=\frac{6M}{l_w^2 h_e}\leqslant f_t^w \tag{3-2}$$

$$\tau_{max}=\frac{VS_w}{I_w h_e}=\frac{3}{2}\cdot\frac{V}{l_w h_e}\leqslant f_v^w \tag{3-3}$$

式中 σ_{max}、τ_{max}——最大正应力和最大剪应力；

M、V——焊缝承受的弯矩和剪力；

W_w——焊缝截面模量；

S_w——焊缝截面面积矩；

I_w——焊缝截面惯性矩。

图 3-18（b）所示是工字形截面梁的接头，采用对接焊缝，且受到弯矩和剪力共同作用时的应力分布情况。如图所示，弯矩作用下焊缝截面上 A 点正应力最大，其最大正应力按式（3-2）计算。剪力作用下焊缝截面上 C 点应力最大，其最大剪应力按式（3-3）计算。除应分别计算最大正应力和剪应力外，对于同时受有较大正应力和较大剪应力处（例如腹板与翼缘的交接处“B 点”），还应按下式计算折算应力：

$$\sqrt{\sigma_B^2+3\tau_B^2}\leqslant 1.1f_t^w \tag{3-4}$$

式中　σ_B——腹板与翼缘交接处焊缝正应力，$\sigma_B=\dfrac{M}{W_w}\dfrac{h_0}{h}$；

h_0、h——分别为焊缝截面处腹板高度、截面总高度；

τ_B——腹板与翼缘交接处焊缝剪应力，$\tau_B=\dfrac{VS_B}{I_w t}$；

S_B——B 点以上面积对中和轴的面积矩；

t——腹板厚度。

1.1 是考虑到最大折算应力只在局部出现，而将强度设计值适当提高的系数。

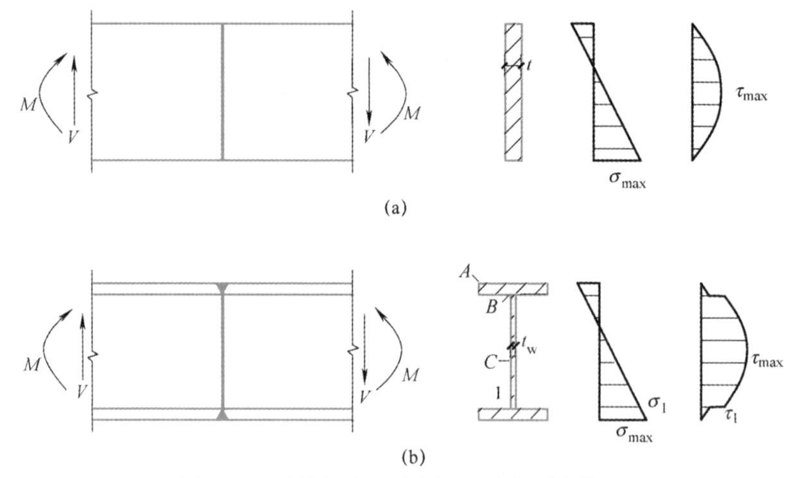

图 3-18　对接焊缝承受弯矩和剪力联合作用
（a）矩形截面；（b）工字形截面

3. 承受轴心力、弯矩和剪力共同作用的对接焊缝

当轴心力与弯矩、剪力共同作用时，焊缝的最大正应力为轴心力和弯矩引起的应力之和，剪应力根据焊缝截面形式按力学公式计算，其计算公式如下：

$$\sigma_{max}=\sigma_N+\sigma_M=\frac{N}{A_w}+\frac{M}{W_w} \tag{3-5}$$

$$\tau_{max}=\frac{V_{max}S_w}{I_w t} \tag{3-6}$$

此外，腹板与翼缘交界处的折算应力计算公式为：

$$\sqrt{(\sigma_{N}+\sigma_{MB})^{2}+3\tau_{B}^{2}}\leqslant 1.1f_{t}^{w} \tag{3-7}$$

式中

$$\sigma_{MB}=\frac{M}{W_{w}}\frac{h_{0}}{h},\ \tau_{B}=\frac{VS_{WB}}{I_{w}t}$$

【例题 3-2】 试验算如图 3-19 所示牛腿与钢柱间的对接焊缝的强度，翼缘处设引弧板。偏心力 $N=400$kN（设计值），偏心距 $e=250$mm。钢材为 Q235B，焊条为 E43 型，手工焊。焊缝质量等级为三级。

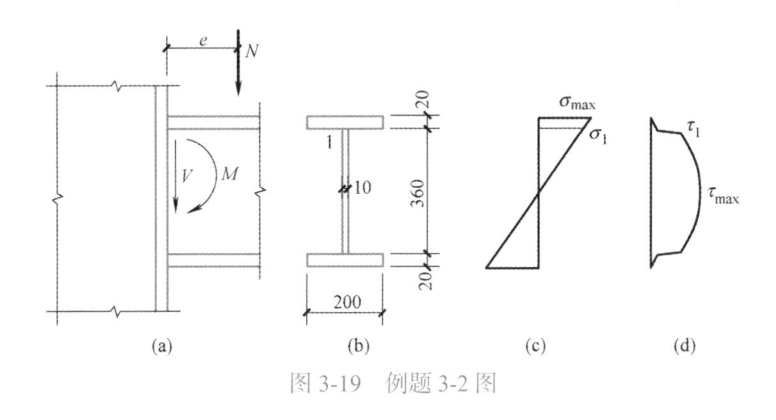

图 3-19　例题 3-2 图

【解】 对接焊缝的计算截面和牛腿截面相同，因而：

$$I_{x}=\frac{1}{12}\times 1\times 36^{3}+2\times 2\times 20\times 19^{2}=32768\text{cm}^{4}$$

$$W_{x}=\frac{32768}{20}=1638.4\text{cm}^{3}$$

$$S_{x1}=2\times 20\times 19=760\text{cm}^{3};\ S_{x}=760+1\times 18\times 9=922\text{cm}^{3}$$

$$V=N=400\text{kN};\ M=N\cdot e=400\times 25=10000\text{kN}\cdot\text{cm}$$

焊缝截面的最大弯曲正应力和最大剪应力为：

$$\sigma_{max}=\frac{10000\times 10^{4}}{1638.4\times 10^{3}}=61.04\text{N/mm}^{2}<f_{t}^{w}=175\text{N/mm}^{2}$$

$$\tau_{max}=\frac{400\times 922\times 10^{6}}{32768\times 10^{4}\times 10}=112.55\text{N/mm}^{2}<f_{v}^{w}=125\text{N/mm}^{2}$$

上翼缘和腹板交界点 1 处的正应力和剪应力为：

$$\sigma_{1}=61\times\frac{36}{40}=54.94\text{N/mm}^{2}$$

$$\tau_{1}=\frac{400\times 760\times 10^{6}}{32768\times 10^{4}\times 10}=92.77\text{N/mm}^{2}$$

该点的折算应力：

$$\sqrt{54.94^{2}+3\times 92.77^{2}}=169.82\text{N/mm}^{2}<1.1\times 185=203.5\text{N/mm}^{2}$$

满足要求。

3.4 角焊缝的构造和计算

3.4.1 角焊缝的形式及受力性能

角焊缝是最常用的焊缝，可用于对接、搭接，以及直角或倾斜相交的 T 形和角接接头中。角焊缝按其截面形式可分为直角角焊缝（图 3-20）和斜角角焊缝（图 3-21）。

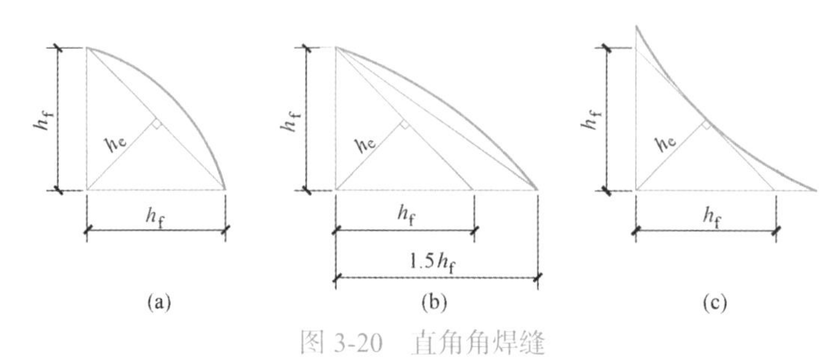

图 3-20 直角角焊缝

（a）普通焊缝；（b）平坡凸形；（c）等边凹形

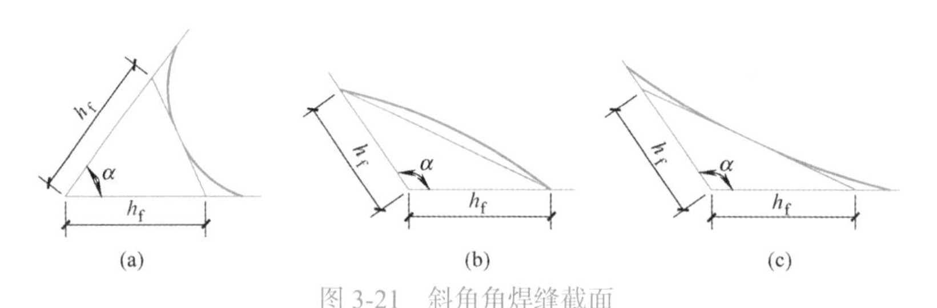

图 3-21 斜角角焊缝截面

（a）斜角锐角焊缝；（b）斜角钝角焊缝；（c）斜角凹面焊缝

直角角焊缝（$\alpha=90°$）的截面形式有普通焊缝、平坡凸形和等边凹形，一般情况采用普通型角焊缝。普通角焊缝通常做成表面微凸的等腰直角三角形截面。由于这种焊缝受力时传力线曲折，有一定程度的应力集中，在焊缝根部形成高峰应力，易于开裂。因此在直接承受动力荷载的结构中，为传力较平顺和改善受力性能，可改用平坡凸形或等边凹形。

普通焊缝截面的两个直角边长 h_f 称为焊脚尺寸；最小截面在 45° 方向，不计突出部分时的斜高 $h_e=0.7h_f$ 称为有效厚度；突出部分约 $0.1h_f$ 称为余高，在强度计算时不予计入。

斜角角焊缝（$\alpha>90°$ 或 $\alpha<90°$）的截面形式也有三种：斜角锐角焊缝、斜角钝角焊缝和斜角凹面焊缝。斜角角焊缝主要用在杆件倾斜相交，其间不用节点板而直接相交焊接或其中一根焊件焊在端板上再与另一根焊件连接以及钢管连接的结构中，对于夹角 $\alpha>135°$ 或 $\alpha<60°$ 的斜角角焊缝，除钢管结构外，不宜用作受力焊缝。

按焊缝与作用力的关系可分为：焊缝长度方向与作用力垂直的为正面角焊缝；焊缝长度方向与作用力平行的为侧面角焊缝；焊缝长度方向与作用力既不垂直也不平行的为斜焊缝。在直接承受动力荷载的结构中，正面角焊缝截面应做成直线形，如图 3-20（b）

所示，侧面角焊缝的截面则做成凹形，如图 3-20（c）所示。

正面角焊缝连接中传力线有较剧烈弯曲，应力状态也较复杂，如图 3-22 所示。正面角焊缝沿焊缝长度的应力分布比较均匀，但各截面上有复杂和不均匀的正应力和剪应力，并且焊缝根部 b 处出现较大的应力集中。正面角焊缝的破坏可能发生在焊脚 ab、ac 或有效厚度 ad 面，属于正应力和剪应力的综合破坏。试验证明正面角焊缝的破坏强度高于侧面角焊缝，但正面角焊缝的塑性变形较差，根部存在较大的收缩应力，易于产生脆性破坏。

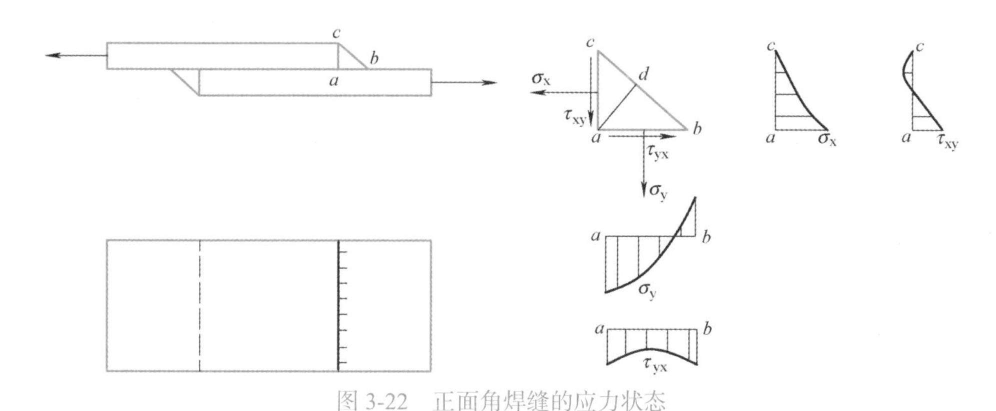

图 3-22　正面角焊缝的应力状态

侧面角焊缝主要承受剪应力，应力状态比正面角焊缝单一，塑性较好，弹性模量低，强度也较低。传力线通过侧面角焊缝时产生弯折，因而应力沿焊缝长度方向分布不均匀，呈两端大而中间小的状态（图 3-23）。焊缝越长沿焊缝长度方向的应力分布越不均匀。对于焊缝长度适当的侧面角焊缝，当其受力进入弹塑性受力状态时，剪应力分布将渐趋均匀，破坏时可按沿全长均匀受力考虑。侧面角焊缝的剪切破坏一般发生在 45° 有效厚度 $h_e = 0.7h_f$ 处最小截面。

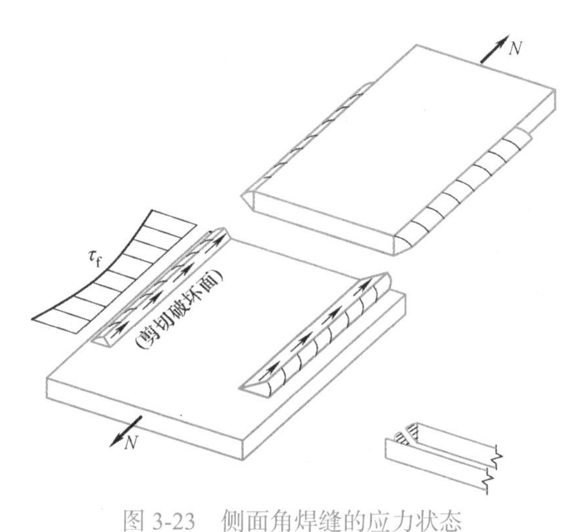

图 3-23　侧面角焊缝的应力状态

斜向角焊缝常用在受力方向和焊缝成倾斜角度，此时应力情况比较复杂，受力性能介于侧面和正面角焊缝之间。

3.4.2 角焊缝的构造

角焊缝的主要尺寸是焊脚尺寸 h_f 和焊缝计算长度 l_w。

1. 焊脚尺寸

为防止因热输入量过小而使母材热影响区冷却速度过快而形成硬化组织，角焊缝最小焊脚尺寸宜按表 3-4 取值。由于采用低氢焊条时减少了氢脆的影响，最小角焊缝尺寸可比非低氢焊条时小一些。

角焊缝最小焊脚尺寸（mm）　　表 3-4

母材厚度 t	角焊缝最小焊脚尺寸 h_f
$t \leqslant 6$	3
$6 < t \leqslant 12$	5
$12 < t \leqslant 20$	6
$t > 20$	8

注：1. 采用不预热的非低氢焊接方法进行焊接时，t 等于焊接连接部位中较厚件厚度，宜采用单道焊缝；采用预热的非低氢焊接方法或低氢焊接方法进行焊接时，t 等于焊接连接部位中较薄件厚度。
2. 焊缝尺寸 h_f 不要求超过焊接连接部位中较薄件厚度的情况除外。

承受动荷载时角焊缝脚尺寸不宜小于 5mm。

焊缝的焊脚尺寸过大，易使母材形成“过烧”现象，使构件产生翘曲变形和较大的焊接应力，焊脚尺寸不宜大于较薄焊件的 1.2 倍（钢管结构除外）。对于圆孔或槽孔内的角焊缝焊脚尺寸，若焊脚尺寸过大，焊接时产生的焊渣就会堵塞孔槽，影响焊接质量，故焊脚尺寸不宜大于圆孔直径或槽孔短径的 1/3。

2. 角焊缝的计算长度

角焊缝的长度较小时，焊缝起灭弧所引起的缺陷相距太近，再加上其他焊缝缺陷或尺寸不足将影响其承载力，使焊缝不够可靠。因此，为了使焊缝能够具有一定的承载能力，侧面角焊缝或正面角焊缝的计算长度不得小于 $8h_f$ 和 40mm 的较大值；且焊缝计算长度应为扣除引弧、收弧长度后的焊缝长度。

断续角焊缝焊段的最小长度不应小于角焊缝最小计算长度。

侧面角焊缝的计算长度不宜大于 $60h_f$，当大于上述数值时，其超过部分在计算中不予考虑。因为侧面角焊缝应力沿长度分布不均匀，两端大、中间小，焊缝越长，其差值越大。焊缝过长时，两端应力达到极限强度而破坏时，中间部分尚未发挥其承载力，且这种应力分布不均匀，对动荷载构件更不利，故受动荷载作用的侧面角焊缝长度的限制更严格。

3. 搭接连接角焊缝的构造

（1）为防止搭接部位角焊缝在荷载作用下张开，搭接连接角焊缝在传递部件受轴向力时应采用纵向或横向双角焊缝；同时为防止搭接部位受轴向力时发生偏转，搭接连接的最小搭接长度应为较薄件厚度 t 的 5 倍，且不应小于 25mm（图 3-24）。

（2）为防止构件因翘曲致使贴合不好，只采用纵向角焊缝连接型钢杆件端部时，型钢杆件的宽度不应大于 200mm，当宽度大于 200mm 时，应加横向角焊缝或中间塞焊；型钢杆件每一侧纵向角焊缝的长度不应小于型钢杆件的截面宽度（图 3-25）。

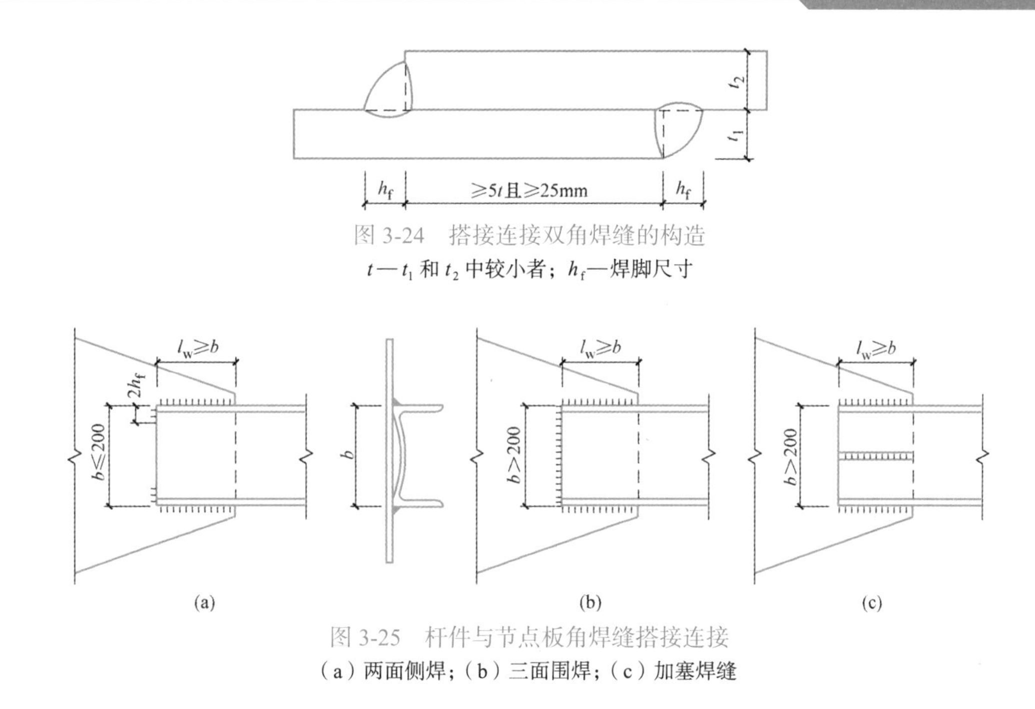

图 3-24 搭接连接双角焊缝的构造

t—t_1 和 t_2 中较小者；h_f—焊脚尺寸

图 3-25 杆件与节点板角焊缝搭接连接

（a）两面侧焊；（b）三面围焊；（c）加塞焊缝

（3）型钢杆件端部搭接采用三面围焊时，在转角处截面突变，会产生应力集中，如在此处起灭弧，可能出现弧坑或咬肉等缺陷，从而加大应力集中的影响，故所有围焊的转角处必须连续施焊。对于非围焊情况，可在角焊缝的端部连续作长度不小于 $2h_f$ 的绕角焊，并应连续施焊，不能断弧（图 3-25a）。

（4）搭接焊缝沿母材棱边的最大焊脚尺寸，当板厚不大于 6mm 时，应为母材厚度，当板厚大于 6mm 时，应为母材厚度减去 1～2mm（图 3-26），以防止焊接时材料棱边熔塌。

（5）用搭接焊缝传递荷载的套管连接可只焊一条角焊缝，其管材搭接长度 L 不应小于 $5(t_1+t_2)$，且不应小于 25mm。搭接焊缝焊脚尺寸应符合设计要求（图 3-27）。

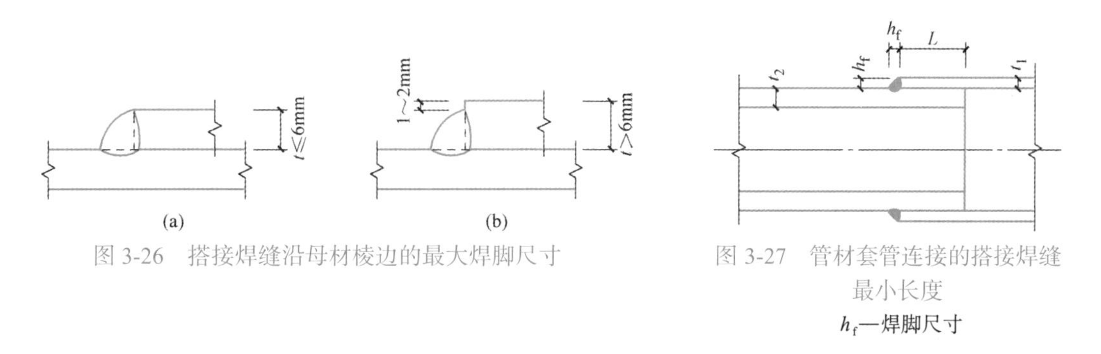

图 3-26 搭接焊缝沿母材棱边的最大焊脚尺寸

图 3-27 管材套管连接的搭接焊缝最小长度

h_f—焊脚尺寸

4. 塞焊和槽焊焊缝构造

（1）塞焊和槽焊的有效面积应为贴合面上圆孔或长槽孔的标称面积。

（2）塞焊焊缝的最小中心间隔应为孔径的 4 倍，槽焊焊缝的纵向最小间距应为槽孔长度的 2 倍，垂直于槽孔长度方向的两排槽孔的最小间距应为槽孔宽度的 4 倍。

（3）塞焊孔的最小直径不得小于开孔板厚度加 8mm，最大直径应为最小直径加 3mm

和开孔件厚度的 2.25 倍两值中较大者。槽孔长度不应超过开孔件厚度的 10 倍，最小及最大槽宽规定应与塞焊孔的最小及最大孔径规定相同。

（4）塞焊和槽焊的焊缝高度应符合下列规定：

1）当母材厚度不大于 16mm 时，应与母材厚度相同；

2）当母材厚度大于 16mm 时，不应小于母材厚度的一半和 16mm 两值中较大者。

（5）塞焊焊缝和槽焊焊缝的尺寸应根据贴合面上承受的剪力计算确定。

5. 承受动荷载时，塞焊、槽焊、角焊、对接连接应符合下列规定

（1）承受动荷载不需要进行疲劳验算的构件，采用塞焊、槽焊时，孔或槽的边缘到构件边缘在垂直于应力方向上的间距不应小于此构件厚度的 5 倍，且不应小于孔或槽宽度的 2 倍；构件端部搭接连接的纵向角焊缝长度不应小于两侧焊缝间的垂直间距，且在无塞焊、槽焊等其他措施时，间距不应大于较薄件厚度 t 的 16 倍。

（2）不得采用焊脚尺寸小于 5mm 的角焊缝。

（3）严禁采用断续坡口焊缝和断续角焊缝。

（4）对接与角接组合焊缝和 T 形连接的全焊透坡口焊缝应采用角焊缝加强，加强焊脚尺寸不应大于连接部位较薄件厚度的 1/2，但最大值不得超过 10mm。

（5）承受动荷载需经疲劳验算的连接，当拉应力与焊缝轴线垂直时，严禁采用部分焊透对接焊缝。

（6）除横焊位置以外，不宜采用 L 形和 J 形坡口。

（7）不同板厚的对接连接承受动载时，应做成平缓过渡。

3.4.3 直角角焊缝强度计算基本公式

角焊缝的应力状态比较复杂，因而精确计算比较困难。一般通过试验来确定角焊缝的设计强度，为此应做一些合理的假设，找出一个比较合理而又简单的设计方法和相应的公式供设计时应用。

我国对直角角焊缝进行的大批试验结果表明：侧面角焊缝的破坏截面以 45° 有效截面的居多；而正面角焊缝则多数不在该截面破坏，且其破坏强度是侧面角焊缝的 1.35～1.55 倍。据此认为直角角焊缝的破坏总是沿其最小截面，即 45° 方向的有效截面（图 3-28）。因此，设计分析时需研究有效截面上的应力状态。这个应力状态可用三个互相垂直的分应力代表，即垂直于有效截面的正应力 $\sigma_\perp$、垂直于和平行于焊缝长度方向的剪应力 $\tau_\perp$ 和 $\tau_{//}$（图 3-28），下标表示应力方向垂直于或平行于焊缝长度方向。下面以承受如图 3-28 所示斜向轴心力 N（互相垂直的分力为 N_y 和 N_x）作用的直角角焊缝为例，说明角焊缝基本公式的推导过程。N_y 在焊缝有效截面上引起垂直

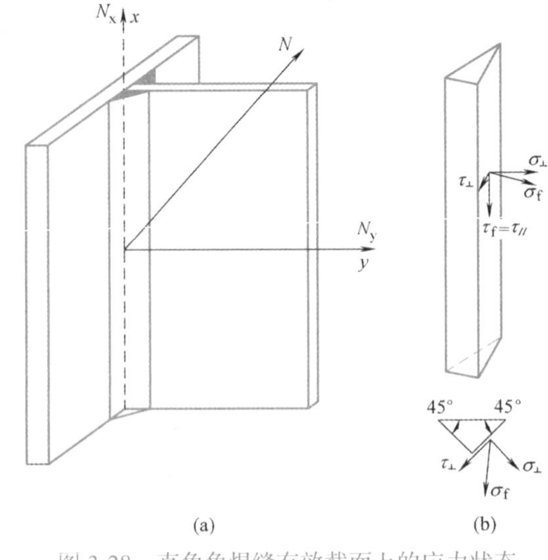

图 3-28　直角角焊缝有效截面上的应力状态

于焊缝长度方向的应力 σ_f，该应力对有效截面既不是正应力，也不是剪应力，而是 $\sigma_\perp$ 和 $\tau_\perp$ 的合应力。

如图 3-28（b）所示，对直角角焊缝：

$$\sigma_f = \frac{N_y}{h_e l_w} \tag{3-8}$$

显然：

$$\sigma_\perp = \tau_\perp = \frac{\sigma_f}{\sqrt{2}} \tag{3-9}$$

沿焊缝长度方向的分力 N_x 在焊缝有效截面上引起平行于焊缝长度方向的剪应力 $\tau_f = \tau_{//}$：

$$\tau_f = \tau_{//} = \frac{N_x}{h_e l_w} \tag{3-10}$$

则直角角焊缝在各种应力综合作用下，由折算应力计算公式得：

$$\sqrt{4\left(\frac{\sigma_f}{\sqrt{2}}\right)^2 + 3\tau_f^2} \leqslant f_u^w = \sqrt{3} f_f^w \tag{3-11}$$

$$\sqrt{\left(\frac{\sigma_f}{\beta_f}\right)^2 + \tau_f^2} \leqslant f_f^w \tag{3-12}$$

对正面角焊缝，此时 $\tau_f = 0$，得：

$$\sigma_f = \frac{N}{h_e l_w} \leqslant \beta_f f_f^w \tag{3-13}$$

对于侧面角焊缝，此时 $\sigma_f = 0$，得：

$$\tau_f = \frac{N}{h_e l_w} \leqslant f_f^w \tag{3-14}$$

式中 N_y——垂直于焊缝长度方向的轴心力；

h_e——直角角焊缝的有效厚度，当两焊件间隙 $b \leqslant 1.5\text{mm}$ 时，$h_e = 0.7h_f$；$1.5\text{mm} < b \leqslant 5\text{mm}$ 时，$h_e = 0.7(h_f - b)$，h_f 为焊脚尺寸（图 3-21）；

l_w——焊缝的计算长度，考虑起灭弧缺陷，按各条焊缝的实际长度每端减去 h_f 计算；

β_f——正面角焊缝的强度增大系数，$\beta_f = \sqrt{3/2} = 1.22$。

f_f^w、f_u^w——角焊缝强度设计值与对接焊缝抗拉强度。

式（3-9）～式（3-11）即为角焊缝的基本计算公式。计算时只要将焊缝应力分解为垂直于焊缝长度方向的应力 σ_f 和平行于焊缝长度方向的应力 τ_f，上述基本公式就可适用于任何受力状态。

对于直接承受动力荷载结构中的角焊缝，由于正面角焊缝的刚度较大，塑性较差，故在直接承受动力荷载结构中通常不考虑强度增大系数 β_f，即对直接承受动力荷载的结构，$\beta_f = 1.0$。

在角焊缝的搭接焊接连接中，当角焊缝计算长度 l_w 超过 $60h_f$ 时，可以取 $l_w = 60h_f$ 计算；或将焊缝的承载力设计值乘以折减系数 α_f，$\alpha_f = 1.5 - \dfrac{l_w}{120h_f}$，并不小于 0.5，然后按焊缝实际计算长度计算。对于高强钢结构，当焊缝计算长度 l_w 超过 $60h_f$ 时，焊缝的受剪承载力设计值应乘以折减系数 α_f，$\alpha_f=\left(1.2-\frac{l_w}{300h_f}\right)\left(\frac{460}{f_y}\right)$且 $\alpha_f\leqslant 0.7\left(\frac{460}{f_y}\right)$。因为高强钢结构在焊缝连接处的工作应力较高，长焊缝连接变形会使焊缝内应力分布更不均匀，研究发现钢材强度越高，焊缝的剪应力分布不均匀性越大，所以建议焊缝的受剪承载力设计值折减系数与钢材屈服强度成反比，考虑超长焊缝折减过多，限制焊缝计算长度不超过 $150h_f$。

3.4.4 各种受力状态下直角角焊缝连接的计算

由前面所述，角焊缝的强度和外荷载的方向有关，侧面角焊缝的强度最低，正面角焊缝的强度最高，斜焊缝介于二者之间。下面分别介绍角焊缝在各种外力作用下的计算方法。

1. 承受轴心力作用时直角角焊缝连接的计算

当焊件受轴心力，且轴心力通过连接焊缝中心时，可认为焊缝应力是均匀分布的。如图 3-29 所示一双面角焊缝的 T 形连接，在角焊缝有效截面形心处受斜向轴心力的作用。计算时，将 N 分解为垂直于焊缝和平行于焊缝的分力 $N_x=N\sin\theta$，$N_y=N\cos\theta$，则：

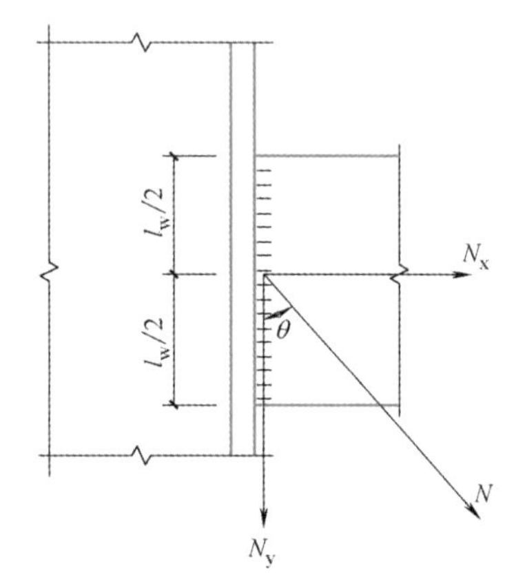

图 3-29　角焊缝受斜向轴心力的作用

$$\left.\begin{aligned}\sigma_f&=\frac{N\sin\theta}{\sum h_e l_w}\\ \tau_f&=\frac{N\cos\theta}{\sum h_e l_w}\end{aligned}\right\}\tag{3-15}$$

式中　$\sum h_e l_w$——连接一侧的相应角焊缝有效截面总和。

将式（3-12）代入式（3-9）验算角焊缝的强度。

为了计算方便，当 $\theta\neq 0$ 时，也可采取以下计算方法：将式（3-12）代入式（3-9），经整理后得：

$$\frac{N}{\sum h_e l_w}\leqslant \beta_{f\theta}f_f^w\tag{3-16}$$

式中　θ——作用力与焊缝长度方向的夹角，且 $\theta\neq 0$；

$\beta_{f\theta}$——斜焊缝的强度增加系数，其值介于 1.0～1.22 之间。

$\beta_{f\theta}$ 按下式计算：

$$\beta_{f\theta}=\frac{1}{\sqrt{1-\frac{1}{3}\sin^2\theta}}\tag{3-17}$$

为便于应用，取 θ 为 $0°\leqslant\theta\leqslant 90°$ 代入式（3-17）求 $\beta_{f\theta}$，其具体值见表 3-5。表中 $\theta=0°$ 即侧面角焊缝受轴心力作用情况，其 $\beta_{f\theta}=1.0$。$\theta=90°$ 即正面角焊缝受轴心力作用情况，其 $\beta_{f\theta}=1.22$。其他情况 $\beta_{f\theta}$ 介于 1.0～1.22 之间。对于直接承受动力荷载结构的焊缝，取 $\beta_{f\theta}=1.0$。

斜向角焊缝的强度设计值增大系数　　　　表 3-5

θ	0°	10°	20°	30°	40°	50°	60°	70°	80°	90°
$\beta_{f\theta}$	1.00	1.01	1.02	1.04	1.08	1.12	1.15	1.20	1.22	1.22

在钢桁架体系中，常有角钢和节点板用角焊缝相连而受轴心力作用的情况，如图 3-30 所示。为了使角焊缝轴心受力，应使各组成角焊缝传递之力的合力和角钢杆件轴线相重合。

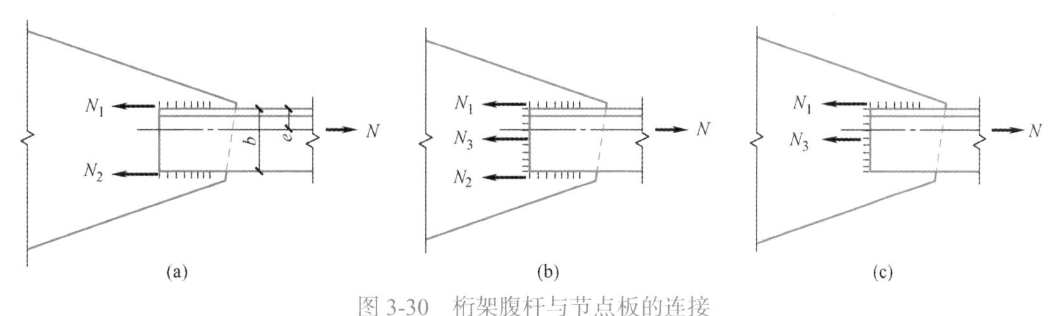

图 3-30　桁架腹杆与节点板的连接

（a）侧面角焊缝；（b）三面围焊；（c）L 形围焊

对于三面围焊（图 3-30b），可先假定正面角焊缝的焊脚尺寸 h_{f3}，求出正面角焊缝所分担的轴心力 N_3。腹杆为双角钢组成的 T 形截面，且肢宽为 b 时，

$$N_3 = 2 \times 0.7 h_{f3} b \beta_f f_f^w \tag{3-18}$$

由力矩平衡条件（$\sum M = 0$）可得：

$$N_1 = \frac{N(b-e)}{b} - \frac{N_3}{2} = \alpha_1 N - \frac{N_3}{2} \tag{3-19}$$

$$N_2 = \frac{Ne}{b} - \frac{N_3}{2} = \alpha_2 N - \frac{N_3}{2} \tag{3-20}$$

式中　N_1、N_2——角钢肢背和肢尖上的侧面角焊缝所分担的轴力；

e——角钢的形心距；

α_1、α_2——角钢肢背和肢尖焊缝的内力分配系数，设计时取值如表 3-6 所示。

角钢肢背和肢尖焊缝的内力分配系数　　　　表 3-6

截面及连接情况		内力分配系数	
		α_1	α_2
等边角钢		0.70	0.30
不等边角钢短边相连		0.75	0.25
不等边角钢长边相连		0.65	0.35

对于两面侧焊（图 3-30a），因 $N_3=0$，得：

$$N_1=\alpha_1 N \tag{3-21}$$

$$N_2=\alpha_2 N \tag{3-22}$$

求得各条焊缝所受的内力后，按构造要求（角焊缝的尺寸限制）假定肢背和肢尖焊缝的焊脚尺寸，即可求出焊缝的计算长度。例如对双角钢截面：

$$l_{w1}=\frac{N_1}{2\times 0.7h_{f1}f_f^w} \tag{3-23}$$

$$l_{w2}=\frac{N_2}{2\times 0.7h_{f2}f_f^w} \tag{3-24}$$

式中 h_{f1}、l_{w1}——一个角钢肢背上的侧面角焊缝的焊脚尺寸及计算长度；

h_{f2}、l_{w2}——一个角钢肢尖上的侧面角焊缝的焊脚尺寸及计算长度。

考虑到每条焊缝两端的起灭弧缺陷，实际焊缝长度为计算长度加 $2h_f$；但对于三面围焊，由于在杆件端部转角处必须连续施焊，每条侧面角焊缝只有一端可能起灭弧，故焊缝实际长度为计算长度加 h_f；对于焊缝两端采用绕角焊的侧面角焊缝实际长度等于计算长度（绕角焊缝长度 $2h_f$ 不计入计算范围）。

当杆件受力很小时，可采用 L 形围焊（图 3-30c）。由于只有正面角焊缝和角钢肢背上的侧面角焊缝，令式（3-20）中的 $N_2=0$，得：

$$N_3=2\alpha_2 N \tag{3-25}$$

$$N_1=N-N_3 \tag{3-26}$$

角钢肢背上的角焊缝计算长度可按式（3-23）计算，角钢端部的正面角焊缝的长度已知，可按下式计算其焊脚尺寸：

$$h_{f3}=\frac{N_3}{2\times 0.7\times l_{w3}\times \beta_f\times f_f^w} \tag{3-27}$$

式中 l_{w3}——$l_{w3}=b-h_{f3}$。

【例题 3-3】 试设计一双盖板的角焊缝对接接头（图 3-31）。已知钢板宽为 $B=270$mm，厚度 $t_1=28$mm，拼接盖板厚度 $t_2=16$mm，拼接缝 10mm。该连接承受的轴心力设计值 $N=1400$kN（静力荷载），钢材为 Q235B，手工焊，焊条为 E43 型。

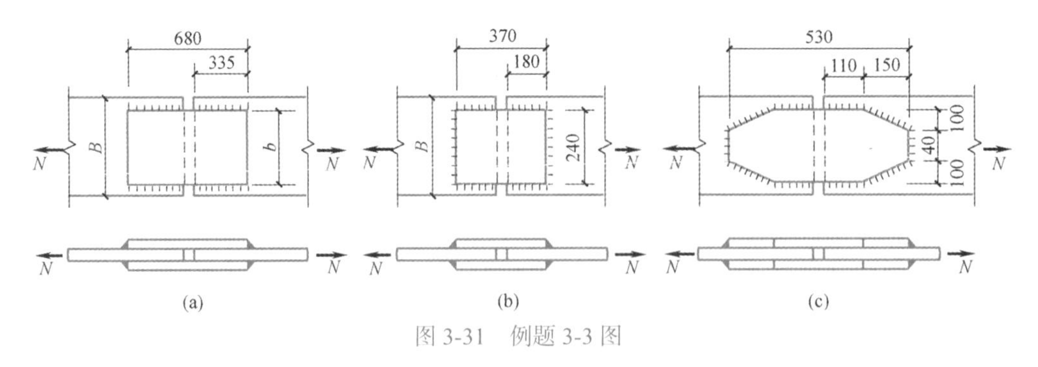

图 3-31 例题 3-3 图

【解】 设计拼接盖板的对接连接有两种方法。一种方法是假定焊脚尺寸求焊缝长度，再由焊缝长度确定拼接盖板的尺寸。另一种方法是先假定焊脚尺寸和拼接盖板的尺寸，然后验算焊缝的承载力。如果假定的焊脚尺寸不能满足承载力要求时，则应调整焊脚尺寸，再行验算，直到满足承载力的要求为止。

角焊缝的焊脚尺寸 h_f 应根据板件厚度确定。

由于此处的焊缝在板件边缘施焊，且拼接盖板厚度 $t_2 = 16mm > 6mm$，则：

$h_{f,max} = t -$（1～2）mm = 16 －（1～2）= 15 或 14mm；查表 3-3 得，$h_{f,min} = 6mm$ 取 $h_f = 10mm$，查附录表 1-2 的角焊缝强度设计值 $f_f^w = 160N/mm^2$。

（1）采用两面侧焊时（图 3-31a）

连接一侧所需焊缝的总长度，可按式（3-11）计算得：

$$\sum l_w = \frac{N}{h_e f_f^w} = \frac{1400 \times 10^3}{0.7 \times 10 \times 160} = 1250mm$$

此对接连接采用了上下两块拼接盖板，共有 4 条侧焊缝，一条侧焊缝的实际长度为：

$$l_w' = \frac{\sum l_w}{4} + 2h_f = \frac{1250}{4} + 20 = 333mm$$

$l_w' = 333mm < 60h_f = 60 \times 10 = 600mm$，焊缝强度无需折减。

所需拼接盖板长度：

$L = 2l_w' + 10 = 2 \times 333 + 10 = 676mm$，取 680mm。

上式中，10mm 为两块被连接钢板间的间隙。

拼接盖板的宽度 b 就是两条侧面角焊缝之间的距离，应根据强度条件和构造要求确定。根据强度条件，在钢材种类相同的情况下，拼接盖板的截面积 A' 等于或大于被连接钢板的截面积。

因此：

$$A' = b \times 2 \times 16mm^2 > A = 270 \times 28 = 7560mm^2$$

即：

$$b > \frac{7560}{2 \times 16} = 236.25mm$$

取 $b = 240mm$ 即满足强度要求。

根据构造要求，应满足：$b = 240mm < l_w = 315mm$，但 $b > 200mm$，不满足构造要求，应对连接盖板加横向角焊缝或中间塞焊方能满足设计要求。

（2）采用三面围焊时（图 3-31b）

一般情况下，为防止因仅用侧面角焊缝引起板件拱曲过大，常采用三面围焊，并且可以减小两侧侧面角焊缝的长度，从而减小拼接盖板的尺寸。设拼接盖板的宽度和厚度与采用两面侧焊时相同，仅需求盖板长度。已知正面角焊缝的长度 $l_w' = b = 240mm$，则正面角焊缝所能承受的内力为：

$$N' = 2h_e l_w' \beta_f f_f^w = 2 \times 0.7 \times 10 \times 240 \times 1.22 \times 160 = 655870N$$

所需连接接头一侧侧面角焊缝的计算长度为：

$l_w = \dfrac{N - N'}{4h_e f_f^w} = \dfrac{1400000 - 655870}{4 \times 0.7 \times 10 \times 160} = 166mm$，采用 170mm。

盖板总长：

$$l = 2(l_w + h_f) + 10 = 2 \times (170 + 10) + 10 = 370mm$$

考虑三面围焊连续施焊，故可按一条焊缝仅在侧面角焊缝一端减去起落弧缺陷。

（3）采用菱形拼接盖板时（图 3-31c）

用菱形拼接板比用矩形拼接板以两条侧面角焊缝相连，传力较均匀。当拼接盖板宽度较大时，采用菱形拼接盖板可减小角部的应力集中，从而使连接的工作性能得以改善。菱形拼接盖板的连接焊缝由正面角焊缝、侧面角焊缝和斜焊缝等组成。设计时一般先假定拼接盖板的尺寸再进行验算。拼接盖板尺寸如图 3-31（c）所示，则各部分焊缝的承载力分别为：

正面角焊缝：

$$N_1 = 2h_e l_{w1}\beta_f f_f^w = 2\times0.7\times10\times40\times1.22\times160 = 109.3\text{kN}$$

侧面角焊缝：

$$N_2 = 4h_e l_{w2} f_f^w = 4\times0.7\times10\times(110-10)\times160 = 448.0\text{kN}$$

斜焊缝：此焊缝与作用力夹角 $\theta = \arctan\left(\frac{100}{150}\right) = 33.69°$，由公式（3-17）可得 $\beta_{f\theta} = 1.06$，故：

$$N_3 = 4h_e l_{w3}\beta_{f\theta} f_f^w = 4\times0.7\times10\times180\times1.06\times160 = 854.8\text{kN}$$

连接一侧焊缝所能承受的内力为：

$N' = N_1 + N_2 + N_3 = 109.3 + 448.0 + 854.8 = 1412\text{kN} > N = 1400\text{kN}$，满足要求。

【例题 3-4】 试设计如图 3-32 所示角钢与节点板的角焊缝连接。已知轴心力设计值 $N = 830\text{kN}$（静力荷载）。角钢为 2∟125×80×10，与厚度为 12mm 的节点板连接，钢材为 Q235B，手工焊，焊条为 E43 型。

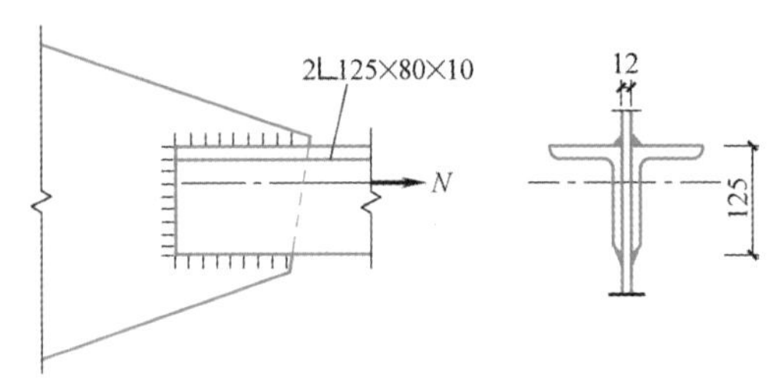

图 3-32 例题 3-4 图

【解】 角焊缝的焊脚尺寸应根据板厚来确定：

$h_{fmax} = t-(1\sim2)\text{mm} = 10-(1\sim2) = 9$ 或 8mm；查表 3-3 得，$h_{fmin} = 5\text{mm}$

取 $h_f = 8\text{mm}$。角焊缝的强度设计值 $f_f^w = 160\text{N/mm}^2$。焊缝内力分配系数可取 $\alpha_1 = 0.65$，$\alpha_2 = 0.35$。正面角焊缝的长度等于相连角钢肢的宽度 $b = 125\text{mm}$，则正面角焊缝所能承受的内力 N_3 为：

$$N_3 = 2h_e l_{w3}\beta_f f_f^w = 2\times0.7\times8\times125\times1.22\times160 = 273.3\text{kN}$$

肢背和肢尖焊缝分担的内力，按式（3-16）、式（3-17）计算：

$$N_1 = \alpha_1 N - \frac{N_3}{2} = 0.65\times830 - \frac{273}{2} = 403\text{kN}$$

$$N_2 = \alpha_2 N - \frac{N_3}{2} = 0.35\times830 - \frac{273}{2} = 154\text{kN}$$

肢背和肢尖焊缝需要的焊缝实际长度为：

$$l'_{w1}=\frac{N_1}{2\times0.7h_{f1}f_f^w}+8=\frac{403\times1000}{2\times0.7\times8\times160}+8=233\text{mm}，取 240\text{mm}；$$

$$l'_{w2}=\frac{N_2}{2\times0.7h_{f2}f_f^w}+8=\frac{154\times1000}{2\times0.7\times8\times160}+8=94\text{mm}，取 100\text{mm}。$$

2. 承受弯矩、轴力和剪力作用下的角焊缝连接计算

梁或柱上的悬伸构件常通过其端部角焊缝连接在钢柱或其他构件的表面，而承受弯矩、轴心力和剪力作用。如图 3-33 所示的双面角焊缝连接承受偏心斜拉力 F 作用，计算时可先把作用力移到焊缝的形心处，此时角焊缝同时受轴心力 N、剪力 V 和弯矩 M 的共同作用。图中 A 为危险点，其所受由 M 和 N 产生的垂直于焊缝长度方向的应力为：

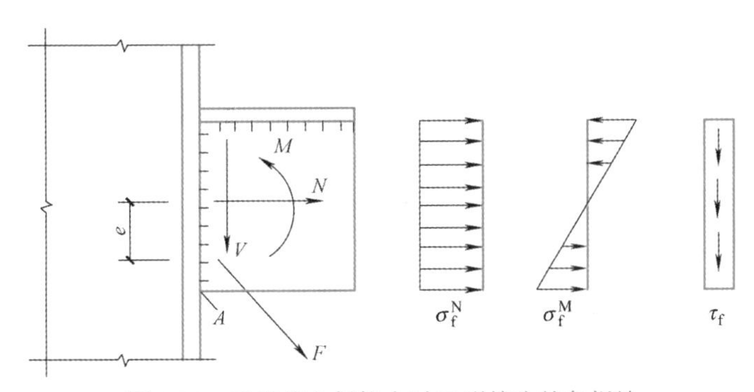

图 3-33 承受偏心斜拉力时 T 形接头的角焊缝

$$\sigma_f^M=\frac{M}{W_e}=\frac{6M}{2h_el_w^2} \tag{3-28}$$

$$\sigma_f^N=\frac{N}{A_e}=\frac{N}{2h_el_w} \tag{3-29}$$

式中 W_e——角焊缝有效截面绕 x 轴的抵抗矩；

A_e——角焊缝的有效截面积。

故在 A 点产生垂直于焊缝长度方向的应力为：

$$\sigma_f=\frac{N}{2h_el_w}+\frac{6M}{2h_el_w^2} \tag{3-30}$$

剪力 V 在 A 点处产生平行于焊缝长度方向的应力：

$$\tau_f=\frac{V}{A_e}=\frac{V}{2h_el_w} \tag{3-31}$$

式中 l_w 为焊缝的计算长度，与实际长度相差 $2h_f$。

根据式（3-12）A 点焊缝应满足：

$$\sqrt{\left(\frac{\sigma_f}{\beta_f}\right)^2+\tau_f^2}\leqslant f_f^w \tag{3-32}$$

当结构直接承受动力荷载时 $\beta_f=1$。

如果只承受上述 M、N 和 V 中的某一、二种荷载时，只取其相应的应力进行验算。

【例题 3-5】 如图 3-34 所示角钢两边用角焊缝与柱相连，角钢截面为∟200×125×16，短边外伸如图。荷载设计值 $F=390\text{kN}$，其作用点与柱翼缘板表面距离 $e=$

30mm，Q355B 钢，手工焊，焊条 E50 型。试求角钢与柱连接角焊缝的焊脚尺寸（转角处绕角焊 $2h_f$，可不计起落弧对计算长度的影响；焊缝布置满足构造要求）。

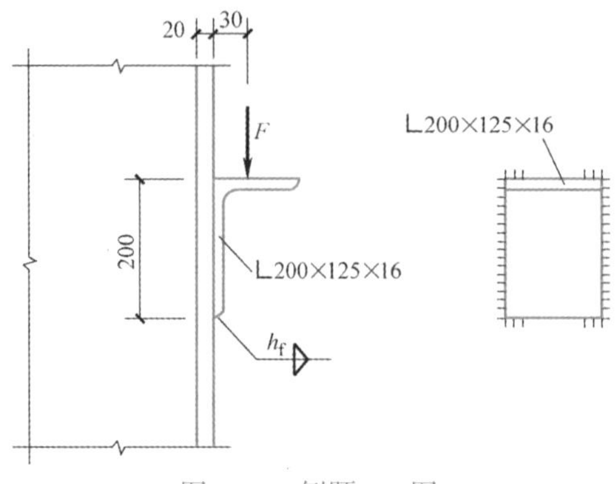

图 3-34　例题 3-5 图

【解】 角焊缝的强度设计值 $f_f^w = 200\text{N/mm}^2$。

（1）角焊缝承受的外力设计值

弯矩 $M = Fe = 390 \times 0.03 = 1.17 \times 10^7 \text{N} \cdot \text{mm}$

剪力 $V = F = 390 \times 10^3 \text{N}$

（2）焊缝的几何参数计算

$$A_e = 2 \times 0.7 h_f l_w = 2 \times 0.7 h_f \times 200 = 280 h_f \text{mm}^2$$

$$W_e = \frac{2 \times 0.7 h_f \times 200^2}{6} = 9.33 \times 10^3 h_f \text{mm}^3$$

（3）确定焊脚尺寸 h_f

最危险点在焊缝最上面点或最下面点

$$\sigma_f^M = \frac{M}{W_e} = \frac{11.7 \times 10^6}{9.33 \times 10^3 h_f} = \frac{1254}{h_f}$$

$$\tau_f = \frac{V}{A_e} = \frac{390 \times 10^3}{280 h_f} = \frac{1393}{h_f}$$

$$\sqrt{\left(\frac{\sigma_f}{\beta_f}\right)^2 + \tau_f^2} = \sqrt{\left(\frac{1254}{1.22 h_f}\right)^2 + \left(\frac{1393}{h_f}\right)^2} \leqslant f_f^w = 200\text{N/mm}^2$$

解得：$h_f \geqslant 8.7\text{mm}$，取 $h_f = 10\text{mm}$

$h_{f,\max} = t -$（1～2）mm $= 16 -$（1～2）$= 15$ 或 14mm；查表 3-3 得，$h_{f,\min} = 6\text{mm}$ 故取 $h_f = 10\text{mm}$，满足强度和构造要求。

【例题 3-6】 如图 3-35 所示牛腿与柱连接的角焊缝。牛腿截面及焊缝布置如图所示，$h_f = 10\text{mm}$。承受静力荷载设计值 $F = 470\text{kN}$，钢材用 Q235B，手工焊，焊条 E43 型。验算该角焊缝连接的承载力和构造是否满足要求。

【解】 角焊缝的强度设计值 $f_f^w = 160\text{N/mm}^2$

（1）角焊缝处承受的外力设计值

弯矩 $M = Fe = 470 \times 10^3 \times 500 = 2.35 \times 10^8 \text{N} \cdot \text{mm}$

剪力 $V = F = 470 \times 10^3 \text{N}$

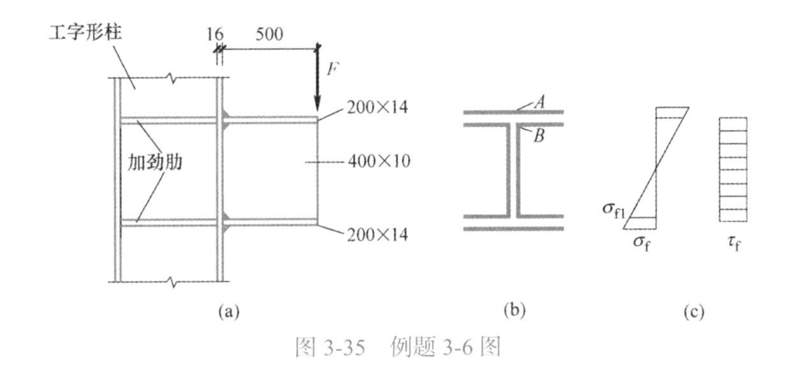

图 3-35　例题 3-6 图

（2）角焊缝有效截面的几何特性

焊缝计算长度如图 3-35（b）所示，设所有角焊缝的焊脚尺寸均相同，焊缝有效厚度 $h_e = 0.7h_f$。由于焊缝有效厚度与整个牛腿截面尺寸相比是很小的，计算截面几何特性时可把各段焊缝有效截面看作厚度为 h_e 的一些“直线段”紧贴在牛腿钢材的表面，即水平焊缝绕自身轴惯性矩很小，计算时由此引起的误差很小，可忽略不计。

求水平焊缝面积，考虑起弧灭弧缺陷，焊缝计算长度为实际长度减去 $2h_f$。

计算翼缘外侧单条焊缝面积：

$$A_1 = 0.7 \times 1 \times (20 - 2 \times 1) = 12.6\text{cm}^2$$

计算翼缘内侧单条焊缝面积，因为在中间焊缝转角处连续施焊，在腹板区域并无起弧灭弧操作，所以腹板焊缝长度不考虑起弧灭弧缺陷，即：

$$A_2 = 0.7 \times 1 \times (20 - 1 - 2 \times 1) + 40 \times 0.7 \times 1 = 11.9 + 28 = 39.9\text{cm}^2$$

求焊缝惯性矩：

$$I_x = 2 \times 12.6 \times (20 + 1.4)^2 + 2 \times 11.9 \times 20^2 + 2 \times \frac{1}{12} \times 0.7 \times 1 \times 40^3$$

$$= 11540.59 + 9520 + 7466.67$$

$$= 28527.26\text{cm}^4$$

以上各式中 h_e 的单位均为 cm。

（3）焊缝强度计算

① 验算 A 点应力：

$$\sigma_{fA} = \frac{M}{I_x} y_{max} = \frac{2.35 \times 10^8}{28527.26 \times 10^4} \times 214 = 176.29\text{N/mm}^2 \leqslant \beta_f f_f^w = 1.22 \times 160 = 195.2\text{N/mm}^2$$

满足条件。

② 验算 B 点应力：

A. 当截面为工字形或 T 形时，考虑翼缘板的竖向刚度与腹板相比是较小的，设计时常假定剪力由腹板单独承受。因此，在计算角焊缝有效截面的剪应力时，也作此假定，并且假定剪应力均匀分布。

$$A_e = 2 \times 40 \times 0.7 \times 1 = 56\text{cm}^2$$

$$\tau_{fB} = \frac{V}{A_e} = \frac{470 \times 10^3}{56 \times 10^2} = 83.93\text{N/mm}^2$$

B. 两竖向角焊缝上端承受的弯曲应力：

$$\sigma_{fB}=\frac{My_1}{I_x}=\frac{2.35\times10^8\times200}{28527.26\times10^4}=164.75\text{N/mm}^2$$

应力分布如图 3-35（c）所示。

将 τ_{fB} 和 σ_{fB} 代入强度条件：

$$\sqrt{\left(\frac{164.75}{1.22}\right)^2+(83.93)^2}=159\text{N/mm}^2\leqslant160\text{N/mm}^2$$

满足条件。

3. 承受扭矩或扭矩与剪力共同作用的角焊缝连接计算

如图 3-36 所示为一受偏心剪力 F 作用的搭接接头。将力 F 分解并向角焊缝有效截面的形心 O 简化后，可与图所示的扭矩 M 和剪力 V 单独作用等效。

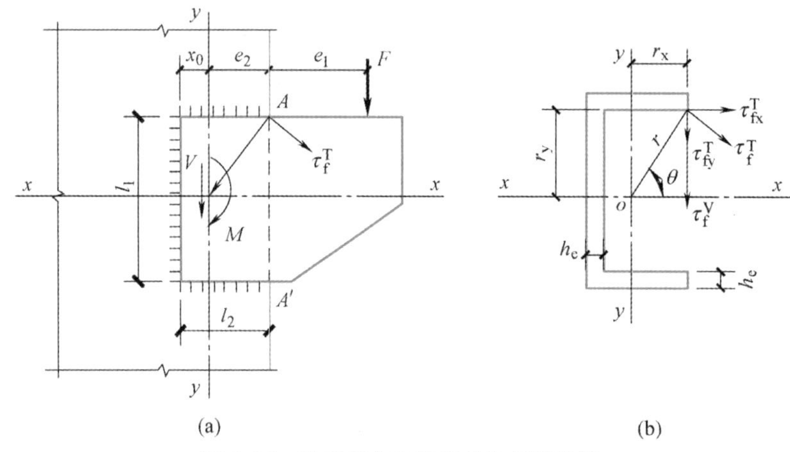

图 3-36 承受剪力和扭矩的角焊缝连接

在计算扭矩 T 作用下焊缝产生的应力时，一般假定被连接件是绝对刚性体，而焊缝则是弹性工作。这样，在扭矩 T 作用下，板件将绕焊缝有效截面的形心 O 转动，焊缝上任意一点应力的方向将垂直于该点至形心的连线，大小则与该点至形心的距离 r 成正比，故最危险点应在 r 最大处，即图中的 A 或 A' 点。根据材料力学中的扭转公式，可得 A 应力：

$$\tau_f^T=\frac{T\cdot r}{I_p}=\frac{T\cdot r}{I_x+I_y}$$

τ_f^T 在 x、y 轴方向的分应力为：

$$\tau_{fx}^T=\tau_f^T\cdot\sin\theta=\frac{T\cdot r}{I_p}\cdot\frac{r_y}{r}=\frac{T\cdot r_y}{I_p}\tag{3-33}$$

$$\tau_{fy}^T=\tau_f^T\cdot\cos\theta=\frac{T\cdot r}{I_p}\cdot\frac{r_x}{r}=\frac{T\cdot r_x}{I_p}\tag{3-34}$$

剪力 V 由全部焊缝的有效截面承受，剪应力均匀分布，则在 A 点引起的剪应力 τ_f^V 为：

$$\tau_f^V=\frac{V}{\sum h_e l_w}\tag{3-35}$$

在剪力和扭矩的共同作用下，A 点的强度条件为：

$$\sqrt{\left(\frac{\tau_{fy}^{T}+\tau_{f}^{V}}{\beta_{f}}\right)^{2}+(\tau_{fx}^{T})^{2}}\leqslant f_{f}^{w} \tag{3-36}$$

【例题 3-7】 如图 3-36 所示连接钢板，板边长度 $l_1=400$mm，$l_2=300$mm，静力荷载设计值 $F=200$kN，$e_1=300$mm（剪力到柱边缘的距离）。钢材为 Q235B，手工焊，焊条 E43 型，试确定该角焊缝的焊脚尺寸，并验算该焊缝的强度。

【解】 取焊脚尺寸为 $h_f=8$mm。验算 A 点的强度。

焊缝有效截面形心 O 的位置为：

$$x_0=\frac{2l_2\cdot l_2/2}{2l_2+l_1}=\frac{30^2}{60+40}=9\text{cm}$$

由于焊缝的实际长度比板边长度稍大，故焊缝的计算长度可取板边长度，不考虑水平焊缝端部缺陷。

焊缝的极惯性矩为：

$$I_x=\frac{1}{12}\times0.7\times0.8\times40^3+2\times0.7\times0.8\times30\times20^2=1.64\times10^4\text{cm}^4$$

$$I_y=2\times\frac{1}{12}\times0.7\times0.8\times30^3+2\times0.7\times0.8\times30\times(15-9)^2+0.7\times0.8\times40\times9^2$$
$$=5.54\times10^3\text{cm}^4$$

$$I_p=I_x+I_y=(16.4+5.54)\times10^3=2.19\times10^4\text{cm}^4$$

由于 $e_2=l_2-x_0=30-9=21$cm，$r_x=21$cm，$r_y=20$cm。偏心距 $e=e_1+e_2=30+21=51$cm；扭矩 $T=Fe=200\times51=10200$kN · cm。

$$\tau_{fx}^{T}=\frac{T\cdot r_y}{I_p}=\frac{10200\times10^4\times200}{21900\times10^4}=93.2\text{N/mm}^2$$

$$\tau_{fy}^{T}=\frac{T\cdot r_x}{I_p}=\frac{10200\times10^4\times210}{21900\times10^4}=97.8\text{N/mm}^2$$

剪力 V 在 A 点产生的应力为：

$$\tau_{f}^{V}=\frac{V}{\sum h_e l_w}=\frac{200\times10^3}{0.7\times8\times(2\times300+400)}=35.7\text{N/mm}^2$$

由式（3-33）知：

$$\sqrt{\left(\frac{\tau_{fy}^{T}+\tau_{f}^{V}}{\beta_f}\right)^2+(\tau_{fx}^{T})^2}=\sqrt{\left(\frac{97.8+35.7}{1.22}\right)^2+93.2^2}=150.8\text{N/mm}^2<f_f^w=160\text{N/mm}^2$$

所以当 $h_f=8$mm 时，A 点的强度条件满足。

3.4.5 斜角角焊缝连接的计算

角焊缝两焊脚间的夹角 α 不是直角时，称为斜角角焊缝。斜角角焊缝一般用于腹板倾斜的 T 形接头（图 3-37），我国《标准》规定其强度计算公式同直角角焊缝，但取 $\beta_f=1.0$。两焊脚边夹角 $60°\leqslant\alpha\leqslant135°$ 时，斜角角焊缝计算厚度 h_e 应按现行国家标准《钢结构焊接规范》GB 50661 的有关规定计算取值。

（1）当两焊脚边夹角 $60°\leqslant\alpha\leqslant135°$ 时，焊缝的计算厚度 h_e 按下列规定计算：

1）当根部间隙 b、b_1 或 $b_2 \leqslant 1.5\text{mm}$ 时，$h_e = h_f \cos\frac{\alpha}{2}$；

2）当根部间隙 b、b_1 或 $b_2 > 1.5\text{mm}$ 但 $\leqslant 5\text{mm}$ 时，$h_e = \left[h_f - \frac{b（或 b_1、b_2）}{\sin\alpha}\right]\cos\frac{\alpha}{2}$。

（2）当两焊脚边夹角 $30° \leqslant \alpha < 60°$ 时，将上述公式所计算的焊缝计算厚度 h_e 减去折减值 z，不同焊接条件的折减值 z 应符合表 3-7 的规定。

（3）当两焊脚边夹角 $\alpha < 30°$ 时，必须进行焊接工艺评定，确定焊缝计算厚度。

不同焊接条件的折减值 z　　表 3-7

两面角 α	焊接方法	折减值 z/（mm）	
		焊接位置 V 或 O	焊接位置 F 或 H
$60° > \alpha \geqslant 45°$	焊条电弧焊	3	3
	药芯焊丝自保护焊	3	0
	药芯焊丝气体保护焊	3	0
	实心焊丝气体保护焊	3	0
$45° > \alpha \geqslant 30°$	焊条电弧焊	6	6
	药芯焊丝自保护焊	6	3
	药芯焊丝气体保护焊	10	6
	实心焊丝气体保护焊	10	6

注：表中焊接位置 V 表示立焊，O 表示仰焊、F 表示平焊，H 表示横焊

图 3-37（a）中的 b_1 大于 5mm 时，焊缝质量不能保证，则可将板边切成图 3-37（b）的形式，并使 $b \leqslant 5\text{mm}$。

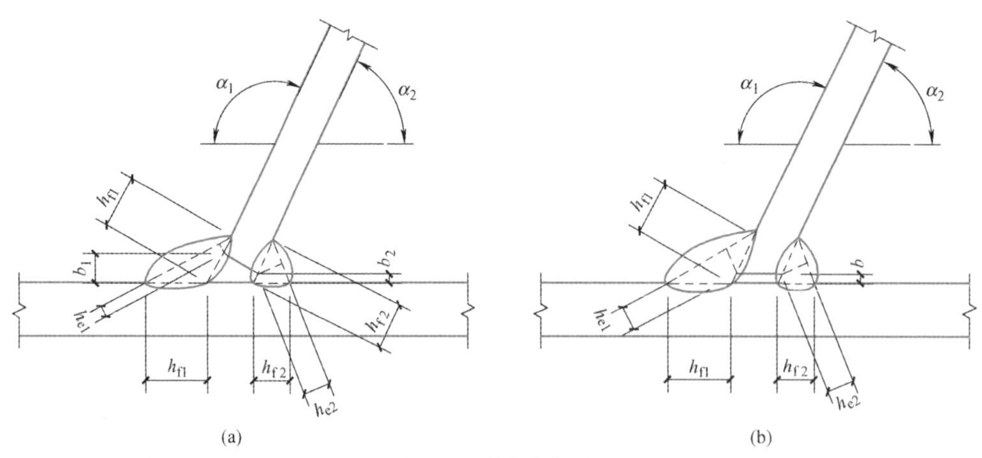

图 3-37　斜角角焊缝

3.4.6　部分焊透的对接焊缝的计算

对接焊缝设计时，有时考虑到经济、美观，并结合焊缝受力情况，采用部分焊透的对

接焊缝（图 3-38）。部分焊透的对接焊缝、T形对接与角接组合焊缝与角焊缝类似，仍按角焊缝的强度计算公式计算焊缝强度。在垂直于焊缝长度方向的压力作用下，由于可以通过焊件直接传递一部分内力，可将强度设计值乘以 1.22，相当于取 $\beta_f = 1.22$，其他受力情况取 $\beta_f = 1.0$，而且不论熔合线焊缝截面边长是否等于最小距离 s，均可如此处理，其计算厚度宜按下列规定取值：

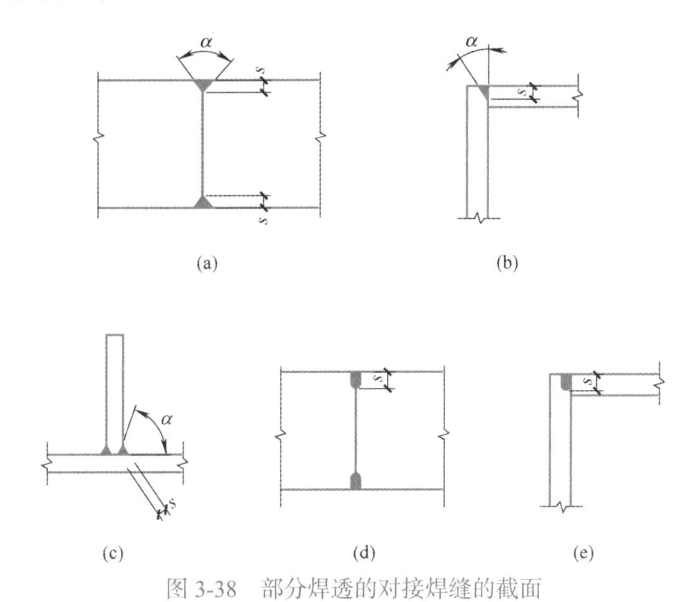

图 3-38 部分焊透的对接焊缝的截面

V形坡口（图 3-38a）：考虑到 $\alpha \geqslant 60°$ 的V形坡口，焊缝根部可以焊满，故取 $h_e = s$；当 $\alpha < 60°$ 时，$h_e = 0.75s$，是考虑焊缝根部不易焊满和在熔合线上强度较低的情况。

单边V形和K形坡口（图 3-38b、c）：当 $\alpha = 45° \pm 5°$ 时，$h_e = s - 3$。

U形、J形坡口（图 3-38d、e）：当 $\alpha = 45° \pm 5°$ 时，$h_e = s$。

s 为坡口深度，即根部至焊缝表面（不考虑余高）的最短距离（mm）；α 为V形、单边V形和K形坡口角度。

当熔合线处焊缝截面边长等于或接近于最短距离 s 时（图 3-38b、c、e），抗剪强度设计值应按角焊缝的强度设计值乘以 0.9。对于垂直焊缝长度方向受力的不予焊透对接焊缝，因取 $\beta_f = 1.0$，已具有一定的潜力，此种情况不再乘 0.9。在直接承受动力荷载的结构中，垂直于受力方向的焊缝不宜采用部分焊透的对接焊缝。

采用部分焊透的对接焊缝时，应在设计图中注明坡口的形式和尺寸。

3.5 焊接应力与焊接变形

钢结构在焊接过程中，局部区域受到高温作用，引起不均匀的加热和冷却，使构件产生焊接变形。由于在冷却时，焊缝和焊缝附近的钢材不能自由收缩，受到约束而产生焊接应力。焊接变形和焊接应力是焊接结构的主要问题之一，它将影响结构的实际工作，应在焊接、制造和设计时加以控制和重视。

3.5.1 焊接应力

被焊工件内，由焊接引起的内应力称为焊接应力。根据焊接应力产生时期的不同，可把焊接应力分为焊接瞬时应力和焊接残余应力。焊接瞬时应力是焊接时随温度变化而变化的应力；焊接残余应力则是被焊工件冷却到初始温度后所残留的应力。根据焊接应力在被焊工件中的方位不同，可将焊接应力分为纵向应力、横向应力和厚度方向应力。纵向应力指沿焊缝长度方向的应力，横向残余应力是垂直于焊缝长度方向且平行于构件表面的应力，厚度方向残余应力则是垂直于焊缝长度方向且垂直于构件表面的应力。

1. 纵向焊接应力

钢材焊接是一个先局部加热，然后再冷却的过程。局部热源就是焊条端产生电弧，在施焊过程中是移动的，因而在焊件上形成一个温度分布严重不均的温度场。焊缝及其附近钢材的高温常达 1600℃以上，而邻近区域温度则急剧下降（图 3-39），不均匀的温度均产生不均匀的热膨胀，热膨胀大的区域受到周围热膨胀小的区域的限制，产生了热塑性压缩，造成焊缝和邻近钢材处塑性压缩变形严重。焊接加热还有一特点即钢材中有相当部分高温超过 600℃，使钢材处于高温热塑性状态，这时变形模量为零，钢材可自由膨胀或收缩而完全不受临近钢材约束，并且内应力完全消失至零。当降温至 600℃以下时，进一步冷缩将受临近温度较低钢材的限制，使焊缝区产生拉应力。在低碳钢和低合金钢中，这种拉应力经常达到钢材的屈服强度。焊接应力是一种无荷载作用下的内应力，因此会在焊件内部自相平衡，这就必然在距焊缝稍远区域内产生压应力（图 3-39c）。

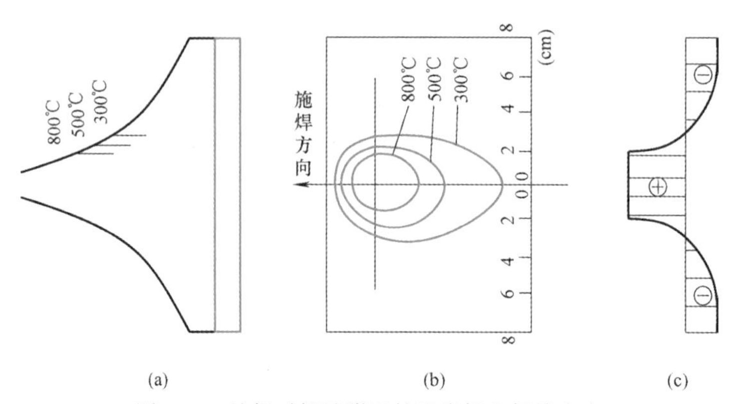

图 3-39 施焊时焊缝附近的温度场和焊接应力

（a）、（b）施焊时焊缝及附近的温度场；（c）钢板上纵向焊接应力

2. 横向焊接应力

垂直于焊缝的横向焊接应力由两部分组成：一部分是焊缝纵向收缩，使两块钢板趋向于形成反方向的弯曲变形，实际上焊缝将两块板连成整体，在两块板中间产生横向拉应力，两端则产生压应力（图 3-40a）；另一部分由于焊缝在施焊过程中冷却时间的不同，先焊的焊缝已经凝固，且具有一定强度，会阻止后焊焊缝在横向自由膨胀，使它发生横向塑性压缩变形。先焊部分凝固后，中间焊缝部分逐渐冷却，后焊部分开始冷却，这三部分产生杠杆作用，结果后焊部分收缩而受拉，先焊部分因杠杆作用也受拉，中间部分受压（图 3-40b）。这两种横向应力叠加成最后的横向应力（图 3-40c）。

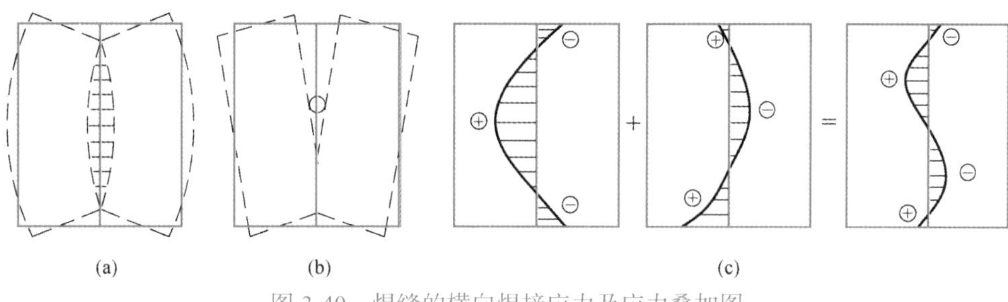

图 3-40　焊缝的横向焊接应力及应力叠加图

横向收缩引起的横向应力与施焊方向和先后次序有关，这是由于焊缝冷却时间不同而产生不同的应力分布（图 3-41）。

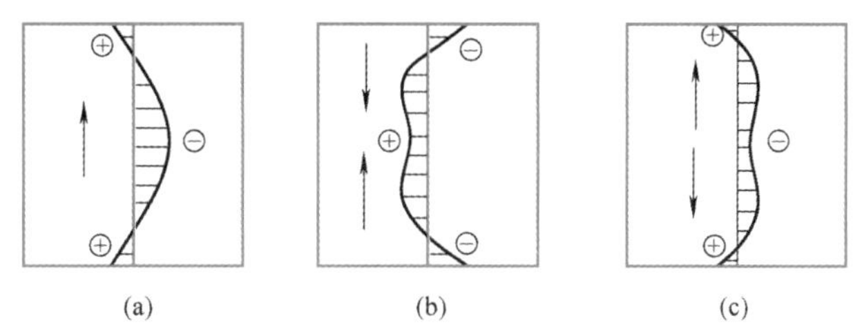

图 3-41　不同施焊方向时，横向收缩引起的横向应力

3. 厚度方向的焊接应力

较厚钢材焊接时，焊缝与钢板接触面和与空气接触面散热较快而先冷却结硬，中间后冷却而收缩受到阻碍，形成中间焊缝受拉，四周受压的状态。因而焊缝除了纵向和横向应力 σ_x、σ_y 外，在厚度方向还出现焊接应力 σ_z（图 3-42）。此外，在厚板中的纵向和横向焊接应力沿板的厚度方向大小也是变化的。一般情况下在 20～25mm 以下时，基本上可把焊接应力看成是平面的，即不考虑厚度方向的焊接应力和不考虑沿厚度方向焊接应力的大小变化。厚度方向的焊接应力若与纵向和横向焊接应力同号，将大大降低钢材的塑性。

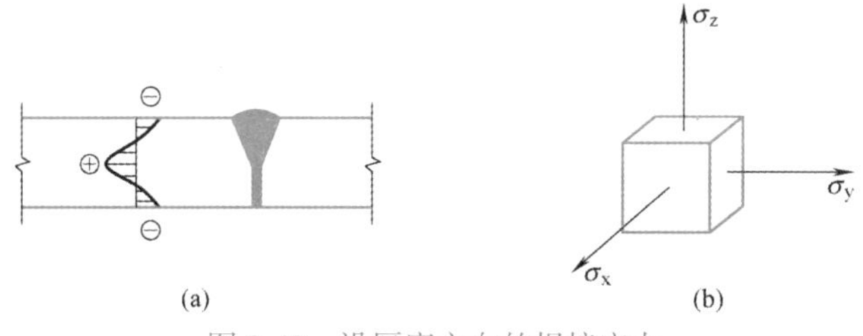

图 3-42　沿厚度方向的焊接应力

3.5.2　焊接变形

焊接过程中被焊工件受到不均匀温度场的作用而产生的形状、尺寸变化称为焊接变形。随温度变化而变化的称为焊接瞬时变形；被焊工件完全冷却到初始温度时的改变，称为焊接残余变形。焊接变形包括纵向收缩、横向收缩、弯曲变形、角变形、波浪变形和扭曲变形等，如图 3-43 所示。通常是其中某几种变形的组合。

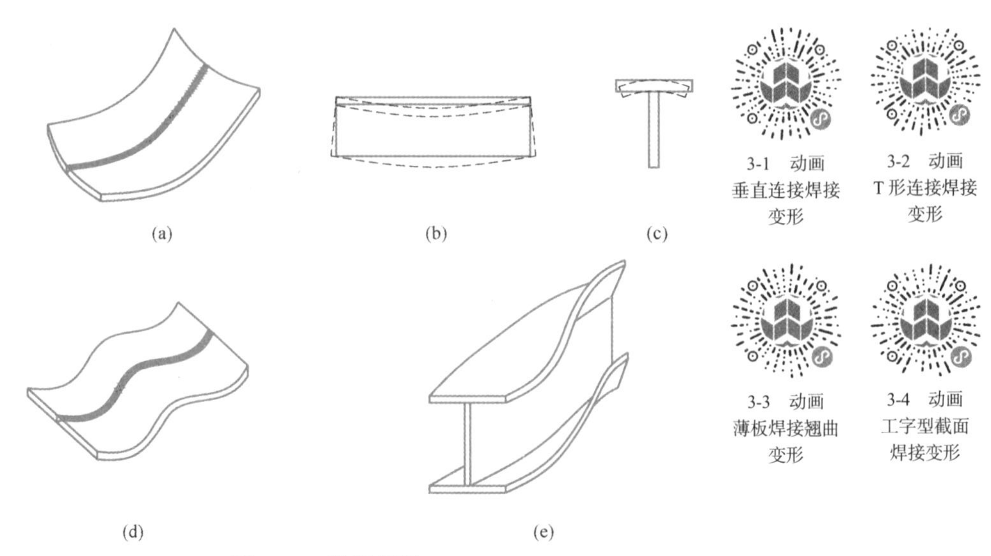

图 3-43 焊接变形

（a）纵、横向收缩；（b）弯曲变形（垂直连接焊接变形）；（c）角变形（T形连接焊接变形）；（d）波浪变形（薄板焊接翘曲变形）；（e）扭曲变形（工字型截面焊接变形）

焊接变形中的横向收缩和纵向收缩在下料时应予注意。当焊接变形超过施工验收规范规定的容许值时，应进行机械方法或加热方法矫正。

3.5.3 焊接应力和焊接变形的影响

1. 焊接应力对结构静力强度的影响

在常温下承受静力荷载的结构，当没有严重的应力集中并且所用钢材具有较好的塑性时，焊接应力将不影响结构的静力强度。因为焊接应力加上外力引起的应力达到屈服点后，应力不再增大，外力仅由受压弹性区承担。两侧受压区应力由原来受压逐渐变为受拉，最后应力也达到屈服点，此时全截面达到屈服点，这可用图 3-44 作简要说明。

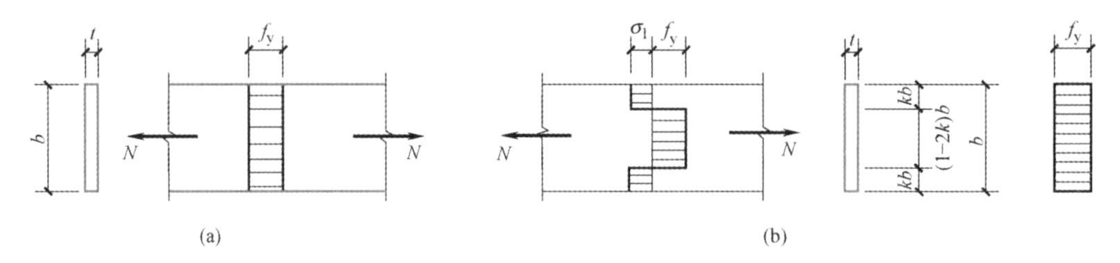

图 3-44 焊接应力对静力强度的影响

图 3-44（b）表示一受拉构件中的焊接应力情况，σ_r 为焊接压应力。

当构件无焊接应力时，由图 3-44（a）可得其承载力值为：

$$N = btf_y \tag{3-37}$$

当构件有焊接应力时，由图 3-44（b）可得其承载力值为：

$$N = 2kbt(\sigma_r + f_y) \tag{3-38}$$

由于焊接应力是自平衡应力，故：

$$2kbt\sigma_r = (1-2k)btf_y$$

解得
$$\sigma_r=\frac{1-2k}{2k}f_y$$

将 σ_r 代入式（3-38）得：

$$N=2kbt\left(\frac{1-2k}{2k}f_y+f_y\right)=btf_y$$

由此可知，有焊接残余应力构件的承载能力和无焊接残余应力时完全相同，即焊接残余应力不影响结构的静力强度。

2. 焊接应力对结构刚度的影响

虽然在常温和静载作用下，焊接应力对构件的强度没有影响，但构件内存在焊接残余应力时会降低结构的刚度。现仍以轴心受拉板件为例加以说明。

在外拉力作用下，无焊接应力板件的拉应变为：

$$\varepsilon_1=\frac{N}{btE}$$

有焊接应力板件的拉应变为：

$$\varepsilon_2=\frac{N}{2kbtE}$$

由图3-44（b）可知 $2k<1$，故 $\varepsilon_1<\varepsilon_2$。因此，焊接残余应力的存在增大了结构的变形，降低了结构的刚度。

3. 焊接应力对结构稳定性的影响

图3-44的钢板受压力作用时，当焊接压应力区达到屈服后即不能承受外压力，而此时焊接拉应力区却处于弹性工作状态。也就是说，此时只有（$1-2k$）bt 这部分截面抵抗外力作用，构件的有效截面和有效惯性矩减小了，从而降低了构件的稳定性。

4. 焊接应力对结构疲劳强度的影响

由于焊接残余拉应力的存在，有可能使其与循环应力叠加后的实际应力循环的最大和最小拉应力将比未考虑焊接应力时的名义应力循环的最大和最小拉应力值增大，并且实际最大焊接残余拉应力常达到或接近钢材屈服强度。此处对形成和发展疲劳裂纹敏感，从而降低结构构件和连接的疲劳强度。

5. 焊接应力对结构低温冷脆的影响

如前所述，若结构中产生三向同号拉应力场，将阻碍塑性变形的发展，增加了结构在低温下发生脆性破坏的可能性。因此，为有效防止钢材的低温冷脆，必须尽量降低或消除焊接应力。

6. 焊接变形对结构的影响

多数钢结构构件经焊接成形后，采用螺栓、铆钉等连接组装在一起，或通过拼接板与其他构件进行拼接。如果焊接使构件发生变形、表面凹凸不平、构件发生弯曲扭斜等，组装时很难将拼接件贴紧，变形量超过某一数值时，拼接很难进行甚至不能拼接。焊接变形不但影响外观，而且导致构件产生初弯曲、初扭矩、初偏心等缺陷，受力时产生附加弯矩、扭矩和变形，从而降低其强度和稳定承载力，甚至不能使用。因此，如何减小钢结构的焊接变形是设计和加工制作时必须共同考虑的问题，也即需从设计和加工工艺两方面来解决。

3.5.4 减少焊接应力和焊接变形的措施

焊缝连接质量是保证焊接结构质量的前提，由于设计和焊接工艺的不当往往使结构产生过大的焊接应力和焊接变形，影响结构质量。故应从设计和焊接工艺两方面采取适当措施。

1. 设计措施

合理的焊接连接设计不但要保证连接传力的可靠性和便于制造与安装，还必须考虑尽量减少焊接应力与焊接变形。

（1）选用合适的焊缝尺寸，不宜随意加大焊缝尺寸，应采用设计所需要的焊缝尺寸。此外焊缝尺寸大小直接影响到焊接工作量的多少，同时还影响到焊接残余变形的大小。焊脚尺寸过大易烧穿焊件。在角焊缝的连接设计中，在满足最小焊脚尺寸的条件下，一般选用较小的焊脚尺寸而加大一点焊缝长度，不要用大而短的焊缝。同时，不要因考虑安全而任意加大超过计算所需要的焊缝尺寸。

（2）合理布置焊缝位置，焊缝不宜过分集中并尽量对称布置焊缝以消除焊接残余变形和尽量避免三向焊缝相交。

（3）结构的设计便于焊接前、后的处理，焊接的操作和检测，要有足够大的操作空间；焊接时易于定位，易于操作，电极不会和周围的板粘结，要考虑施焊时焊条是否易于到达施焊处以及焊接后便于检查。

2. 工艺措施

（1）选择合理的焊接顺序，尽量使焊缝自由收缩。例如钢板对接时采用分段焊（图 3-45a），对于厚度较大的板件应沿厚度方向分层施焊（图 3-45b），多块钢板拼接时应合理布置施焊顺序（图 3-45c），对工字形截面进行焊接时应采用对角跳焊（图 3-45d），以避免局部热量集中，减少焊接应力和变形。

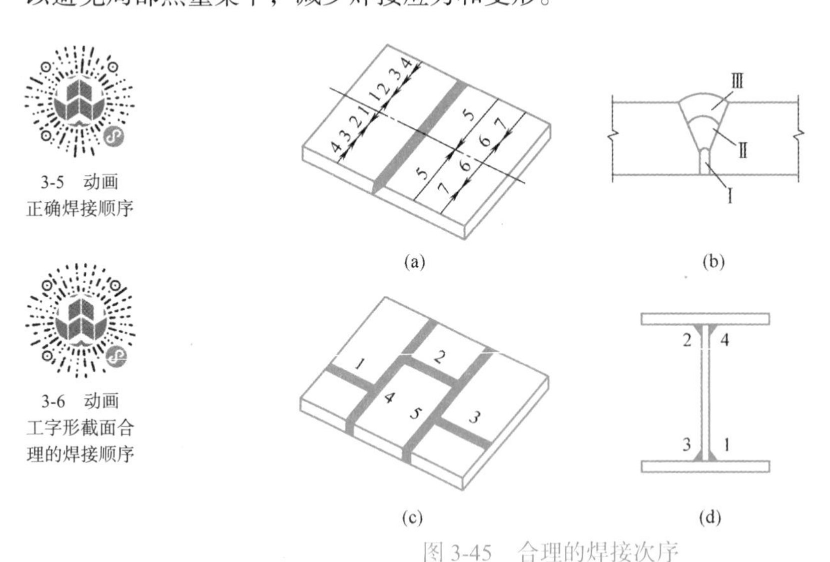

图 3-45 合理的焊接次序

（2）根据理论计算和实践经验，预先估计结构焊接变形的方向和大小，施焊前给予同一个方向相反、大小相近的预置变形。例如在顶接中将翼缘预弯，焊接后产生焊接变形与预变形抵消（图 3-46a）。在平接中使接缝处预变形（图 3-46b），焊接后产生焊接变形也与之抵消。这种方法可以减少焊接后的变形量，但不会根除焊接应力。

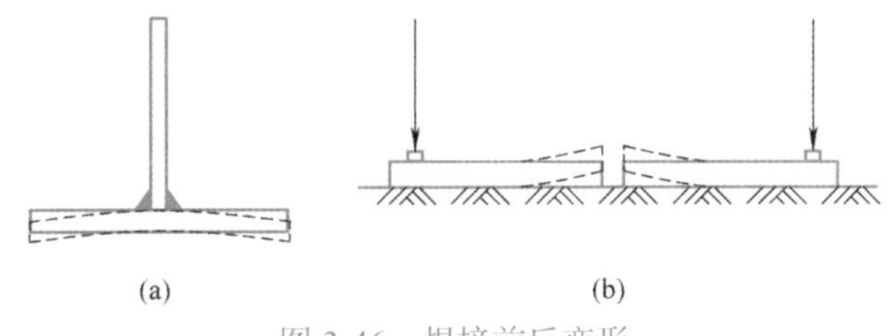

图 3-46 焊接前反变形

（3）对于小尺寸的杆件，可在焊前预热，或焊后回火加热到 600℃左右，然后缓慢冷却，通过减少焊缝区与焊件其他部分的温差，降低冷却速度，使焊件能较均匀地冷却下来，从而减少焊接应力与焊接变形。

（4）在焊缝的冷却过程中，可用小锤均匀迅速地锤击焊缝，使金属延伸变形，抵消一部分焊接收缩变形，从而减小焊接应力和焊接变形。也可采用机械校正来消除焊接变形。

3.6 螺栓连接的构造

3.6.1 螺栓孔的孔径与孔型

螺栓孔的孔径与孔型应符合下列规定：

（1）B 级普通螺栓的孔径 d_0 较螺栓公称直径 d 大 0.2～0.5mm，C 级普通螺栓的孔径 d_0 较螺栓公称直径 d 大 1.0～1.5mm。

（2）高强度螺栓承压型连接采用标准圆孔时，其孔径 d_0 可按表 3-8 采用。

（3）高强度螺栓摩擦型连接可采用标准孔、大圆孔和槽孔，孔型尺寸可按表 3-8 采用。采用扩大孔连接时，同一连接面只能在盖板和芯板其中之一的板上采用大圆孔或槽孔，其余仍采用标准孔。

（4）高强度螺栓摩擦型连接盖板按大圆孔、槽孔制孔时，应增大垫圈厚度或采用连续型垫板，其孔径与标准垫圈相同，对 M24 及以下的螺栓，厚度不宜小于 8mm；对 M24 以上的螺栓，厚度不宜小于 10mm。

（5）当采用高强钢结构时，高强度螺栓摩擦型连接在非抗震设计时宜采用标准孔，不宜采用标准大圆孔或槽孔，抗震设计时应采用标准孔或开孔方向与受力方向垂直的槽孔；高强度螺栓承压型连接应采用标准孔，避免在连接处产生过大变形。

高强度螺栓连接的孔型尺寸匹配（mm） 表 3-8

螺栓公称直径			M12	M16	M20	M22	M24	M27	M30
孔型	标准孔	直径	13.5	17.5	22	24	26	30	33
	大圆孔	直径	16	20	24	28	30	35	38
	槽孔	短向	13.5	17.5	22	24	26	30	33
		长向	22	30	37	40	45	50	55

3.6.2 螺栓的排列

螺栓在连接中的排列应简单、统一、整齐而紧凑，使构造合理，安装方便。螺栓在钢板上的排列有并列和错列两种（图 3-47）。在型钢上的排列有单排和双排两种（图 3-48）。

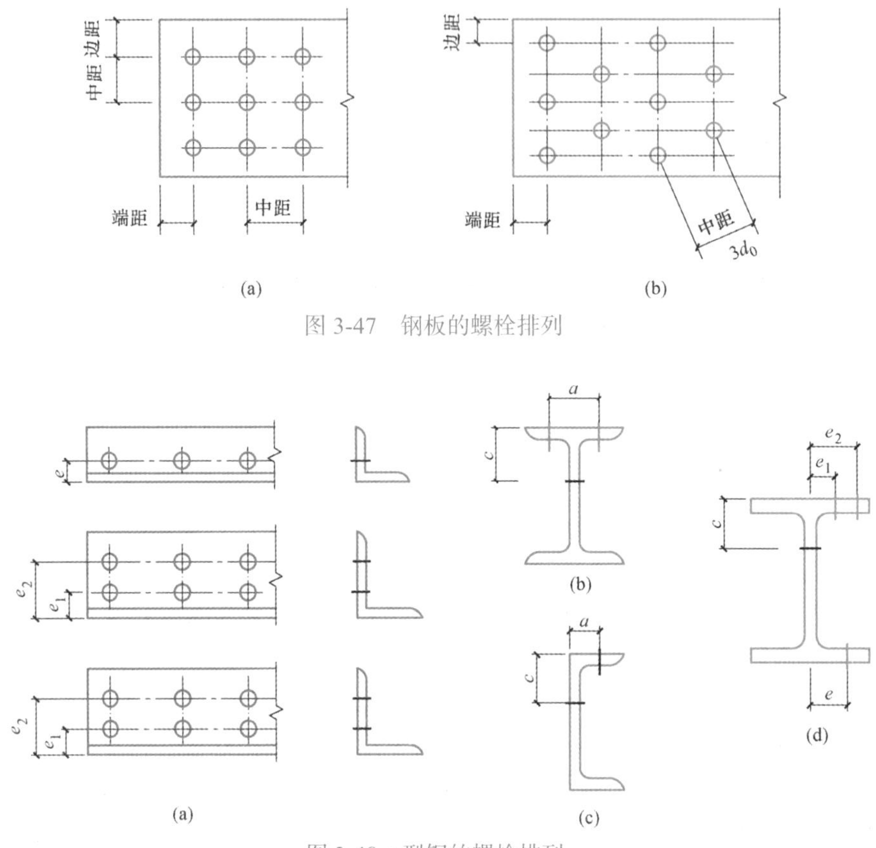

图 3-47　钢板的螺栓排列

图 3-48　型钢的螺栓排列

螺栓的排列应满足以下要求：

（1）受力要求：当螺栓排列间距过小时，易在孔壁周围产生过度的应力集中，使净截面提前破坏。若端距（连接中最末一个螺栓孔中心沿连接的受力方向至构件端部的距离）过小，易使钢材在端部被撕裂。若螺栓间距过大，易使钢板贴合不紧密，也可能造成螺栓间钢板的失稳。

（2）构造要求：螺栓中距（相邻螺栓孔彼此之间的距离）及边距（螺栓孔中心在垂直于受力方向至构件边缘的距离）不宜过大，否则钢板间不能紧密贴合，潮气侵入缝隙使钢材锈蚀。

（3）施工要求：为了保证有一定的施工空间，便于转动螺栓扳手，《标准》规定了螺栓最小容许间距。

根据以上要求，《标准》规定了钢板上螺栓的容许距离见表 3-9。在角钢、普通工字钢、槽钢截面上排列螺栓的线距应满足图 3-48 及表 3-10～表 3-12 的要求。

<table>
<caption>螺栓或铆钉的最大、最小容许距离　　表 3-9</caption>
<tr><th>名称</th><th colspan="3">位置和方向</th><th>最大容许距离
（取两者较小值）</th><th>最小容许距离</th></tr>
<tr><td rowspan="5">中心间距</td><td colspan="3">外排（垂直于内力方向或顺力方向）</td><td>$8d_0$ 或 $12t$</td><td rowspan="4">$3d_0$</td></tr>
<tr><td rowspan="3">中间排</td><td colspan="2">垂直内力方向</td><td>$16d_0$ 或 $24t$</td></tr>
<tr><td rowspan="2">顺内力方向</td><td>构件受压力</td><td>$12d_0$ 或 $18t$</td></tr>
<tr><td>构件受拉力</td><td>$16d_0$ 或 $24t$</td></tr>
<tr><td colspan="3">沿对角线方向</td><td colspan="2">—</td></tr>
<tr><td rowspan="4">中心至构件边缘距离</td><td colspan="3">顺内力方向</td><td rowspan="4">$4d_0$ 或 $8t$</td><td>$2d_0$</td></tr>
<tr><td rowspan="3">垂直内力方向</td><td colspan="2">剪切边或手工气割边</td><td rowspan="2">$1.5d_0$</td></tr>
<tr><td rowspan="2">轧制边、自动气割或锯割边</td><td>高强度螺栓</td></tr>
<tr><td>其他螺栓或铆钉</td><td>$1.2d_0$</td></tr>
</table>

注：1. d_0 为螺栓孔或铆钉孔直径，对槽孔为短向尺寸，t 为外层较薄板件的厚度。
2. 钢板边缘与刚性构件（如角钢、槽钢等）相连的螺栓或铆钉的最大间距，可按中间排的数值采用。
3. 计算螺栓孔引起的截面削弱时可取 $d+4$mm 和 d_0 的较大者。

表 3-9 取值说明如下：

（一）紧固件的最小中心距和边距

1. 在垂直与作用力方向

（1）应使钢材净截面的抗拉强度大于或等于钢材的承压强度。

（2）尽量使毛截面屈服先于净截面破坏。

（3）受力时避免在孔壁周围产生过度的应力集中。

（4）考虑施工时的影响，如打铆时不振松邻近的铆钉和便于拧紧螺母等。

2. 顺内力方向，按母材抗挤压和抗剪切等强度的原则而定

（1）端距 $2d_0$ 是考虑钢板在端部不致被紧固件撕裂。

（2）紧固件的中心距，其理论值约为 $2.5d$，考虑上述其他因素取为 $3d_0$。

（二）紧固件最大中心距和边距

1. 顺内力方向：取决于钢板的紧密贴合以及紧固件间钢板的稳定。

2. 垂直内力方向：取决于钢板间的紧密贴合条件。

<table>
<caption>角钢上螺栓或铆钉线距表（mm）　　表 3-10</caption>
<tr><td rowspan="3">单行排列</td><td>角钢肢宽</td><td>40</td><td>45</td><td>50</td><td>56</td><td>63</td><td>70</td><td>75</td><td>80</td><td>90</td><td>100</td><td>110</td><td>125</td></tr>
<tr><td>线距 e</td><td>25</td><td>25</td><td>30</td><td>30</td><td>35</td><td>40</td><td>40</td><td>45</td><td>50</td><td>55</td><td>60</td><td>70</td></tr>
<tr><td>钉孔最大直径</td><td>11.5</td><td>13.5</td><td>13.5</td><td>15.5</td><td>17.5</td><td>20</td><td>22</td><td>22</td><td>24</td><td>24</td><td>26</td><td>26</td></tr>
<tr><td rowspan="4">双排错列</td><td>角钢肢宽</td><td>125</td><td>140</td><td>160</td><td>180</td><td>200</td><td rowspan="4">双排并列</td><td colspan="3">角钢肢宽</td><td>160</td><td>180</td><td>200</td></tr>
<tr><td>e_1</td><td>55</td><td>60</td><td>70</td><td>70</td><td>80</td><td colspan="3">e_1</td><td>60</td><td>70</td><td>80</td></tr>
<tr><td>e_2</td><td>90</td><td>100</td><td>120</td><td>140</td><td>160</td><td colspan="3">e_2</td><td>130</td><td>140</td><td>160</td></tr>
<tr><td>钉孔最大直径</td><td>24</td><td>24</td><td>26</td><td>26</td><td>26</td><td colspan="3">钉孔最大直径</td><td>24</td><td>24</td><td>26</td></tr>
</table>

工字钢和槽钢腹板上的螺栓线距表（mm）　表 3-11

工字钢型号	12	14	16	18	20	22	25	28	32	36	40	45	50	56	63
线距 c_{min}	40	45	45	45	50	50	55	60	60	65	70	75	75	75	75
槽钢型号	12	14	16	18	20	22	25	28	32	36	40	—	—	—	—
线距 c_{min}	40	45	50	50	55	55	55	60	65	70	75	—	—	—	—

工字钢和槽钢翼缘上的螺栓线距表（mm）　表 3-12

工字钢型号	12	14	16	18	20	22	25	28	32	36	40	45	50	56	63
线距 c_{min}	40	40	50	55	60	65	65	70	75	80	80	85	90	95	95
槽钢型号	12	14	16	18	20	22	25	28	32	36	40	—	—	—	—
线距 c_{min}	30	35	35	40	40	45	45	45	50	56	60	—	—	—	—

3.6.3 螺栓连接的构造

1. 除满足以上的排列要求外，螺栓连接尚应满足下列构造要求

（1）每一杆件在节点上以及拼接接头的一端，永久性的螺栓数不宜少于 2 个。而对于组合构件的缀条，其端部连接可采用 1 个螺栓。

（2）沿杆轴方向受拉的螺栓连接中的端板（法兰板），宜设置加劲肋。

（3）C 级螺栓宜用于沿其杆轴方向受拉的连接，在下列情况下可用于受剪连接：① 承受静力荷载或间接承受动力荷载结构中的次要连接；② 承受静力荷载的可拆卸结构的连接；③ 临时固定构件用的安装连接。

（4）直接承受动力荷载构件的螺栓连接应符合下列规定：

1）抗剪连接时应采用摩擦型高强度螺栓。高强度螺栓承压型连接不应用于直接承受动力荷载的结构；

2）普通螺栓受拉连接应采用双螺帽或使用弹簧垫圈等能防止螺帽松动的有效措施。

（5）高强度螺栓抗剪承压型连接在正常使用极限状态下应符合摩擦型连接的设计要求。

（6）采用承压型连接时，连接处构件接触面应清除油污及浮锈，仅承受拉力的高强度螺栓连接，不要求对接触面进行抗滑移处理。

（7）当高强度螺栓连接的环境温度为 100～150℃时，其承载力应降低 10%。

（8）当型钢构件拼接采用高强度螺栓连接时，其拼接件宜采用钢板。

（9）在高强度螺栓连接范围内，构件接触面的处理方法应在施工图中说明。

2. 在下列情况的连接中，由于连接的工作性能较差，《标准》规定螺栓的数目应予以增加

（1）一个构件借助填板或其他中间板与另一构件连接的螺栓（摩擦型连接的高强度螺栓除外）数目，应按计算增加 10%。

（2）当采用搭接或拼接板的单面连接传递轴心力，因偏心引起连接部位发生弯曲时，螺栓（摩擦型连接的高强度螺栓除外）数目应按计算增加 10%。

（3）在构件的端部连接中，当利用短角钢连接型钢（角钢或槽钢）的外伸肢以缩短连接长度时，在短角钢两肢中的一肢上，所用的螺栓数目应按计算增加 50%。

3.7　普通螺栓连接计算

普通螺栓连接根据受力性能的不同，可分为抗剪普通螺栓连接、抗拉普通螺栓连接以及同时抗剪和抗拉的普通螺栓连接。抗剪普通螺栓连接靠孔壁承压、螺栓抗剪传力；抗拉普通螺栓靠螺栓受拉传力。

3.7.1　普通螺栓抗剪连接计算

1. 普通螺栓抗剪工作性能、破坏形式及承载力

普通螺栓连接螺帽的拧紧程度为一般，沿螺栓杆产生的轴向拉力不大，因而在抗剪连接中虽然连接板件接触面间有一定的摩擦力，但其值甚小。当外剪力不大时，外力由板件间的摩擦力承受；这时被连接构件间保持整体性，即无相对滑移，螺栓杆与孔壁间保持原有的空隙。当外剪力继续增大超过接触面间的最大摩擦力时，构件间发生相对滑移，直至孔壁与螺栓杆的一侧接触，此时螺栓杆除主要受剪力外，还有弯矩作用，而孔壁则受到挤压，如图 3-49（a）、（b）所示。各螺栓杆与孔壁的接触有先后差异因而引起各螺栓杆件受力不均匀，即使同时接触，则在弹性受力阶段时，由于被连接钢板间在连接两端处有较大的正应力和正应变差，因而使连接两端的螺栓受剪大于中间螺栓。当外力再增大，使螺栓受力进入塑性变形阶段时，各螺栓受力将渐趋均匀，故当外力作用于螺栓群中心时，可认为所有螺栓受力相等。

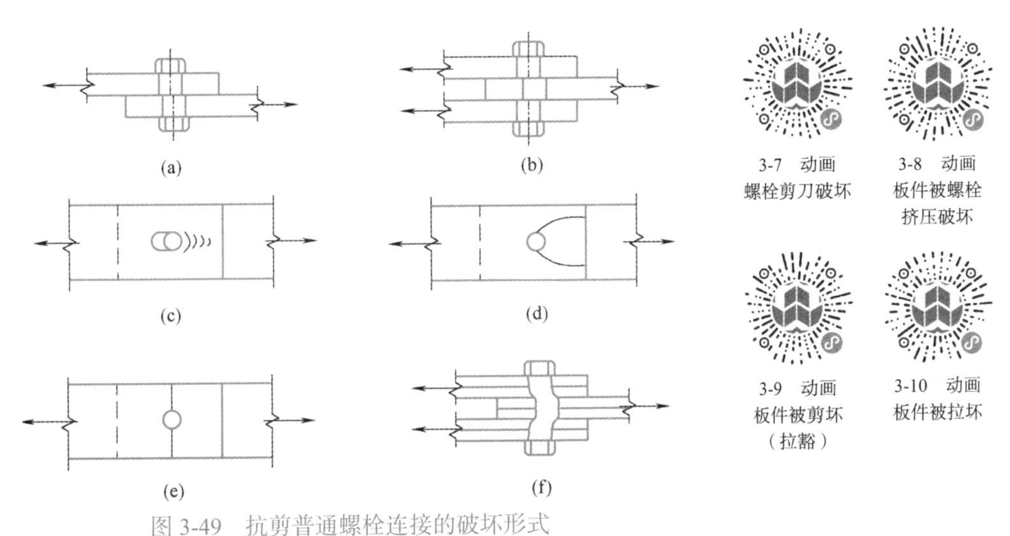

图 3-49　抗剪普通螺栓连接的破坏形式
（a）螺栓单剪破坏；（b）螺栓双剪破坏；（c）孔壁承压破坏；
（d）板件端部剪坏；（e）板件拉坏；（f）螺杆弯曲

抗剪螺栓连接达到极限承载力时，可能的破坏形式有：① 当螺栓杆直径较小，板件较厚时，栓杆可能先被剪断（图 3-49a、b）；② 当螺栓杆直径较大，板件较薄时，板件可能先被挤坏（图 3-49c）；③ 当螺栓孔端距太小时，端距范围内的板件有可能被栓杆冲

剪破坏（图 3-49d）；④当栓孔对板的削弱过于严重时，板件可能在栓孔削弱的净截面处被拉坏（图 3-49e）；⑤当螺栓杆太长，栓杆有可能发生过大的弯曲变形而产生受弯破坏（图 3-49f）。

采取构造措施使端距≥ $2d_0$ 可避免第③种情况；要避免第⑤种情况可使被连接钢板总厚度小于 5 倍螺栓直径，则螺栓弯曲不严重而不必考虑弯曲破坏；第④种情况属于构件强度计算。因此，抗剪螺栓连接的计算只考虑第①、②种破坏形式，即对抗剪普通螺栓连接一般计算螺栓杆抗剪和孔壁承压强度。

计算时假定螺栓受剪面上的剪应力是均匀分布（图 3-50）的，则单个抗剪螺栓的抗剪承载力设计值为：

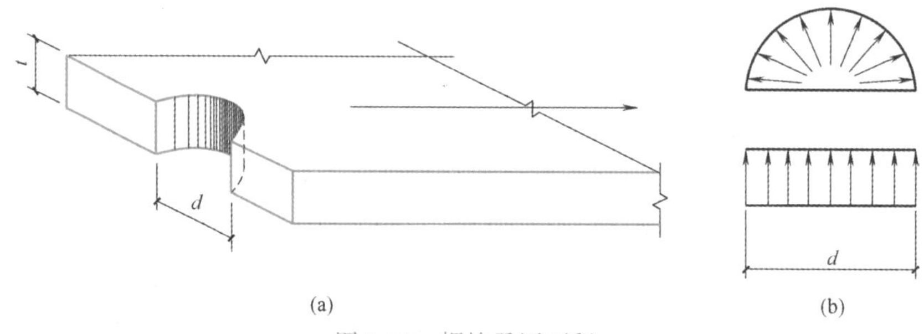

图 3-50　螺栓承压面积

$$N_v^b = n_v \frac{\pi \cdot d^2}{4} f_v^b \tag{3-39}$$

式中　n_v——受剪面数，单剪＝1，双剪＝2；

d——螺栓杆直径；

f_v^b——螺栓的抗剪强度设计值。

为简化计算，假定螺栓承压应力均匀分布于螺栓直径平面上面，则单个抗剪螺栓的承压承载力设计值为：

$$N_c^b = d\sum t f_c^b \tag{3-40}$$

式中　$\sum t$——在不同受力方向中一个受力方向承受板件总厚度的较小值；

f_c^b——螺栓承压强度设计值，其值取决于构件钢材。

在普通螺栓连接中，每个普通螺栓的承载力设计值应取受剪和承压承载力设计值中的较小者，即 $N_{min}^b = \min(N_v^b, N_c^b)$。

2. 承受轴心力作用的螺栓群抗剪计算

如前所述，螺栓受力进入塑性变形阶段时，各螺栓受力将渐趋均匀，故可认为轴心力 N 使螺栓受剪时由每个螺栓平均分担，即所需螺栓数为：

$$n = \frac{N}{N_{min}^b} \tag{3-41}$$

当构件在节点处或拼接接头的一端，螺栓沿轴向受力方向的连接长度 l_1 过大时，螺栓的受力很不均匀，端部的螺栓受力最大，往往首先破坏，并将依次向内逐个破坏。因此，当 $l_1 > 15d_0$ 时，螺栓的抗剪强度设计值应乘以折减系数 η 予以降低，以防端部螺栓提前破坏。η 按下式计算：

$$\eta = 1.1 - \frac{l_1}{150d_0} \geqslant 0.7 \tag{3-42}$$

当 $l_1 \geqslant 60d_0$ 时，统一取 $\eta = 0.7$，d_0 为孔径。

当采用高强钢结构时，折减系数 η 按下式计算：

$$\eta = \left(1.1 - \frac{l_1}{150d_0}\right)\left(\frac{460}{f_y}\right),\ 且\ \eta \leqslant 0.7\left(\frac{460}{f_y}\right) \tag{3-43}$$

由于高强钢结构在螺栓连接外的工作应力较高，长螺栓接头变形会使螺栓群内力分布更不均匀。研究发现钢材强度越高，螺栓的剪力分布越不均匀，建议螺栓长接头的受剪承载力设计值折减系数与钢材屈服强度成反比。

3. 承受偏心剪力作用的螺栓群连接计算

如图 3-51 所示为一受偏心剪力 F 作用的螺栓群。剪力 F 的作用线至螺栓群中心线的距离为 e，将力 F 向螺栓群形心 O 简化后，可与图所示的扭矩和剪力单独作用等效。

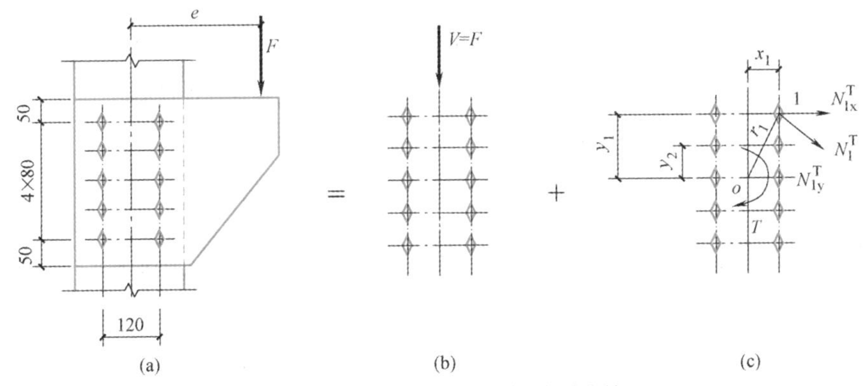

图 3-51　承受偏心剪力的螺栓群连接

在计算扭矩 T 作用下螺栓群受力时，一般假定被连接件是绝对刚性体，而螺栓则为弹性体。这样在扭矩 T 作用下，板件将绕螺栓群的形心 O 转动。各螺栓所受剪力方向垂直于该螺栓至形心的连线，剪力大小与该螺栓至形心距离 r 成正比。

各螺栓中心至形心 O 的距离为 r_i，每个螺栓在扭矩作用下的受力为 N_i^T，可得：

$$\frac{N_1^T}{r_1} = \cdots = \frac{N_i^T}{r_i} = \cdots = \frac{N_n^T}{r_n}$$

由扭矩平衡条件得：

$$\begin{aligned} T &= N_1^T r_1 + \cdots + N_i^T r_i + \cdots + N_n^T r_n \\ &= \frac{N_1^T}{r_1} r_1^2 + \cdots + \frac{N_i^T}{r_i} r_i^2 + \cdots + \frac{N_n^T}{r_n} r_n^2 \\ &= \frac{N_i^T}{r_i} \sum r_i^2 \end{aligned}$$

因而：

$$N_i^T = \frac{T r_i}{\sum r_i^2} = \frac{T r_i}{\sum x_i^2 + \sum y_i^2} \tag{3-44}$$

螺栓群中最危险点为 1 点，其沿 x 方向和 y 方向的分力为：

$$N_{1x}^{T}=N_{1}^{T}\frac{y_{1}}{r_{1}}=\frac{Ty_{1}}{\sum r_{i}^{2}}=\frac{Ty_{1}}{\sum x_{i}^{2}+\sum y_{i}^{2}} \tag{3-45}$$

$$N_{1y}^{T}=N_{1}^{T}\frac{x_{1}}{r_{1}}=\frac{Tx_{1}}{\sum r_{i}^{2}}=\frac{Tx_{1}}{\sum x_{i}^{2}+\sum y_{i}^{2}} \tag{3-46}$$

剪力 V 由螺栓群均匀承受，则在 1 点引起的剪力为：

$$N_{1}^{V}=\frac{V}{n} \tag{3-47}$$

由此可得螺栓群偏心受剪时，受力最大的螺栓 1 所受合力应满足：

$$\sqrt{(N_{1x}^{T})^{2}+(N_{1y}^{T}+N_{1}^{V})^{2}}\leqslant N_{\min}^{b} \tag{3-48}$$

当螺栓群以狭长形布置时，例如 $y_1>3x_1$ 时，为了计算方便，取 $x=0$，得：

$$\left.\begin{aligned}N_{1x}^{T}&\approx\frac{Ty_{\max}}{\sum y_{i}^{2}}\\ N_{1y}^{T}&\approx 0\end{aligned}\right\} \tag{3-49}$$

【例题 3-8】 试设计图 3-52 所示角钢和节点板的螺栓连接。材料为 Q235，$N=4\times10^5$N，采用 A 级（5.6 级）螺栓，Ⅰ类孔。用 2∟90×6 的角钢组成 T 形截面，截面积 $A=2120\text{mm}^2$，节点板厚度 $t=10$mm。

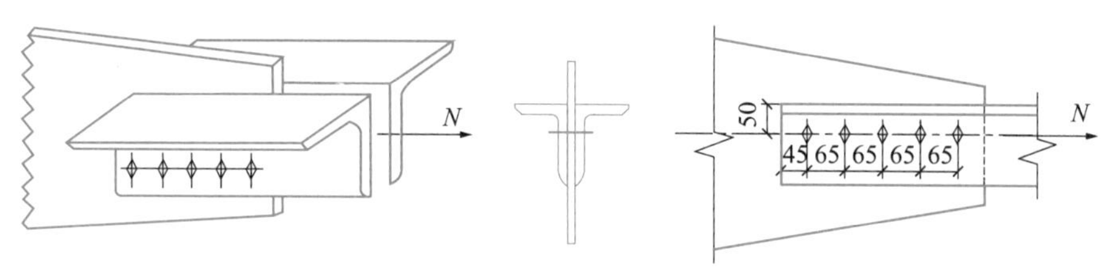

图 3-52 例题 3-8 图

【解】 查附表 1-3，A 级（5.6 级）螺栓的 $f_v^b=190\text{N/mm}^2$，Q235 钢的 $f_c^b=405\text{N/mm}^2$，$f=215\text{N/mm}^2$。

（1）确定螺栓直径

根据表 3-10 在∟90×6 上的栓孔最大直径为 24mm，线距 $e=50$mm。据此选用 M20，孔径 20.3mm，端距为 45mm $>2d_0=2\times20.3=40.6$mm 且 45mm $<8t=8\times6=48$mm，符合要求；栓距为 65mm $>3d_0=3\times20.3=60.9$mm 且 65mm $<12t=12\times6=72$mm，符合要求。

（2）一个 A 级螺栓承载力设计值为

$$N_v^b=n_v f_v^b \pi d^2/4=2\times190\times3.14\times20^2/4=1.193\times10^5\text{N}$$

$$N_c^b=d\cdot\sum t\cdot f_c^b=20\times10\times405=8.1\times10^4\text{N}$$

$$N_{\min}=\min\{N_v^b,\ N_c^b\}=8.1\times10^4\text{N}$$

即，单栓承载力为 8.1×10^4N。

（3）确定螺栓数目

$$l_1=4\times65=260\text{mm}<15d_0=15\times20.3=304.3\text{mm},\ \eta=1.0$$

$$n\geqslant\frac{N}{\eta N_{\min}}=4\times10^5/(8.1\times10^4)=4.9，取 5 个。$$

螺栓布置如图 3-52 所示。

【例题 3-9】 试验算图 3-51 所示的普通螺栓连接。柱翼缘厚度为 10mm，连接板厚度为 8mm，钢材为 Q235B，荷载设计值 $F=150\text{kN}$，偏心距 $e=250\text{mm}$，粗制螺栓 M22。

【解】 将偏心剪力移至螺栓群中心，得：

$$T=Fe=150\times0.25=37.5\text{kN}\cdot\text{m}$$

由剪力在每个螺栓中引起的剪力为：

$$N_1^{\text{V}}=\frac{F}{n}=\frac{150}{10}=15\text{kN}$$

又：

$$\sum x_i^2+\sum y_i^2=10\times6^2+(4\times8^2+4\times16^2)=1640\text{cm}^2$$

$$N_{1x}^{\text{T}}=\frac{Ty_1}{\sum x_i^2+\sum y_i^2}=\frac{37.5\times16\times10^2}{1640}=36.6\text{kN}$$

$$N_{1y}^{\text{T}}=\frac{Tx_1}{\sum x_i^2+\sum y_i^2}=\frac{37.5\times6\times10^2}{1640}=13.7\text{kN}$$

所以：$N_1=\sqrt{(N_{1x}^{\text{T}})^2+(N_{1y}^{\text{T}}+N_1^{\text{V}})^2}=\sqrt{36.6^2+(13.7+15)^2}=46.5\text{kN}$

一个螺栓的承载力设计值为：

$$N_{\text{v}}^{\text{b}}=n_{\text{v}}\frac{\pi\cdot d^2}{4}f_{\text{v}}^{\text{b}}=1\times\frac{\pi\times22^2\times140}{4}=53.2\text{kN}$$

$$N_{\text{c}}^{\text{b}}=d\sum tf_{\text{c}}^{\text{b}}=22\times8\times305=53.7\text{kN}$$

$$N_{\min}=\min\{N_{\text{v}}^{\text{b}},\ N_{\text{c}}^{\text{b}}\}=53.2\text{kN}>46.5\text{kN}$$

牛腿与柱翼缘的连接满足要求。

3.7.2 普通螺栓抗拉连接计算

1. 抗拉普通螺栓连接的承载力

在抗拉普通螺栓连接中，外力有促使构件的接触面脱开的趋势，于是被连接构件对与其接触的螺栓头和螺母产生承压而使螺栓杆受拉。最不利截面在螺母下螺纹削弱处，破坏是在这里被拉断。故单个抗拉螺栓的承载力设计值为：

$$N_{\text{t}}^{\text{b}}=A_{\text{e}}f_{\text{t}}^{\text{b}}=\frac{\pi\cdot d_{\text{e}}^2}{4}f_{\text{t}}^{\text{b}} \tag{3-50}$$

式中 d_{e}——螺栓在螺纹处的有效直径，可查附表 8-1；

f_{t}^{b}——普通螺栓的抗拉强度设计值。

螺栓受拉时，所受的总拉力将受到被连接板的刚度的影响。如图 3-53 所示 T 形连接，受拉时，连接中的竖板将发生一定的弯曲变形，形成杠杆作用。使螺栓所受的总拉力 N_{t} 变成端板外角点附近产生的杠杆力（即撬动力）Q 和外力 N 之和，即 $N_{\text{t}}=N+Q$。撬动力的大小与连接板的刚度有关，刚度越小，撬动力越大。此外，撬动力的大小还与板的厚度、螺栓直径、螺栓位置以及材料性能等诸多因素有关。为了减小撬动力，往往设置加劲肋，以减小杠杆作用。在设计普通螺栓抗拉连接时要考虑撬动力的不利影响，由于撬动力的大小难以确定，我国现行《标准》规定普通螺栓的抗拉强度设计值为钢材抗拉强度设计值的 0.8 倍。

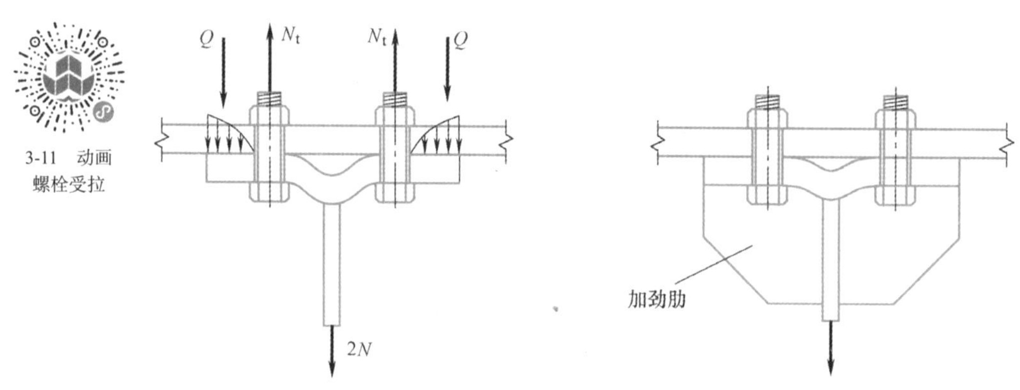

图 3-53 T 形连接的螺栓受拉

2. 承受轴心力作用的普通螺栓群计算

螺栓群在轴心力作用下的抗拉连接，通常假定外力通过螺栓群形心，且每个螺栓平均受力，则连接所需螺栓数为：

$$n=\frac{N}{N_t^b} \tag{3-51}$$

式中 N_t^b——一个螺栓的抗拉承载力设计值。

3. 承受弯矩作用的普通螺栓群计算

如图 3-54 所示为螺栓群的连接，剪力 V 由承托板承担，弯矩则由螺栓群承担。按弹性方法计算时，假定中和轴位于最下排螺栓形心 O 处，即认为连接变形为绕 O 处的水平轴转动，螺栓拉力与 O 点算起的纵坐标 y 成正比。同时还偏安全地忽略力臂很小的钢板受压区部分的力矩，而只考虑受拉螺栓部分，参照承受扭矩计算情况的推导可得：

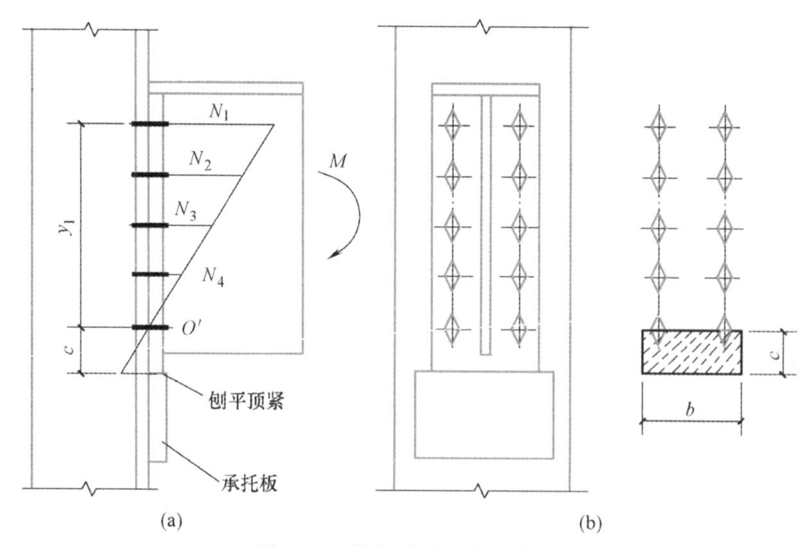

图 3-54 螺栓群承受弯矩作用

$$\frac{N_1}{y_1}=\cdots=\frac{N_i}{y_i}=\cdots=\frac{N_n}{y_n}$$

$$
\begin{aligned}
M &= N_1 y_1 + \cdots + N_i y_i + \cdots + N_n y_n \\
&= \frac{N_1}{y_1} y_1^2 + \cdots + \frac{N_i}{y_i} y_i^2 + \cdots + \frac{N_n}{y_n} y_n^2 \\
&= \frac{N_i}{y_i} \sum y_i^2
\end{aligned}
$$

故螺栓 i 的拉力为：

$$N_i = \frac{My_i}{\sum y_i^2} \tag{3-52}$$

设计时，要求受力最大的最外排螺栓 1 的拉力不超过一个螺栓的抗拉承载力设计值：

$$N_1 = \frac{My_1}{\sum y_i^2} \leqslant N_t^b \tag{3-53}$$

【例题 3-10】 如图 3-55 所示，牛腿与柱用 C 级普通螺栓和承托板连接，承受竖向荷载设计值 $F = 220\text{kN}$，偏心距 $e = 200\text{mm}$。试设计其螺栓连接。已知构件和螺栓均用 Q235 钢材，螺栓为 M20，孔径为 21.5mm。

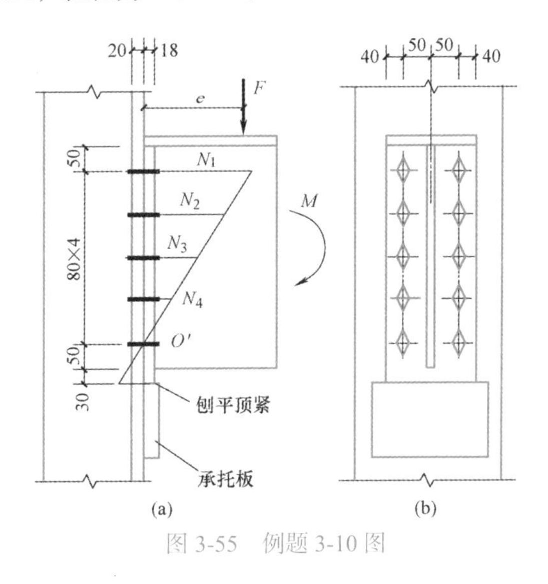

图 3-55　例题 3-10 图

【解】 牛腿的剪力 $V = F = 220\text{kN}$，由端板刨平顶紧于承托板；

弯矩 $M = F \cdot e = 220 \times 200 = 44 \times 10^3 \text{kN} \cdot \text{mm}$，由螺栓连接传递，使螺栓受拉。

初步假定螺栓布置如图 3-55 所示。对最下排螺栓形心轴 O 取矩，最大受力螺栓的拉力为：

$$N_1 = \frac{My_1}{\sum y_i^2} = \frac{44 \times 10^3 \times 320}{2 \times (80^2 + 160^2 + 240^2 + 320^2)} = 36.67\text{kN}$$

一个螺栓的抗拉承载力设计值为：

$$N_t^b = A_e f_t^b = 245 \times 170 = 41650\text{N} = 41.65\text{kN} > N_1 = 36.67\text{kN}$$

所假定的螺栓连接满足设计要求，确定采用。

4. 承受偏心拉力作用的普通螺栓群计算

如图 3-56 所示螺栓群的连接承受偏心拉力的作用，将力 N 向螺栓群形心 O 简化后，可与图所示的弯矩和拉力单独作用等效。按弹性设计方法，根据偏心距的大小可能出现小偏心受拉和大偏心受拉两种情况。

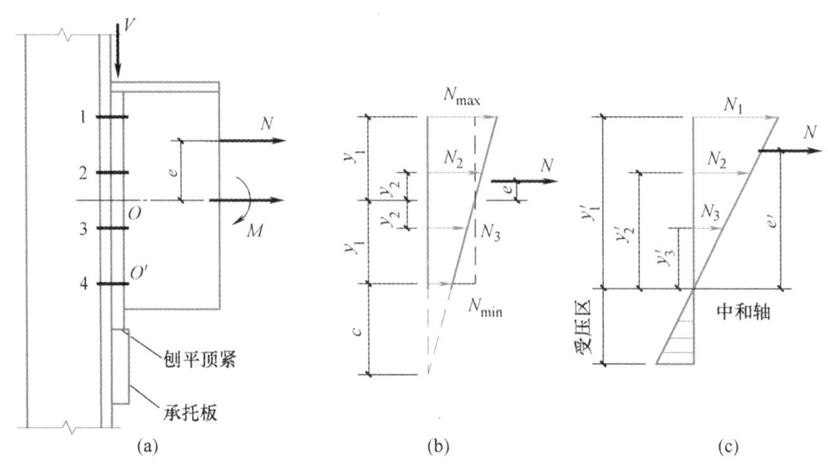

图 3-56　螺栓群承受偏心拉力作用

当偏心距不大时（图 3-56b），所有螺栓均承受拉力作用，端板与柱翼缘有分离趋势，故在计算时轴心拉力 N 由各螺栓均匀承受；而弯矩 M 则引起以螺栓群形心 O 处水平轴为中和轴的三角形应力分布，使上部螺栓受拉，下部螺栓受压；叠加后则全部螺栓均为受拉。这样可得最大和最小受力螺栓的拉力和满足设计要求的公式如下：

$$N_{max}=\frac{N}{n}+\frac{Ney_1}{\sum y_i^2}\leqslant N_t^b \tag{3-54a}$$

$$N_{min}=\frac{N}{n}-\frac{Ney_1}{\sum y_i^2}\geqslant 0 \tag{3-54b}$$

式（3-54a）表示最大受力螺栓的拉力不超过一个螺栓的承载力设计值；式（3-54b）表示全部螺栓受拉，不存在受压区。由式（3-54b）可得 $N_{min}\geqslant 0$ 时的偏心距 $e\leqslant\frac{\sum y_i^2}{ny_1}$。令 $\rho=\frac{\sum y_i^2}{ny_1}$ 为螺栓有效截面组成的核心距，即 $e\leqslant\rho$ 时为小偏心受拉。

当偏心距较大时（图 3-56c），即 $e>\rho$ 时，端板底部将出现受压区。近似取中和轴位于最下排螺栓处，仿照承受弯矩时的推导过程，可知螺栓 1 最大拉力为：

$$N_1=\frac{Ne'y_1'}{\sum y_i'^2}\leqslant N_t^b \tag{3-55}$$

【例题 3-11】 螺栓布置如图 3-57 所示，竖向力由承托板承担。螺栓为 C 级，只承受偏心拉力。设 $N=250\text{kN}$，$e=100\text{mm}$。试选择螺栓大小。当 $e=200\text{mm}$ 时，再进行计算。

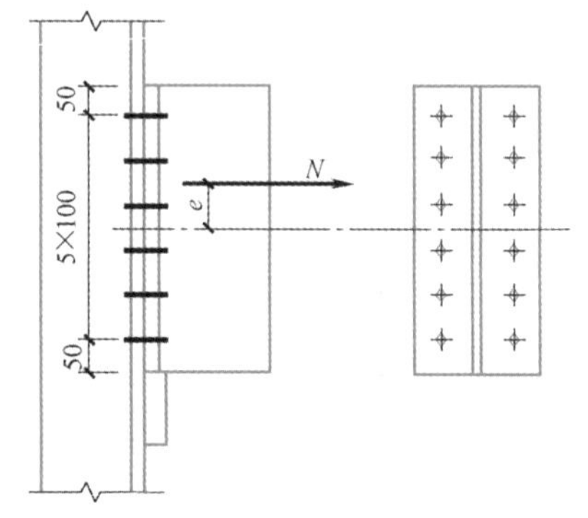

图 3-57　例题 3-11 图

【解】（1）当 $e=100\text{mm}$ 时

螺栓有效截面的核心距：

$$\rho=\frac{\sum y_i^2}{ny_1}=\frac{4\times(5^2+15^2+25^2)}{12\times 25}=11.7\text{cm}>e=100\text{mm}$$

即偏心力作用在核心距以内，属于小偏心受拉，由式（3-54a）计算：

$$N_{max}=\frac{N}{n}+\frac{Ney_1}{\sum y_i^2}=\frac{250}{12}+\frac{250\times 10\times 25}{4\times(5^2+15^2+25^2)}=38.7\text{kN}$$

所需要的螺栓杆有效面积：

$$A_e=\frac{38700}{170}=227\text{mm}^2$$

采用 M20 螺栓，$A_e=245\text{mm}^2$。

（2）当 $e=200\text{mm}$ 时

由于此时 $e>\rho$，应按大偏心受拉计算螺栓的最大拉力。假设螺栓直径为 M22（$A_e=303.4\text{mm}^2$），并假定中和轴在上面第一排螺栓处，则以下螺栓均为受拉螺栓。由式（3-55）计算：

$$N_1=\frac{Ne'y_1'}{\sum y_i'^2}=\frac{250\times(20+25)\times 50}{2\times(50^2+40^2+30^2+20^2+10^2)}=51.1\text{kN}$$

需要的螺栓的有效面积为：

$$A_e=\frac{51100}{170}=301\text{mm}^2<303.4\text{mm}^2$$

【例题 3-12】 图 3-58 所示一牛腿与钢柱的螺栓连接，牛腿下设有承托板以承受剪力，螺栓群仅受弯矩作用，选用 C 级螺栓。若采用 M18（孔径 19.5）的 C 级螺栓，Q235 钢，栓距 70mm，荷载 F 距柱翼缘表面 200mm。试求 C 级螺栓连接所能承担的力 F。

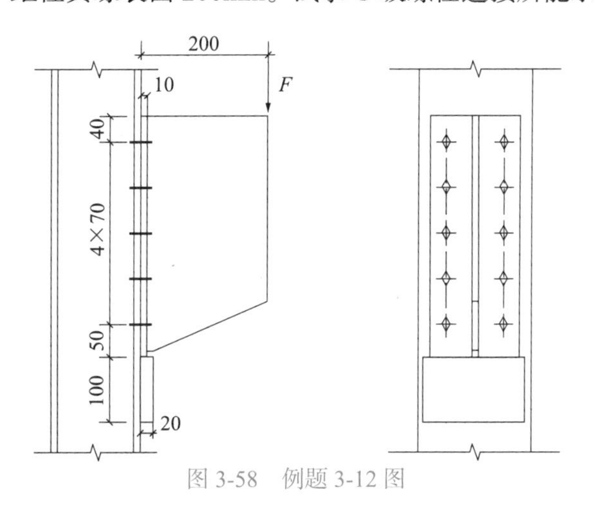

图 3-58　例题 3-12 图

【解】 由于采用承托板承担剪力，则螺栓仅承担弯矩 $M=Fe$ 所引起的拉力。螺栓群仅在弯矩 M 作用下。由式（3-54b）求得 $N_{min}<0$。因此，螺栓群绕最下边一排螺栓旋转。因而可用式（3-55）计算螺栓拉力。

（1）求螺栓的最大拉力

$N_{t,\ max}=My_1/(\sum y_i^2)=200F\times 280/[2\times(70^2+140^2+210^2+280^2)]=F/5.25$

（2）抗拉承载力设计值

C 级螺栓的$f_t^b = 170\text{N/mm}^2$

$$N_t^b = f_t^b \pi d_e^2/4 = 170 \times 3.14 \times 15.56^2/4 = 3.26 \times 10^4 \text{N}$$

（3）确定 F

由 $N_{t,\max} \leqslant N_t^b$ 得

$$F \leqslant 5.25 N_t^b = 5.25 \times 3.26 \times 10^4 = 1.7 \times 10^5 = 170\text{kN}$$

3.7.3 普通螺栓承受拉力与剪力联合作用计算

在实际结构中，螺栓有同时受拉力和剪力的情况，如图 3-59 所示。

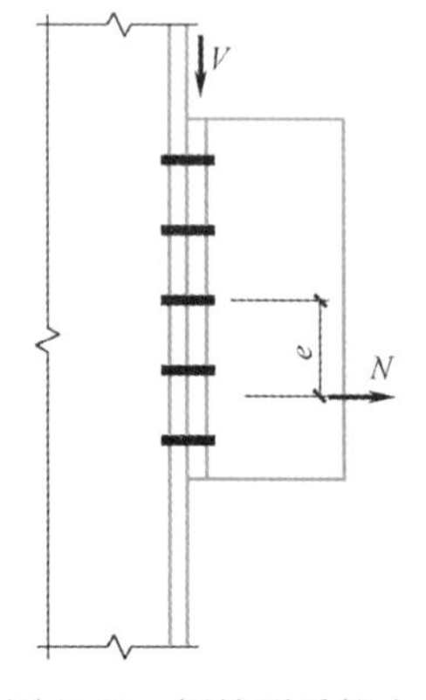

图 3-59 螺栓群受拉力与剪力联合作用

根据试验结果，当螺栓同时承受拉力和剪力时，连接强度条件是连接中最危险螺栓所承受的剪力与拉力满足下列公式：

$$\sqrt{\left(\frac{N_v}{N_v^b}\right)^2 + \left(\frac{N_t}{N_t^b}\right)^2} \leqslant 1.0 \tag{3-56a}$$

$$N_v \leqslant N_c^b \tag{3-56b}$$

式中 N_v、N_t——最危险螺栓所承受的剪力和拉力；

N_v^b、N_t^b、N_c^b——螺栓的受剪、受拉和承压承载力设计值。

【例题 3-13】 如图 3-60 所示的连接节点，斜杆承受轴向拉力设计值 $N = 250\text{kN}$，钢材采用 Q235B，手工焊，采用 E43 型焊条。螺栓连接为 M22，C 级普通螺栓连接，材料为 Q235，$f_t^b = 170\text{N/mm}^2$，$A_e = 3.034\text{cm}^2$，被连接板件的厚度为 20mm。当偏心距 $e = 60\text{mm}$ 时，如图示翼缘板与柱采用 10 个受拉普通螺栓，试验算该连接节点是否满足要求？

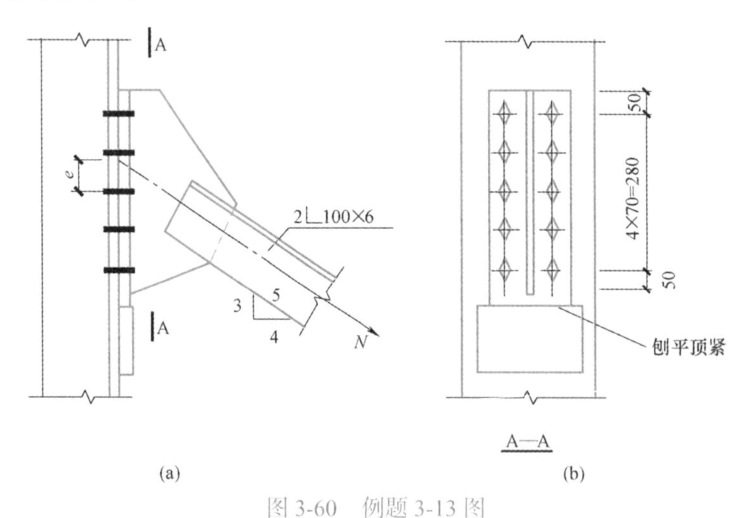

图 3-60 例题 3-13 图

【解】 作用到螺栓群上的力 F 移到螺栓群截面形心处，产生如下的拉力、剪力和弯矩。

拉力 $N = \dfrac{4}{5} \times 250 = 200\text{kN}$

剪力 $V = \dfrac{3}{5} \times 250 = 150\text{kN}$

弯矩 $M=N\cdot e=200\times 60=12000\text{kN}\cdot\text{mm}$

（1）当考虑承托板的作用时

承托传递全部剪力，螺栓群受拉与弯的作用，由计算可知螺栓有效截面的核心距 $\rho=\frac{\sum y_i^2}{ny_1}>e$，故属于小偏心受拉。

$$N_{\max}=\frac{N}{n}+\frac{Ney_1}{\sum y_i^2}=\frac{200}{10}+\frac{12000\times 140}{4\times(70^2+140^2)}=37.14\text{kN}$$

单个螺栓的抗拉承载力：

$$N_t^b=A_e f_t^b=303.4\times 170=51578\text{N}=51.6\text{kN}>N_{\max}=37.14\text{kN}$$

（2）当未考虑承托板的作用时

螺栓群同时承受拉力、剪力和弯矩。则一个螺栓的最大拉力为：

$$N_t=37.14\text{kN}$$

一个螺栓的最大剪力为：

$$N_v=\frac{V}{n}=\frac{150}{10}=15\text{kN}$$

一个螺栓承载力设计值为：

$$N_v^b=n_v\frac{\pi\cdot d^2}{4}f_v^b=1\times\frac{\pi\times 22^2}{4}\times 140=53.2\text{kN}$$

$$N_c^b=d\sum tf_c^b=22\times 20\times 305=134200\text{N}=134.2\text{kN}>N_v=15\text{kN}$$

$$N_t^b=51.6\text{kN}$$

螺栓的强度条件为：

$$\sqrt{\left(\frac{N_v}{N_v^b}\right)^2+\left(\frac{N_t}{N_t^b}\right)^2}=\sqrt{\left(\frac{15}{53.2}\right)^2+\left(\frac{37.14}{51.6}\right)^2}=0.773<1.0$$

满足条件。

3.8　高强度螺栓连接计算

如前所述，高强度螺栓连接按其受力要求分为摩擦型连接和承压型连接。高强度螺栓摩擦型连接是靠被连接板件间的摩擦阻力传递内力，以摩擦阻力刚被克服作为连接承载力的极限状态。高强度螺栓承压型连接是以承载力极限值作为设计准则，其最后破坏形式与普通螺栓相同，即栓杆被剪断或连接板被挤压破坏。由于承压型连接和摩擦型连接是同一高强度螺栓连接的两个不同阶段，因此可将摩擦型连接定义为承压型连接的正常使用状态。另外，进行连接极限承载力计算时，承压型连接可视为摩擦型连接的损伤极限状态。下面介绍高强度螺栓连接的计算及要求。

3.8.1　高强度螺栓的预拉力和抗滑移系数

1. 高强度螺栓的预拉力

高强度螺栓不论是用于摩擦型连接中的受剪螺栓，还是用于受拉或拉剪螺栓，其受力都是依靠螺栓对板叠施加较大的法向压力，即紧固预拉力 P。即使在高强度螺栓承压型连接中，也要部分利用这一性能，其预拉力也应与摩擦型连接的相同。因此，控制预拉力即控制螺栓的紧固程度，是保证高强度螺栓连接质量的一个关键性因素。

为了使高强度螺栓获得尽可能大的预拉力，应最大限度地发挥其材料潜力，最好将预拉力值确定在能使螺栓产生的预拉应力达到容许的最大值，这样方可取得最佳经济效果。但需保证螺栓不会在拧紧过程中屈服或断裂。高强度螺栓的预拉力设计值 P 由下式计算：

$$P=\frac{0.9\times0.9\times0.9}{1.2}f_{u}A_{e} \tag{3-57}$$

式中 f_u——螺栓经热处理后的最低抗拉强度；对 8.8 级，取 $f_u=830\text{N/mm}^2$，对 10.9 级，取 $f_u=1040\text{N/mm}^2$；

A_e——螺纹处的有效面积，可按附表 8-1 取值。

式（3-57）中的系数考虑了以下因素：① 拧紧螺栓时，除使螺栓产生拉应力外，还产生剪应力。在正常施工条件下，即螺母的螺纹和下支承面涂黄油润滑剂的条件下，或在供货状态原润滑剂未干的情况下拧紧螺栓时，试验表明可考虑对应力的影响系数为 1.2；② 考虑螺栓材质的不均匀性引入折减系数 0.9；③ 施工时为了补偿螺栓预拉力的松弛，一般超张拉 5%～10%，为此采用一个超张拉系数 0.9；④ 由于以螺栓的抗拉强度为准，为安全起见再引入一个附加安全系数 0.9。按此计算和取整后的高强度螺栓预拉力设计值如表 3-13 所示。

一个高强度螺栓的预拉力设计值 ***P***（kN） 表 3-13

螺栓性能等级	螺栓公称直径（mm）					
	M16	M20	M22	M24	M27	M30
8.8 级	80	125	150	175	230	280
10.9 级	100	155	190	225	290	355
12.9 级	115	180	225	260	340	415

2. 高强度螺栓接触表面的抗滑移系数

高强度螺栓接触表面的抗滑移系数为使连接件摩擦面产生滑动时的外力与垂直于摩擦面的高强度螺栓预拉力之和的比值，决定着被连接板的摩擦力的大小，因此使用高强度螺栓时，构件的接触表面通常经特殊处理，使其净洁并粗糙，以提高其抗滑移系数 μ。

抗滑移系数 μ 的大小一般取决于摩擦面平整度、清洁度和粗糙度。为了增加摩擦面的清洁度和粗糙度，处理方法大致有：喷砂、喷丸（或称抛丸）、砂轮打磨、钢丝刷清除浮锈等。目前喷砂已逐渐改用喷丸或抛丸。喷丸处理的质量优于喷砂，且对环境污染也较小，其目的主要是为了除去浮锈和钢板表面的氧化铁皮。μ 值的大小除与表面处理方法有关外，还与钢材的牌号有关。在高强度螺栓的连接范围内，构件接触面的处理方法应在施工图上说明。

我国现行《标准》推荐采用的接触面处理方法及相应的 μ 值详见表 3-14。

此外由于高强钢的强度高，当采用相同的表面处理工艺时，表面粗糙程度会低于普通钢材，因此高强度螺栓摩擦型连接的抗滑移系数有所下降，需要提出更高的摩擦面处理要求，如 Sa3 除锈等级或电喷铝，以便保证高强钢的抗滑移系数不降低。对于高强钢结构，其抗滑移系数 μ 的选取建议参考规范《高强钢结构设计标准》JGJ/T 483 进行选取。

摩擦面的抗滑移系数 μ 表 3-14

连接处构件接触面的处理方法	构件的钢材牌号		
	Q235 钢	Q355 钢或 Q390 钢	Q420 钢或 Q460 钢
喷硬质石英砂或铸钢棱角砂	0.45	0.45	0.45
抛丸（喷砂）	0.40	0.40	0.40
钢丝刷清除浮锈或未经处理的干净轧制表面	0.30	0.35	—

注：1. 钢丝刷除锈方向应与受力方向垂直。
2. 当连接构件采用不同钢材牌号时，μ 按相应较低强度者取值。
3. 采用其他方法处理时，其处理工艺及抗滑移系数值均需经试验确定。

抗滑移系数 μ 还与板件间的挤压力有关，挤压力越大，μ 值越大。接触表面涂红丹或在潮湿、淋雨的情况下安装，将严重降低抗滑移系数，故应严格避免，并保证连接处表面干燥。

在实际工程中，还可能采用砂轮打磨（打磨方向应与受力方向垂直）等接触面处理方法，其抗滑移系数应根据试验确定。

3.8.2 高强度螺栓摩擦型连接的计算

1. 高强度螺栓摩擦型连接承受剪力作用时的计算

高强度螺栓摩擦型连接是靠被连接板件的摩擦阻力传递内力，以摩擦阻力刚被克服作为连接承载力的极限状态。摩擦阻力值取决于板件的法向压力、接触表面抗滑移系数以及传力摩擦面数目，故一个摩擦型高强度螺栓的最大受剪承载力为：

$$N_v^b = 0.9kn_f\mu P \tag{3-58}$$

式中 k——孔型系数，标准孔取 1.0，大圆孔取 0.85，内力与槽孔长向垂直时取 0.7，内力与槽孔长向平行时取 0.6；

n_f——传力摩擦面数；

μ——摩擦面的抗滑移系数按表 3-14 取值；

P——一个高强度螺栓的预拉力，按表 3-13 取值。

式中的 0.9 表示除以抗力分项系数 1.111。

高强度螺栓摩擦型连接受剪时力的分析方法和有关计算公式与普通螺栓连接相同。例如摩擦型高强度螺栓群连接受轴心力作用的情形，轴心力 N 由连接一侧的螺栓平均承受，所需螺栓数目为：

$$n = \frac{N}{N_v^b} \tag{3-59}$$

螺栓群承受扭矩和剪力时，一个螺栓所受剪力的计算方法与普通螺栓连接相同，应使最大受剪螺栓的剪力不超过其抗剪承载力设计值，即 $N_{v,\ max} \leqslant N_v^b$。

2. 高强度螺栓摩擦型连接承受拉力作用时的计算

研究高强度螺栓受拉时，可取图 3-61 所示的受拉连接，外力 N 作用下，各螺栓受力均匀，单个螺栓所受拉力为 $N_1 = N/n$，随外拉力的增加钢板间预压力 C 减小，螺栓杆所受拉力将增加，但达到螺栓抗拉承载力时，螺栓杆拉力增加不多。

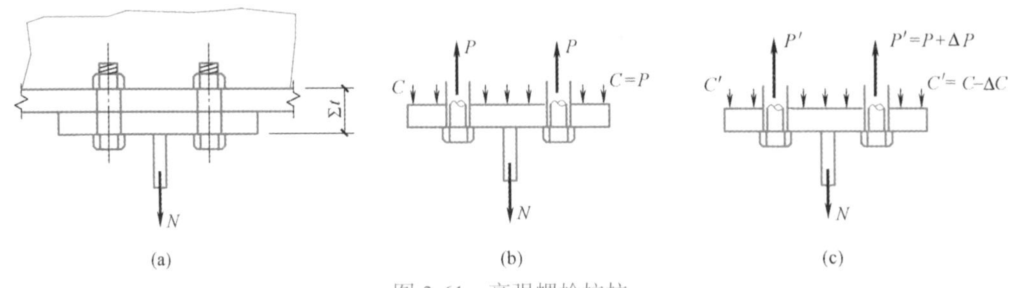

图 3-61　高强螺栓抗拉

高强螺栓拧紧后（图 3-61b），螺栓受预拉力 P，被连接钢板受预压力 $C=P$，该部分钢板总厚度 $\sum t$ 略被压薄一些。当单个螺栓受外拉力 N_1 时（图 3-61c），被连接钢板趋于分开，螺栓杆被拉长 δ，板叠厚度 $\sum t$ 也相应从原压缩状态恢复变厚 δ。与此变形相应，螺栓拉力将由 P 增加为：

$$P' = P + \Delta P = P + EA_1\delta/\sum t$$

而钢板间压紧力将由 C 减小为：

$$C' = C - \Delta C = C - EA_c\delta/\sum t$$

因 $A_c = \alpha A_1$（$\alpha = 10 \sim 20$），故：

$$\Delta C = \alpha \Delta P$$

根据内外力平衡条件，即：

$$N_1 = P' - C' = \Delta P + \Delta C$$

可得：

$$\Delta P = N_1/(\alpha + 1)$$

$$\Delta C = \alpha\Delta P = N_1\alpha/(\alpha + 1)$$

取偏小值 $\alpha \approx 10$ 时，约为 $\Delta P \approx N_1/11$，$\Delta C \approx N_1/1.1$。

故当螺栓连接受外拉力 $N_1 = 0.8P$ 时：

$$P' = P + \Delta P \approx P + 0.8P/11 = 1.073P$$

$$C' = C - \Delta C \approx C - 0.8C/1.1 = 0.273C$$

而当 $N_1 = 1.1P$ 时，$P' \approx 1.1P$，$C' \approx 0$，即螺栓拉力增加不多，而钢板间压紧力显著减小。

高强度螺栓受拉时，要求 C' 不要降得过低，以便钢板间仍保持有适当的压紧力，使连接具有整体性；也要求 P' 不要增加过多，以免螺栓杆达到屈服或易引起较大松弛。故《标准》规定，在螺栓杆轴方向受拉的连接中，每个高强度螺栓的承载力设计值为：

$$N_t^b = 0.8P \tag{3-60}$$

对于高强度螺栓摩擦型连接，由于钢板间始终处于压紧状态，螺栓抗拉时的杠杆力影响（撬动力）有所减缓而一般可不另考虑；但设计时仍应注意适当加大端板厚度或设置加劲肋以增大刚度。

轴心力作用下螺栓群受拉时，所需螺栓的数目为 $n = N/N_t^b$ 个。

如图 3-62 所示螺栓群承受弯矩作用，应使螺栓中承受的最大拉力不超过螺栓的抗拉承载力设计值，即 $N_{max} \leqslant N_t^b$。此种情况下，被连接板的接触面紧密贴合。因此按弹性分析时，可认为中和轴在螺栓群的形心轴上，与普通螺栓连接小偏心受拉时相似，计算推导方法与其相同，最大承载力设计值为：

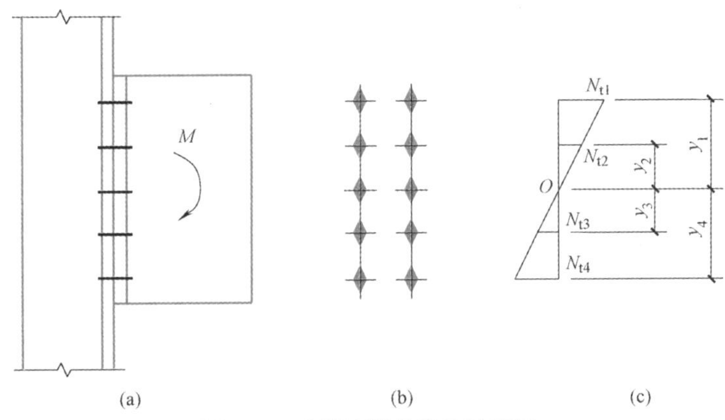

图 3-62　高强度螺栓群承受弯矩

$$N_1=\frac{My_1}{\sum y_i^2}\leqslant N_t^b \tag{3-61}$$

当承受偏心拉力时，如前所述可按普通螺栓小偏心受拉计算，公式为：

$$N_1=\frac{N}{n}+\frac{Ney_1}{\sum y_i^2}\leqslant N_t^b \tag{3-62}$$

3. 高强度螺栓摩擦型连接承受剪力和拉力联合作用时的计算

高强度螺栓摩擦型连接承受拉力、剪力和弯矩的联合作用时，根据弹性理论，认为总剪力由全部 n 个螺栓均匀承担；然后按最大受拉螺栓的拉力和剪力验算螺栓承载力，《标准》采用直线相关公式来表达其承载力：

$$\frac{N_v}{N_v^b}+\frac{N_t}{N_t^b}\leqslant 1.0 \tag{3-63}$$

式中　N_v、N_t——某个高强度螺栓所承受的剪力和拉力；

N_v^b、N_t^b——一个高强度螺栓抗剪、抗拉承载力设计值，$N_v^b=0.9kn_f\mu P$，$N_t^b=0.8P$。

若将 N_v^b、N_t^b 的表达式代入式（3-63），即可得到等价的承载力设计值：

$$N_v=0.9kn_f\mu(P-1.25N_t) \tag{3-64}$$

【例题 3-14】 试验算如图 3-63 所示高强度螺栓连接的强度。被连接板件的钢材为Q235，螺栓 10.9 级，螺栓取 M20，孔径 $d_0=22$mm。板件接触面喷硬质石英砂，按摩擦型连接计算是否安全。

【解】 作用到螺栓群上的力 F 移到螺栓群截面形心处，产生如下内力：

$$拉力\ N=P\cos60°=768\times0.5=384\text{kN}$$

$$剪力\ V=P\sin60°=768\times0.866=665\text{kN}$$

$$弯矩\ M=N\cdot e=384\times150=57600\text{kN}\cdot\text{mm}$$

连接受到拉力、剪力和弯矩的联合作用下，最危险螺栓所承受的拉力为：

$$N_1=\frac{N}{n}+\frac{Ney_1}{\sum y_i^2}=\frac{384}{16}+\frac{57600\times350}{4\times(350^2+250^2+150^2+50^2)}=48\text{kN}$$

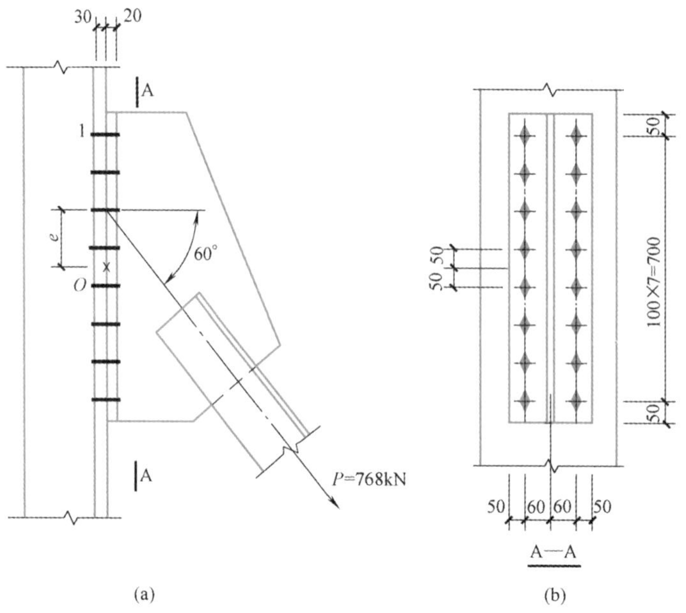

图 3-63　例题 3-14 图

一个螺栓承受的剪力为：

$$N_v = \frac{V}{n} = \frac{665}{16} = 41.6\text{kN}$$

长连接承载力折减系数：

$$l_1 = 700\text{mm} > 15d_0 = 15 \times 22 = 330\text{mm}$$

$$\eta = 1.1 - \frac{700}{150 \times 22} = 0.89$$

一个摩擦型高强螺栓受剪承载力设计值：

$$N_v^b = 0.9kn_f\mu P = 0.89 \times 0.9 \times 1.0 \times 1.0 \times 0.45 \times 155 = 55.87\text{kN}$$

一个摩擦型高强螺栓受拉承载力设计值：

$$0.8P = 0.8 \times 155 = 124\text{kN}$$

最危险螺栓受拉、剪承载力验算：

$$\frac{N_v}{N_v^b} + \frac{N_t}{N_t^b} = \frac{41.6}{55.87} + \frac{48}{124} = 1.132 > 1.0$$，不满足。

改用 M22，孔径 24mm，$P = 190\text{kN}$，于是 $\eta = 0.906$。

$$N_v^b = 0.9kn_f\mu P = 0.906 \times 0.9 \times 1.0 \times 1.0 \times 0.45 \times 190 = 69.72\text{kN}$$

$$\frac{N_v}{N_v^b} + \frac{N_t}{N_t^b} = \frac{41.6}{69.72} + \frac{48}{0.8 \times 190} = 0.912 < 1.0$$，满足。

3.8.3　高强度螺栓承压型连接的计算

1. 高强度螺栓承压型连接受剪力计算

由于高强度螺栓承压型连接是以承载力极限值作为设计准则，其最后破坏形式与普通螺栓相同，即栓杆被剪断或连接板被挤压破坏，因此计算方法也与普通螺栓相同。但当剪切面在螺纹处时，高强螺栓受剪承载力设计值应按螺栓螺纹处的有效面积计算（普通螺栓的抗剪强度设计值是根据连接的试验数据统计而定的，试验时不分剪切面是否在螺纹处，故普通螺栓没有这个问题）。所以承压型高强度螺栓的抗剪承载力设计值按下式计算：

抗剪承载力设计值：

$$N_{v}^{b}=n_{v}\frac{\pi\cdot d^{2}}{4}f_{v}^{b} \tag{3-65}$$

承压承载力设计值：

$$N_{c}^{b}=d\sum tf_{c}^{b} \tag{3-66}$$

式中 n_v——受剪面数，单剪＝1，双剪＝2；

d——螺栓杆直径，如剪切面在螺纹处，取有效直径 d_e；

f_v^b——螺栓的抗剪强度设计值；

$\sum t$——在不同受力方向中一个受力方向承受构件总厚度的较小值；

f_c^b——螺栓承压强度设计值，其值取决于构件钢材。

2. 高强度螺栓承压型连接受拉计算

如前所述，承压型高强度螺栓承受拉力时的受力状态和普通螺栓受拉时相同，因而承压型高强度螺栓受拉承载力设计值按式（3-50）计算。

3. 高强度螺栓承压型连接同时承受剪力和拉力计算

同时承受剪力和杆轴方向拉力的承压型高强度螺栓，应符合下列公式的要求：

$$\sqrt{\left(\frac{N_{v}}{N_{v}^{b}}\right)^{2}+\left(\frac{N_{t}}{N_{t}^{b}}\right)^{2}}\leqslant 1.0 \tag{3-67a}$$

$$N_{v}\leqslant N_{c}^{b}/1.2 \tag{3-67b}$$

式中 N_v、N_t——所计算的某个高强度螺栓所承受的剪力和拉力；

N_v^b、N_t^b、N_c^b——一个高强度螺栓按普通螺栓计算时的受剪、受拉和承压承载力设计值。

由于在只承受剪力的连接中，高强度螺栓对被连接板有强大的压紧作用，使承压的板件孔前区形成三向压应力场，因而其承压强度设计值比普通螺栓要高得多。但对受有杆轴方向拉力的高强度螺栓，被连接板间的压紧作用随外力的增加而减小，因而承压强度设计值也随之降低。因此，承压型高强度螺栓的承压强度设计值是随外拉力的变化而变化的，为了计算方便，《标准》规定只要有外拉力作用就将承压强度设计值除以 1.2 予以降低。

【例题 3-15】 条件与例题 3-14 相同，但螺栓取 M22，孔径 24mm，剪切面不在螺栓螺纹处。按承压型计算。

【解】 例题 3-14 已算出：$N_1=48\text{kN}$，$N_v=41.6\text{kN}$，$\eta=1.1-\dfrac{700}{150\times 24}=0.906$

一个螺栓受剪承载力为：

$$N_{v}^{b}=\eta n_{v}\frac{\pi\cdot d^{2}}{4}f_{v}^{b}=0.906\times 1.0\times\frac{3.14\times 22^{2}}{4}\times 310\times 10^{-3}=106.71\text{kN}$$

一个螺栓承压承载力为：

$$N_{c}^{b}=\eta d\sum tf_{c}^{b}=0.906\times 22\times 20\times 470\times 10^{-3}=187.36\text{kN}$$

一个螺栓受拉承载力为：

$$N_t^b = \frac{\pi \cdot d_e^2}{4} f_t^b = 303 \times 500 \times 10^{-3} = 151.5\text{kN}$$

剪力和拉力联合作用下：

$$\sqrt{\left(\frac{N_v}{N_v^b}\right)^2 + \left(\frac{N_t}{N_t^b}\right)^2} = \sqrt{\frac{41.6}{106.71} + \frac{48}{151.5}} = 0.502 < 1$$

$$N_v = 41.6\text{kN} < N_c^b = 187.36/1.2 = 156.13\text{kN}$$

满足要求。

【例题 3-16】 试设计一双盖板拼接的钢板连接。钢材为 Q355B，高强度螺栓为 8.8 级的 M20，螺孔为标准孔，连接处构件接触面采用喷砂处理，作用在螺栓群连接形心处的轴心拉力设计值 $N = 1000$kN，剪切面不在螺纹处，试设计此连接。

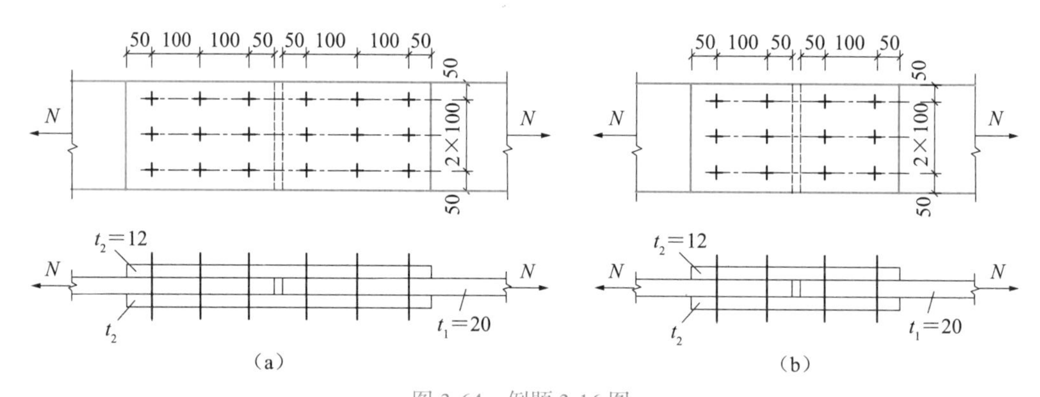

图 3-64　例题 3-16 图

（a）摩擦型连接；（b）承压型连接

【解】

（1）采用摩擦型连接时

由表 3-13 查得 8.8 级 M20 高强度螺栓的预拉力 $P = 125$kN，由表 3-14 查得对于 Q355 钢材接触面做喷砂处理时 $\mu = 0.40$。

单个螺栓的抗剪承载力设计值为：

$$N_v^b = 0.9kn_f\mu P = 0.9 \times 1 \times 2 \times 0.40 \times 125 = 90.0\text{kN}$$

所需螺栓数：

$$n = \frac{N}{N_v^b} = \frac{800}{90.0} = 8.9\text{，取 9 个。}$$

螺栓排列如图 3-64 所示。

（2）采用承压型连接时

单个螺栓的抗剪承载力设计值为：

$$N_v^b = n_v \frac{\pi d^2}{4} f_v^b = 2 \times \frac{3.14 \times 20^2}{4} \times 250 = 157000\text{N} = 157.0\text{kN}$$

$$N_c^b = d\sum t \cdot f_c^b = 20 \times 20 \times 590 = 236000\text{N} = 236.0\text{kN}$$

$$N_{min} = \min\{N_v^b,\ N_c^b\} = 157.0\text{kN}$$

所需螺栓数：

$$n=\frac{N}{N_{\min}}=\frac{800}{157.0}=5.1\text{，取 6 个。}$$

思考题

3-1　简述钢结构的连接种类及其优缺点。

3-2　简述焊缝的主要缺陷。

3-3　焊缝的质量等级有哪些？如何检验？

3-4　对接焊缝的形式有哪些？其构造如何？

3-5　试述角焊缝的受力特点。

3-6　角焊缝主要有哪些构造要求？

3-7　《标准》限定角焊缝最小焊脚尺寸的目的是什么？

3-8　《标准》为何对侧面角焊缝的计算长度进行限制？

3-9　简述焊接残余应力的种类及其产生的原因。

3-10　简述减小焊接残余应力和残余变形的措施。

3-11　焊接残余应力对结构有何影响？

3-12　普通螺栓的排列有何要求？

3-13　简述普通螺栓抗剪连接的工作性能。

3-14　普通螺栓抗剪连接的破坏形式有哪些？产生的原因如何？

3-15　高强度螺栓建立预拉力的方法有哪些？其各自的特点如何？

3-16　高强度螺栓抗剪连接与普通螺栓抗剪连接的工作性能有何异同？

3-17　高强度螺栓摩擦型连接和承压型连接的工作性能有何不同？

计算题

3-1　试求图 3-65 连接所能承受的最大承载力？已知钢材为 Q235B，手工焊，焊条为 E43 型。

3-2　图 3-66 所示侧面角焊缝连接，承受轴心拉力设计值 $N=300\text{kN}$，钢材为 Q235B，手工焊，焊条为 E43 型，试验算该角焊缝连接的承载力和构造是否满足要求。

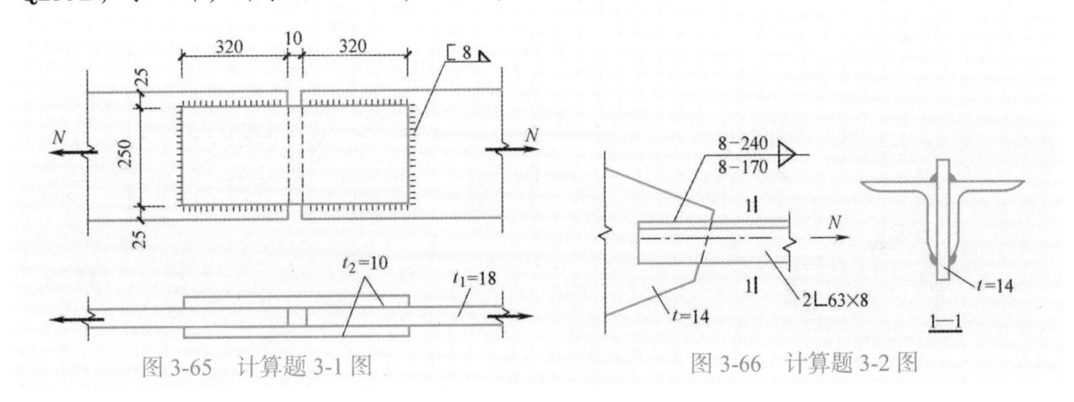

图 3-65　计算题 3-1 图　　图 3-66　计算题 3-2 图

3-3　试求图3-67所能承受的最大荷载设计值。钢材为Q235B，手工焊，焊条为E43型。

3-4　图3-68所示角钢与柱采用角焊缝连接，钢材为Q235B，手工焊，焊条为E43型，承受静力荷载设计值$F=300$kN，试确定焊脚尺寸（转角处绕角焊$2h_f$，可不计起落弧对计算长度的影响）。

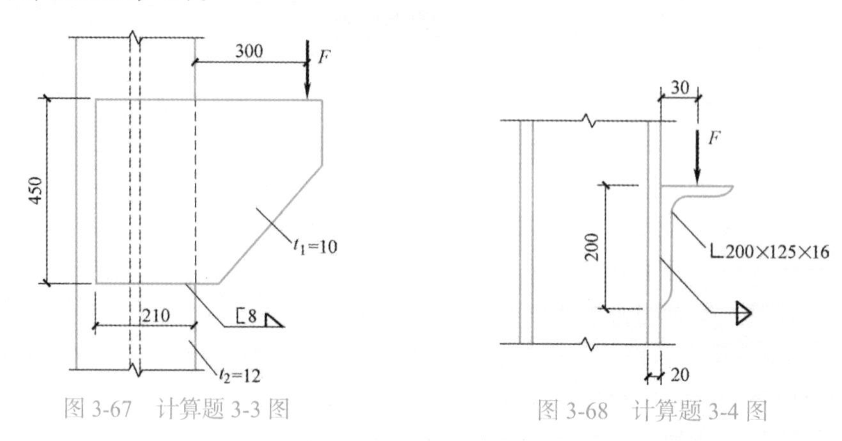

图3-67　计算题3-3图　　图3-68　计算题3-4图

3-5　验算图3-69所示工字形截面牛腿与钢柱对接焊缝连接是否满足承载力要求。已知钢材为Q235B，手工焊，焊条为E43型，焊缝为三级检验标准，荷载设计值$F=550$kN。

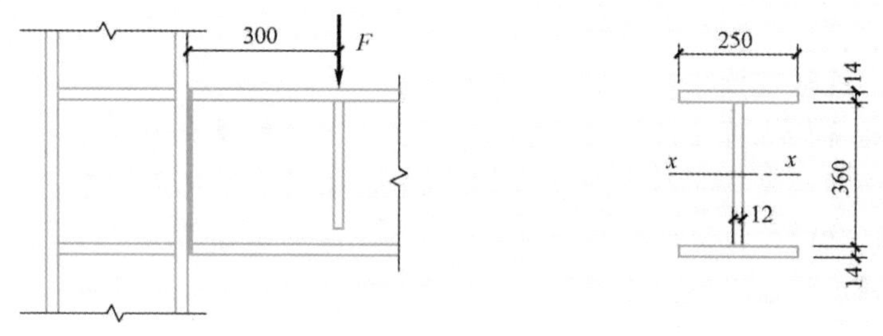

图3-69　计算题3-5图

3-6　图3-70所示为短横梁与柱翼缘的连接，剪力设计值$V=250$kN，$e=120$mm，螺栓为C级，钢材为Q355B，手工焊，焊条E50型，按考虑设承托和不设承托两种情况分别设计此连接。

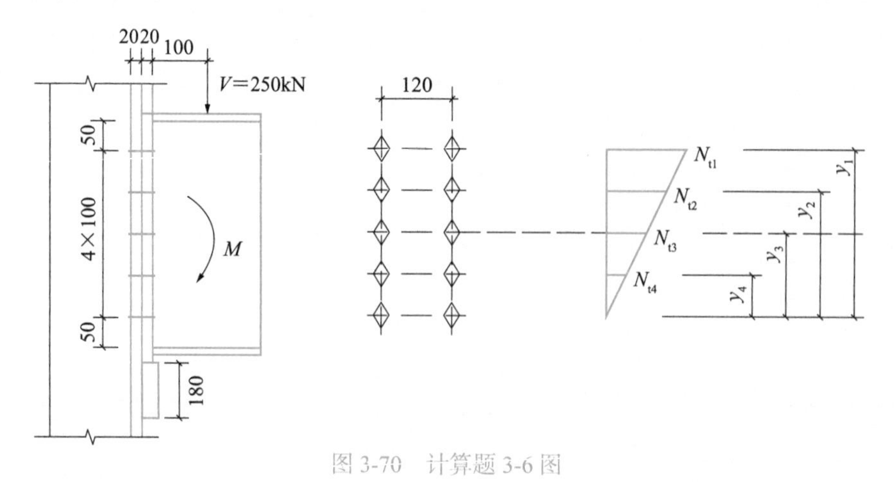

图3-70　计算题3-6图

3-7　试验算图 3-71 所示高强度螺栓摩擦型连接的强度是否满足要求。已知：钢材为 Q235B，螺栓为 8.8 级、M20，接触面喷砂处理，静载设计值 $F=400\text{kN}$。

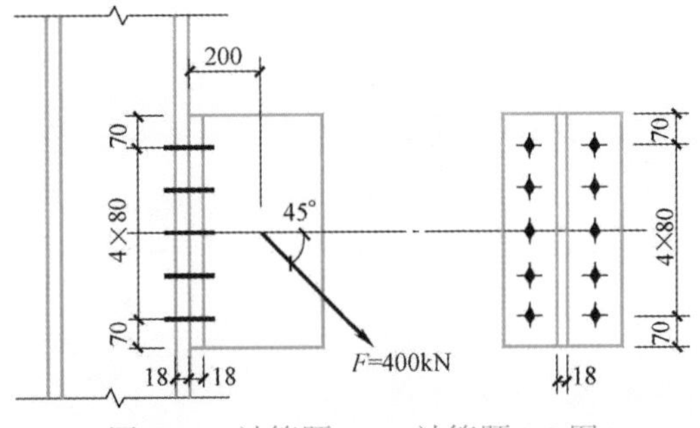

图 3-71　计算题 3-7、计算题 3-8 图

3-8　试求如图 3-71 所示的高强度螺栓承压型连接的最大承载力 F，剪切面不在螺纹处。已知：钢材为 Q235B，螺栓为 8.8 级、M22。

3-9　图 3-72 牛腿与柱采用 2∟100×16 相连，钢材为 Q235B，接触面喷砂处理，承受静载设计值 $F=200\text{kN}$。试确定连接角钢两个肢上所需的摩擦型高强度螺栓个数。

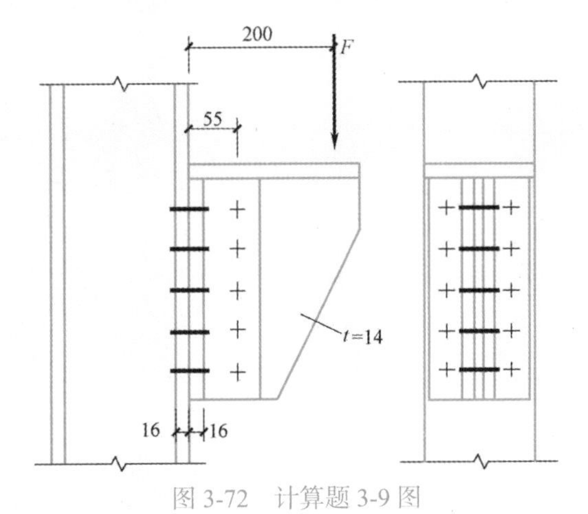

图 3-72　计算题 3-9 图

第4章 轴心受力构件

Chapter 04

4.1 轴心受力构件的特点和截面形式

当构件截面的重心只作用有拉力或压力，而不受弯矩作用时，称为轴心受力构件，分为刚性的轴心受拉和轴心受压构件以及柔性的索。

在钢结构中轴心受拉和轴心受压构件的应用非常广泛，如平面桁架、塔架、网架、网壳等结构中的杆件，以及工业建筑的平台支柱等均为轴心受力构件，此外，对于由各种杆件组成的支撑体系，通常假设其节点为铰接连接，且无任何节间荷载的作用，杆件只受轴向拉力和压力的作用，因此该类杆件也属于轴心受力构件。

柔性的索是一种特殊的受拉构件，其内力不仅和荷载有关，而且和变形有关。索在工程中应用也很广泛，如斜拉桥中的拉索，悬索桥中的缆索，房屋建筑中的索结构、斜拉结构和预应力结构都应用索。

轴心受力构件的截面有多种形式。选型时要注意以下几点：

（1）截面形状应力求简单，以减少制造工作量；

（2）截面宜具有对称轴，使构件有良好的工作性能；

（3）要便于与其他构件连接；

（4）构件的截面应尽量开展，使其在两个主轴方向具有较大的惯性矩，从而减小构件的长细比；

（5）尽可能使构件在截面两个主轴方向为等稳定。

根据以上截面选择原则，轴心受力构件经常采用的截面形式如图 4-1 所示，它们主要分为实腹式和格构式两种类型。其中实腹式还可分为三种类型：第一种是热轧型钢截面，如图 4-1（a）中圆钢、圆管、T 型钢、角钢、槽钢和工字钢等，制造工作量最少是其优点；第二种是冷弯薄壁型钢截面，如图 4-1（b）中的带卷边或不带卷边的角钢、槽钢和钢管等在轻型钢结构中应用较多；第三种是用型钢或钢板连接而成的组合截面，如图 4-1（c）所示，在实际工程中应用最多，其所承担的荷载较型钢截面要大。此外，由于格构式构件易实现两主轴方向的等稳定性，且具有质量轻、刚度大等优点，多被应用于重型厂房和大跨结构的柱子。其常用截面形式如图 4-1（d）所示，格构柱经常采用双肢组合截面，也可采用四肢或三肢格构式组合截面，其刚度和稳定性都非常好。

索一般采用高强钢丝组成的平行钢丝束、钢绞线、钢缆绳，也可采用圆钢，如图 4-2 所示。圆钢（图 4-2a）的强度较低，但由于直径大，抗锈蚀能力强。平行钢丝束（图 4-2b）由多根钢丝平行集束而成，它受力均匀，能充分发挥高强钢丝材料的轴向抗拉强度，弹性模量也与单根钢丝接近。钢绞线（图 4-2c）由多根高强钢丝在绞线机上成螺旋形绞合而成，形式有（1＋6）、（1＋6＋12）、（1＋6＋12＋18），分别为 1 层、2 层、3 层、多层钢丝与其相邻的内层钢丝捻向相反。钢绞线（1＋6）是一根在中心，其余六根在外层向同一方向缠绕。钢绞线受拉时，各钢丝之间受力不均匀，中央钢丝受力最大，钢绞线的抗拉强度比单根钢丝降低 10%～20%，弹性模量也有所降低。钢丝绳（图 4-2d）通常由七股钢绞线捻成，以一股钢绞线作为核心，外层的六股钢绞线沿同一方向缠绕，记为 7×7；一股有时用两层钢绞线，记为 7×19；一股用三层钢绞线，则记为 7×37。钢丝绳的强度和弹性模量略低于钢绞线，但较柔软，适用于需要弯曲且曲率较大的构件。

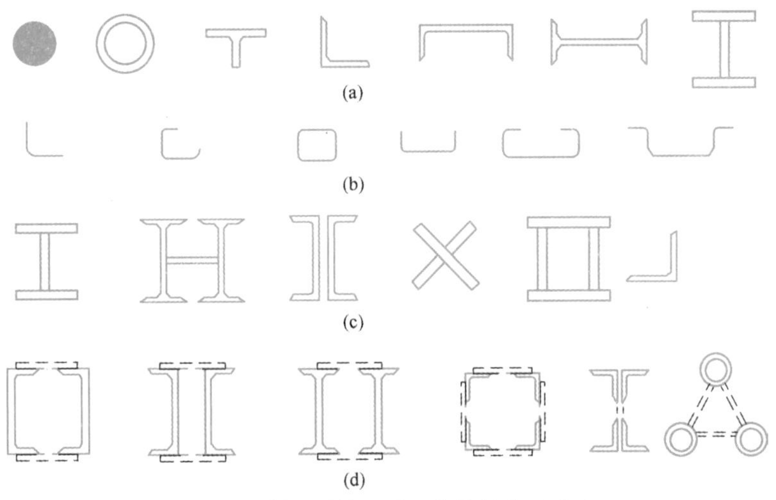

图 4-1　轴心受拉、受压构件的截面形式

（a）热轧型钢；（b）冷弯薄壁型钢；（c）实腹式组合截面；（d）格构式组合截面

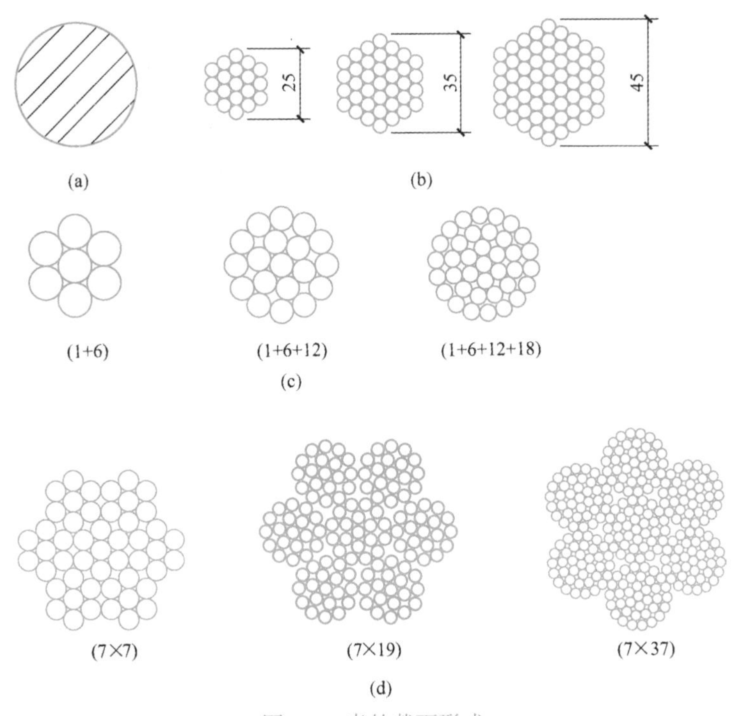

图 4-2　索的截面形式

（a）圆钢；（b）平行钢丝束；（c）钢绞线；（d）钢丝绳

轴心受拉构件的设计应满足属于承载能力极限状态的强度要求和属于正常使用极限状态的刚度要求。

轴心受压构件的设计应满足属于承载能力极限状态的强度、整体稳定和局部稳定要求以及属于正常使用极限状态的刚度要求。

索的设计应满足强度和刚度要求。索的强度目前国内外均采用容许应力设计。

4.2 轴心受拉构件

4.2.1 轴心受拉构件的强度

1. 截面无削弱时的强度

轴心受拉构件，简称拉杆，在没有削弱时，截面上的拉应力是均匀分布的。当拉应力达到钢材的屈服强度 f_y 时，由于钢材具有强化阶段，轴心受拉构件仍能继续承担荷载，直至截面上的拉应力达到钢材的抗拉强度 f_u 时，才被拉断。当截面上的拉应力超过屈服强度后，虽然受拉构件还能承担荷载，但整个构件将产生较大的伸长变形，已经不适于继续承载即进入承载能力极限状态。相应的强度计算公式是：

毛截面屈服：

$$\sigma = \frac{N}{A} \leqslant f \tag{4-1}$$

式中 N——拉杆的拉力设计值（N）；

f——钢材的抗拉强度设计值（N/mm^2）；

A——构件的毛截面面积（mm^2）。

2. 截面有削弱时的强度

端部用螺栓或铆钉连接的拉杆，其因孔洞而削弱的截面是薄弱部位，强度应按净截面考虑。对有孔洞削弱的净截面而言，其拉应力分布不再均匀，在孔洞附近有应力集中现象。在弹性阶段，孔壁边缘的最大应力 σ_{max} 可能达到构件毛截面平均应力的 3～4 倍，见图 4-3（a）。随着荷载的继续增加，孔壁边缘的应力首先达到屈服强度，一旦材料屈服后，截面内便发生应力重分布，最后当净截面上的平均应力达到钢材的抗拉强度 f_u 时，才会使构件断裂，如图 4-3（b）所示。

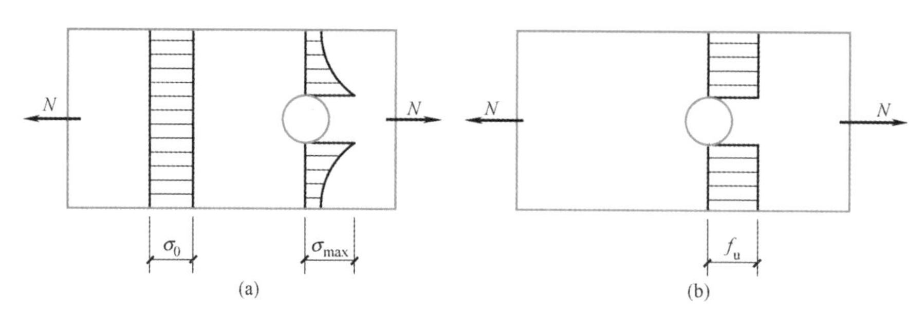

图 4-3 孔洞处截面应力分布

（a）弹性状态应力；（b）极限状态应力

由于局部削弱的截面在整个构件长度范围内占比例较小，这些截面屈服后局部变形的发展对构件整体的伸长变形影响不大，因此，截面削弱处的强度计算的极限状态应是净截面拉断。考虑到拉断的后果比屈服严重得多，钢材的抗力分项系数需要取得大些，《标准》取 $\gamma_{Ru} = 1.1 \times 1.3 = 1.43$，其倒数是 0.7，相应的净截面强度计算公式是：

净截面断裂：

$$\sigma = \frac{N}{A_n} \leqslant 0.7 f_u \tag{4-2}$$

式中　N——所计算截面处的拉力设计值（N）；

　　A_n——构件的净截面面积，当构件多个截面有孔时，取最不利的截面（mm^2）；

　　f_u——钢材的抗拉强度最小值（N/mm^2）。

对局部有削弱的杆件，在用式（4-2）计算的同时，仍须按照式（4-1）计算毛截面的强度。

【例题 4-1】 如图 4-4 所示，由 2∟75×5 组成的轴心拉杆，计算长度为 3m。杆端用一排直径为 M16 的普通 C 级螺栓连接，标准孔，试计算钢材分别为 Q235 和 Q460 时拉杆的承载力。

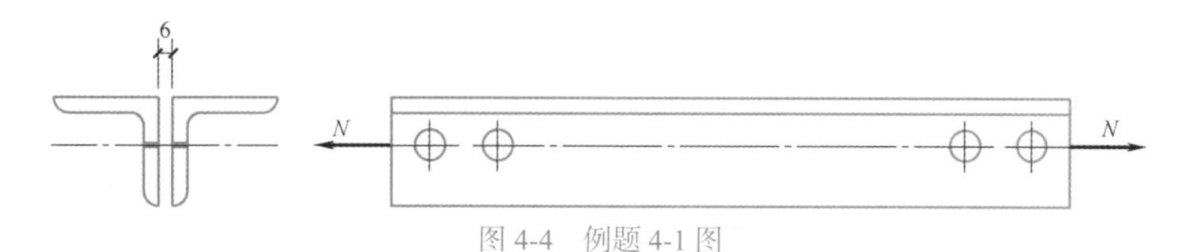

图 4-4　例题 4-1 图

【解】 由表 3-8，孔径 $d_0=17.5$mm；由表 3-9 的注 3 可知，计算螺栓孔引起的截面削弱取 $d+4$mm 和 d_0 的较大值，即：max（16＋4，17.5）＝20mm。

由附表 7-4，查得单角钢的截面积是 741mm^2，毛截面面积：$A=741\times2=1482mm^2$；净截面面积：$A_n=1482-20\times5\times2=1282mm^2$

对 Q235，由式（4-1）毛截面屈服

$\sigma=\dfrac{N}{A}\leqslant f$，得 $N\leqslant Af=1482\times215=318.63$kN

由式（4-2）净截面断裂 $\sigma=\dfrac{N}{A_n}\leqslant0.7f_u$，得 $N\leqslant0.7A_nf_u=0.7\times1282\times370=332.04$kN

拉杆的承载力为二者取小值，为 318.63kN，是由毛截面屈服控制的。

对 Q460，由式（4-1）毛截面屈服 $\sigma=\dfrac{N}{A}\leqslant f$，得 $N\leqslant Af=1482\times410=607.62$kN

由式（4-2）净截面断裂 $\sigma=\dfrac{N}{A_n}\leqslant0.7f_u$，得 $N\leqslant0.7A_nf_u=0.7\times1282\times550=493.57$kN

拉杆的承载力为二者取小值，为 493.57kN，是由净截面拉断控制的。

当杆端部采用高强度螺栓摩擦型连接时，考虑到孔前摩擦面传一半力，危险截面的内力：

$$N'=\left(1-0.5\frac{n_1}{n}\right)N$$

净截面断裂式（4-2）修正为下式：

$$\sigma=\left(1-0.5\frac{n_1}{n}\right)\frac{N}{A_n}\leqslant0.7f_u \tag{4-3}$$

式中　n——在节点或拼接处，构件一端连接的高强度螺栓数目；

　　n_1——所计算截面（最外列螺栓处）上高强度螺栓数目。

此时，仍须按照式（4-1）计算毛截面强度。

【例题 4-2】 一轴心受拉板件采用高强螺栓双盖板连接接长，如图 4-5 所示，构件钢材为 Q235 钢，螺栓直径 $d=22$mm，标准孔。分别按照高强螺栓承压型连接和摩擦型连接计算构件的承载力。

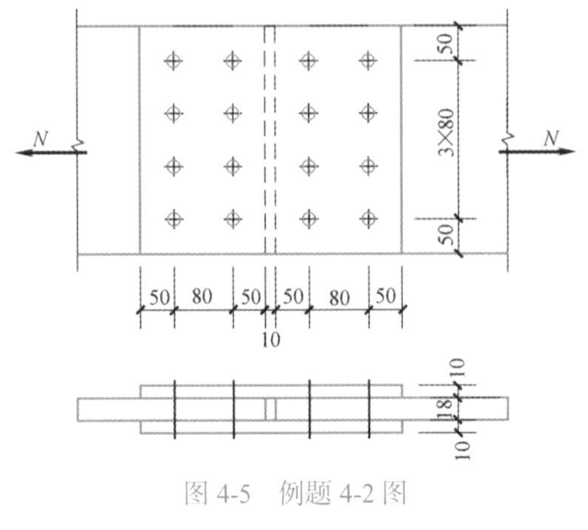

图 4-5　例题 4-2 图

【解】 由表 3-8，孔径 $d_0=24\text{mm}$，由表 3-9 的注 3，计算螺栓孔引起的截面削弱取 $d+4\text{mm}$ 和 d_0 的较大值，即：max（22＋4，24）＝26mm。

板件的毛截面：$A=340\times18=6120\text{mm}^2$

最外侧净截面最危险，净截面面积为：

$A_n=(340-4\times26)\times18=4248\text{mm}^2$

当采用高强度螺栓承压型连接时

由式（4-1），毛截面屈服：

$$\sigma=\frac{N}{A}\leqslant f, N\leqslant Af=6120\times205=1254.6\text{kN}$$

由式（4-2），净截面断裂：

$$\sigma=\frac{N}{A_n}\leqslant0.7f_u,\ N\leqslant0.7A_nf_u=0.7\times4248\times370=1100.23\text{kN}$$

拉杆的承载力为二者取小值，为 1100.23kN，是由净截面断裂控制的。

当采用摩擦型高强螺栓时，毛截面屈服同上，为 1254.6kN。

由式（4-3），净截面断裂：$\sigma=\left(1-0.5\frac{n_1}{n}\right)\frac{N}{A_n}\leqslant0.7f_u$

$$N\leqslant\frac{0.7A_nf_u}{1-0.5\frac{n_1}{n}}=\frac{0.7\times4248\times370}{1-0.5\times\frac{4}{8}}=1466.98\text{kN}$$

拉杆的承载力为二者取小值，为 1254.6kN，是由毛截面屈服控制的。

3. 拉杆为沿全长都有排列较密螺栓的组合构件的强度

当拉杆为沿全长都有排列较密的螺栓连接而成的组合构件时，为避免变形过长，则净截面屈服成为承载能力极限状态，此时强度计算公式为

净截面屈服

$$\sigma=\frac{N}{A_n}\leqslant f \tag{4-4}$$

【例题 4-3】 一由双槽钢 2［12 沿全长腹板用螺栓连接而成的轴心受拉组合构件长 3.3m，螺栓布置如图 4-6 所示，构件钢材为 Q235 钢，采用 M18 普通 C 级螺栓，标准孔。承受轴心拉力设计值 550kN。试验算组合构件的强度。

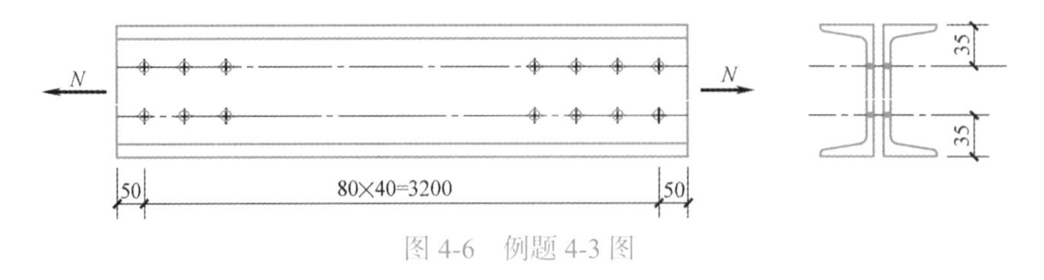

图 4-6　例题 4-3 图

【解】 孔径 $d_0=19.5\text{mm}$，由表 3-9 的注 3，计算螺栓孔引起的截面削弱取 $d+4\text{mm}$ 和 d_0 的较大值，即：max（18＋4，19.5）＝22mm。

由附表 7-3，查得［12 槽钢的截面积是 1569mm^2，腹板厚度是 5.5mm。

组合构件的毛截面面积：　$A=2\times1569=3138\text{mm}^2$

净截面面积：　　　　$A_n = A - 4 \times 22 \times 5.5 = 2654\text{mm}^2$

拉杆沿杆件全长都有均匀布置的螺栓，此时净截面屈服是杆件的承载能力极限状态。

由式（4-4），净截面屈服：$\sigma = \dfrac{N}{A_n} = \dfrac{550 \times 10^3}{2654} = 207.2\text{N/mm}^2 < f = 215\text{N/mm}^2$

拉杆强度满足要求。

4.2.2　端部部分连接的轴心受拉构件的有效截面

在有些连接构造中，截面不一定都能充分发挥作用。如图 4-7（a）所示连接，工字形截面的上翼缘、下翼缘和腹板都有拼接板，拉力可以通过腹板、翼缘直接传递，因此，这种连接构造净截面全部有效。而图 4-7（b）的连接构造，仅在工字形截面的上翼缘、下翼缘设有拼接板，当力接近连接处时，截面应力从均匀分布转为不均匀分布，1-1 净截面不能全部发挥作用。如图 4-8 所示的连接构造，当单根 T 型钢和节点板相焊接时，T 型钢的腹板没有和节点板连接，腹板承受的内力需通过剪切传入翼缘，才能传到焊缝，因此，T 型钢端部截面并非全部有效。引入有效截面系数 η 来反映。

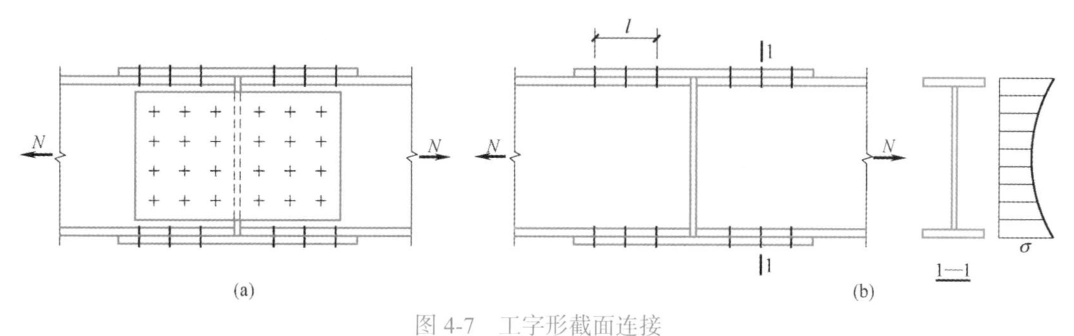

图 4-7　工字形截面连接

（a）全截面连接；（b）仅上、下翼缘连接

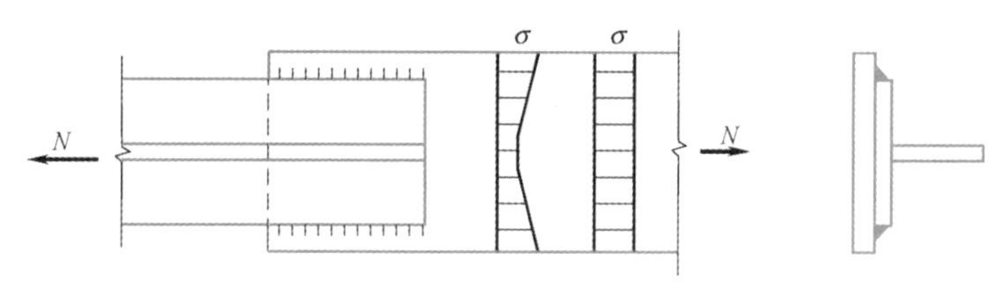

图 4-8　T 形截面拉杆与节点板的连接

根据试验资料，有效截面系数 η 与下列因素有关：

（1）连接长度 l，连接长度 l（图 4-7b）越大，有效截面系数 η 也越大。

（2）连接板到构件截面形心距离 a，距离 a（图 4-9）越大，截面越分散，应力分布越不均匀，η 也越小。

有效截面系数 η 可按下式计算：

$$\eta = 1 - \frac{a}{l} \tag{4-5}$$

当拉杆截面不是全部有效时的强度计算公式（4-1）中面积 A 应改为 ηA，式（4-2）中面积 A_n 应改为 ηA_n，即分别改为：

毛截面屈服：
$$\sigma = \frac{N}{\eta A} \leqslant f \tag{4-6}$$

净截面断裂：
$$\sigma = \frac{N}{\eta A_{\mathrm{n}}} \leqslant 0.7 f_{\mathrm{u}} \tag{4-7}$$

由式（4-6）、式（4-7）可以看出，在节点连接中应尽量避免产生 η 降低的构造方法。

图 4-9 是几种在节点或拼接处并非全部直接传力的连接方式，《标准》规定相应的有效截面系数 η 分别取 0.85、0.9 和 0.7。

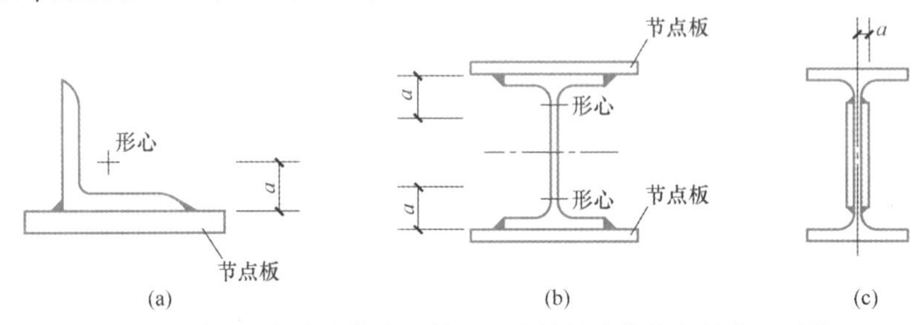

图 4-9　并非全部直接传力的轴心受力构件连接的有效截面系数 η

（a）单边连接角钢，$\eta = 0.85$；（b）翼缘连接的工字型钢、H 型钢，$\eta = 0.9$；

（c）腹板连接的工字型钢、H 型钢，$\eta = 0.7$

【例题 4-4】 如图4-10所示承受轴心拉力的H型钢截面接长。截面为HN450×200×9×

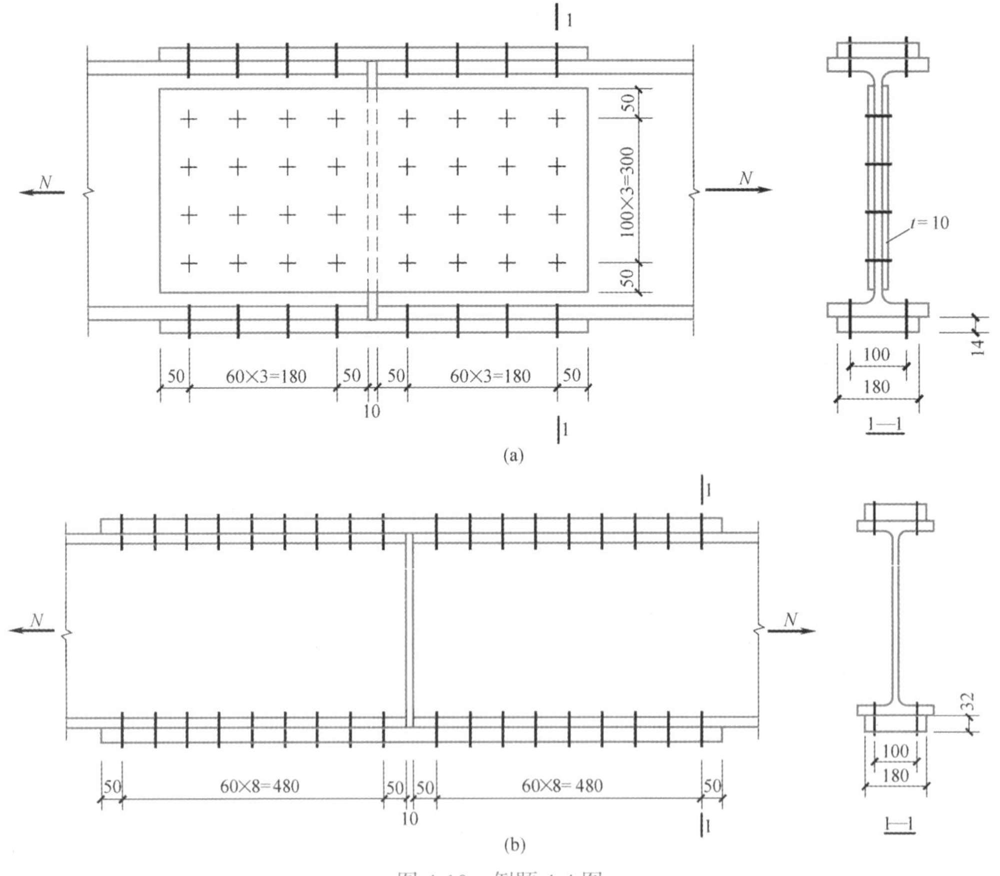

图 4-10　例题 4-4 图

14，拉力设计值为1995kN，钢材为Q235钢，采用M18普通C级螺栓，标准孔。验算全截面连接和仅有翼缘板连接两种不同拼接方法下构件的强度是否足够？

【解】 孔径$d_0=19.5$mm，由表3-9的注3，计算螺栓孔引起的截面削弱取$d+4$mm和d_0的较大值，即：max（18 + 4，19.5）= 22mm。

查附表7-2，H型钢的截面面积$A=97.41\text{cm}^2$。

图4-10（a）翼缘和腹板都拼接，全截面有效。构件1-1截面的受力最不利。净截面面积为

$$A_{\text{n}}=A-n_1d_0t=97.41-2\times2.2\times1.4\times2-4\times2.2\times0.9=77.17\text{cm}^2$$

由式（4-1），毛截面屈服：

$$\sigma=\frac{N}{A}=\frac{1995\times10^3}{9741}=204.8\text{N/mm}^2<f=215\text{N/mm}^2\text{，满足。}$$

由式（4-2），净截面断裂：

$$\sigma=\frac{N}{A_{\text{n}}}=\frac{1995\times10^3}{7717}=258.5\text{N/mm}^2<0.7f_{\text{u}}=0.7\times370=259\text{N/mm}^2\text{，满足。}$$

图4-10（b）采用翼缘板拼接，截面不能充分发挥作用，按照式（4-5）计算有效截面系数η。

查附表7-2对应剖分T型钢的形心$a=5.13$cm，

$$\eta=1-\frac{a}{l}=1-\frac{5.13}{48}=0.893$$

净截面面积为

$$A_{\text{n}}=A-n_1d_0t=97.41-2\times2.2\times1.4\times2=85.09\text{cm}^2$$

由式（4-6），毛截面屈服：

$$\sigma=\frac{N}{\eta A}=\frac{1995\times10^3}{0.893\times9741}=229.3\text{N/mm}^2>f=215\text{N/mm}^2\text{，不满足。}$$

由式（4-2），净截面断裂：

$$\sigma=\frac{N}{\eta A_{\text{n}}}=\frac{1995\times10^3}{0.893\times8509}=262.6\text{N/mm}^2>0.7f_{\text{u}}=0.7\times370=259\text{N/mm}^2\text{，不满足。}$$

以上计算说明，不合理的连接构造，使截面效率降低，导致构件抗拉强度不满足要求。

4.2.3　轴心受拉构件的刚度

轴心受拉构件不能做得过分柔细，需要具有一定的刚度来保证不会产生过大的变形。对于轴心受拉构件的刚度是通过限制构件的长细比来控制的。

$$\lambda=\frac{l_0}{i}\leqslant[\lambda]\tag{4-8}$$

式中　λ——构件的最大长细比；

l_0——构件的计算长度；

i——截面的回转半径；

$[\lambda]$——构件的容许长细比。

拉杆的长细比过大，会使构件在运输、安装、使用等过程中，因其自重等原因产生较大的变形或振动。在总结长期经验的基础上，《标准》对拉杆和受压构件在不同使用情况下的容许长细比做了规定，见表4-1。

受拉构件的容许长细比　　表 4-1

构件名称	承受静力荷载或间接承受动力荷载的结构			直接承受动力荷载的结构
	一般建筑结构	对腹杆提供平面外支点的弦杆	有重级工作制起重机的厂房	
桁架的构件	350	250	250	250
吊车梁或吊车桁架以下柱间支撑	300	—	200	—
除张紧的圆钢外的其他拉杆、支撑、系杆等	400	—	350	—

验算受拉构件容许长细比时，在直接或间接承受动力荷载的结构中，计算单角钢受拉构件的长细比时，应采用角钢的最小回转半径，但计算在交叉点相互连接的交叉杆件平面外的长细比时，可采用与角钢肢边平行轴的回转半径。受拉构件的容许长细比宜符合下列规定：

（1）除对腹杆提供平面外支点的弦杆外，承受静力荷载的结构受拉构件，可仅计算竖向平面内的长细比。

（2）中、重级工作制吊车桁架下弦杆的长细比不宜超过 200。

（3）在设有夹钳吊车或刚性料耙吊车的厂房中，支撑（表中第 2 项除外）的长细比不宜超过 300。

（4）受拉构件在永久荷载与风荷载组合作用下受压时，其长细比不宜超过 250。

（5）跨度等于或大于 60m 的桁架，其受拉弦杆和腹杆的长细比，承受静力荷载或间接承受动力荷载时不宜超过 300；直接承受动力荷载时，不宜超过 250。

（6）柱间支撑按拉杆设计时，竖向荷载作用下柱子的轴力应按无支撑时考虑（吊车梁下的交叉支撑在柱压缩变形影响下有可能产生压力，因此，当其按拉杆设计，进行柱设计时不应考虑由于支撑的作用而导致的轴力的降低）。

【例题 4-5】 试算例题 4-1 中拉杆的刚度是否满足要求。

【解】 长细比的计算与钢牌号无关。构件由 2∟75×5 组成的 T 形截面，两个角钢的间距是 6mm，查附表 7-4，得 $i_x = 2.32\text{cm}$，查表 4-1，得 $[\lambda] = 350$，由式（4-8）得：

$$\lambda_{max} = \frac{l_{0x}}{i_x} = \frac{300}{2.32} = 129 < [\lambda] = 350，刚度满足要求。$$

4.3　索的力学性能和强度计算

索作为柔性构件，其内力不仅和荷载有关，而且和变形有关。索是大位移的，属于几何非线性，需要通过变形后的形体来计算索内力，亦即进行二阶分析。常用钢索截面见图 4-2。

索的分析通常假定：

（1）索是理想柔性的，既不能受压，也不能抗弯。

（2）索材的应力和应变关系符合胡克定律。

图 4-11 为高强度钢索的应力－应变曲线，加载初期的 0-1 段有少量的松弛变形，随

后的主要部分 1-2 段基本上是直线。当加载到接近极限强度的 2-3 段时，才显示出明显的曲线性质。钢索在使用前都需要施加预应力，来消除 0-1 段的初始非弹性变形，形成图中虚线所示的应力－应变关系。在很大的范围内钢索符合胡克定律。

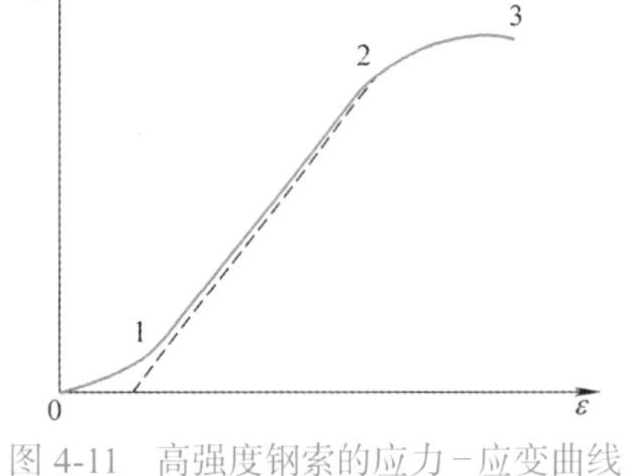

图 4-11　高强度钢索的应力－应变曲线

钢索的强度计算，目前国内外均采用容许应力法，计算公式如下：

$$\sigma=\frac{N_{\mathrm{kmax}}}{A}\leqslant\frac{f_{\mathrm{k}}}{K} \tag{4-9}$$

式中　N_{kmax}——考虑各种荷载工况下的钢索最大拉力标准值；

A——钢索的有效截面积；

f_{k}——钢索材料强度标准值；

K——安全系数，一般取 2.5～3.0。

4.4　轴心受压构件的强度和刚度

4.4.1　轴心受压构件的强度

轴心受压构件，简称压杆。压杆的强度破坏特征与拉杆的主要不同点在于压杆不会发生净截面断裂。其计算公式与轴心受拉构件相同。计算压杆的强度时，认为孔洞由螺栓或铆钉压实，按全截面公式（4-1）计算。当孔洞为没有紧固件的虚空时，则按式（4-4）计算。一般情况下，压杆的设计是由稳定决定的，强度计算不起控制作用。

4.4.2　轴心受压构件的刚度

与轴心受拉构件一样，轴心受压构件的刚度也是通过限制构件的长细比来控制的，按式（4-8）验算。

验算受压构件容许长细比时，可不考虑扭转效应，计算单角钢受压构件的长细比时，应采用角钢的最小回转半径，但计算在交叉点相互连接的交叉杆件平面外的长细比时，可采用与角钢肢边平行轴的回转半径。轴心受压构件的容许长细比宜符合下列规定：

（1）跨度等于或大于 60m 的桁架，其受压弦杆、端压杆和直接承受动力荷载的受压腹杆的长细比不宜大于 120。

（2）轴心受压构件的长细比不宜超过表 4-2 规定的容许值，但当杆件内力设计值不大于承载能力的 50% 时，容许长细比值可取 200。

受压构件的容许长细比　　表 4-2

构件名称	容许长细比
轴心受压柱、桁架和天窗架中的压杆	150
柱的缀条、吊车梁或吊车桁架以下的柱间支撑	150
支撑	200
用以减小受压构件计算长度的杆件	200

4.5 轴心受压构件的整体稳定

对于受压构件，常常不是由于构件达到强度极限发生破坏，而是由于丧失稳定性而失去承载力。从钢结构的近代工程史上，不乏看到因整体稳定考虑不周，而发生的严重工程事故，造成了严重的经济损失和人身伤亡。因此对于受压构件的整体稳定计算和研究非常重要。

4.5.1 稳定的类型及其特点

1. 稳定的类型

从平衡稳定的角度来看，体系的平衡状态有：稳定平衡状态、不稳定平衡状态、随遇平衡状态三种形式（图 4-12）。稳定平衡是指原体系处于一种平衡状态，受到某种外界的轻微干扰而使其偏离原来的平衡位置，当干扰消除后，体系仍能回复到原来的平衡位置；不稳定平衡是指原体系受到某种外界的干扰后不能回复到原来的平衡位置，甚至偏移越来越大；从稳定平衡过渡到不稳定平衡的中间状态称为随遇平衡或中性平衡。而丧失稳定性简称失稳，就是指体系处于不稳定平衡状态时，任何轻微的干扰就会使其偏离原有平衡位置，使构件产生较大的变形，导致其丧失承载能力而破坏。其中随遇平衡，由于原来的平衡形式已不是稳定的，故也归为不稳定平衡。

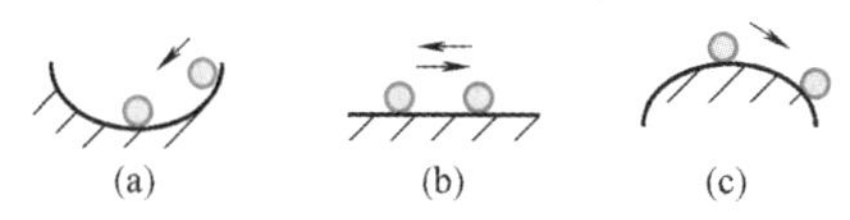

图 4-12 平衡状态的类型

（a）稳定平衡；（b）随遇平衡；（c）不稳定平衡

结构弹性状态下的失稳形式主要有三种形式：分支点失稳、极值点失稳和跳跃失稳（图 4-13）。

（1）分支点失稳。体系由初始的平衡位形突变到与其临近的另一平衡位形，即平衡形式出现分支现象，故称此类失稳为分支点失稳，分支点失稳属于第一类失稳，其相应的荷载称为屈曲荷载或平衡分支荷载。以轴心压杆为例（图 4-13a），体系稍受干扰后，杆件突然发生弯曲，由原来的直线平衡形式转变为新的微弯状态的平衡形式。

第一类失稳的特征是：原来的平衡形式成为不稳定的，而可能出现新的有质的区别的平衡形式。对工程来讲多数轴心受压构件属于此类稳定问题。

（2）极值点失稳。体系发生失稳时，没有平衡位形的分岔，临界状态表现为结构不能再承受荷载增量，结构由稳定平衡转变为不稳定平衡，这种失稳形式称为极值点失稳，也称第二类失稳。与其相应的荷载称为压溃荷载或失稳极限荷载。以偏心压杆为例见图 4-13（b），当外部荷载小于临界荷载之前，如果不继续增加压力，杆件的挠度不会自动增加，其 $P-\Delta$ 曲线如图 4-13（b）中 OAB 所示，至点 B 时，荷载达到极大值，此后，即使不增加荷载，甚至减小荷载，挠度仍继续增加，结构表现为不能承担继续增加的荷载，如图 4-13（b）中曲线段 BC 所示，点 B 为极值点。

第二类失稳的特征是：平衡形式并不发生性质的改变，而是结构丧失承载能力。对实际工程来讲多数偏心受压构件属于此类稳定问题。

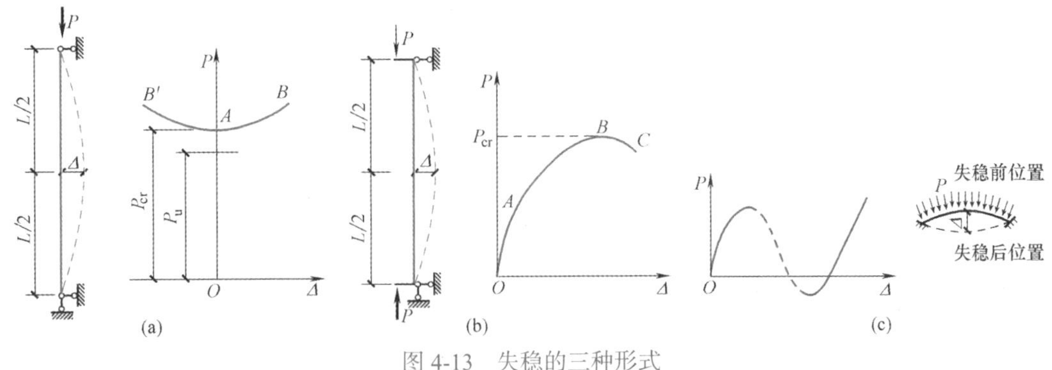

图 4-13　失稳的三种形式

（a）分支点失稳；（b）极值点失稳；（c）跳跃失稳

（3）跳跃失稳。结构以大幅度的变形从一个平衡位形跳到另一个平衡位形。对于一般拱形和扁球壳顶盖都属于这种失稳形式。

此类失稳的特征是：结构发生跳跃后，荷载一般还可以显著增加，但是其变形大大超出了正常使用极限状态，因此在结构中不能采用。

2. 稳定问题的特点

结构的失稳现象具有多样性。弯曲屈曲是轴心受压构件的常见形式，但并不是唯一的失稳形式，它还可呈现扭转屈曲和弯扭屈曲的失稳形式。

结构的失稳现象具有整体性。不能孤立地对单个构件进行稳定性的分析，而应当综合考虑相邻构件与其连接方式及对它所起的约束作用。稳定问题的整体分析方法不仅存在于构件与构件之间，同时还存在于围护结构与承重结构之间的相互联系而具有的约束。

结构的失稳现象具有相关性。这种相关性表现在不同失稳形式之间的相互影响，以及整体失稳和局部失稳间的相互影响。局部失稳虽不能立刻导致整体结构丧失承载能力，但它对整体失稳却有加速作用。这种相互的关联性对于存在缺陷的构件尤其显得复杂。

3. 稳定与强度的区别

强度问题是指构件在内力作用下截面的最大应力不超过材料的允许应力，以截面最大应力为控制条件，其重点放在内力的计算上。对大多数结构构件而言，通常其截面应力都处于弹性范围内而且变形很小。因此，按线性体系进行计算，属于一阶的分析方法。

稳定问题与强度问题不同，它的重点不是计算构件截面最大应力，而是研究外荷载与结构或构件抵抗力之间的平衡，看这种平衡是否处于稳定状态，以结构或构件受力为控制条件，既要找出变形开始急剧增长的临界点，又要找出与临界点相应的临界荷载。由于稳定问题的计算要在结构变形后的几何位置上进行，其方法属于几何非线性的范畴，属于二阶分析方法。

4.5.2　轴心受压构件的弯曲屈曲、扭转屈曲和弯扭屈曲

轴心受压构件的主要失稳形式有三种：弯曲屈曲、扭转屈曲和弯扭屈曲。对于双轴对称截面其形心和剪切中心重合，会发生弯曲屈曲或扭转屈曲，但二者不会耦合。通常当受力中心与形心和剪心重合时，易发生弯曲屈曲，如图 4-14（a）所示；当受力中心不

与形心和剪心重合时，呈现扭转屈曲，如图 4-14（b）所示；对于单轴对称截面绕非对称主轴失稳时，呈现弯曲屈曲；但当其绕对称轴失稳时通常呈弯扭屈曲，如图 4-14（c）所示；对于无对称轴的截面，容易发生弯扭屈曲。

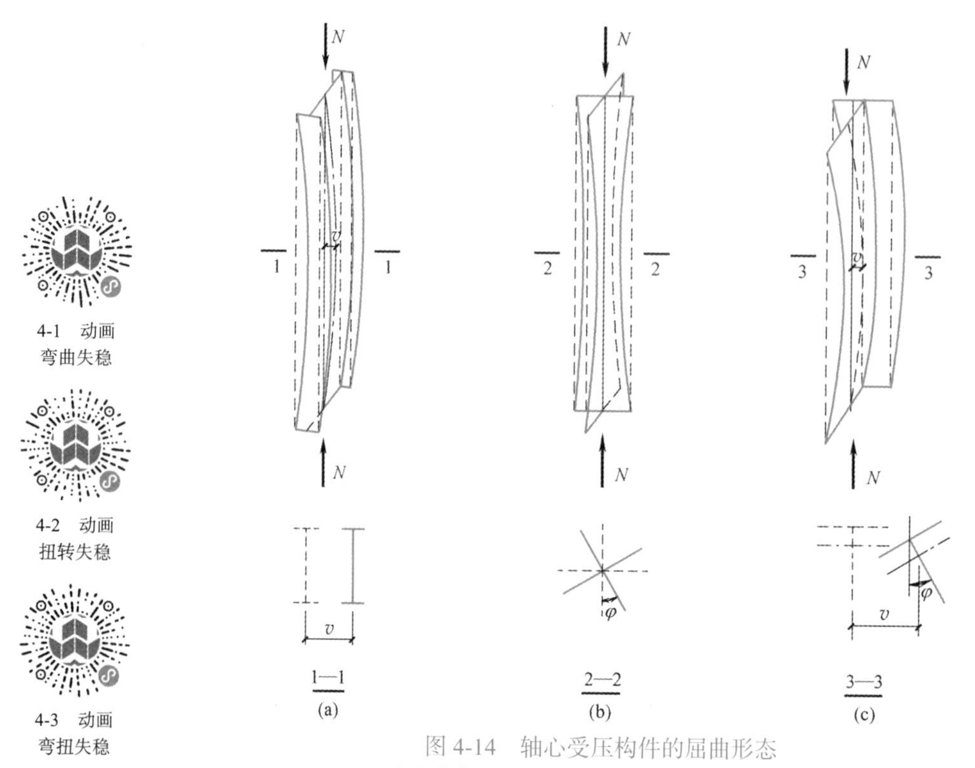

图 4-14 轴心受压构件的屈曲形态

（a）弯曲屈曲；（b）扭转屈曲；（c）弯扭屈曲

1. 弯曲屈曲

轴心受压构件稳定平衡状态主要有：直线和曲线两种。确定构件的临界力方法也有两种，一是通过微分平衡方程求解，属于精确法；二是根据能量法近似确定临界力。

对于实腹式截面，剪切变形很小，其临界力的简化公式为：

$$N_{cr}=\frac{\pi^2 EI}{l^2} \tag{4-10}$$

上式即为著名的欧拉公式。定义临界应力如下，并将长细比 $\lambda=l/i$，$i=\sqrt{I/A}$ 代入式（4-10），可得其临界应力为：

$$\sigma_{cr}=\frac{N_{cr}}{A}=\frac{\pi^2 EI}{l^2 A}=\frac{\pi^2 Ei^2}{l^2}=\frac{\pi^2 E}{\lambda^2} \tag{4-11a}$$

式（4-11a）适用于构件处于弹性工作阶段，当杆件进入弹塑性工作阶段时，采用切线模量理论，临界应力为：

$$\sigma_{cr}=\frac{\pi^2 E\tau}{\lambda^2} \tag{4-11b}$$

其中 $\tau=E_t/E$，E_t 是对应于临界应力的切线模量。可按下式确定：

$$E_t=\frac{(f_y-\sigma)\sigma}{(f_y-f_p)f_p}E \tag{4-12}$$

式（4-11b）可作为轴心压杆弯曲屈曲临界应力的通式，模量比 τ 在 1 和 0 之间变化，当为弹性屈曲时 $\tau=1$，非弹性屈曲时 $\tau<1$。

对于轴心受压杆件，可能在两个主轴方向发生弯曲屈曲，它们相应的临界应力分别为：

$$\sigma_{\mathrm{crx}}=\frac{\pi^2E\tau}{\lambda_{\mathrm{x}}^2},\ \sigma_{\mathrm{cry}}=\frac{\pi^2E\tau}{\lambda_{\mathrm{y}}^2} \tag{4-13}$$

式中 $\lambda_{\mathrm{x}}=l_{0\mathrm{x}}/i_{\mathrm{x}}$ 和 $\lambda_{\mathrm{y}}=l_{0\mathrm{y}}/i_{\mathrm{y}}$ 分别是 x 轴和 y 轴的长细比。当二者相等且截面类别相同时，称为两主轴方向等稳定，即稳定承载力相同，截面最经济合理；二者不相等时，可通过增加侧向支撑实现等稳定要求。

2. 扭转屈曲

对于某些双轴对称截面杆件，如图 4-15 所示的十字形截面，其抗扭刚度很小，在受轴心压力作用下，当压力达到临界值时，除杆件两端外的其他截面可能发生扭转而失去稳定，即为扭转屈曲。

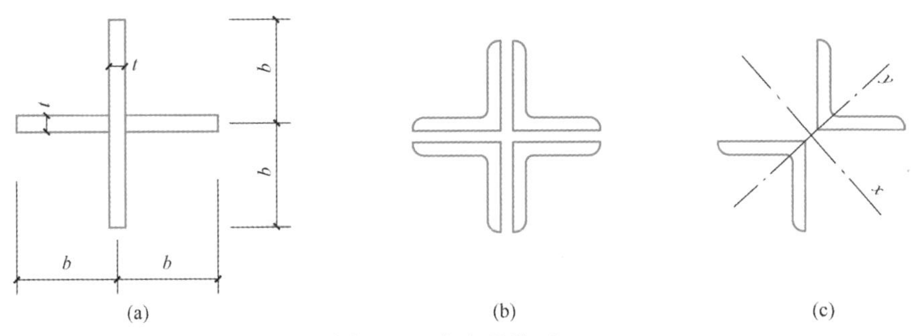

图 4-15　十字形截面

（a）钢板焊接；（b）四个角钢；（c）两个角钢

两端铰支且翘曲无约束的扭转屈曲临界力，可由下式计算：

$$N_{\mathrm{z}}=\frac{1}{i_0^2}\left(GI_{\mathrm{t}}+\frac{\pi^2EI_{\omega}}{l_{\omega}^2}\right) \tag{4-14}$$

式中　i_0——截面关于剪心的极回转半径；

l_{ω}——扭转屈曲的计算长度，两端铰支且端截面可自由翘曲者，取几何长度 l；两端嵌固且端部截面的翘曲完全受到约束者，取 $0.5l$。

如果铰支座不能保证杆端不发生扭转，则临界力低于式（4-14）的值。

引进如下定义的扭转屈曲换算长细比 λ_{z}，并代入式（4-14），得到：

$$N_{\mathrm{z}}=\frac{\pi^2EA}{\lambda_{\mathrm{z}}^2}=\frac{1}{i_0^2}\left(GI_{\mathrm{t}}+\frac{\pi^2EI_{\omega}}{l_{\omega}^2}\right) \tag{4-15}$$

将剪切模量 $G=\dfrac{E}{2(1+\upsilon)}$，泊松比 $\upsilon=0.3$，$I_0=i_0^2A$ 代入式（4-15），得换算长细比 λ_{z} 为：

$$\lambda_{\mathrm{z}}=\sqrt{\frac{I_0}{I_{\mathrm{t}}/25.7+I_{\omega}/l_{\omega}^2}} \tag{4-16}$$

对于双轴对称构件，当截面有强弱轴之分时，对热轧或焊接型钢，由于绕弱轴弯曲屈曲的临界力 N_{Ey} 低于扭转屈曲临界力 N_{z}，所以一般只对其进行弯曲屈曲的计算，不用考虑扭转屈曲。

对如图 4-15 所示的十字形截面，截面无强弱轴之分，并且扇形惯性矩 $I_\omega=0$，开口薄壁截面的扭转常数 $I_t=\frac{1}{3}\sum_{i=1}^{n}(b_it_i^3)=\frac{4bt^3}{3}$，代入式（4-16），得：

$$\lambda_z^2=25.7\times\frac{I_0}{I_t}=25.7\times\frac{2t(2b)^3/12}{4bt^3/3}=25.7\times\left(\frac{b}{t}\right)^2$$

$$\lambda_z=5.07b/t \qquad (4\text{-}17)$$

由此可见，N_z 与杆长度 l 无关，当 N_z 低于弯曲屈曲临界力，则和板件局部屈曲临界力相等。因此，只要局部稳定保证，也就不可能出现扭转屈曲。《标准》规定：双轴对称十字形截面板件宽厚比 b/t 不超过 $15\varepsilon_k$ 者，可不计算扭转屈曲。

3. 弯扭屈曲

单轴对称截面绕对称轴失稳时呈现弯扭屈曲。如图 4-16 所示的 T 形截面，绕 x 轴屈曲时为弯扭屈曲，根据弹性稳定理论，单轴对称截面轴心压杆绕对称轴弯扭屈曲的临界力可由下列稳定特征方程式求得：

$$i_0^2(N_{Ex}-N_{xz})(N_z-N_{xz})-e_0^2N_{xz}^2=0 \qquad (4\text{-}18)$$

引进如下定义的弯扭屈曲换算长细比 λ_{xz}：

$$N_{xz}=\frac{\pi^2EA}{\lambda_{xz}^2}$$

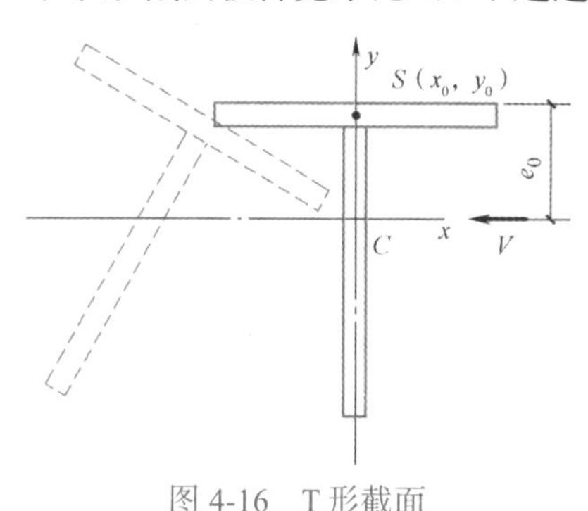

图 4-16　T 形截面

为求换算长细比 λ_{xz}，取：$N_z=\frac{\pi^2EA}{\lambda_z^2}$ 和 $N_{Ex}=\frac{\pi^2EA}{\lambda_x^2}$ 代入式（4-18），得到：

$$\lambda_{xz}^2=\frac{1}{2}(\lambda_x^2+\lambda_z^2)+\frac{1}{2}\sqrt{(\lambda_x^2+\lambda_z^2)^2-4\left(1-\frac{e_0^2}{i_0^2}\right)\lambda_x^2\lambda_z^2} \qquad (4\text{-}19)$$

式中　e_0——截面形心至剪心的距离，亦即剪心的纵坐标，$e_0=y_0$；

i_0——截面对剪心的极回转半径，$i_0^2=e_0^2+i_x^2+i_y^2$；

λ_z——扭转屈曲换算长细比，由式（4-16）确定。

由式（4-19）得到的 λ_{xz} 虽然是按弹性屈曲理论入手，但是也考虑了非弹性和初始缺陷的影响。

单轴对称截面在轴心压力作用下，绕对称轴屈曲时，弯扭屈曲临界力比单纯的弯曲屈曲和扭转屈曲的临界力都低，稳定性较差。对于无对称轴的杆件，一般总发生弯扭屈曲，其临界力比单轴对称截面的性能更差，应该避免用作轴心受压构件。

4.5.3　轴心受压构件的整体稳定计算

理想的轴心受压构件假定：

① 杆件为理想直杆，两端为铰接；

② 轴心压力作用于杆件两端；

③ 屈曲时变形很小；

④ 屈曲时轴线挠曲成正弦半波曲线，截面仍保持平面。

但这只是一种假定的理想情况，实际构件在加工制造和运输安装过程中，不可避免地存在初弯曲、初偏心，还不同程度地存在着残余应力，这些都将降低构件的承载能力。所以在设计中要对这些因素进行充分的考虑。

1. 轴心受压构件的影响因素

影响轴心受压构件整体稳定的因素主要是截面的纵向残余应力、构件的初弯曲、荷载作用的初偏心以及构件的端部约束条件等。

（1）构件初弯曲和荷载初偏心的影响

构件初弯曲和荷载初偏心对轴心受压构件的影响是类似的，如图4-17所示，其在压力作用下，先产生挠曲，然后随着荷载的增加而挠度增大，其挠度的增加过程是先慢后快，当压力趋近临界力时，挠度无限增大而失稳。由于初始缺陷的存在，无论初弯曲和初偏心多么小，受压构件的临界力总小于欧拉临界力。

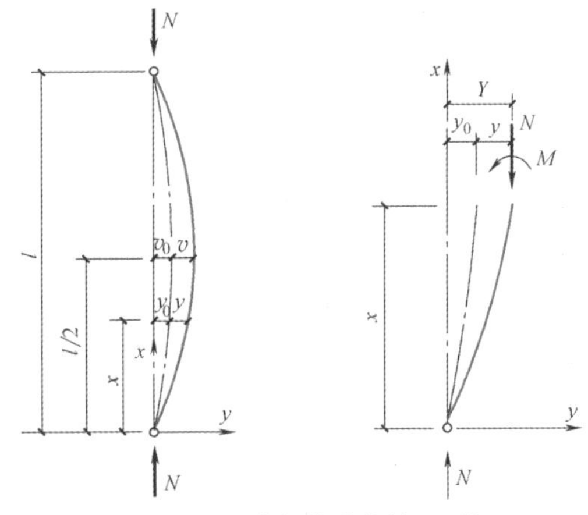

图4-17　具有初弯曲的轴心压杆

根据弹性工作状态下的临界微弯状态可建立平衡方程，$M=-EI\dfrac{d^2y}{dx^2}$：

$$EI\frac{d^2y}{dx^2}=-Ny-Nv_0\sin\frac{\pi x}{l}$$

求解此微分方程，得到挠度的总值是：

$$Y=y_0+y=\frac{v_0}{1-N/N_E}\sin\frac{\pi x}{l} \tag{4-20}$$

式中　$N_E=\pi^2EI/l^2$。

杆件中点（$x=l/2$）的最大总挠度是：

$$v_{max}=v_0+v=\frac{v_0}{1-N/N_{cr}} \tag{4-21}$$

如果把钢材看作理想的弹塑性体，最外侧纤维达到屈服强度，杆件即进入了弹塑性工作阶段。因此杆件在轴心压力N和弯矩Nv_{max}共同作用下，根据边缘纤维屈服准则，可得方程：

$$\frac{N}{A}+\frac{Nv_{max}}{W}=\frac{N}{A}+\frac{Nv_0}{W(1-N/N_E)}=f_y \tag{4-22}$$

式中　W——对受压最大纤维一侧毛截面抵抗矩。

由于格构式和冷弯薄壁型钢轴心压杆，其截面受压的最大纤维屈服后，塑性发展潜力不大，很快发生失稳破坏，因此式（4-22）可用于确定该类构件的稳定承载力。初偏心的影响本质上与初弯曲相同，但影响的程度比初弯曲要小。

（2）残余应力的影响

1）残余应力产生的原因

残余应力是存在于截面内自相平衡的初始应力。它产生的原因有：

① 焊接时的不均匀加热和不均匀冷却，这是焊接结构最主要的残余应力；

② 型钢热轧后的不均匀冷却；

③ 板边缘经火焰切割后的热塑性收缩；

④ 构件经冷校正产生塑性变形。

此外，构件的残余应力不仅与构件加工条件有关，还受截面的形状和尺寸的影响。

2）残余应力的分布

残余应力的分布与构件的加工工艺和形状都有关，几种典型截面的残余应力分布情况如图 4-18 所示，图中（a）是轧制普通工字钢，其在腹板处产生压应力，翼缘处产生拉应力，主要因为腹板较薄热轧后首先冷却，翼缘较厚后冷却，而这时受到腹板的约束，阻止其冷却变形，因此产生拉应力，与之相反，腹板产生压应力；图（b）是轧制 H 型钢，由于翼缘较宽，两端与空气接触充分所以先冷却，而中间与腹板连接相对较厚所以后冷却，在中间冷却时受到两边的牵制而产生拉应力，则两端产生压应力，腹板正好与之相反；图（c）是箱形截面，腹板先冷却，四角彼此焊接后冷却，所以四角附近产生拉应力，为了互相平衡，板的中部自然产生残余压应力；图（d）是轧制等边角钢，边缘先冷却，中间后冷却，因此端部为压应力，中间为拉应力。

此外对于较厚的翼缘板，其沿厚度方向的残余应力的变化也不能忽略，由于外表面与空气接触多，因此先冷却，内表面后冷却，所以板的内表面与腹板连接处具有拉应力。对于轧制钢管也是一样，内外表面的冷却速度不同，因此在外表面产生残余压应力，内表面产生残余拉应力。

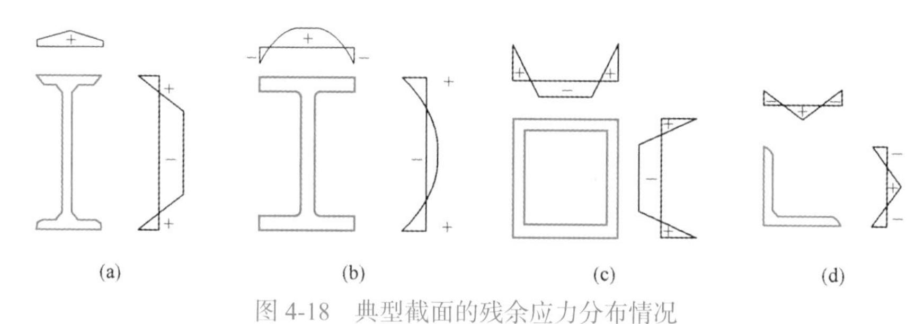

图 4-18　典型截面的残余应力分布情况

3）残余应力的计算

残余应力对截面的静力强度没有影响，主要因为它是自身互相平衡的内应力，但对稳定承载力是有影响的。考虑残余应力的影响，构件临界力的计算采用欧拉临界力公式，用有效截面进行计算，即：

$$N_{cr}=\frac{\pi^2 EI_e}{l^2}=\frac{\pi^2 EI}{l^2}\cdot\frac{I_e}{I} \tag{4-23}$$

相应的临界应力为：

$$\sigma_{cr}=\frac{\pi^2 E}{\lambda^2}\cdot\frac{I_e}{I} \tag{4-24}$$

将 $I=2tb^3/12$，$I_e=2t(kb)^3/12$（图 4-19），代入式（4-24）中得：

绕 x-x 轴屈曲

$$\sigma_{crx}=\frac{\pi^2 E}{\lambda_x^2}\times\frac{I_{ex}}{I_x}=\frac{\pi^2 E}{\lambda_x^2}\times\frac{2t(kb)h^2/4}{2tbh^2/4}=\frac{\pi^2 E}{\lambda_x^2}k \tag{4-25a}$$

绕 y-y 轴屈曲

$$\sigma_{cry}=\frac{\pi^2 E}{\lambda_y^2}\times\frac{I_{ey}}{I_y}=\frac{\pi^2 E}{\lambda_y^2}\times\frac{2t(kb)^3/12}{2tb^3/12}=\frac{\pi^2 E}{\lambda_y^2}k^3 \tag{4-25b}$$

式中 k 是截面弹性区面积 A_e 和全截面面积 A 的比值，因此 $k<1$，从 x、y 轴的临界

应力公式可知，残余应力对 y 轴临界应力的影响较 x 轴严重得多。但 k 值是未知数，不能直接计算出 $\sigma_{\rm crx}$ 和 $\sigma_{\rm cry}$，下面再根据力的平衡方程建立截面平均应力公式，即将图 4-19 中阴影区的合力除以截面面积：

$$\sigma_{\rm cr}=\frac{2(btf_{\rm y}-\sigma_1\times kbt\times 0.5)}{2bt}=f_{\rm y}-0.8f_{\rm y}k^2\times 0.5=(1-0.4k^2)f_{\rm y} \quad (4\text{-}26)$$

联立求解方程即可分别得到 $\sigma_{\rm crx}$ 或 $\sigma_{\rm cry}$ 和相应的 $\lambda_{\rm x}$ 或 $\lambda_{\rm y}$。

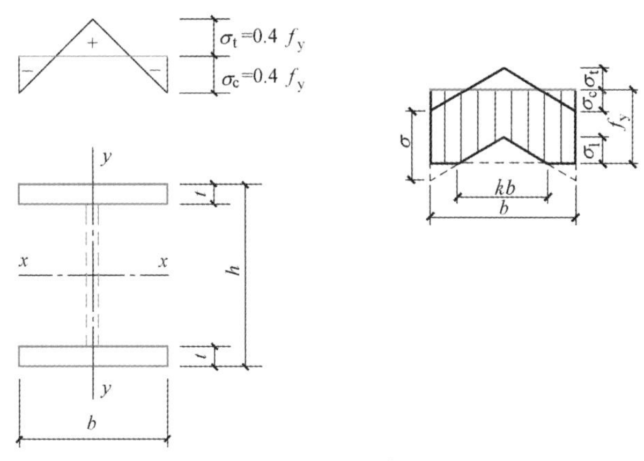

图 4-19　残余应力分布

（3）杆端约束对轴心压杆稳定的影响

以上临界力的计算都是针对两端铰接的压杆，而实际结构中的轴心压杆，多数情况下两端都要受到不同程度的约束，在这里我们引入计算长度 l_0 来代替临界力计算公式中的 l，二者关系是 $l_0=\mu l$，μ 是计算长度系数。这样就可以将不同支承条件下的杆件看作两端铰接的构件，其相应的临界力为 $N_{\rm cr}=\pi^2EI/(\mu l)^2$。$\mu$ 的取值与杆件两端的支承情况有关，表 4-3 列出了几种端部理想约束条件下轴心压杆计算长度系数 μ 的理论值和建议值。

不同杆端约束的轴心受压柱计算长度系数 μ　　　　表 4-3

支座形式	两端固定	一端固定			两端铰接	一端铰接，一端定向
		一端铰支	一端自由	一端定向		
屈曲形式	N N					
μ 的理论值	0.50	0.70	2.0	1.0	1.0	2.0
μ 的建议值	0.65	0.80	2.1	1.2	1.0	2.0

上端与梁或桁架铰接且不能侧向移动的轴心受压柱，计算长度系数 μ 应根据柱脚构造情况采用，对铰轴柱脚应取 1.0，平板柱脚在柱压力作用下有一定转动刚度，刚度大小和底板厚度有关，当底板厚度不小于柱翼缘厚度 2 倍时，柱计算长度系数 μ 可取 0.8。

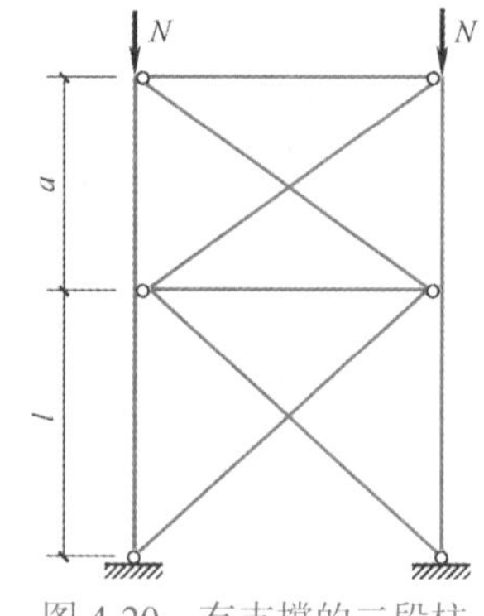

图 4-20　有支撑的二段柱

由侧向支撑分为多段的柱，当各段长度相差 10% 以上时，宜根据相关屈曲的原则确定柱在支撑平面内的计算长度。如图 4-20 所示的柱分为两段，柱屈曲时上、下两段为一整体。考虑两段的相互约束关系，可以充分利用材料的潜力，计算长度系数可由下式确定：

$$\mu = 1-0.3(1-\beta)^{0.7} \tag{4-27}$$

式中　β——短段与长段长度之比，$\beta = a/l$。

同样，当采用平板柱脚，其底板厚度不小于翼缘厚度2倍时，下段长度可乘以系数0.8。

对于桁架中的杆件，一般将单个杆件从整体结构中取出，考虑它所受的具体约束情况确定其计算长度。《标准》规定的弦杆和腹杆的计算长度取值见表 4-4。

桁架弦杆和单系腹杆的计算长度　　表 4-4

弯曲方向	弦杆	腹杆	
		支座斜杆和支座竖杆	其他腹杆
在桁架平面内	l	l	$0.8l$
在桁架平面外	l_1	l	l
在斜平面	—	l	$0.9l$

注：1. l 是杆件的几何长度（节点中心间的距离），l_1 是屋架弦杆及再分式斜杆侧向支承点之间的距离。
2. 斜平面系指与桁架平面斜交的平面，适用于构件截面两主轴均不在桁架平面内的单角钢腹杆和双角钢十字形截面腹杆。

2. 轴心受压构件整体稳定的计算

（1）轴心受压构件整体稳定计算公式的确定

从以上的分析可见，真正的轴心受压构件并不存在，它们都不同程度地存在初弯曲、初偏心和残余应力等缺陷，而通过概率统计理论，几种不利因素的最大值同时存在于一根柱子的可能性很小。因此，只考虑初弯曲和残余应力两个最主要的因素，初偏心不必另行考虑。现行《标准》对轴心受压构件临界力的计算，考虑了杆长千分之一的初始弯曲，并计入残余应力的影响，用压溃理论来确定构件的临界力。

轴心受压构件整体稳定计算公式：

$$\sigma = \frac{N}{A} \leqslant \frac{\sigma_{cr}}{\gamma_R} = \frac{\sigma_{cr}}{f_y} \times \frac{f_y}{\gamma_R} = \varphi f$$

$$\frac{N}{\varphi A f} \leqslant 1.0 \tag{4-28}$$

式中　N——轴心受压构件的压力设计值；

A——杆件的毛截面面积；

$\varphi=\dfrac{\sigma_{cr}}{f_y}$——轴心受压构件的稳定系数（取截面两主轴稳定系数中的较小者），根据构件的长细比（或换算长细比）、钢材屈服强度和表4-6的截面分类，按附录4采用；

γ_R——钢材的抗力分项系数；

f——钢材的抗压强度设计值。

（2）轴心受压构件稳定系数

轴心受压构件的稳定系数 φ，是按柱的最大强度理论用数值方法算出大量无量纲化的 $\varphi-\bar{\lambda}$ 柱子曲线归纳确定的，其中 $\bar{\lambda}$ 是通用长细比，定义为：

$$\bar{\lambda}=\sqrt{\frac{f_y}{\sigma_{cr}}}=\sqrt{\frac{f_y}{\dfrac{\pi^2E}{\lambda^2}}}=\frac{\lambda}{\pi}\sqrt{\frac{f_y}{E}}$$

进行数值计算时，考虑了截面的不同形式和尺寸，不同的加工条件及相应的残余应力的分布和大小，并考虑了1/1000杆长的初弯曲。计算了近200条曲线作为确定 φ 值的依据。但由于这200条曲线的分布较为离散，若采用单一的柱曲线设计不同的柱子，既不经济又不合理，所以进行了分类，根据数理统计原理，把承载能力相近的截面及其弯曲失稳对应合为一类，归纳为a、b、c和d四类，如图4-21所示。每类中柱子曲线的平均值作为代表曲线。这四条曲线具有如下形式：

当 $\bar{\lambda}\leqslant 0.215$ 时，
$$\varphi=1-\alpha_1\bar{\lambda}^2 \tag{4-29a}$$

当 $\bar{\lambda}>0.215$ 时，
$$\varphi=\frac{1}{2\bar{\lambda}^2}\left[(\alpha_2+\alpha_3\bar{\lambda}+\bar{\lambda}^2)-\sqrt{(\alpha_2+\alpha_3\bar{\lambda}+\bar{\lambda}^2)^2-4\bar{\lambda}^2}\right] \tag{4-29b}$$

式中 α_1、α_2、α_3——系数，应根据表4-6的截面分类，按表4-5采用。

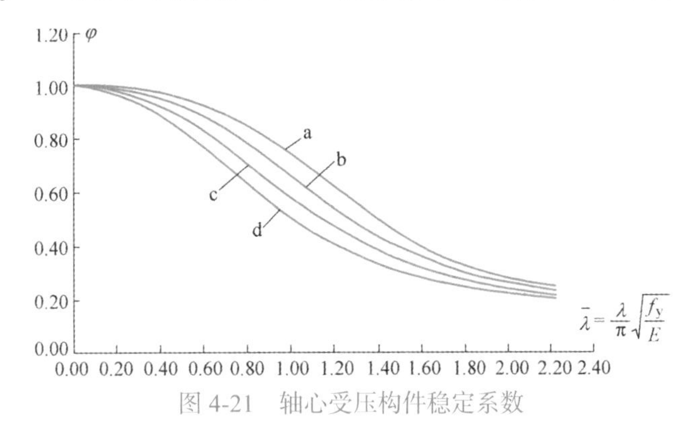

图4-21 轴心受压构件稳定系数

系数 α_1、α_2、α_3 表4-5

截面类别		α_1	α_2	α_3
a类		0.41	0.986	0.152
b类		0.65	0.965	0.300
c类	$\bar{\lambda}\leqslant 1.05$	0.73	0.906	0.595
	$\bar{\lambda}>1.05$		1.216	0.302
d类	$\bar{\lambda}\leqslant 1.05$	1.35	0.868	0.915
	$\bar{\lambda}>1.05$		1.375	0.432

附录 4 给出了我国《标准》对 a、b、c 和 d 四类曲线计算得到的 φ 值表，可供查用，表中的 ε_k 是钢号修正系数，其值为 235 与钢材牌号中屈服点数值的比值的平方根。

对于 a、b、c 和 d 四种截面类型是根据不同的截面形式和加工条件来划分的。其中 a 类属于受残余应力的影响最小的轧制圆管和宽高比小于 0.8 且绕强轴屈曲的轧制工字钢，稳定承载力最高；b 类所占比例最大，约为 75%，一般构件截面都属于该类；c 类属于受残余应力影响较大，或板件厚度大，沿厚度方向的残余应力有不可忽视的不利影响；曲线 d 类，承载能力最低，主要是由于厚板或特厚板处于最不利的屈曲方向的原因。所以《标准》规定对于翼缘板的厚度等于或大于 40mm 的焊接实腹式截面，当翼缘为轧制或剪切边时，因残余应力沿厚度有很大变化，甚至外侧残余压应力可达到屈服强度，稳定承载力降低较多，其绕强轴和弱轴分别为 c 类和 d 类截面；此外，还有厚度等于或大于 80mm 的截面，绕强轴为 c 类，弱轴为 d 类，它们都常在高层钢结构中采用。

轴心受压构件的截面分类（板厚 $t < 40$mm） 表 4-6（a）

<table>
<tr><th colspan="2">截面形式</th><th>对 x 轴</th><th>对 y 轴</th></tr>
<tr><td colspan="2"> 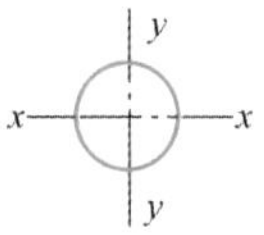轧制</td><td>a 类</td><td>a 类</td></tr>
<tr><td rowspan="2"> 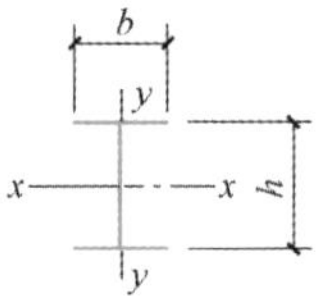轧制</td><td>$b/h \leq 0.8$</td><td>a 类</td><td>b 类</td></tr>
<tr><td>$b/h > 0.8$</td><td>a* 类</td><td>b* 类</td></tr>
<tr><td colspan="2"> 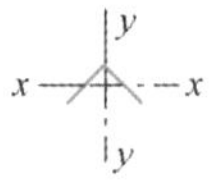轧制等边角钢</td><td>a* 类</td><td>a* 类</td></tr>
<tr><td> 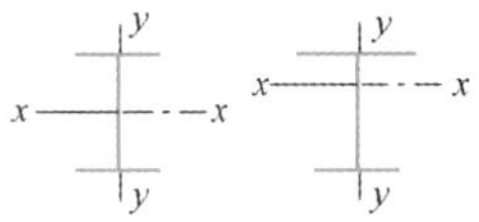焊接、翼缘为焰切边</td><td> 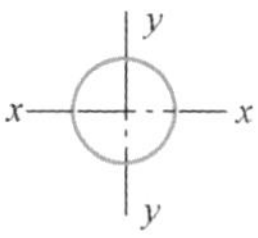焊接</td><td rowspan="3">b 类</td><td rowspan="3">b 类</td></tr>
<tr><td colspan="2"> 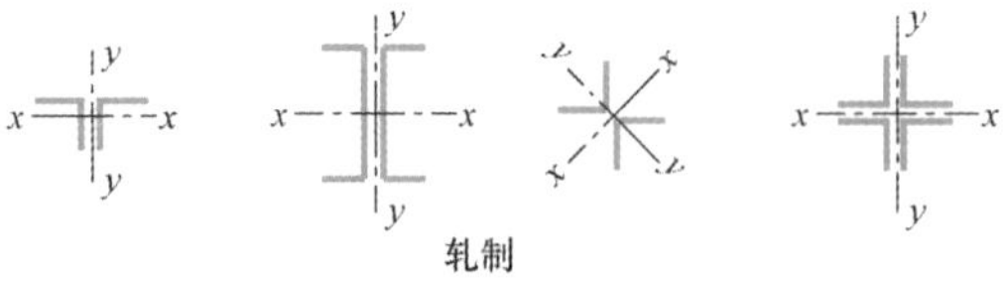轧制</td></tr>
<tr><td> 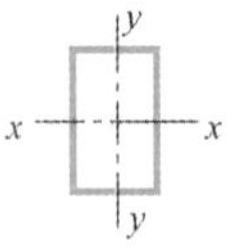轧制、焊接（板件宽厚比>20）</td><td> 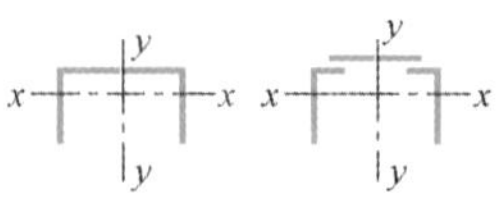轧制或焊接</td></tr>
</table>

续表

<table>
<tr><th colspan="2">截面形式</th><th>对 x 轴</th><th>对 y 轴</th></tr>
<tr><td> 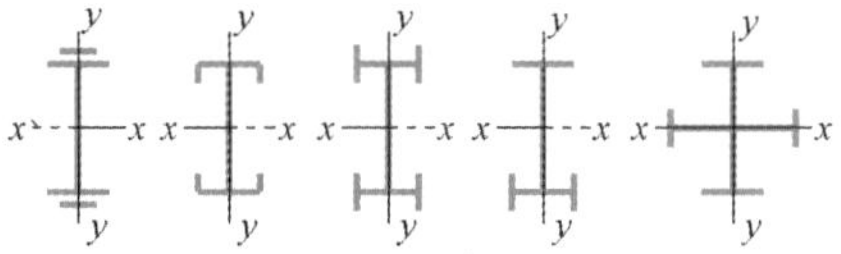焊接</td><td> 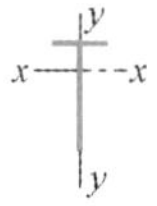轧制截面和翼缘为焰切边的焊接截面</td><td rowspan="2">b 类</td><td rowspan="2">b 类</td></tr>
<tr><td> 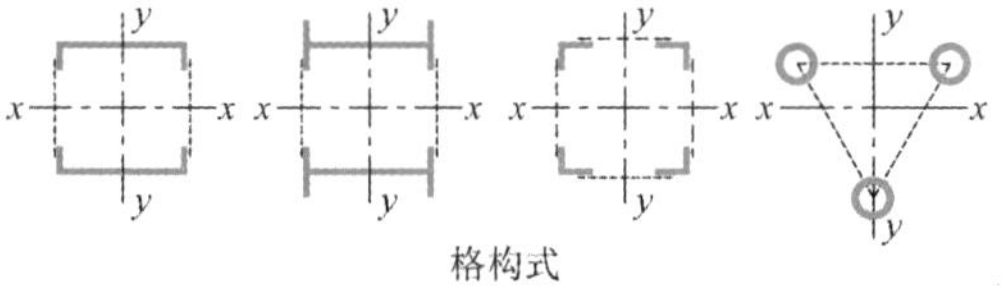格构式</td><td> 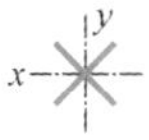焊接，板件边缘焰边</td></tr>
<tr><td colspan="2"> 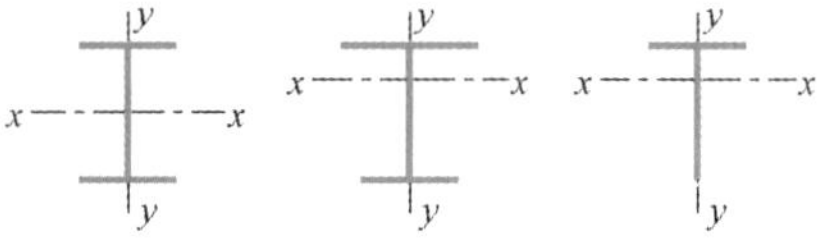焊接，翼缘为轧制或剪切边</td><td>b 类</td><td>c 类</td></tr>
<tr><td> 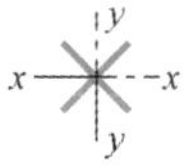焊接，板件边缘轧制或剪切</td><td> 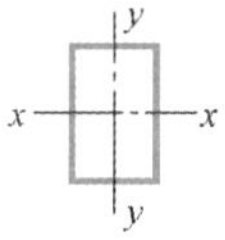轧制、焊接（板件宽厚比≤20）</td><td>c 类</td><td>c 类</td></tr>
</table>

注：1. a^* 类含义为 Q235 钢取 b 类，Q355、Q390、Q420 和 Q460 钢取 a 类；b^* 类含义为 Q235 钢取 c 类，Q355、Q390、Q420 和 Q460 钢取 b 类。

2. 无对称轴且剪心和形心不重合的截面，其截面分类可按有对称轴的类似截面确定，如不等边角钢采用等边角钢的类别；当无类似截面时，可取 c 类。

轴心受压构件的截面分类（板厚 $t \geq 40$mm） 表 4-6（b）

<table>
<tr><th colspan="2">截面形式</th><th>对 x 轴</th><th>对 y 轴</th></tr>
<tr><td rowspan="2"> 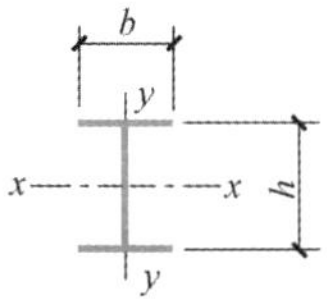轧制工字形或H形截面</td><td>$t < 80$mm</td><td>b 类</td><td>c 类</td></tr>
<tr><td>$t \geq 80$mm</td><td>c 类</td><td>d 类</td></tr>
<tr><td rowspan="2"> 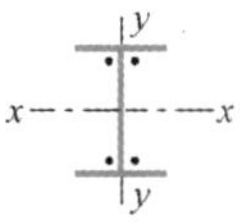焊接工字形截面</td><td>翼缘为焰切边</td><td>b 类</td><td>b 类</td></tr>
<tr><td>翼缘为轧制或剪切边</td><td>c 类</td><td>d 类</td></tr>
<tr><td rowspan="2"> 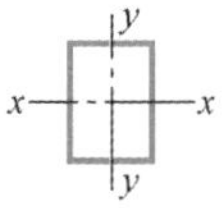焊接箱形截面</td><td>板件宽厚比 > 20</td><td>b 类</td><td>b 类</td></tr>
<tr><td>板件宽厚比 ≤ 20</td><td>c 类</td><td>c 类</td></tr>
</table>

【例题 4-6】 一实腹式轴心受压柱，翼缘为火焰切割边，截面尺寸如图 4-22 所示，荷载设计值 $N=4600\text{kN}$，钢材为 Q355 钢，容许长细比 $[\lambda]=150$。试验算等段支承和不等段支承柱的整体稳定和刚度是否满足？

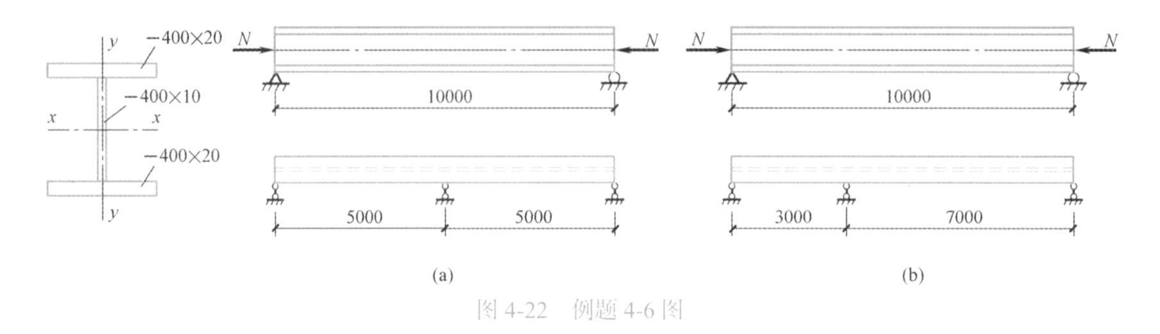

图 4-22 例题 4-6 图

【解】 查表 4-6（a），绕 x、y 轴均属 b 类截面。

等段支承柱计算长度：$l_{0x}=10\text{m}$，$l_{0y}=5\text{m}$

不等段支承柱计算长度：由式（4-27）

$$l_{0x}=10\text{m},\ l_{0y1}=3\text{m},\ l_{0y2}=\mu l_{y2}=[1-0.3\times(1-3/7)^{0.7}]\times7=5.581\text{m}$$

（1）截面特性：

$$A=2\times20\times400+10\times400=2\times10^4\text{mm}^2$$

$$I_x=\left(2\times20\times400\times210^2+2\times\frac{1}{12}\times400\times20^3\right)+\frac{1}{12}\times10\times400^3=7.595\times10^8\text{mm}^4$$

$$I_y=2\times\frac{1}{12}\times20\times400^3+\frac{1}{12}\times400\times10^3=2.134\times10^8\text{mm}^4$$

$$i_x=\sqrt{\frac{I_x}{A}}=\sqrt{\frac{7.595\times10^8}{2\times10^4}}=194.87\text{mm}$$

$$i_y=\sqrt{\frac{I_y}{A}}=\sqrt{\frac{2.134\times10^8}{2\times10^4}}=103.3\text{mm}$$

（2）等段柱的刚度及整体稳定

$$\lambda_x=\frac{l_{0x}}{i_x}=51.33<[\lambda]=150$$

$$\lambda_y=\frac{l_{0y}}{i_y}=48.4<[\lambda]=150$$

刚度满足。

因在 x 和 y 轴方向都属于 b 类截面，所以取两方向长细比的较大值，

$\lambda_x/\varepsilon_k=51.33/\sqrt{235/355}=63$，查附录 4，得 $\varphi_x=0.791$，由式（4-28）：

$$\frac{N}{\varphi Af}=\frac{4600\times10^3}{0.791\times20000\times295}=0.986<1.0，满足。$$

（3）不等段柱的刚度及整体稳定

$$\lambda_{ymax}=\frac{l_{0y2}}{i_y}=\frac{5581}{103.3}=54.03<[\lambda]=150，刚度满足。$$

$\lambda_{ymax}/\varepsilon_k = 54.03/\sqrt{235/355} = 66.4$，查附录4，得 $\varphi_y = 0.771$，由式（4-28）：

$$\frac{N}{\varphi Af} = \frac{4600\times10^3}{0.771\times20000\times295} = 1.0 \approx 1.0$$，整体稳定满足。

4.6　实腹式轴心受压构件的局部稳定

轴心受压构件都是由一些板件组成的工字形、箱形或槽形等截面，如板件过薄，则板件可能在压力作用下丧失稳定，即不能继续维持平面平衡状态而产生凸曲现象，如图4-23所示，我们把这种现象称为组成截面的板件丧失局部稳定。截面丧失局部稳定不像整体失稳那样严重，但是由于失稳的板件退出工作状态，使截面有效承载部分减少，从而加速构件整体发生破坏。所以，组成截面的板件局部稳定也必须得到保证。

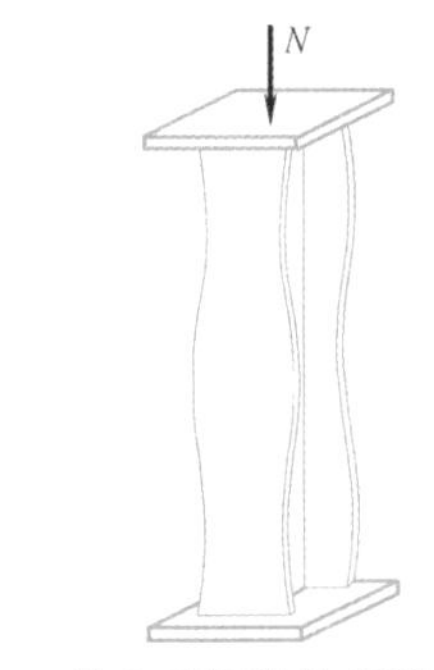

图4-23　轴心受压构件翼缘的凸曲现象

目前采用的准则有两种。一种是不允许出现局部失稳，即板件的屈曲不应先于构件的整体屈曲发生，或板件临界压力不低于材料屈服强度；另一种是允许出现局部失稳，并利用板件屈曲后的强度。

4.6.1　实腹式轴心受压构件中板件的临界应力

图4-24是双轴对称的工形截面，发生局部失稳时的变形形态，即图（a）为腹板的曲面状态，由三个半波所组成，若构件更长可能出现更多的半波；图（b）为翼缘由原有的直线边变为曲线边，如果板件是简支边，则板件的纵向只形成一个半波。在发生局部失稳的过程中，翼缘和腹板两者互为支撑，若在两端和中间设置加劲肋，则板段的另一方向也会受到约束。所以，板屈曲临界力可分为四边简支和三边简支板来计算。

图4-25所示为一四边简支的矩形薄板，沿板的纵向在中面内单位宽度上作用有均布压力 N_x。与轴心受压构件的整体稳定相似，可得到板在弹性状态屈曲时的临界力为：

$$N_{cr} = \pi^2 D\left(\frac{m}{a} + \frac{a}{m}\times\frac{n^2}{b^2}\right)^2 \tag{4-30a}$$

式中　N_{cr}——单位宽度板所承受的压力；

D——板单位宽度的抗弯刚度，$D = Et^3/[12(1-v^2)]$，其中 t 是板厚，v 是钢材的泊松比，$v = 0.3$；

a、b——受压方向板的长度和板的宽度；

m、n——板屈曲后纵向和横向的半波数。

当 $n = 1$ 时，横向形成一个半波，这时临界力最低。沿板的纵向可能出现若干个半波，$m > 1$。这时板的临界力为：

$$N_{cr} = \frac{\pi^2 D}{b^2}\left(m\frac{b}{a} + \frac{a}{mb}\right)^2 = \kappa\frac{\pi^2 D}{b^2} \tag{4-30b}$$

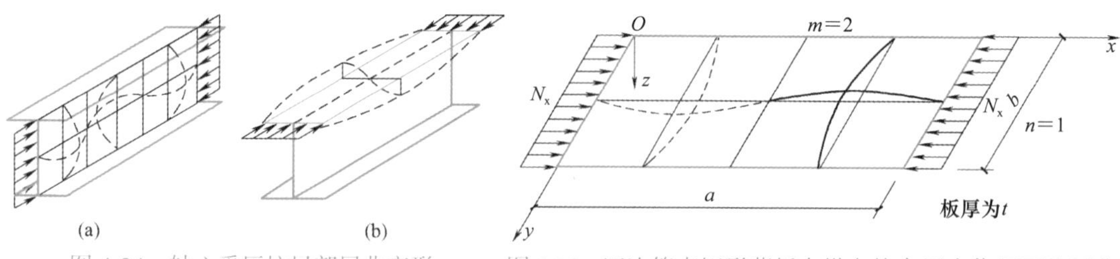

图 4-24　轴心受压柱局部屈曲变形　　图 4-25　四边简支矩形薄板在纵向均布压力作用下的屈曲

式中系数 κ 是板的屈曲系数，$\kappa=\left(m\dfrac{b}{a}+\dfrac{a}{mb}\right)^2$，当 m 取不同值，屈曲系数 κ 和边长比 a/b 的关系曲线如图 4-26 所示。由图可见：当 $a/b>1$ 时，κ 近似为常数 4，所以一般情况下减少板的长度并不能提高板的临界力；当 $a/b<1$ 时，临界力提高，说明减少板的宽度则能十分明显地提高板的临界力。将板的抗弯刚度 D 值代入式（4-30b），可得板的弹性临界应力为：

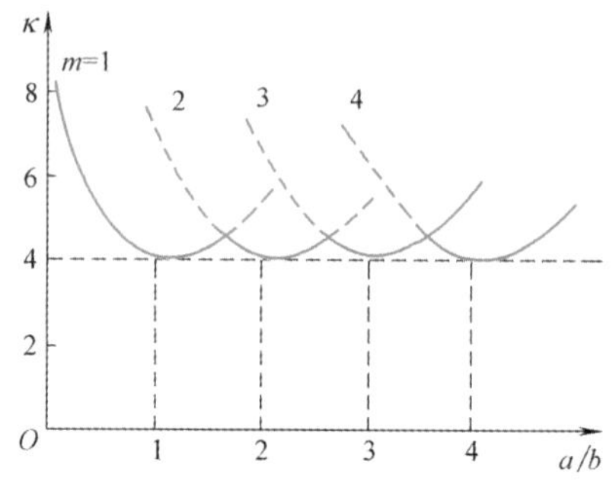

图 4-26　屈曲系数 κ 和 a/b 的关系

$$\sigma_{cr}=\frac{N_{cr}}{t}=\frac{\kappa\pi^2 E}{12(1-\nu^2)}\left(\frac{t}{b}\right)^2 \tag{4-31a}$$

可见，薄板的临界应力和板的宽厚比（b/t）有关，宽厚比越大，临界应力越小。

板的屈曲系数 κ 的大小与板受到的荷载状态和边界约束条件有关。约束越强，κ 越大，稳定承载力越高。对于对边均匀受压的薄板，当两侧边的约束分别为固支等情况时，对应的屈曲系数 κ 的取值如图 4-27 所示。

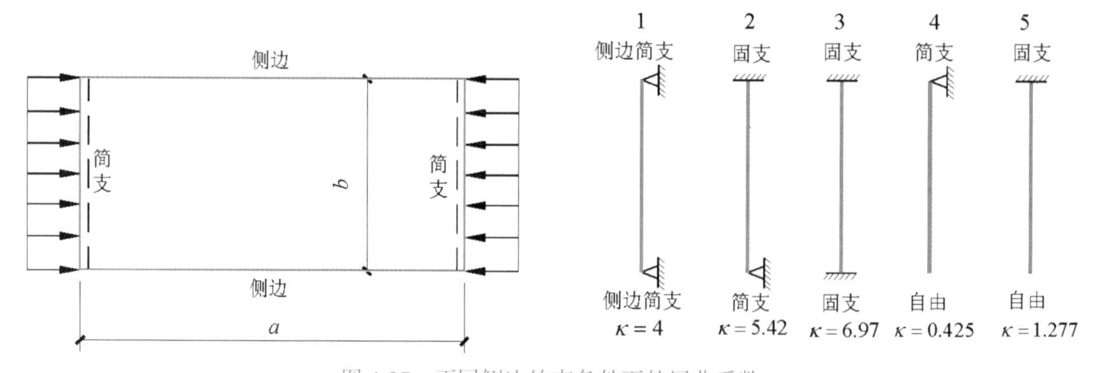

图 4-27　不同侧边约束条件下的屈曲系数

两端简支约束的工字形轴压杆的翼缘板是三边简支，一边自由的薄板。腹板是四边简支的薄板。

实际的轴压构件是由几块板组成，板件与板件之间不能像简支板那样自由转动，而是刚度大的对刚度小的起约束作用，称为板组约束系数，可以用大于或等于 1 的板组约束系数 χ 修正式（4-31a），得到：

$$\sigma_{cr}=\frac{\chi\kappa\pi^2 E}{12(1-\nu^2)}\left(\frac{t}{b}\right)^2 \tag{4-31b}$$

例如工字形压杆，由于翼缘板厚而腹板薄，则板组约束系数χ，对于腹板取1.3，对于翼缘板取1.0。

板在弹塑性状态失稳时为双向异性板，其临界应力为：

$$\sigma_{cr}=\frac{\chi\sqrt{\eta}\kappa\pi^2E}{12(1-\nu^2)}\left(\frac{t}{b}\right)^2 \tag{4-31c}$$

式中　η——弹性模量折减系数，定义为$\eta=E_t/E$，E_t为切线模量。根据轴心受压构件局部稳定的试验资料，η可取为：

$$\eta=0.1013\lambda^2(1-0.0248\lambda^2f_y/E)f_y/E \tag{4-32}$$

4.6.2　实腹式轴心受压构件中板件的局部稳定计算

按照不允许出现局部失稳准则，板件的屈曲不应先于构件的整体屈曲发生。

取构件整体屈曲的σ_{cr}为φf_y，由式(4-31c)得：

$$\sigma_{cr}=\frac{\chi\sqrt{\eta}\kappa\pi^2E}{12(1-\nu^2)}\left(\frac{t}{b}\right)^2\geqslant\varphi f_y \tag{4-33a}$$

解得轴压构件板件不失稳时的宽厚比为：

$$\frac{b}{t}\leqslant\left[\frac{\chi\sqrt{\eta}\kappa\pi^2E}{12(1-\nu^2)\varphi f_y}\right]^{\frac{1}{2}} \tag{4-33b}$$

将我国现行《标准》中有关情况的屈曲系数κ、板组约束系数χ等代入，得到了如表4-7所示的实腹式轴心受压构件中板件的宽厚比限值。对轧制型钢截面，腹板净高不包括翼缘腹板过渡处圆弧段。

轴心受压构件组成板件的板件宽厚比限值　　表4-7

序号	截面形式	板件宽厚比限值
1	—	$b/t\leqslant(10+0.1\lambda)\varepsilon_k$ $h_0/t_w\leqslant(25+0.5\lambda)\varepsilon_k$
2	—	b_0/t或$h_0/t_w\leqslant40\varepsilon_k$
3	—	$b/t\leqslant(10+0.1\lambda)\varepsilon_k$
		热轧剖分T型钢$h_0/t_w\leqslant(15+0.2\lambda)\varepsilon_k$ 焊接T型钢$h_0/t_w\leqslant(13+0.17\lambda)\varepsilon_k$

续表

序号	截面形式	板件宽厚比限值
4		$\lambda \leqslant 80\varepsilon_k$，$w/t \leqslant 15\varepsilon_k$ $\lambda > 80\varepsilon_k$，$w/t \leqslant 5\varepsilon_k + 0.125\lambda$
5		$D/t \leqslant 100\varepsilon_k^2$

注：1. 表中的 λ 是构件两方向长细比的较大值；当 $\lambda < 30$ 时，取 $\lambda = 30$；当 $\lambda > 100$ 时，取 $\lambda = 100$；

2. 对序号 4，λ 按角钢绕非对称主轴回转半径计算的长细比，简化计算时可取为 $w = b-2t$。

实际设计中，当轴心受压构件承受的压力 N 较小时，相应的局部屈曲临界力可以降低，从而使宽厚比限值放宽。可将表 4-7 中规定的板件宽厚比限值乘以放大系数 $\alpha = \sqrt{\varphi Af/N}$。

H 形、工字形和箱形截面轴心受压构件的腹板高厚比超过表 4-7 规定的限值时，可采用纵向加劲肋加强，也可利用板件屈曲后强度计算，见 4.6.3 节。

当用纵向加劲肋加强以满足宽厚比限值时，加劲肋宜在腹板两侧成对配置，其一侧外伸宽度不应小于 $10t_w$，厚度不应小于 $0.75t_w$。

4.6.3 实腹式轴心受压构件中利用板件屈曲后强度的计算

1. 薄板屈曲后性能

在 4.6.2 节中，要求均匀受压的板件在构件发生整体失稳之前不致凸曲局部失稳，板件的容许宽厚比是根据板件与构件等稳定准则确定的。但实际上，宽厚比超限的板件，在局部失稳以后并不意味着破坏，而是部分区域退出工作，整个板仍能继续承担更大的压力，亦即具有屈曲后强度。

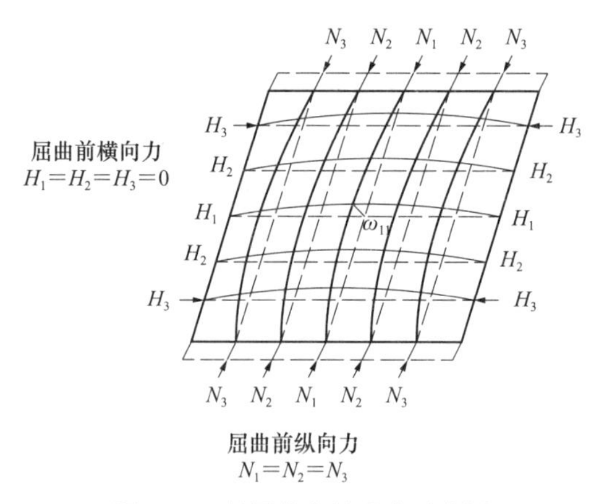

图 4-28　板屈曲前的受力示意图

对边均匀受压的简支矩形薄板（图 4-28），可以看作是由具有相同截面的纵横板条连接而成。屈曲前纵向板条均匀承受着纵向压力，即 $N_1 = N_2 = N_3$，而横向力 $H_1 = H_2 = H_3 = 0$。但是当 N_1、N_2、N_3 到达临界值 N_{cr} 以后纵向板条开始屈曲，在板件中部鼓曲最大，靠近板边缘，板鼓曲逐渐减小。由于泊松效应，在纵向板条屈曲时横向板条被带动并产生拉力，牵制了纵向板条变位的扩展，越靠近侧边影响越大，从而提高了纵向板条的承载力，但是纵向力不再均匀，而是 $N_1 < N_2 < N_3$，横向力 $H_1 \neq H_2 \neq H_3 \neq 0$，在中部是拉应力。屈曲后薄板受力如图 4-29 所示。

薄板屈曲后形成的横向拉力场大小和板的鼓曲有关，鼓曲越大，拉力越大。横向应力分布如图 4-29（b）所示。

板件屈曲后的强度就是屈服强度，因此，板件宽厚比（b/t）越大，屈曲应力 σ_{cr} 与屈服强度 f_y 的差值越大，屈曲后强度的利用价值就越高。图 4-30（a）是理想薄板屈曲后的强度和板的跨中挠度关系示意图，图 4-30（b）是实际薄板屈曲后的强度和板的跨中挠度关系示意图。

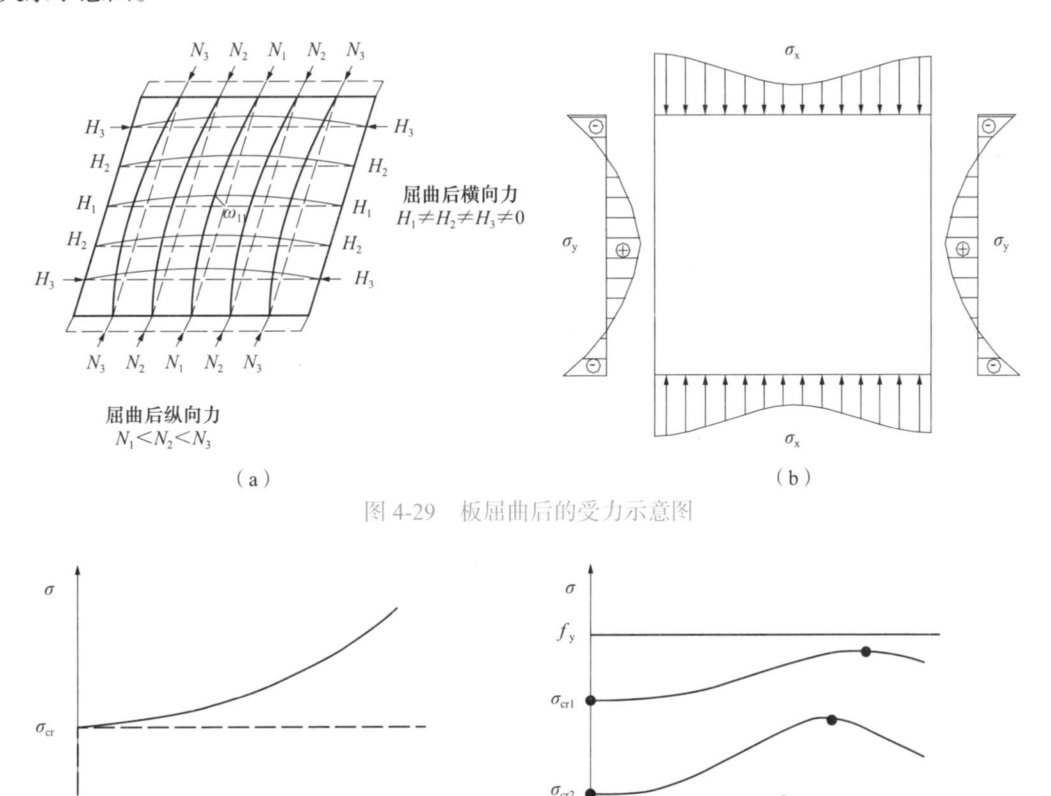

图 4-29　板屈曲后的受力示意图

图 4-30　板屈曲后的强度和板的跨中挠度关系示意图
（a）理想薄板；（b）实际薄板

2. 板屈曲后强度的利用——有效宽度法

从图 4-30（a）可见板屈曲后虽能继续承担更大的外荷载，但板的挠度也增长很快，因此板屈曲后强度的利用程度必须考虑挠度的影响。通常采用有效宽度法并通过实验确定有效宽度的计算公式。

工字形截面板的有效宽度、有效截面及屈曲后应力分布如图 4-31 所示。图 4-31（a）是屈曲前后工字形截面，图 4-31（b）是腹板板件屈曲后应力与假想应力分布，图 4-31（c）是腹板板件有效宽度，图 4-31（d）是工字形构件的有效截面。

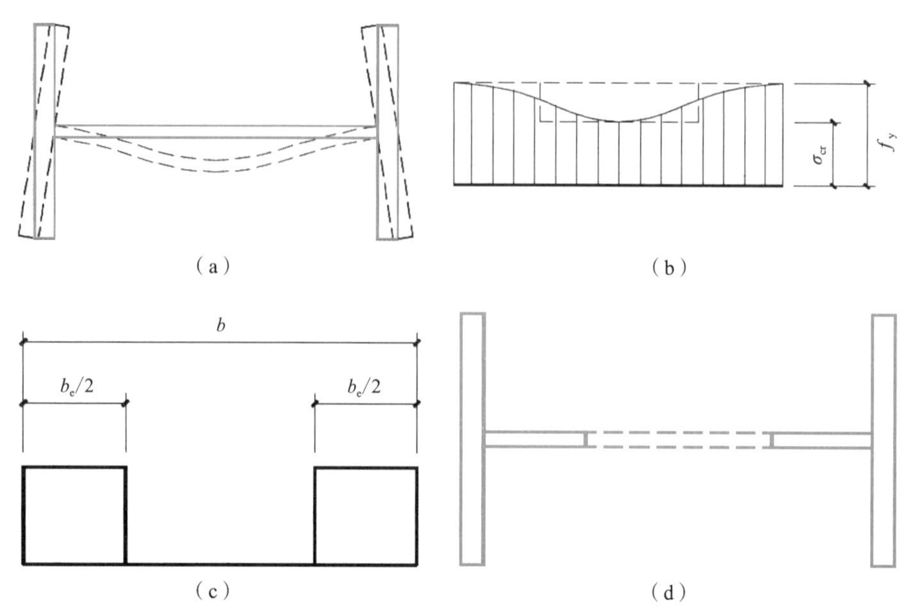

图 4-31　工字形板屈曲后应力分布的简化和有效宽度及有效截面

（a）屈曲前后工字形截面；（b）腹板板件屈曲后应力与假想应力分布；

（c）腹板板件有效宽度；（d）工字形构件的有效截面

当板件屈曲后，实腹式轴心受压构件利用板件屈曲后强度时，应先计算板件的有效截面，可按下列公式计算轴心受压杆件的强度和稳定性。

强度计算：

$$\frac{N}{A_{ne}} \leqslant f \tag{4-34}$$

稳定性计算：

$$\frac{N}{\varphi A_e f} \leqslant 1.0 \tag{4-35}$$

$$A_{ne} = \sum \rho_i A_{ni} \tag{4-36}$$

$$A_e = \sum \rho_i A_i \tag{4-37}$$

式中　A_{ne}、A_e——分别为有效净截面面积和有效毛截面面积；

A_{ni}、A_i——分别为各板件净截面面积和毛截面面积；

φ——稳定系数，可按毛截面计算；

ρ_i——各板件有效截面系数。

对于 H 形或工字形截面的腹板或箱形截面的壁板，不满足表 4-7 的限值时，板件有效截面系数 ρ 按下式的规定计算：

$$\rho = \frac{1}{\lambda_{n,p}}\left(1 - \frac{0.19}{\lambda_{n,p}}\right) \tag{4-38}$$

$$\lambda_{n,p} = \frac{b/t}{56.2\varepsilon_k} \tag{4-39}$$

式中　b、t——分别为壁板或腹板的净宽度和厚度。

对于板件的局部稳定，定义通用宽厚比 $\lambda_{n,p}$ 如下：

$$\lambda_{n,p}=\sqrt{\frac{f_y}{\sigma_{cr}}} \tag{4-40a}$$

式中的 σ_{cr} 是对边均匀受压的四边简支板件的弹性临界应力，按式（4-31b）计算。将 $\chi=1.0$，$\kappa=4$，$\nu=0.3$，$E=2.06\times10^5$ 代入式（4-31b），整理得到式（4-39）。

$$\lambda_{n,p}=\sqrt{\frac{f_y}{\sigma_{cr}}}=\frac{b/t}{56.2\varepsilon_k} \tag{4-40b}$$

【例题 4-7】 一两端铰接焊接箱形截面轴心受压构件如图 4-32 所示。钢材为 Q235B 钢。柱高 6.6m。截面分别为箱形□ 160×6 和□ 220×4，试分别计算两种截面时的轴压构件的承载力。

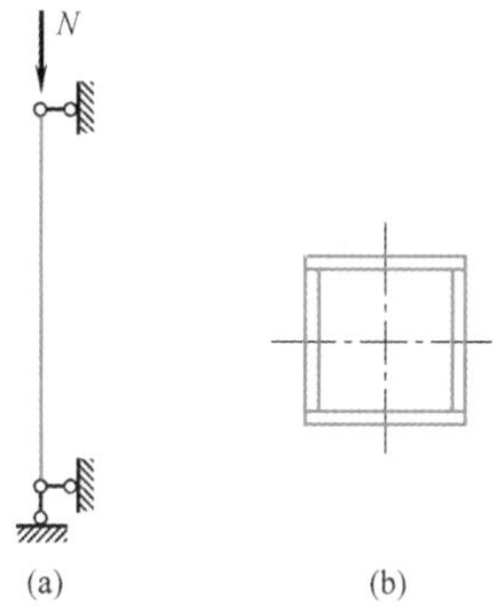

图 4-32　例题 4-7 图

（a）柱子简图；（b）箱形截面尺寸

【解】 对于箱形□ 160×6，截面积 $A=160^2-(160-2\times6)^2=3696\text{mm}^2$，

$$i=\sqrt{\frac{I}{A}}=\sqrt{\frac{1/12\times[160^4-(160-2\times6)^4]}{3696}}=62.9\text{mm}$$

$\lambda=660/6.29=104.9$，按 b 类查附录 4，$\varphi=0.524$

壁板的宽厚比 $b/t=\dfrac{160-12}{6}=24.7<40\varepsilon_k=40$，满足局部稳定，构件全截面有效承载力为：

$$N_u=\varphi Af=0.524\times3696\times215=416.39\text{kN}$$

对于箱形□ 220×4，截面积 $A=220^2-(220-2\times4)^2=3456\text{mm}^2$，

$$i=\sqrt{\frac{I}{A}}=\sqrt{\frac{1/12\times[220^4-(220-2\times4)^4]}{3456}}=88.2\text{mm}$$

$\lambda=660/8.82=74.8$，按 b 类查附录 4，$\varphi=0.721$

壁板的宽厚比 $b/t=\dfrac{220-8}{4}=53>40\varepsilon_k=40$，不满足局部稳定，利用板件屈曲后强度计算，截面有效系数为：

$$\lambda_{n,p}=\frac{b/t}{56.2\varepsilon_k}=\frac{(220-8)/4}{56.2}=0.94$$

$$\rho=\frac{1}{\lambda_{n,p}}\left(1-\frac{0.19}{\lambda_{n,p}}\right)=\frac{1}{0.94}\left(1-\frac{0.19}{0.94}\right)=0.85$$

有效截面：$A_e=0.85A=0.85\times3456=2937.6\text{mm}^2$

承载力：$N_u=\varphi A_e f=0.721\times2937.6\times215=455.37\text{kN}$

两种截面相比：

第二种截面的毛面积小于第一种截面的毛面积（3696−3456）/3696 = 6.49%。

第二种截面的承载力大于第一种截面的承载力（455.37−416.39）/416.39 = 9.36%。

尽管第二种截面的毛面积比第一种的减小 5% 多，但是由于第二种截面薄而宽展，利用板件屈曲后强度理论计算承载力时，第二种截面的承载力比第一种的要提高接近 10%。可见利用板件屈曲后强度计算是很有经济价值的。

4.7 实腹式轴心受压构件设计

实腹式轴心受压构件的截面形式很多，归纳起来主要分为两种：型钢和组合截面。在进行构件的设计时，对众多截面的选择在保证安全的前提下，还要遵循以下的原则：① 用料经济；② 便于与其他构件进行连接；③ 取材方便，制造简单；④ 便于运输。

经济性，即在强度和稳定都满足的前提下节省用钢量，一般选择壁薄而宽敞的截面。因为对于轴心受压构件，两个方向的失稳可能性是同等的，所以应同时保证构件 X 和 Y 方向的稳定性相当，即稳定系数 φ 接近相同，这就需要构件两方向的长细比 λ 接近，因为由同一长细比查得的不同类型截面的稳定系数差别不大。按照等稳定性的原则，若使 $\lambda_x \approx \lambda_y$，则需看构件两个方向的回转半径 i，若相等，则取相同的计算长度；若不等，则由构造上减小弱轴的计算长度来达到等稳定性。

4.7.1 常用实腹式构件的截面选择

单角钢一般应用于塔架、桅杆结构、起重机的臂杆和轻便桁架中。而对于由角钢组成的双角钢截面构件主要应用于屋架结构和其他的平面桁架中，其截面两个方向的等稳定性较好，而且便于安装和运输，但所承担的荷载一般不大。

热轧普通工字钢目前已经很少应用于轴心受压构件，虽然其制造省工，但是其截面特点是高而窄，这样两个主轴方向的回转半径相差就较大，较难实现等稳定性，从而造成强轴部分的浪费；而且其腹板又较厚，也造成经济的浪费。

热轧 H 型钢是工字钢的换代产品，因其截面较宽大（HW 型），当翼缘的宽度与截面的高度相同时，截面两主轴方向的回转半径相差二倍，可以通过在其弱轴方向的中央设置侧向支撑来减小计算长度，从而达到等稳定的效果。还可以用钢板焊接组合形成 H 型钢，这样的构件多用于荷载较大时，用自动焊将截面组合成宽度和高度尺寸大体相同，然后根据回转半径和截面轮廓的近似关系得 $i_x = 0.43h$，$i_y = 0.24b$，则只要两个主轴方向的计算长度相差一半时，就可以达到等稳定。但是还要强调的一点是，对于组合截面必须保证截面的局部稳定满足要求。

十字形截面是双轴对称截面，且两个主轴的尺寸和形状都相同，回转半径也是相同的，因此截面的等稳定性较好，多用于两个主轴方向的计算长度相同的重型中心受压构件。

圆管主要应用于海洋平台和化工结构，因其易形成封闭构件、腐蚀面较小、承载能力强、自重较轻，非常经济实用。

箱形截面可以是轧制的方管，也可以是焊接钢板组合形成箱形截面，后者承载能力和刚度都较高，截面尺寸变化灵活。但是与其他构件相连时构造相对复杂，多用于轻型或较高的承重支柱。

冷弯薄壁型钢，目前应用也日渐广泛，虽然钢材的密度比混凝土的要高，但是由冷弯薄壁型钢制作的轻型钢结构质量非常轻，完全由冷弯薄壁型钢做成的钢屋架自重约是混凝土屋架的 1/10，为吊装和运输提供了方便，而且其综合经济效果也非常显著，是轻型钢结构的主要材料。

4.7.2　实腹式轴心受压构件的截面设计

（1）准备工作。确定钢材的截面形式和牌号、轴心压力设计值、杆件的长度，并据此查出相应的计算长度系数、抗压强度设计值。

（2）假定所求杆件的长细比。由长细比 λ 和截面类别可以查出相应的稳定系数 φ，然后再根据轴心受压构件整体稳定计算公式（4-28），求出最小截面积。所以长细比的确定是设计轴心受压构件的首要任务，它主要根据荷载和计算长度，当荷载小于 1500kN，计算长度在 5m 左右时，可假定 $\lambda = 80 \sim 100$；当截面受力很小时，可假定 $\lambda = 150$；当荷载在2000～3500kN时，可假定$\lambda = 50 \sim 70$。然后根据所选截面和加工条件确定截面类别，查附表 4 确定稳定系数 φ。

（3）截面尺寸的确定。首先根据 $A \geqslant N/\varphi f$ 确定截面面积；然后根据 $i = l_0/\lambda$ 确定回转半径；如果截面采用热轧型钢，则可以根据 A、i_x 和 i_y 查型钢表选择合适的型号。如果是焊接组合截面，则还需要由附录 9 根据截面轮廓尺寸与回转半径的关系，确定具体的截面高度和宽度，并根据等稳定条件，以便于加工和板件稳定为原则确定截面各部分的尺寸。

（4）截面几何特征值。若为热轧型钢，可直接通过型钢表查得；若为焊接组合截面，则需计算出相应的截面积、惯性矩、回转半径。

（5）轴心受压构件的验算。

1）强度验算：当截面有削弱时，需要对其进行强度验算，否则不必验算强度。

2）稳定验算：对组合截面，进行板件局部稳定验算，当满足表 4-7 时，按照式（4-28）进行整体稳定的验算，即 $N/(\varphi A f) \leqslant 1.0$。当板件宽厚比不满足表 4-7 时，可调整截面尺寸重新设计，满足表 4-7 时为止；也可容许板件屈曲，考虑利用板件屈曲后强度，按照式（4-34）、式（4-35）的有效截面法验算强度和稳定。对型钢截面，板件宽厚比一般满足表 4-7，只需按照式（4-28），即 $N/(\varphi A f) \leqslant 1.0$ 进行整体稳定验算。

3）刚度验算：如果按照整体稳定的要求选择截面的尺寸，会出现使截面过小而刚度不足，易使构件弯曲，不仅影响自身的承载力，而且还可能影响与此压杆有关结构体系的可靠性。为此，《标准》规定对柱和主要压杆，其容许长细比为 $[\lambda] = 150$，次要构件取 $[\lambda] = 200$。

4.7.3　实腹式轴心受压构件的构造要求

当实腹式构件的腹板高厚比 $h_0/t_w > 80$ 时，为防止腹板在施工和运输过程中发生变形，应设置横向加劲肋，来提高杆件的抗扭刚度，横向加劲肋的间距不应大于 $3h_0$，双侧设置时加劲肋的外伸宽度 b_s 应不小于（$h_0/30 + 40$）mm，厚度 t_s 应大于外伸宽度的 1/15。

【例题 4-8】 如图 4-33 所示，两端铰接的支柱长 6.6m，长度中点处设有侧向支承。构件承受的最大设计压力 $N = 250$kN，选择 Q235 热轧普通工字钢截面，截面无削弱。支柱容许长细比取 $[\lambda] = 150$。试确定该支柱所需的热轧普通工字钢截面尺寸。

【解】 已知 $l_x = 6.6$m，$l_y = 3.3$m，$f = 215\text{N/mm}^2$。

（1）假定长细比 $\lambda = 150$：因为支柱的压力很小，所以按容许长细比确定。

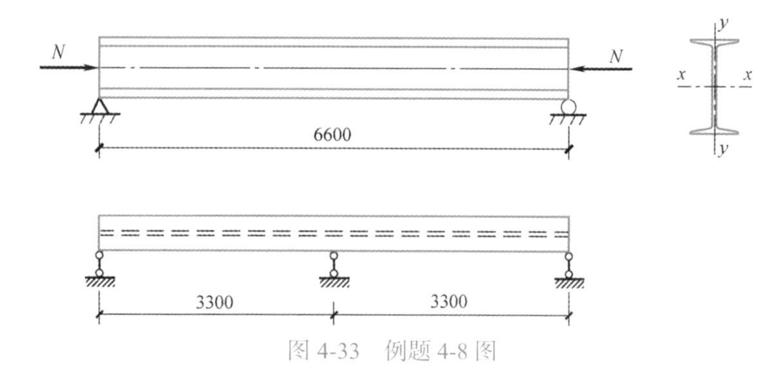

图 4-33　例题 4-8 图

稳定系数 φ 由长细比通过附表 4-1-2 确定：$\varphi_x = \varphi_y = 0.308$。

截面积几何特征的确定：

$$A = \frac{N}{\varphi f} = \frac{250 \times 10^3}{0.308 \times 215} = 3775\text{mm}^2$$

$$i_x = \frac{l_x}{\lambda} = \frac{6600}{150} = 44\text{mm}$$

$$i_y = \frac{l_y}{\lambda} = \frac{3300}{150} = 22\text{mm}$$

（2）确定 H 型钢型号：由附表 7-2 查得 HN248×124×5×8，$A = 32.89\text{cm}^2$，$i_x = 10.4\text{cm}$，$i_y = 2.78\text{cm}$。

（3）验算截面

刚度：

$$\lambda_x = 660/10.4 = 63.5 < [\lambda]$$

$$\lambda_y = 330/2.78 = 118.7 < [\lambda]$$

整体稳定：均属于截面 b 类，由附表 4-1-2 查得 $\varphi_{\min} = \varphi_y = 0.4435$

$$\frac{N}{\varphi A f} = \frac{250 \times 10^3}{0.4435 \times 3289 \times 215} = 0.797 < 1.0\text{，满足。}$$

对于局部稳定，由于是热轧型钢，其翼缘和腹板都较厚，所以都满足局部稳定。

若进行验算，结果如下：查附表 7-2，HN248×124×5×8，$r = 13\text{mm}$

局部稳定放大系数：

$$\alpha = \sqrt{\varphi A f/N} = 1/\sqrt{0.797} = 1.12$$

翼缘：

$$\frac{b}{t} = \frac{124-5}{2 \times 8} = 7.4 < \alpha(10 + 0.1\lambda) = 1.12(10 + 0.1 \times 100) = 22.4$$

腹板：

$$\frac{h_0}{t_w} = \frac{248 - 2 \times 13}{8} = 27.75 < \alpha(25 + 0.5\lambda) = 1.12(25 + 0.5 \times 100) = 84$$

可见，型钢截面板件宽厚比很小，很容易满足表 4-7 要求，故一般不需计算局部稳定。

【例题 4-9】 如图 4-34 所示为一柱间支撑结构，其支柱的压力设计值为 $N = 1500\text{kN}$，柱两端为铰接，柱的长度为6.6m，钢材为Q235B，截面无孔眼削弱。要求选择焊接工字形截面，翼缘为火焰切边。

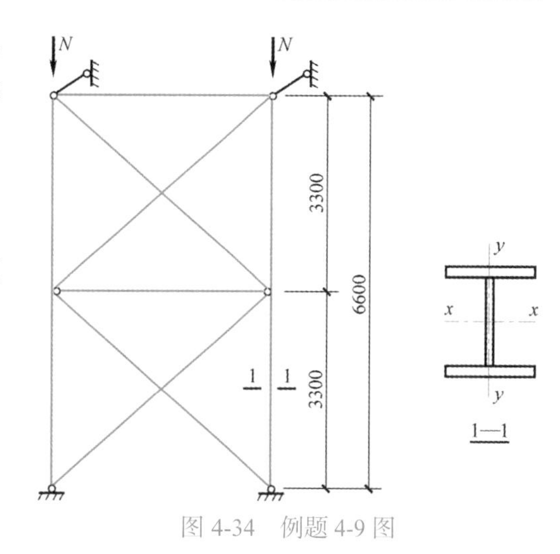

图4-34　例题4-9图

【解】 已知 $l_x = 6.6\text{m}$，$l_y = 3.3\text{m}$，$f = 215\text{N/mm}^2$。

（1）假定长细比 $\lambda = 60$：因为支柱的压力虽然不大，但是杆件较长。

稳定系数φ由长细比通过附录4确定：$\varphi_x = \varphi_y = 0.807$。

截面几何特征确定：

$$A = \frac{N}{\varphi f} = \frac{1500\times10^3}{0.807\times215} = 8645\text{mm}^2$$

$$i_x = \frac{l_x}{\lambda} = \frac{6600}{60} = 110\text{mm},\ i_y = \frac{l_y}{\lambda} = \frac{3300}{60} = 55\text{mm}$$

（2）确定截面尺寸

利用附录9中的近似关系可以得到 $i_x = 0.43h$，$i_y = 0.24b$。由此得：

$$h = i_x/0.43 = 255.8\text{mm},\ b = i_y/0.24 = 229\text{mm}$$

先确定截面的高度，取250mm，截面的宽度按照两轴等稳定要求选样，高度宜大致相同，因此取250mm。翼缘板截面采用250×14的钢板，其面积为250×14 = 3500mm^2。腹板所需面积为$A-3500\times2 = 1645\text{mm}^2$，这样腹板的厚度为1645/（250－28）= 7.4mm，取 $t_w = 8\text{mm}$。

（3）计算截面特性

$$A = 2\times250\times14 + 250\times8 = 9000\text{mm}^2$$

$$I_x = 2\times250\times14\times132^2 + \frac{1}{12}\times8\times250^3 = 13238\times10^4\text{mm}^4$$

$$I_y = 2\times\frac{1}{12}\times14\times250^3 = 3646\times10^4\text{mm}^4$$

$$i_x = \sqrt{\frac{13238\times10^4}{9000}} = 121.3\text{mm}$$

$$i_y = \sqrt{\frac{3646\times10^4}{9000}} = 63.6\text{mm}$$

（4）验算截面

刚度验算：

$$\lambda_x = \frac{l_{0x}}{i_x} = \frac{6600}{121.3} = 54.4 < [\lambda] = 150$$

$$\lambda_y = \frac{l_{0y}}{i_y} = \frac{3300}{63.6} = 51.89 < [\lambda] = 150$$

整体稳定：因对x轴和y轴截面都属于b类，故由长细比的较大值$\lambda_x = 54.4$，查得$\varphi = 0.835$，

$$\frac{N}{\varphi A f}=\frac{1500\times10^3}{0.835\times9000\times215}=0.928<1.0$$，满足要求。

局部稳定：

$$\text{放大系数}\ \alpha=\sqrt{\varphi A f/N}=1/\sqrt{0.928}=1.04$$

翼缘：

$$\frac{b}{t}=\frac{250-8}{2\times14}=8.6<\alpha（10+0.1\lambda）\varepsilon_k=1.04\times（10+0.1\times54.4）=16.06$$

腹板：

$$\frac{h_0}{t_w}=\frac{250}{8}=31.25<\alpha（25+0.5\lambda）\varepsilon_k=1.04\times（25+0.5\times54.4）=54.29$$

截面无削弱，故不必验算强度。

4.8 格构式轴心受压构件设计

4.8.1 格构式轴心压构件的截面形式

格构式截面由肢件和缀材组成。肢件部分主要由型钢组成，一般都采用双轴对称式，如图 4-35（a）～（d）所示。有时也采用单轴对称形式如图 4-35（e）所示。图 4-35（a）和（b）是肢件采用槽钢的格构式构件，槽钢肢件的翼缘可以向内也可以向外，前者外观平整，而且截面比较开展，具有较大的截面惯性矩，在二者尺寸相同时，前者有较高的承载力，所以这种截面形式在荷载不是很大时经常采用。图 4-35（c）是肢件采用工字型钢，其承担的荷载较大，对于重型吊车的承重柱经常采用。图 4-35（d）是由四根角钢组成的四肢柱截面，它应用于杆件受力不大，但是长度较长的压杆，四周皆以缀材相连，多用于次要建筑中。图 4-35（e）是由三根圆管作肢件的三肢柱，其截面是几何不变的三角形，受力性能较好，有时用于桅杆等结构。

格构式截面两主轴分为实轴和虚轴。截面上与肢件的腹板相交的轴线称为实轴，如图 4-35（a）～（c）的 y 轴；与缀材所在平面垂直的轴线称为虚轴，如图 4-35（a）～（c）的 x 轴，图 4-35（d）、（e）中的轴线都是虚轴。

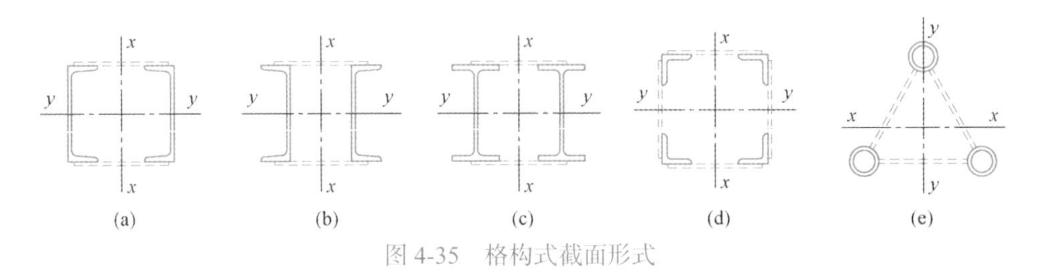

图 4-35　格构式截面形式

肢件与肢件的连接称为缀材，主要有缀条和缀板两种。缀条用斜杆，如图 4-36（a）所示，有时也加些横杆共同组成，如图 4-36（b），通常情况下缀条多选用单角钢。而缀板通常用钢板做成，如图 4-36（c）。

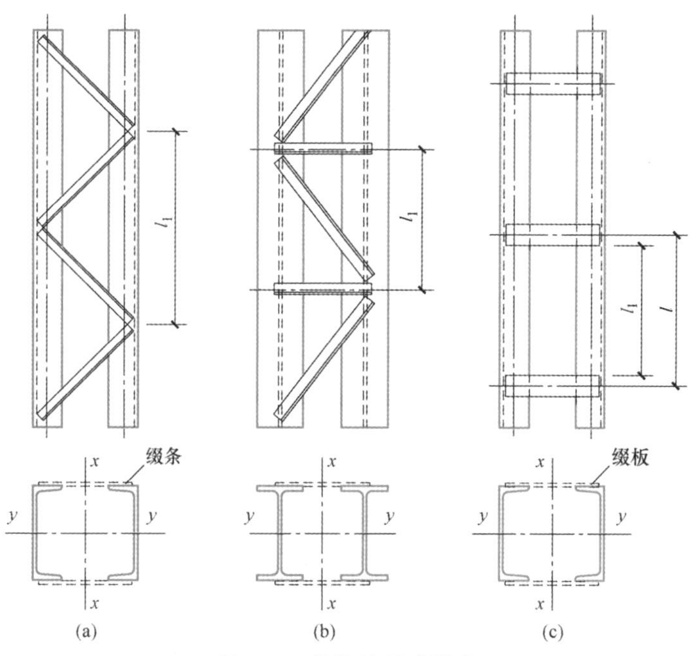

图 4-36　格构柱组成形式

4.8.2　格构柱绕虚轴的换算长细比

格构式轴心受压构件的失稳方向同样存在两种情况，绕实轴或虚轴。当构件因丧失稳定性绕实轴弯曲时，和实腹式构件一样，杆件中存在较小的横向剪力，而其又具有较大的抗剪刚度，所以横向剪力产生的附加剪切变形可以忽略不计，其对临界力的降低不多，基本不足 1%，也可忽略不计。但当格构式轴心受压构件丧失稳定时绕虚轴弯曲，即在缀材所在平面相内失稳时，这时因为横向剪力主要由抗剪能力较弱的缀材承担，而且不是连续的板，所以剪切变形较大，导致整个构件产生较大的附加挠曲变形，它对构件临界力的降低不可忽略。通常的理论办法是通过换算长细比来实现，即格构式构件对虚轴失稳的计算，增加相应的 λ_x 为 λ_{0x}，从而降低稳定系数 φ，进而来满足临界力降低的问题。按《标准》规定，构件对虚轴的换算长细比，对缀条式和缀板式采用不同的计算公式分别是：

1. 双肢格构式构件见图 4-37（a）

当缀材为缀板时：

$$\lambda_{0x}=\sqrt{\lambda_x^2+\lambda_1^2} \tag{4-41}$$

当缀材为缀条时：

$$\lambda_{0x}=\sqrt{\lambda_x^2+27A/A_{1x}} \tag{4-42}$$

式中　λ_x——整个柱对虚轴 x 的长细比；

A——整个柱的毛截面面积；

λ_1——分肢对最小刚度轴 1−1 的长细比，其计算长度取为：焊接时，为相邻两缀板的净距离；螺栓连接时，为相邻两缀板边缘螺栓中心线之间的距离；

A_{1x}——一个节间内垂直于 x 轴的两侧斜缀条毛截面面积之和。

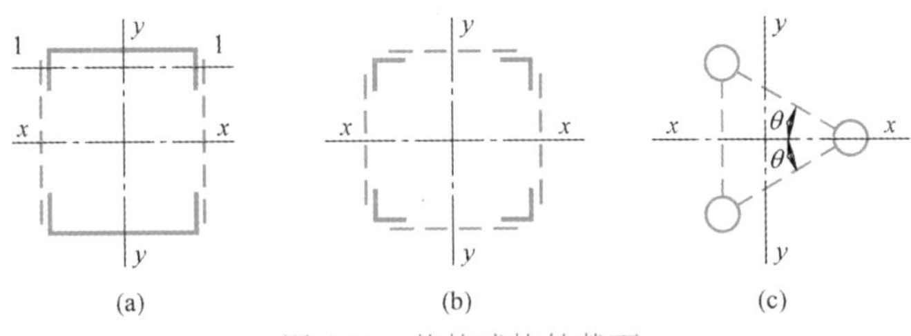

图 4-37　格构式构件截面

2. 四肢格构式构件见图 4-37（b）

当缀材为缀板时：

$$\lambda_{0x}=\sqrt{\lambda_x^2+\lambda_1^2} \tag{4-43a}$$

$$\lambda_{0y}=\sqrt{\lambda_y^2+\lambda_1^2} \tag{4-43b}$$

当缀材为缀条时：

$$\lambda_{0x}=\sqrt{\lambda_x^2+40A/A_{1x}} \tag{4-44a}$$

$$\lambda_{0y}=\sqrt{\lambda_y^2+40A/A_{1y}} \tag{4-44b}$$

式中　λ_y——整个柱对 y 轴的长细比；

A_{1y}——一个节间内垂直于 y 轴的两侧斜缀条毛截面面积之和。

3. 三肢格构式构件见图 4-37（c）

缀材采用缀条：

$$\lambda_{0x}=\sqrt{\lambda_x^2+\frac{42A}{A_1(1.5-\cos^2\theta)}} \tag{4-45a}$$

$$\lambda_{0x}=\sqrt{\lambda_x^2+\frac{42A}{A_1\cos^2\theta}} \tag{4-45b}$$

式中　A_1——一个节间内两侧斜缀条毛截面面积之和；

θ——构件截面内缀条所在平面与 x 轴的夹角，斜缀条与构件轴线间的夹角应在 40°～70° 范围内。

4.8.3　格构式轴心压杆的横向剪力

当格构式压杆绕虚轴产生弯曲时，轴心力因挠度而产生弯曲，从而引起横向剪力，其计算如下。图 4-38 所示是两端铰接的压杆。

初始挠度曲线符合正弦的半波函数：$y_0=v_0\sin\pi x/l$，

$$EIy''+Ny=-Nv_0\sin\frac{\pi x}{l}$$

则任意一点的挠度是：　$Y=y+y_0=\dfrac{v_0}{1-N/N_E}\sin\dfrac{\pi x}{l}$

式中 $N_E=\pi^2EI/l^2$ 为欧拉临界力。

任意一点的弯矩是：　$M=N(y+y_0)=\dfrac{Nv_0}{1-N/N_E}\sin\dfrac{\pi x}{l}$

任意一点的剪力是：　$V=\dfrac{dM}{dx}=\dfrac{N\pi v_0}{l(1-N/N_E)}\cos\dfrac{\pi x}{l}$

最大剪力是当$x=0$或$x=l$时，即为杆的两端：

$$V=\frac{N\pi v_0}{l(1-N/N_E)} \tag{4-46}$$

以边缘屈服准则为条件，得到最大剪力和轴心压力之间的关系，经简化后得：

$$V=\frac{Af}{85\varepsilon_k} \tag{4-47}$$

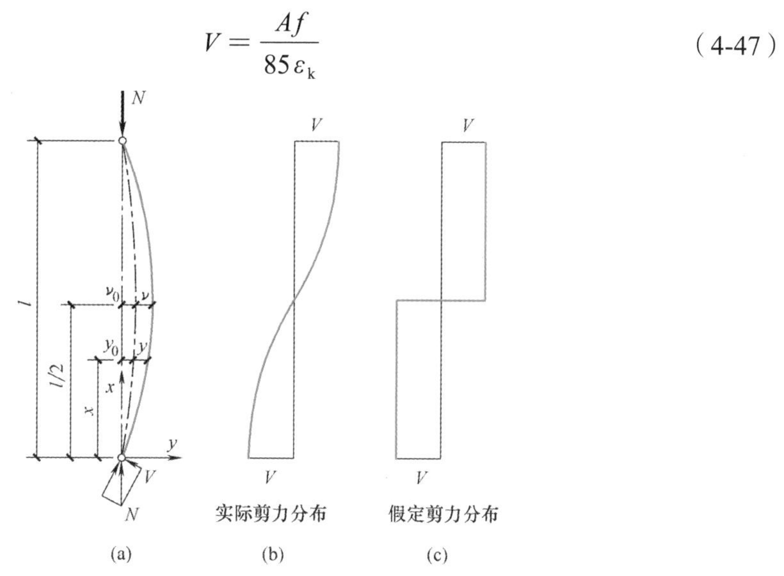

图 4-38　轴心受压构件截面剪力分析

4.8.4　格构式轴心受压构件的截面选择

1. 分肢的截面选择

分肢属于实腹式构件，所以其截面的选择也和实腹式压杆一样。首先假定实轴方向的长细比λ_y，然后根据它确定稳定系数φ_y，再根据$A \geqslant N/\varphi f$和$i_y=l_{0y}/\lambda_y$，选择截面。

2. 分肢的间距确定

分肢之间的距离是根据对实轴和虚轴的等稳定性来确定的，即等稳定条件$\lambda_{0x}=\lambda_y$，以此关系式代入式（4-40）和式（4-41），就可得到对虚轴的长细比：

$$\lambda_x=\sqrt{\lambda_{0x}^2-\lambda_1^2}=\sqrt{\lambda_y^2-\lambda_1^2} \tag{4-48}$$

$$\lambda_x=\sqrt{\lambda_{0x}^2-27A/A_{1x}}=\sqrt{\lambda_y^2-27A/A_{1x}} \tag{4-49}$$

算出虚轴的长细比之后，由$i_x=l_{0x}/\lambda_x$求出虚轴的回转半径，再根据附录9中截面回转半径与轮廓尺寸的近似关系确定分肢之间的距离。

3. 缀材的设计

（1）对于缀条柱，如图 4-39（a）所示可以是单系缀条，也可以是交叉缀条如图 4-39（b），将缀条看作平行弦桁架腹杆，内力与桁架腹杆的计算方法相同。在横向剪力作用下，一个斜缀条的轴心力为：

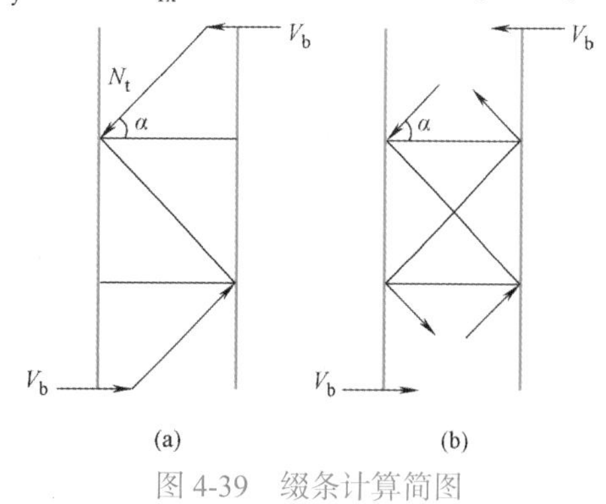

图 4-39　缀条计算简图

$$N_t = \frac{V_b}{n\cos\alpha} \tag{4-50}$$

式中　V_b——分配到一个缀材面上的剪力。双肢柱每根柱子有两个缀板面，所以 $V_b = V/2$；

n——承受剪力 V_b 的斜缀条数。单系缀条时，$n = 1$；而为交叉缀条超静定体系时，$n = 2$；

α——斜缀条的倾角，在 30° ～60° 之间采用。

缀条一般采用单角钢，与柱单面连接，由于剪力的方向取决于杆的弯曲方向，可以向左也可以向右，因此缀条可能承受拉力也可能承受压力，设计时应按轴心受压构件计算。当采用单角钢单面连接时，应将钢材强度设计值乘以折减系数 η，η 按以下取值。

① 按轴心受力计算构件的强度和连接时，$\eta = 0.85$。

② 按轴心受压计算构件的稳定性时：

等边角钢：$\eta = 0.6 + 0.0015\lambda$，但不大于 1.0；

短边相连的不等边角钢：$\eta = 0.5 + 0.0025\lambda$，但不大于 1.0；

长边相连的不等边角钢：$\eta = 0.70$

其中 λ 为缀条的长细比，当 $\lambda < 20$ 时，取 $\lambda = 20$。对于中间无联系的单角钢缀条，按最小回转半径计算；对于中间有联系的单角钢缀条，取与角钢边平行或与其垂直方向的长细比。为了减小肢件的计算长度，单系缀条也可加横缀条，其截面尺寸与斜缀条相同，或按容许长细比确定。

《标准》还规定，为了确保分肢的稳定，单肢的长细比不应超过杆件最大长细比的 0.7 倍，因为杆件的几何缺陷可能使一个单肢的受力大于另一个单肢。如果单肢是组合截面，还应保证板件的稳定。

（2）对于缀板柱，先假定单肢的长细比 λ_1，为了防止单肢失稳的临界力小于整体失稳的临界力，《标准》规定单肢的长细比 λ_1 不应大于 $40\varepsilon_k$，且不大于杆件最大长细比的 0.5 倍，当 $\lambda_{max} < 50$ 时取 $\lambda_{max} = 50$。再根据 $l_1 = \lambda_1 i_1$，确定缀板之间的净距离 l_1，参见图 4-36（c）。

缀板柱可假定为一多层框架，肢件视为框架柱，缀板视为横梁。如图 4-40（b）所示的计算简图，各层分肢中点和缀板中点为反弯点，反弯点处弯矩为零，只承受剪力，则根据平衡条件，缀板所受的内力为：

剪力：

$$T = \frac{V_b l_1}{a} \tag{4-51}$$

弯矩：

$$M = T \times \frac{a}{2} = \frac{V_b l_1}{2} \tag{4-52}$$

式中　l_1——缀板中心线间的距离；

a——肢件轴线间的距离。

缀板与肢件间用角焊缝连接，其搭接长度一般为 20～30mm。角焊缝承受剪力和弯矩的共同作用，由于角焊缝的强度设计值小于钢材的强度设计值，故如果角焊缝验算后符合强度要求，就不必再验算缀板的强度。

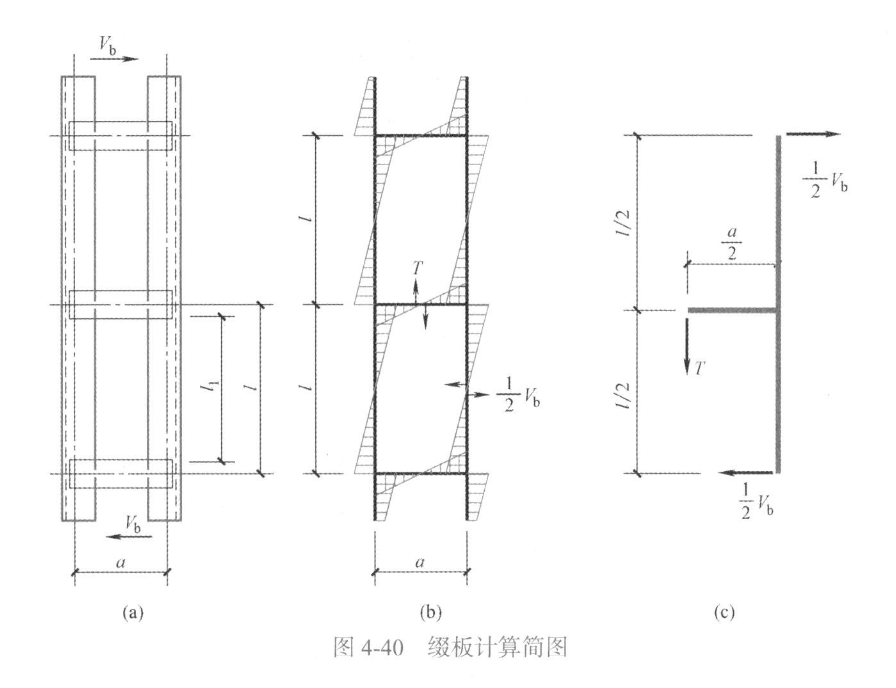

图 4-40　缀板计算简图

为了使缀板满足一定的刚度，《标准》规定在构件同一截面处缀板的线刚度之和不得小于一个柱分肢线刚度的 6 倍；缀板的宽度 $d \geqslant 2a/3$，厚度 $t \geqslant a/40$，并不小于 6mm。

为了保证构件抗扭刚度，保证构件在运输和安装过程中截面形状保持不变，应每隔一段距离设置横隔，如图 4-41 所示，横隔的间距不应大于构件截面较大宽度的 9 倍或 8m，且每个运送单元的端部均应设置横隔。

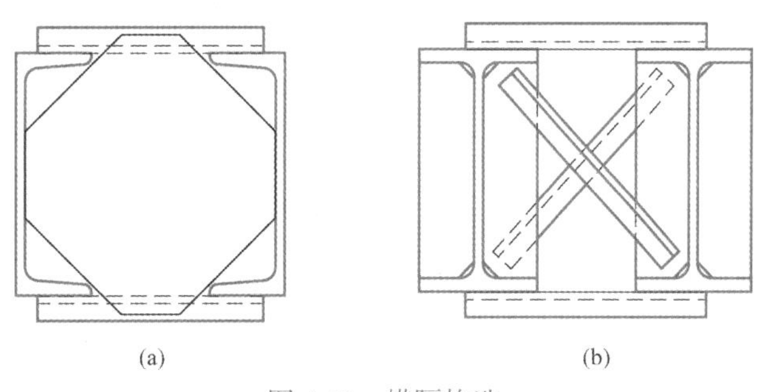

图 4-41　横隔构造

【例题 4-10】 试设计一缀板柱如图 4-42 所示，柱高 6m，两端铰接，轴心压力设计值为 1000kN，钢材为 Q235B 钢，截面无削弱。

【解】 柱的计算长度为 $l_x = l_y = 6\text{m}$，$f = 215\text{N/mm}^2$

（1）对实轴计算整体稳定，选择截面

设 $\lambda_y = 70$，查表 4-6 知是 b 类截面，由附录 4 得：$\varphi_y = 0.751$，所需截面积为：

$$A = \frac{N}{\varphi_y f} = \frac{1000 \times 10^3}{0.751 \times 215} = 6193\text{mm}^2$$

所需回转半径：$i_y = \dfrac{l_{0y}}{\lambda_y} = \dfrac{6000}{70} = 85.71\text{mm}$

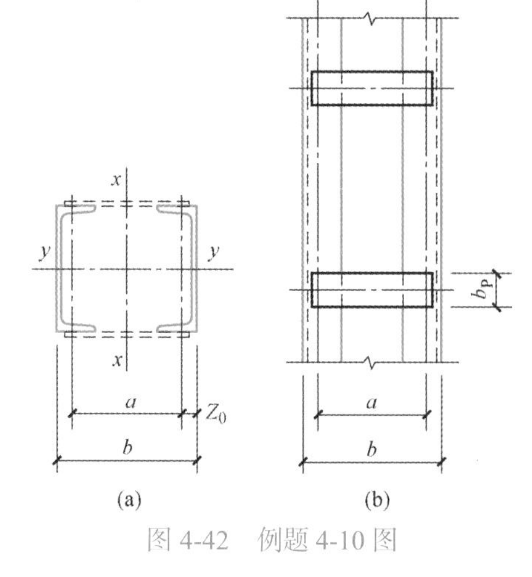

图 4-42　例题 4-10 图

由型钢表选择槽钢2[22a，$A=2\times31.8=63.6\text{cm}^2$，$i_y=86.7\text{mm}$，自重为 500N/m，总重为 $500\times6=3000\text{N}$，外加缀板和柱头柱脚等构造用钢，柱重按照 10kN 计算。

验算整体稳定性：

$$\lambda_y=\frac{l_{0y}}{i_y}=\frac{6000}{86.7}=69.2<[\lambda]=150$$

查得 $\varphi_y=0.756$，则：

$$\frac{N}{\varphi_y Af}=\frac{1000\times10^3}{0.756\times63.6\times10^2\times215}=0.967<1.0，满足$$

（2）对虚轴根据等稳定条件决定肢间距离

槽钢的翼缘内伸如图 4-37（a）所示。假定肢件绕本身轴的长细比 $\lambda_1=0.5\lambda_y=35$，由式（4-36）得：

$$\lambda_x=\sqrt{(\lambda_y^2-\lambda_1^2)}=\sqrt{(69.2^2-35^2)}=59.7$$

$$i_x=\frac{l_{0x}}{\lambda_y}=\frac{6000}{59.7}=100.5\text{mm}$$

由附录 9 查得截面对 x 轴回转半径近似值为 $i_x=0.44b$，故 $b=100.5/0.44=228\text{mm}$，取 $b=230\text{mm}$，单个槽钢的截面参数是：$Z_0=21\text{mm}$，$I_1=158\times10^4\text{mm}$，$i_1=22.3\text{mm}$。

整个截面对虚轴的几何数据是：

$$I_x=2\times(158+31.8\times9.4^2)=5936\times10^4\text{mm}^4$$

$$i_x=\sqrt{\frac{5936\times10^4}{636}}=96.6\text{mm}$$

$$\lambda_x=\frac{6000}{96.6}=62.1$$

$$\lambda_{0x}=\sqrt{\lambda_x^2+\lambda_1^2}=\sqrt{62.1^2+35^2}=71.3<[\lambda]=150$$

验算整体稳定：由附录 4 查得 $\varphi_x=0.743$，则：

$$\frac{N}{\varphi_x Af}=\frac{1000\times10^3}{0.743\times63.6\times10^2\times215}=0.984<1.0，满足$$

（3）缀板设计

缀板间净距离为 $l_1=\lambda_1 i_1=35\times22.3=781\text{mm}$；

缀板宽度用肢间距的 2/3，即 $b_p=\frac{2}{3}\times(228-2\times21)=124\text{mm}$，取 130mm；

缀板厚度用肢间距的 1/40，$\delta_p=\frac{(228-2\times21)}{40}=4.65\text{mm}$，取 10mm；

缀板轴线间距离：$l=l_1+b_p=781+124=911\text{mm}$，取整为 920mm；

柱分肢的线刚度为：$I_1/l=158\times10^4/920=1.7\times10^3\text{mm}$

两块缀板线刚度之和为：$2\times(1/12)\times10\times130^3/(228-2\times21)=19.686\times10^3\text{mm}$

二者比值为：$19.686/1.7=11.58>6$，可见缀板的刚度是足够的。

思考题

4-1　轴心受拉构件的刚性、柔性是如何定义的？一般钢拉杆与受拉钢索之间有何主要差别？

4-2　轴心受力构件截面选择的原则是什么？

4-3　对轴心受力构件为什么要规定容许长细比？

4-4　钢索的受力有哪些特点？索的强度如何计算？

4-5　受拉杆件是否需要考虑整体失稳问题？为什么？

4-6　轴心压杆整体失稳和强度破坏在性质上、表现特征上有什么不同？

4-7　压杆整体失稳有哪些类型？

4-8　轴心压杆整体失稳类型与截面形式有何关系？

4-9　边界约束越强，稳定承载力越高的原因是什么？

4-10　如何提高轴心压杆的稳定承载力？

4-11　影响轴心受压构件整体稳定的因素有哪些？

4-12　稳定系数 φ 受哪些因素的影响？

4-13　轴心受压构件整体失稳的形式有哪些？

4-14　轴心受压构件局部稳定的设计原则是什么？

4-15　试述实腹式轴心受压构件设计的基本步骤。

4-16　格构式构件的实轴和虚轴如何确定？

4-17　轴心受压构件截面上有无剪力？如有，则是如何产生的？其沿构件轴线方向是如何分布的？

4-18　格构式轴心受压柱的稳定系数 φ 如何确定？

4-19　格构式轴心受压柱的局部稳定如何保证？

计算题

4-1　一两端铰接的热轧型钢I22a轴心受拉杆，截面如图4-43所示，杆长为6m，设计荷载 $N=600\text{kN}$，钢材为Q235B钢，验算该轴心受拉杆的强度是否满足要求？

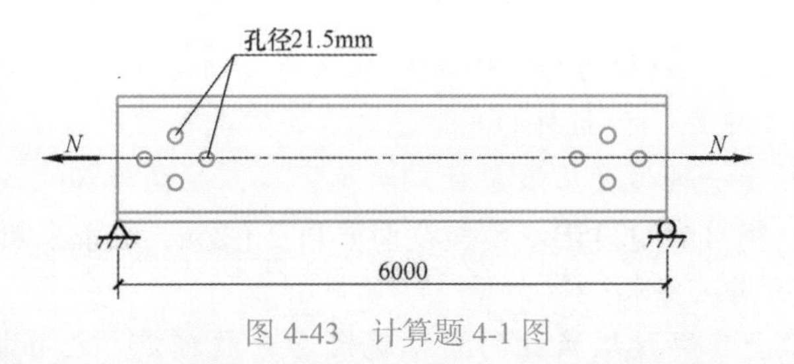

图4-43　计算题4-1图

4-2　某工字形截面轴心拉杆端部拼接如图4-44所示。拉杆和连接板均为Q235B钢，连接板和翼缘之间采用三面围焊，焊脚尺寸 $h_f=8\text{mm}$，试求拉杆的承载力设计值 N。

4-3 一实腹式轴心受压柱，翼缘为火焰切割边，截面尺寸和形式如图 4-45 所示，荷载设计值 $N = 3000\text{kN}$，钢材为 Q235B 钢。试验算该柱的整体稳定和局部稳定性是否满足？

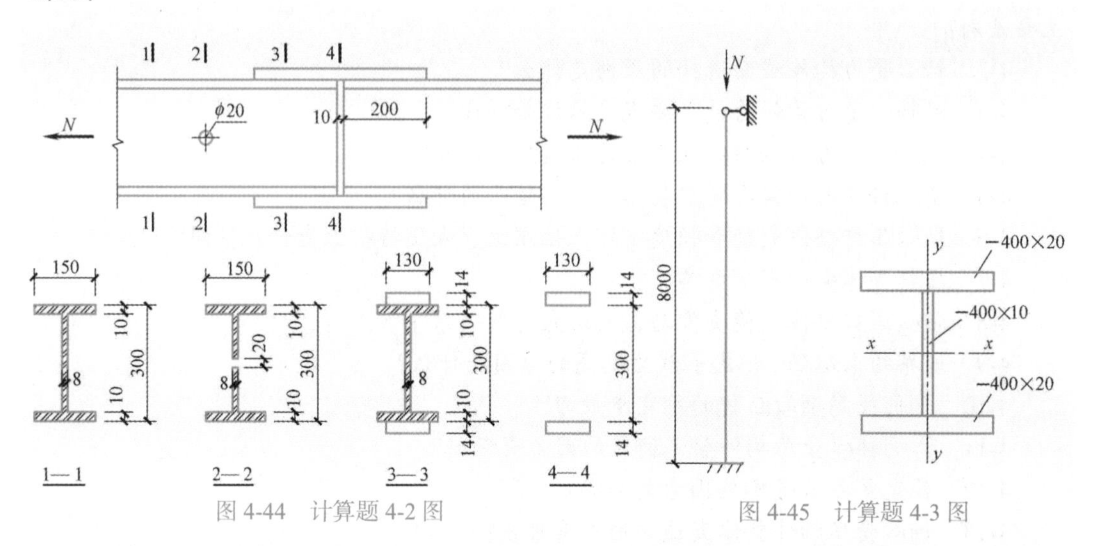

图 4-44 计算题 4-2 图

图 4-45 计算题 4-3 图

4-4 有一实腹式轴心受压构件，其截面形式为焊接工字形，截面尺寸如图 4-46 所示，翼缘为火焰切割边，轴心压力设计值为 $N = 1000\text{kN}$。截面无削弱，试验算此构件的整体稳定和局部稳定性是否满足，材料为 Q235B 钢。

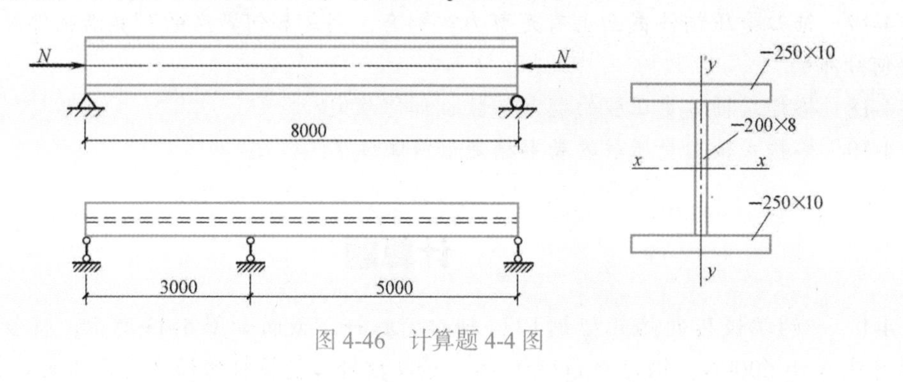

图 4-46 计算题 4-4 图

4-5 一两端铰接的焊接工字形截面轴心受压构件，柱高 6m，截面分别采用如图 4-47 所示的两种尺寸。钢材为 Q355B 钢，翼缘为火焰切割以后又经过焊接，试计算：① 柱所能承受的轴心压力；② 板件的局部稳定是否满足要求？

4-6 图 4-48 所示一轴心受压缀条柱，两端铰接，柱高为 6m。承受轴心力设计荷载值 $N = 1000\text{kN}$，钢材为 Q235B。已知截面采用 2［25a，缀条采用∟ 45×5。验算该柱的整体稳定性是否满足要求？

4-7 验算轴心受压焊接缀板柱的整体稳定和分肢稳定。已知轴心压力设计值为 1600kN，柱高 5.6m，两端铰接，$l_{0x} = l_{0y}$，$l_{01} = 630\text{mm}$，钢材为 Q235B，截面形式如图 4-49 所示。

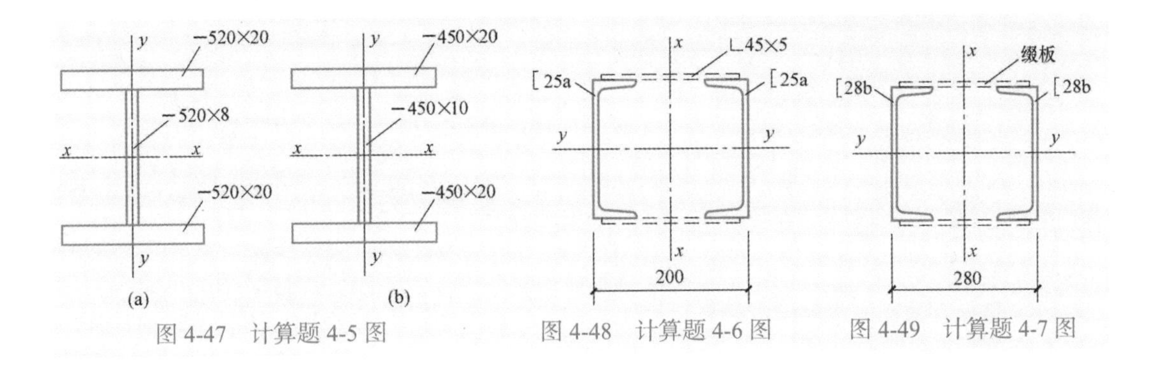

图 4-47　计算题 4-5 图　　图 4-48　计算题 4-6 图　　图 4-49　计算题 4-7 图

第5章
受弯构件

Chapter 05

5.1 受弯构件的种类和截面形式

受弯构件主要用来承受横向荷载，即垂直于构件纵向轴线的荷载。其截面形式有实腹式和格构式两类。实腹式受弯构件通常称为梁，在土木工程中应用很广泛，例如民用及工业用建筑中的楼盖梁、屋盖梁、工作平台梁、吊车梁、屋面檩条和墙架横梁等，以及桥梁工程中的梁式桥、大跨斜拉桥、悬索桥中的桥面梁等、水工闸门、起重机、海上采油平台中的梁等。格构式受弯构件即桁架，属于平面或空间结构，不是本章讲述的内容。

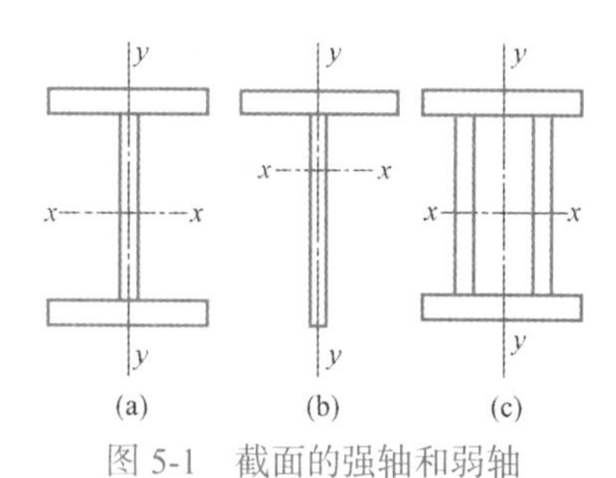

图 5-1　截面的强轴和弱轴

钢梁截面有两个正交的形心主轴，如图 5-1 所示 x 轴和 y 轴。其中绕 x 轴的惯性矩、截面模量最大，称 x 轴为强轴，垂直的另一轴 y 轴为弱轴。对于工字形、箱形及 T 形等截面，平行于强轴的板称为翼缘，平行于弱轴的板称为腹板。

钢梁按制作方法分为型钢梁和组合梁两大类。

型钢梁构造简单，制造省工，成本较低，因而应优先采用。型钢梁又分为热轧型钢梁和冷弯薄壁型钢梁两种。

热轧型钢梁通常采用热轧工字钢、热轧 H 型钢和热轧槽钢（图 5-2a、b、c）三种。其中 H 型钢的截面分布最合理，翼缘内外边缘平行，与其他构件连接较方便，用于梁的 H 型钢宜为窄翼缘型（HN 型）；槽钢因其截面扭转中心在腹板外侧，弯曲时将同时产生扭转，受荷不利，故只有在构造上使荷载作用线接近扭转中心，或能适当保证截面不发生扭转时才被采用。由于轧制条件的限制，热轧型钢腹板厚度较大，因而用钢量较多。

檩条和墙架横梁等受弯构件通常采用冷弯薄壁型钢（图 5-2d、e、f）较经济，但防腐要求高。

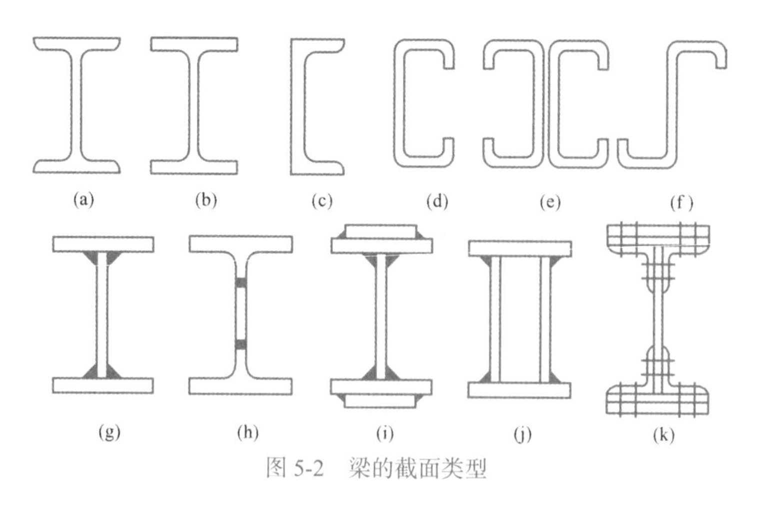

图 5-2　梁的截面类型

当荷载较大或跨度较大时，由于轧制条件的限制，型钢的截面尺寸不能满足梁承载力和刚度的要求，就必须采用组合梁。组合梁按其连接方法和使用材料的不同，可以分为焊接组合梁、铆接或栓接组合梁、钢与混凝土组合梁等。

焊接组合梁是由钢板和型钢焊接而成。最常采用的组合梁是由三块钢板焊接而成的工字形截面或由T型钢（用H型钢剖分而成）中间加板的焊接截面（图5-2g、h）。当焊接组合梁翼缘需要很厚时，可采用两层翼缘板的截面（图5-2i）。荷载很大而高度受到限制或梁的抗扭要求较高时，可采用箱形截面（图5-2j）。

铆接或栓接组合梁是指将钢板及型钢通过铆接或栓接的方式组合形成的截面（图5-2k）。该类截面的加工制作比较费时费力，属于已经淘汰的结构形式。

为了充分地利用钢材强度，可将受力较大的翼缘板采用强度较高的钢材，受力较小的腹板采用强度稍低的钢材，做成异种钢组合梁；或将工字形或H型钢的腹板如图5-3（a）沿折线切开，焊成如图5-3（b）所示的蜂窝梁；或将工字形或H型钢的腹板斜向切开，颠倒相焊做成楔形梁（图5-3c、d）以适应弯矩的变化。

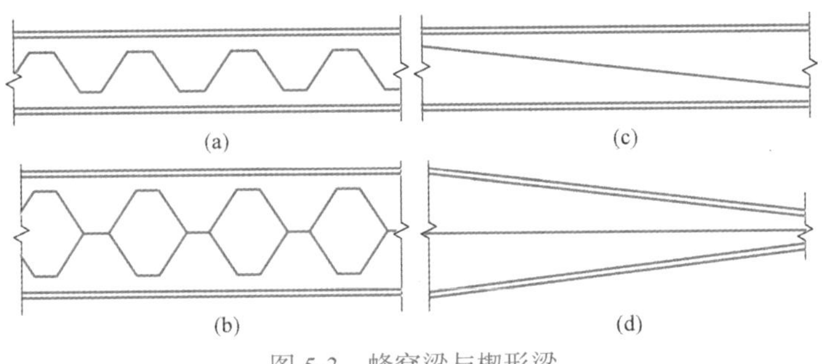

图5-3 蜂窝梁与楔形梁

钢梁上常浇有钢筋混凝土楼板，通过连接件（圆柱头焊钉，弯起短钢筋等）将钢梁和混凝土板连接成钢与混凝土组合梁（图5-4），利用混凝土受压、钢材受拉，并且由于侧向刚度大的混凝土板与钢梁组合连接在一起，很大程度上避免了钢梁容易发生整体失稳与局部失稳的弱点。在一定的条件下，组合梁的整体稳定与局部稳定可以不必验算，省去了为保证板件局部稳定所需要的加劲肋钢材，而达到更为经济的效果。

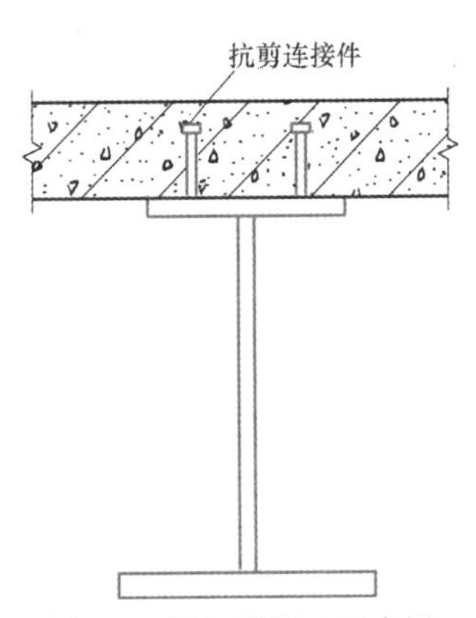

图5-4 钢与混凝土组合梁

总之，组合梁的截面组成比较灵活，可使材料在截面上的分布更为合理，节省钢材。

钢梁可做成简支梁、连续梁、悬伸梁等。简支梁的用钢量虽然较多，但由于制造、安装、拆换较方便，而且不受温度变化和支座沉陷的影响，因而用得最为广泛。

根据梁的弯曲变形情况，梁可分为在一个主平面内弯曲的单向弯曲梁和在两个主平面内弯曲的双向弯曲梁。檩条和吊车梁是双向弯曲梁。

钢梁的设计必须同时满足承载能力极限状态和正常使用极限状态。静载下钢梁的承载能力极限状态包括强度、整体稳定和局部稳定三个方面。设计时要求在荷载设计值作用下，梁的抗弯强度、抗剪强度、局部承压强度和折算应力不超过相应的强度设计值；保证梁不会发生整体失稳；组合梁的板件不会出现局部失稳。对于直接受到重复荷载作用的梁，如吊车梁，当应力循环次数 $n \geqslant 5\times10^4$ 时尚应进行荷载标准值作用下疲劳强度计算。正常使用极限状态主要指梁的刚度，设计时要求在荷载标准值作用下，梁的最大挠度不超过《标准》规定的容许挠度。

5.2 受弯构件的强度和刚度

5.2.1 截面板件宽厚比等级

钢构件是由板件（平板或曲板）构成的。板件仅受拉力时，理论上钢材可以达到屈服甚至更高的强度，但受压力时就存在局部失稳的可能性，局部失稳的屈曲荷载大小与板件的宽厚比有关，宽厚比越大，屈曲荷载越小。因此板件宽厚比的大小直接决定了钢构件的承载能力和变形能力。工程设计上，将构件的截面按其板件的宽厚比划分不同的类别，对应截面不同的承载能力和变形能力。

表 5-1 给出了常用的工字形和箱形截面用于受弯构件或压弯构件的截面分类等级与宽厚比的关系。其中参数 α_0 是腹板应力梯度，应按下式计算：

$$\alpha_0=\frac{\sigma_{\max}-\sigma_{\min}}{\sigma_{\max}} \tag{5-1}$$

式中 $\sigma_{\max}$——腹板计算高度边缘的最大压应力；

$\sigma_{\min}$——腹板计算高度另一边缘相应的应力，压应力取正值，拉应力取负值。

压弯和受弯构件的截面板件宽厚比等级及限值　　表 5-1

构件	截面板件宽厚比等级		S1 级	S2 级	S3 级	S4 级	S5 级
压弯构件（框架柱）	H 形截面	翼缘 b/t	$9\varepsilon_k$	$11\varepsilon_k$	$13\varepsilon_k$	$15\varepsilon_k$	20
		腹板 h_0/t_w	$(33+13\alpha_0^{1.3})\varepsilon_k$	$(38+13\alpha_0^{1.39})\varepsilon_k$	$(40+18\alpha_0^{1.5})\varepsilon_k$	$(45+25\alpha_0^{1.66})\varepsilon_k$	250
	箱形截面	壁板（腹板）间翼缘 b_0/t	$30\varepsilon_k$	$35\varepsilon_k$	$40\varepsilon_k$	$45\varepsilon_k$	—
	圆钢管	径厚比 D/t	$50\varepsilon_k^2$	$70\varepsilon_k^2$	$90\varepsilon_k^2$	$100\varepsilon_k^2$	—
受弯构件（梁）	工字形截面	翼缘 b/t	$9\varepsilon_k$	$11\varepsilon_k$	$13\varepsilon_k$	$15\varepsilon_k$	20
		腹板 h_0/t_w	$65\varepsilon_k$	$72\varepsilon_k$	$93\varepsilon_k$	$124\varepsilon_k$	250
	箱形截面	壁板（腹板）间翼缘 b_0/t	$25\varepsilon_k$	$32\varepsilon_k$	$37\varepsilon_k$	$42\varepsilon_k$	—

注：1. ε_k 为钢号修正系数，其值为 235 与钢材牌号中屈服点数值的比值的平方根。

2. b 为工字形、H 形截面的翼缘外伸宽度，t、h_0、t_w 分别是翼缘厚度、腹板净高和腹板厚度。对轧制型截面，腹板净高不包括翼缘腹板过渡处圆弧段；对于箱形截面，b_0、t 分别为壁板间的距离和壁板厚度；D 为圆管截面外径。

根据截面承载力和塑性转动变形能力的不同，我国将截面根据其板件宽厚比分为 5 个等级。其中板件宽厚比不超过 S1 级的截面，保证塑性铰发生塑性设计要求的转动能力时，也不会发生局部屈曲，称为一级塑性转动截面。S2 级截面称为二级塑性截面，可达全截面塑性，但由于局部屈曲，塑性铰转动能力有限。S3 级截面为弹塑性截面，翼缘全部屈服，腹板可发展不超过 1/4 截面高度的塑性时不至于发生局部屈曲。S4 级截面为弹性截面，边缘纤维达屈服点时，板件不会发生局部失稳。S5 级截面为薄壁截面，在边缘纤维达屈服应力前，腹板可能发生局部屈曲，应按照利用屈曲后强度的方法进行设计。截面的分类决定于组成截面板件的分类。

5.2.2 梁的强度

梁的强度包括抗弯强度、抗剪强度、局部承压强度和折算应力，设计时要求在荷载设计值作用下，均不超过《标准》规定的相应强度设计值。

1. 梁的抗弯强度

梁截面的弯曲应力随弯矩增加而变化，可分为弹性、弹塑性及塑性三个工作阶段。下面以工字形截面梁为例来说明（图 5-5）。

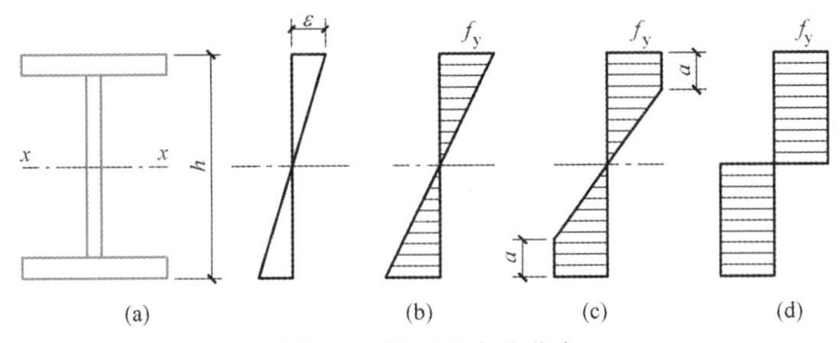

图 5-5 梁正应力的分布

（1）弹性工作阶段

当荷载较小时，截面上的弯曲应力 σ 呈三角形直线分布，截面上各点的弯曲应力 σ 均小于屈服点 f_y，荷载继续增加，直至截面边缘纤维应力 σ 达到 f_y（图 5-5b），相应的弯矩为梁弹性工作阶段的最大弯矩，其值为

$$M_{ex} = W_{nx} f_y \tag{5-2}$$

式中 W_{nx}——梁对 x 轴的净截面模量，即扣除截面上孔、洞等削弱后的截面模量。

（2）弹塑性工作阶段

荷载继续增加，截面上、下各有部分高度的应力达到屈服点 f_y，截面的中间部分区域仍保持弹性（图 5-5c），此时的梁处于弹塑性工作阶段。

（3）塑性工作阶段

荷载再增大，塑性区逐渐向截面中央扩展，中央弹性区相应逐渐缩小，直到弹性区消失，截面全部进入塑性状态时，荷载不再增加，而变形却继续发展，截面形成塑性铰。梁的承载能力达到极限。极限弯矩为

$$M_{px} = (S_{1nx} + S_{2nx}) f_y = W_{pnx} f_y \tag{5-3}$$

式中 S_{1nx}、S_{2nx}——分别为塑性中和轴以上及以下净截面对中和轴的面积矩；

W_{pnx}——梁对塑性中和轴 x 轴的净截面塑性模量，$W_{pnx} = S_{1nx} + S_{2nx}$。

塑性中和轴是截面面积的平分线，即塑性中和轴两边的面积相等。在双轴对称截面中，塑性中和轴就是弹性中和轴。

极限弯矩 M_p 与弹性最大弯矩 M_e 之比为

$$\gamma = \frac{M_p}{M_e} = \frac{M_{pn}}{W_n} \tag{5-4}$$

可见，γ 值只取决于截面的几何形状而与材料的性质无关，称为截面形状系数。一般截面的 γ 值如图 5-6 所示。

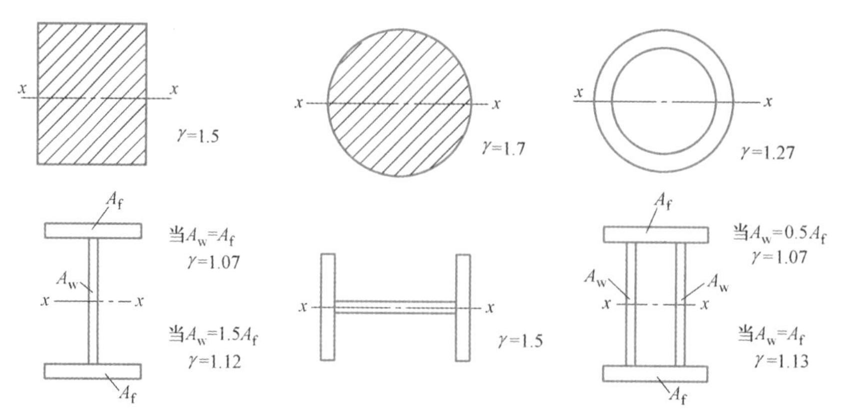

图 5-6　截面形状系数

对需要计算疲劳的梁，以最外侧纤维应力达到 f_y 作为其承载能力的极限状态。冷弯型钢梁因其壁薄，也以截面边缘屈服作为极限状态。

对一般受弯构件的计算，宜适当考虑截面的塑性发展，以截面部分进入塑性作为承载能力的极限。

根据以上分析，梁的抗弯强度按下列公式计算：

单向弯曲：

$$\sigma = \frac{M_x}{\gamma_x W_{nx}} \leqslant f \tag{5-5}$$

双向弯曲：

$$\sigma = \frac{M_x}{\gamma_x W_{nx}} + \frac{M_y}{\gamma_y W_{ny}} \leqslant f \tag{5-6}$$

式中　M_x、M_y——绕 x 轴和 y 轴的弯矩；

W_{nx}、W_{ny}——对 x 轴和 y 轴的净截面模量；当截面板件宽厚比等级为 S1、S2、S3 或 S4 级时，应取全截面模量，当截面板件宽厚比等级为 S5 级时，应取有效截面模量，按考虑腹板屈曲后强度的第 5.6 节计算。

f——钢材的抗弯强度设计值，按附表 1-1 采用；

γ_x、γ_y——截面塑性发展系数，取值如下：

对需要计算疲劳的梁，$\gamma_x = \gamma_y = 1.0$。

对一般梁，当截面板件宽厚比等级为 S4 或 S5 级时，截面塑性发展系数应取为 1.0；当截面板件宽厚比等级为 S1、S2 及 S3 时，对工字形截面（x 轴为强轴，y 轴为弱轴），$\gamma_x = 1.05$，$\gamma_y = 1.20$；对箱形截面，$\gamma_x = \gamma_y = 1.05$；对其他截面，可按表 5-2 采用。

不直接承受动力荷载的固端梁、连续梁和由实腹构件组成的单层框架结构的框架梁等超静定梁的截面板件宽厚比等级为 S1 级或 S2 级时，允许采用塑性设计，允许截面出现若干个塑性铰，直至形成机构。塑性铰截面的弯矩应满足下式

$$M_x \leqslant 0.9 W_{pnx} f \tag{5-7}$$

截面塑性发展系数 γ_x、γ_y　　　表 5-2

项次	截面形式	γ_x	γ_y
1	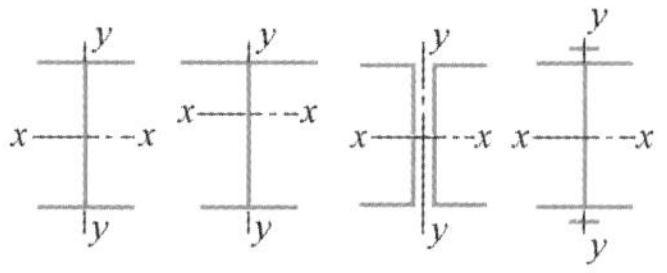	1.05	1.2
2	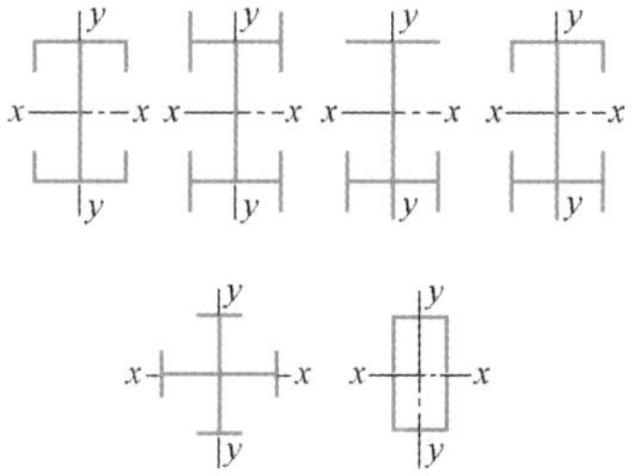		1.05
3	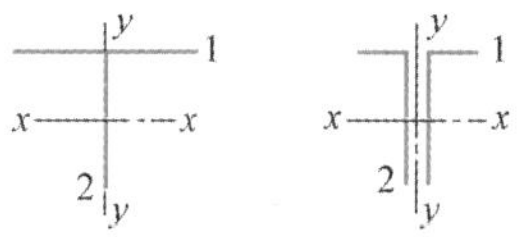	$\gamma_{x1}=1.05$ $\gamma_{x2}=1.2$	1.2
4	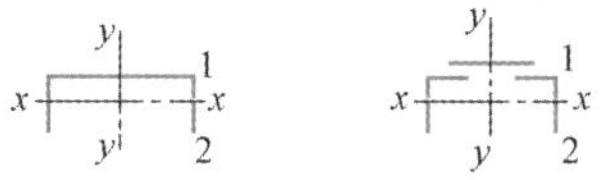		1.05
5	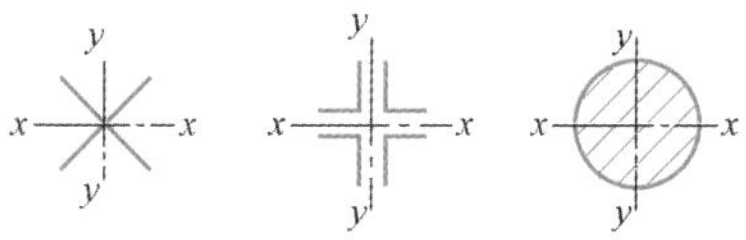	1.2	1.2
6	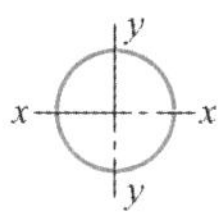	1.15	1.15
7	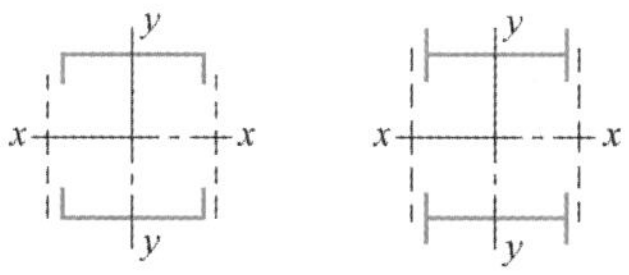	1.0	1.05
8	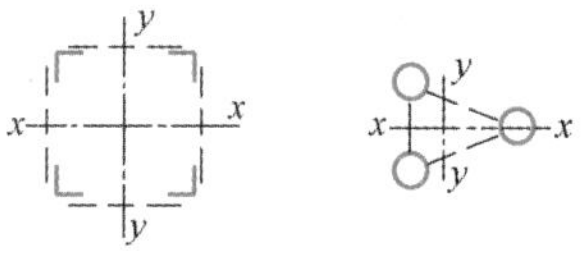		1.0

先形成塑性铰并发生塑性转动的截面，其截面板件宽厚比等级应采用 S1 级；最后形成塑性铰的截面，其截面板件宽厚比等级不应低于 S2 级截面要求。

当梁的抗弯强度不满足设计要求时，增大梁的高度最为有效。

【例题 5-1】 T 形截面尺寸如图 5-7 所示，求（1）截面分别绕强轴和弱轴的弹性截面模量；（2）截面分别绕强轴和弱轴的塑性截面模量。

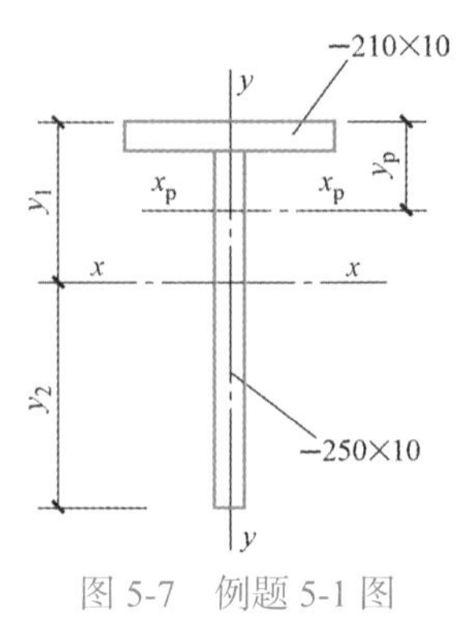

图 5-7　例题 5-1 图

【解】（1）计算弹性截面模量

设弹性中和轴 x 距截面上下翼缘边缘的距离为 y_1 和 y_2。

$$y_1=\frac{210\times10\times5+250\times10\times135}{210\times10+250\times10}=75.7\text{mm}$$

$$y_2=260-y_1=260-75.7=184.3\text{mm}$$

$$I_x=210\times10\times(75.7-5)^2+\frac{1}{12}\times10\times250^3+250\times10\times(184.3-125)^2=3230.9\text{cm}^4$$

$$W_{x1}=\frac{I_x}{y_1}=\frac{3230.9}{7.57}=426.8\text{cm}^3$$

$$W_{x2}=\frac{I_x}{y_2}=\frac{3230.9}{18.43}=175.3\text{cm}^3$$

$$I_y=\frac{1}{12}\times10\times210^3=771.75\text{cm}^4$$

$$W_y=\frac{I_y}{105}=771.75\div10.5=73.5\text{cm}^3$$

（2）计算塑性截面模量

截面面积：

$$A=210\times10+250\times10=4600\text{mm}^2$$

设面积的平分线亦即塑性中和轴 x_p 距截面上翼缘边缘的距离为 y_p。

$$y_p=(4600/2-210\times10)\div10+10=30\text{mm}$$

塑性中和轴 x_p 上下面积对中和轴 x_p 的面积矩：

$$S_1=210\times10\times(30-5)+20\times10\times10=54500\text{mm}^3$$

$$S_2=230\times10\times115=264500\text{mm}^3$$

塑性截面模量：

$$W_{px}=S_1+S_2=54500+264500=319\text{cm}^3$$

因截面对弱轴 y 轴对称，故可直接计算对 y 的面积矩之和：

$$W_{py}=1/4\times10\times210^2+1/4\times250\times10^2=116.5\text{cm}^3$$

【例题 5-2】 工字形梁截面尺寸如图 5-8 所示，为 Q235 钢。求（1）截面分别绕强轴和弱轴的边缘纤维屈服弯矩；（2）截面分别绕强轴和弱轴的弹塑性弯矩；（3）截面分别绕强轴和弱轴的塑性弯矩。

【解】（1）截面分类确定

翼缘 $b/t=(370-10)/(2\times20)=9=9\varepsilon_k=9\sqrt{235/235}=9$，查表5-1，属于S1级截面；

腹板 $h_0/t_w = 450/10 = 45 < 65\varepsilon_k = 65$，查表 5-1，属于 S1 级截面，整个截面板件宽厚比等级属于 S1 级。故可根据工程实际情况选择在弯矩作用下边缘纤维屈服、弹塑性屈服和全截面屈服。

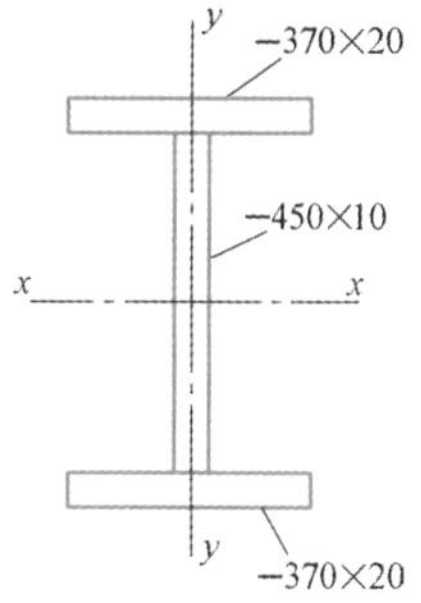

图 5-8 例题 5-2 截面尺寸

（2）计算弹性截面模量和塑性截面模量

$$I_x = \frac{370 \times 490^3 - 360 \times 450^3}{12} = 89376.08\text{cm}^4$$

$$W_x = \frac{I_x}{h/2} = 89376 \div 24.5 = 3648\text{cm}^3$$

$$I_y = \frac{2}{12} \times 20 \times 370^3 = 16884.33\text{cm}^4$$

$$W_y = \frac{I_y}{18.5} = 16884.33 \div 18.5 = 912.67\text{cm}^3$$

塑性截面模量：

$$W_{px} = 2S = 2 \times (370 \times 20 \times 235 + 225 \times 10 \times 112.5) = 3984.25\text{cm}^3$$

$$W_{py} = 2 \times 1/4 \times 20 \times 370^2 + 1/4 \times 450 \times 10^2 = 1380.25\text{cm}^3$$

（3）计算截面的边缘纤维屈服弯矩，弹塑性屈服弯矩和全截面屈服弯矩

由式（5-5），取 $\gamma_x = \gamma_y = 1.0$，得到边缘纤维屈服弯矩

$$M_{ex} = W_x f = 3648 \times 10^3 \times 205 = 747.84\text{kN} \cdot \text{m}$$

$$M_{ey} = W_y f = 912.67 \times 10^3 \times 205 = 187.10\text{kN} \cdot \text{m}$$

由式（5-5），取 $\gamma_x = 1.05$，$\gamma_y = 1.2$，得到弹塑性弯矩

$$M_x = \gamma_x W_x f = 1.05 \times 3648 \times 10^3 \times 205 = 785.23\text{kN} \cdot \text{m}$$

$$M_y = \gamma_y W_y f = 1.2 \times 912.67 \times 10^3 \times 205 = 224.52\text{kN} \cdot \text{m}$$

由式（5-7），得到塑性弯矩

$$M_{px} = 0.9 W_{px} f = 0.9 \times 3984.25 \times 10^3 \times 205 = 735.09\text{kN} \cdot \text{m}$$

$$M_{py} = 0.9 W_{py} f = 0.9 \times 1380.25 \times 10^3 \times 205 = 254.66\text{kN} \cdot \text{m}$$

2. 梁的抗剪强度

一般情况下，梁既承受弯矩，又承受剪力。工字形和槽形截面梁腹板上的剪应力分布如图 5-9 所示，截面上最大的剪应力发生在中和轴处。在主平面内受弯的实腹梁，当截面上的最大剪应力达到钢材的抗剪屈服强度即为其承载力极限状态。因此，梁的抗剪强度应按下式计算

$$\tau = \frac{VS}{It_w} \leqslant f_v \tag{5-8}$$

式中 V——计算截面沿腹板平面作用的剪力设计值；

S——计算剪应力处以上毛截面对中和轴的面积矩；

I——毛截面惯性矩；

t_w——腹板厚度；

f_v——钢材的抗剪强度设计值，按附表 1-1 采用。

当梁的抗剪强度不足时，最有效的办法是增大腹板的面积，但腹板高度一般由梁的

刚度条件和构造要求确定，故设计时常采用加大腹板厚度的办法来增大梁的抗剪强度。型钢由于腹板较厚，一般均能满足上式要求，因此只在剪力最大截面处有较大削弱时，才需进行抗剪强度的计算。

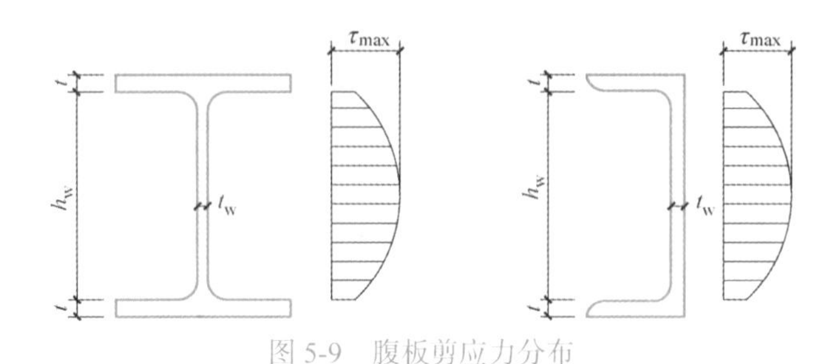

图 5-9　腹板剪应力分布

3. 梁的局部承压强度

当梁的翼缘受有沿腹板平面作用的集中荷载（包括支座反力）且该荷载处又未设置支承加劲肋（图 5-10a），或受有移动的集中荷载（吊车轮压，图 5-10b）时，应验算腹板计算高度边缘的局部承压强度。

$$\sigma_c = \frac{\psi F}{t_w l_z} \leqslant f \tag{5-9a}$$

$$l_z = 3.25\sqrt[3]{\frac{I_R + I_f}{t_w}} \tag{5-9b}$$

式中　F——集中荷载，对动力荷载应考虑动力系数；

ψ——集中荷载增大系数：对重级工作制吊车梁，$\psi = 1.35$；对其他梁，$\psi = 1.0$；

t_w——腹板厚度；

l_z——集中荷载在腹板计算高度边缘的假定分布长度，按式 5-9（b）计算，或按以下简化公式计算：跨中：$l_z = a + 5h_y + 2h_R$；梁端：$l_z = a + 2.5h_y + a_1$；

I_R——轨道绕自身形心轴的惯性矩；

I_f——梁上翼缘绕翼缘中面的惯性矩；

a——集中荷载沿梁跨度方向的支承长度，对钢轨上的轮压可取为 50mm；

h_y——自梁顶面至腹板计算高度边缘的距离；

h_R——轨道的高度，无轨道时 $h_R = 0$；

a_1——梁端到支座板外边缘的距离，但不得大于 $2.5h_y$。

腹板的计算高度 h_0 按如下规定采用：对轧制型钢梁，为腹板与上、下翼缘相接处两内弧起点间的距离；对焊接组合梁，为腹板高度；对铆接（或高强度螺栓连接）组合梁，为上、下翼缘与腹板连接的铆钉（或高强度螺栓）线间最近距离。

当计算不能满足上式要求时，在固定集中荷载处（包括支座处），应设置支承加劲肋加强腹板，并对支承加劲肋进行计算；对移动集中荷载，则应加大腹板厚度。

4. 折算应力

在组合梁的腹板计算高度边缘处，若同时受有较大的正应力、剪应力和局部压应力，或同时受有较大的正应力和剪应力（如连续梁支座处或梁的翼缘截面改变处等），应按下式验算该处的折算应力

$$\sqrt{\sigma^2+\sigma_c^2-\sigma\sigma_c+3\tau^2}\leqslant\beta_1 f \tag{5-10}$$

式中　σ、τ、σ_c——腹板计算高度边缘同一点上同时产生的正应力、剪应力和局部压应力，τ 按式（5-8）计算，σ_c 按式（5-9a）计算，σ 应按下式计算

$$\sigma=\frac{My_1}{I_{nx}} \tag{5-11}$$

σ 和 σ_c 均以拉应力为正值，压应力为负值；

I_{nx}——净截面惯性矩；

y_1——所计算点至梁中和轴的距离；

β_1——强度增大系数，当 σ 与 σ_c 异号时，取 $\beta_1=1.2$；当 σ 与 σ_c 同号或 $\sigma_c=0$ 时，取 $\beta_1=1.1$。

在式（5-10）中，考虑所验算的部位是腹板边缘的局部区域，故将强度设计值乘以 β_1 予以提高。当 σ 与 σ_c 异号时，其塑性变形能力比 σ 与 σ_c 同号时大，因此 β_1 的取值更大。

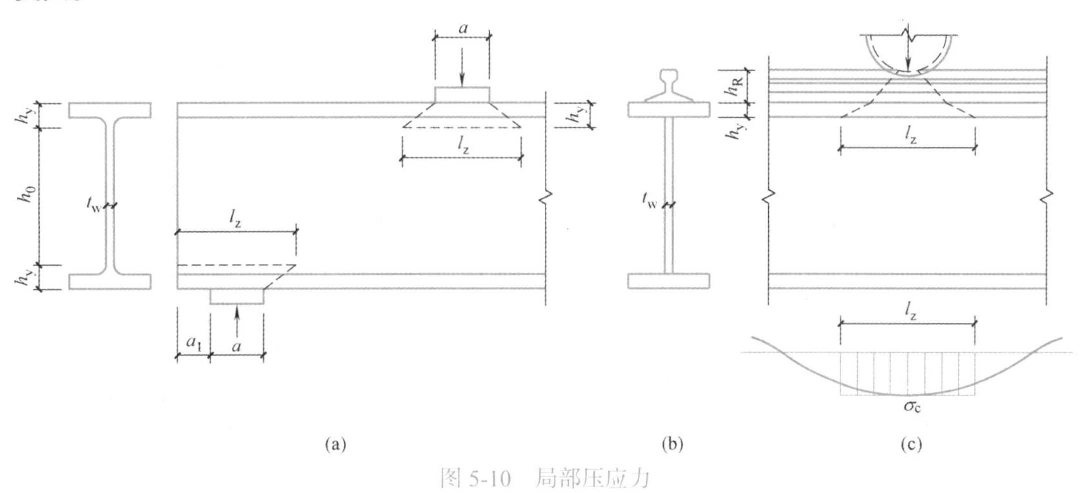

图 5-10　局部压应力

5.2.3　梁的刚度

梁的刚度用荷载作用下的挠度大小来度量。梁的刚度不足，就不能保证正常使用。如楼盖梁的挠度超过正常使用的某一限值时，一方面给人们一种不舒服和不安全的感觉，另一方面可能使其上部的楼面及下部的抹灰开裂，影响结构的功能；吊车梁挠度过大，会加剧吊车运行时的冲击和振动，甚至使吊车运行困难等。因此，应按下式验算梁的刚度

$$v\leqslant[v] \tag{5-12}$$

式中　v——由荷载标准值产生的梁的最大挠度；

$[v]$——梁的容许挠度值，《标准》根据实践经验规定的容许挠度值见附录 2。

计算梁的挠度值时，取用的荷载标准值应与附录 2 规定的容许挠度值相对应。例如，对吊车梁，挠度应按自重和起重量最大的一台吊车计算；对楼盖或工作平台梁，应分别验算全部荷载作用下产生的挠度和仅有可变荷载作用下产生的挠度。

梁的挠度可按材料力学和结构力学的方法计算，也可由结构静力计算手册取用。

表 5-3 所列为等截面简支梁在几种常用荷载作用下的最大挠度计算公式。

由于孔洞引起的截面削弱对整个构件抗弯刚度的影响一般很小，故习惯上均按毛截面计算。

简支梁最大挠度计算公式　　表 5-3

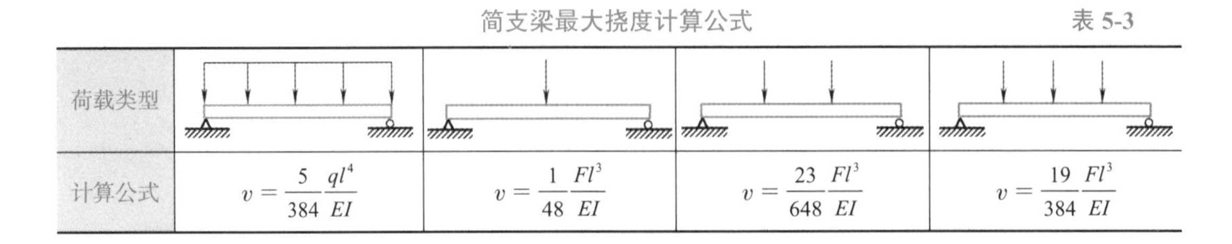

荷载类型	均布荷载	跨中集中荷载	两个集中荷载	三个集中荷载
计算公式	$v=\frac{5}{384}\frac{ql^4}{EI}$	$v=\frac{1}{48}\frac{Fl^3}{EI}$	$v=\frac{23}{648}\frac{Fl^3}{EI}$	$v=\frac{19}{384}\frac{Fl^3}{EI}$

5.3　受弯构件的整体稳定

5.3.1　梁的整体失稳的概念

梁主要用来承受弯矩，为了提高抗弯强度，节省钢材，其截面通常设计成高而窄的形式，形成受荷方向刚度大而侧向刚度较小。

如图 5-11 所示的工字形截面梁，梁的侧向支承较弱（仅在支座处有侧向支承），荷载作用在其最大刚度平面内，当荷载较小时，梁仅在弯矩作用平面内弯曲，此时的弯曲平衡状态是稳定的，亦即外界各种因素虽然使梁产生微小的侧向弯曲和扭转变形，但外界影响消失后，梁仍能恢复在弯矩作用平面内弯曲；当荷载增大到某一数值后，梁在弯矩作用平面内弯曲的同时，将突然发生侧向弯曲并伴随扭转，丧失继续承载的能力，这种现象称为梁的弯扭屈曲或整体失稳，可定义为：钢梁在绕强轴弯矩作用下，截面一部分受压，另一部分受拉，对于截面受压的部分当压力达到这部分在弯矩平面外的受压稳定承载力时，梁的受压截面部分发生弯矩作用平面外的失稳现象，即梁发生整体失稳。梁维持其稳定平衡状态所承担的最大荷载或最大弯矩称为临界荷载或临界弯矩。

5-1　动画
梁整体失稳

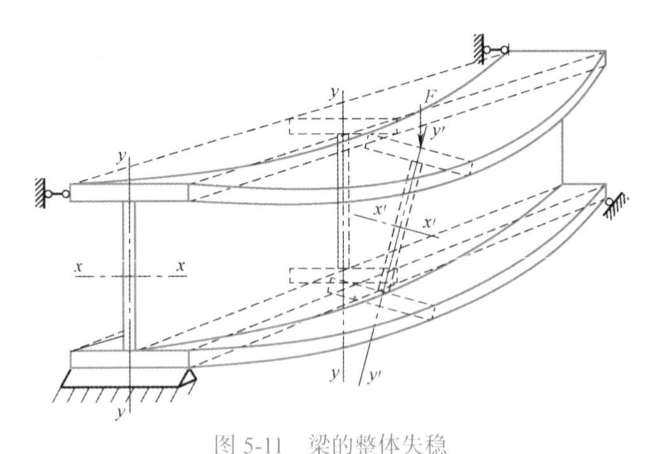

图 5-11　梁的整体失稳

5.3.2　梁的扭转

根据支承条件的不同，荷载作用线未通过剪切中心产生的扭转分为自由扭转（圣维南扭转）和约束扭转（弯曲扭转）两种形式。

1. 截面的剪切中心

钢结构实腹构件的组成板件，其宽厚比（或高厚比）常大于 10，属薄壁杆件。由于厚度薄，杆件在横向弯曲时的截面剪应力 τ 可假定沿壁厚为均布并沿板件的轴线作用，构成剪力流。整个截面上剪力流的合力沿截面坐标轴 x 方向和 y 方向的两个分力的交点就称为剪切中心，简称剪心，计作 S。

对图 5-12（a）所示的双轴对称截面，翼缘中剪应力的合力互相抵消，所以腹板中剪应力的合力即为整个截面剪应力的合力，此合力通过截面的形心 C。如果横向荷载也通过形心，则梁只产生弯曲，不会扭转。

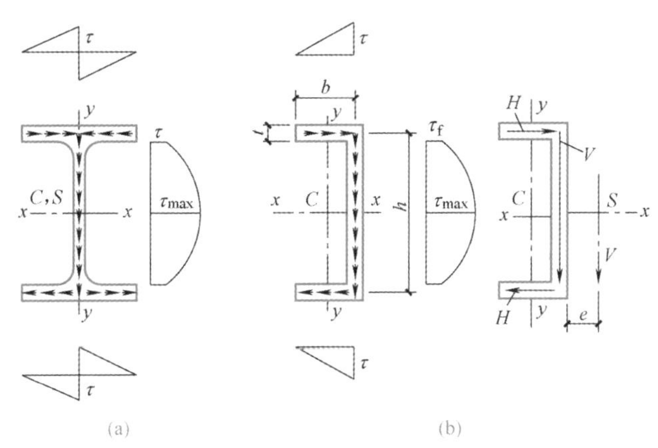

图 5-12　梁的弯曲剪应力

对图 5-12（b）所示的单轴对称槽形截面，荷载平行于 y 轴作用时，翼缘中剪应力的合力 H 形成力偶，腹板中竖向剪应力的合力必然等于外剪力 V。此槽形截面中的三个剪力的总合力，大小为 V，方向与 y 轴平行，作用点距腹板中心线为 e，由平衡方程，有：

$$Hh = Ve$$

而

$$H = \tau_{\mathrm{f}} \times \frac{1}{2}bt = \frac{VS_1}{I_{\mathrm{x}}t} \times \frac{1}{2}bt = \frac{V}{I_{\mathrm{x}}t} \times \left(bt\frac{h}{2}\right) \times \frac{1}{2}bt = \frac{Vb^2th}{4I_{\mathrm{x}}}$$

得到

$$e = \frac{H}{V}h = \frac{b^2th^2}{4I_{\mathrm{x}}} \tag{5-13}$$

此截面中剪应力的总合力作用线与对称轴的交点 S 称为剪切中心。外荷载的作用线或外力矩的作用面通过剪切中心时，梁只产生弯曲；若不通过剪切中心，梁产生弯曲的同时还要产生扭转。

由式（5-13）可见，剪切中心的位置仅与截面形式和尺寸有关，而与外荷载无关。常见截面的剪切中心位置为：双轴对称截面以及对形心成点对称的截面（图 5-13a、b、c），剪切中心与截面形心相重合；单轴对称截面（图 5-13d、e），剪切中心在对称轴上，其具体位置可通过计算确定；由矩形薄板中线相交于一点组成的截面（图 5-13f、g），每个薄板中的剪力都通过这个交点，所以此交点即是剪切中心。

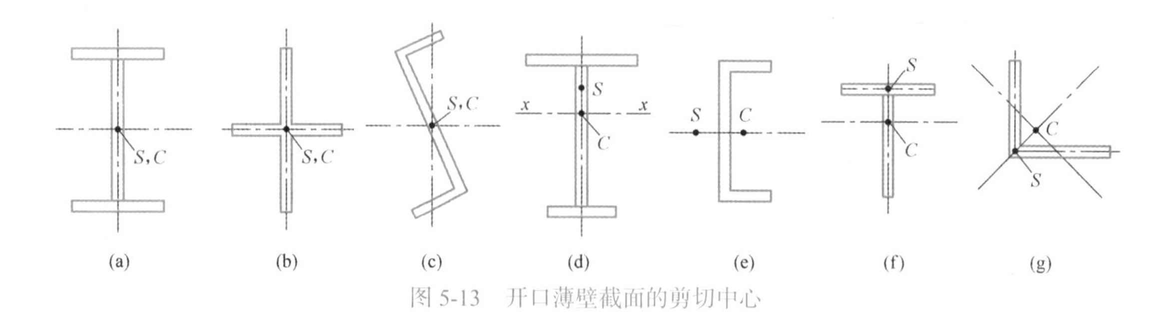

图 5-13　开口薄壁截面的剪切中心

2. 自由扭转

非圆截面构件扭转时，原来为平面的横截面不再保持为平面，产生翘曲变形，即构件在扭矩作用下，截面上各点沿杆轴方向产生位移。若等截面杆件受到扭矩作用，且同时满足以下两个条件：① 截面上受到等值反向的一对扭矩作用；② 构件端部的纵向纤维不受约束，则扭转时轴向位移不受任何约束，截面可自由翘曲变形（图 5-14a），称为自由扭转，或圣维南扭转。自由扭转时，各截面的翘曲变形相同，纵向纤维保持直线且长度保持不变，截面上只有剪应力，没有纵向正应力。

根据弹性力学的计算方法，开口薄壁构件自由扭转时，其扭矩与扭转率有

$$M_t = GI_t \frac{d\varphi}{dz} \tag{5-14}$$

式中　M_t——截面的自由扭转扭矩；

G——钢材的剪切模量；

φ——截面的扭转角；

I_t——截面的抗扭惯性矩，或抗扭常数，GI_t 称为抗扭刚度。

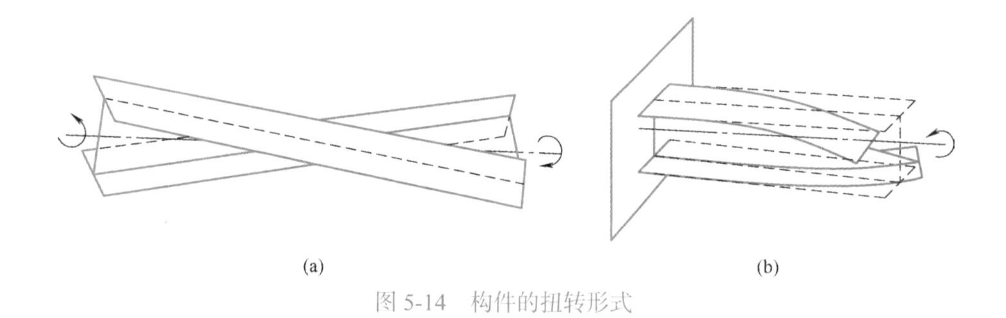

图 5-14　构件的扭转形式

自由扭转时，开口薄壁构件截面上只有剪切应力，剪应力在壁厚范围内组成一个封闭的剪力流，如图 5-15（a）、（b）、（c）所示。剪应力的方向与壁厚中心线平行，大小沿壁厚直线变化，中心线处为零，壁内、外边缘处为最大。最大剪应力值为

$$\tau_{max} = \frac{M_t t}{I_t} \tag{5-15}$$

当截面由几个狭长矩形板组成时，其 I_t 为

$$I_t = \frac{k}{3}\sum_{i=1}^{n} b_i t_i^3 \tag{5-16}$$

式中 b_i、t_i——任意矩形板的宽度和厚度；

k——考虑连接处的有利影响系数，常用截面形式的 k 值见表 5-4。

常用截面形式的 k 表 5-4

截面形式	角形∟	T 形	槽形［	工字形
k	1.0	1.05	1.12	1.25

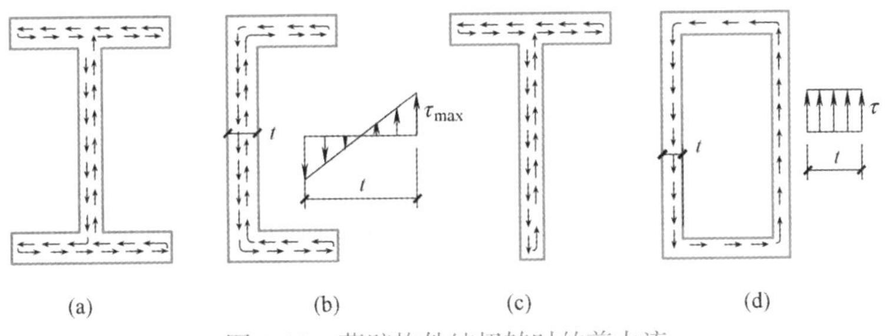

图 5-15 薄壁构件纯扭转时的剪力流

闭口薄壁构件自由扭转时，截面上剪应力的分布与开口截面完全不同。在扭矩作用下闭口截面内部将形成沿各板件中线方向的闭合剪力流。由于壁薄，可认为剪应力沿壁厚度均匀分布，方向为切线方向（图 5-15d），由平衡方程得

$$M_t = \oint r\tau t \mathrm{d}s = \tau t \oint r \mathrm{d}s \tag{5-17}$$

式中 r——剪力 τ 作用线至原点的距离；

$\oint r\mathrm{d}s$——沿闭路曲线的积分，为壁厚中心线所围成面积 A 的 2 倍。

即：

$$M_t = 2\tau t A$$

则：

$$\tau = \frac{M_t}{2At} \tag{5-18}$$

闭口截面的抗扭惯性矩 I_t 的一般公式为

$$I_t = \frac{4A^2}{\oint \frac{\mathrm{d}s}{t}} \tag{5-19}$$

式中 $\oint \frac{\mathrm{d}s}{t}$——沿壁板中线一周的积分。

【例题 5-3】 计算如图 5-16 所示的面积相等的开口截面和闭口截面在自由扭转时抗扭惯性矩 I_t 之比和最大扭转剪应力之比。

【解】 （1）开口工字形截面的抗扭惯性矩和最大扭转剪应力

由式（5-16）：

$$I_t = \frac{1}{3}\sum_{i=1}^{n} b_i t_i^3 = \frac{1}{3} \times (2\times 370\times 20^3 + 450\times 10^3) = 2123333\mathrm{mm}^4$$

由式（5-17）：

$$\tau_{max} = \frac{M_t t}{I_t} = \frac{20M_t}{2123333} = \frac{M_t}{106166.7}$$

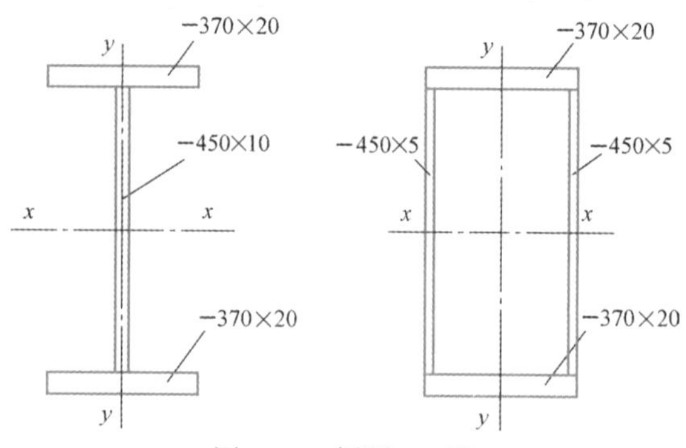

图 5-16　例题 5-3 图

（2）闭口箱形截面的抗扭惯性矩和最大扭转剪应力

由式（5-19）：

$$I_t = \frac{4A^2}{\oint \frac{ds}{t}} = \frac{4\times(365\times470)^2}{2\times\left(\frac{365}{20}+\frac{470}{5}\right)} = 524354610.2\text{mm}^4$$

由式（5-18）：

$$\tau = \frac{M_t}{2At} = \frac{M_t}{2\times(365\times470)\times5} = \frac{M_t}{1715500}$$

（3）抗扭惯性矩 I_t 之比和最大扭转剪应力之比

$$\tau_{max} : \tau = 1 : 16,\ I_{t1} : I_{t2} = 1 : 247$$

由此可见闭口截面的抗扭能力要比开口截面的抗扭能力大得多，因而剪应力也小得多。

3. 约束扭转

由于支承条件或外力作用方式使构件扭转时截面的翘曲受到约束，称为约束扭转（图 5-14b）。约束扭转时，构件产生弯曲变形，截面上将产生纵向正应力，称为翘曲正应力。同时还必然产生与翘曲正应力保持平衡的翘曲剪应力。

如图 5-17 所示的双轴对称工字形截面悬臂构件，在悬臂端处承受的外扭矩 M_t 使上、下翼缘往不同方向弯曲。由于悬臂端截面可自由翘曲而固定端截面完全不能翘曲，因此中间各截面受到不同程度的约束。

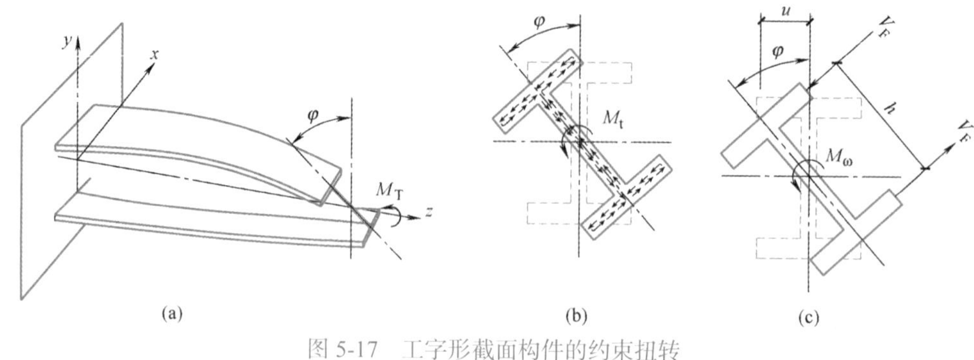

图 5-17　工字形截面构件的约束扭转

截面翘曲剪应力形成的翘曲扭矩 M_ω，与自由扭转产生的扭矩 M_t 之和，应与外扭矩 M_T 相平衡，即

$$M_T = M_t + M_\omega \tag{5-20}$$

下面推求双轴对称工字形截面的翘曲扭矩 M_ω：

对距固定端为 z 的任意截面，扭转角为 φ，上、下翼缘在水平方向的位移各为 u，则

$$u = \frac{h}{2}\varphi$$

根据弯矩曲率关系，一个翼缘承受的弯矩为：

$$M_F = -EI_F\frac{d^2u}{dz^2} = -EI_F\frac{h}{2}\frac{d^2\varphi}{dz^2}$$

一个翼缘承受的水平剪力为

$$V_F = \frac{dM_F}{dz} = -EI_F\frac{h}{2}\frac{d^3\varphi}{dz^3}$$

式中 I_F——一个翼缘对过腹板轴（y 轴）的惯性矩。

忽略腹板的影响，翘曲扭矩 M_ω 为：

$$M_\omega = V_F h = -EI_F\frac{h^2}{2}\frac{d^3\varphi}{2dz^3} \tag{5-21}$$

令 $I_F h^2/2 = I_\omega$，称为翘曲常数（或称扇性惯性矩），并将上式（5-21）M_ω 值及式（5-14）代入式（5-20），得：

$$M_T = -EI_\omega\frac{d^3\varphi}{dz^3} + GI_t\frac{d\varphi}{dz} \tag{5-22}$$

式（5-22）为约束扭转的平衡微分方程，虽然由双轴对称工字形截面导出，但也适用于其他形式截面，只是 I_ω 的取值不同。EI_ω 称为翘曲刚度。

单轴对称工字形截面（图 5-13d）的 I_ω 为：

$$I_\omega = \frac{I_1 I_2}{I_y}h^2 \tag{5-23}$$

式中 I_1、I_2——分别为工字形截面较大翼缘和较小翼缘对工字形截面对称轴 y 的惯性矩；$I_y = I_1 + I_2$；h 为上、下两翼缘板形心间的距离，当 h 较大时，也可近似地取为工字截面的全高。I_ω 的量纲是长度的 6 次方，这与 I_x、I_y 和 I_t 的量纲为长度的 4 次方不同。

由式（5-23）可知双轴对称工字截面的 $I_\omega = \frac{1}{4}I_y h^2$，T 形截面（图 5-13f）的 $I_\omega = 0$。此外对十字形截面（图 5-13b）和角形截面（图 5-13g）也可取 $I_\omega = 0$。

5.3.3 梁的整体稳定系数

1. 梁的整体稳定系数

图 5-18 所示为一两端简支双轴对称工字形截面纯弯曲梁，梁两端均承受弯矩 M 作用，弯矩沿梁长度均匀分布。这里的简支符合夹支条件，即支座处截面可自由翘曲，能绕 x 轴和 y 轴转动，但不能绕 z 轴转动，也不能侧向移动。

对梁在微小弯曲变形和扭转变形的情况下建立微分方程。设固定坐标为x、y和z，弯矩M达一定数值屈曲变形后，相应的移动坐标为x'、y'、z'，截面形心在x、y轴方向的位移为u、v，截面扭转角为φ。在图5-18（d）中，弯矩用双箭头向量表示，其方向按向量的右手规则确定。

梁在最大刚度$x'z'$平面内发生弯曲，平衡方程为

$$M=-EI_{x}\frac{d^{2}v}{dz^{2}} \tag{5-24}$$

梁在$x'z'$平面内为侧向弯曲，平衡方程为

$$M\varphi=-EI_{y}\frac{d^{2}u}{dz^{2}} \tag{5-25}$$

式中　I_x、I_y——梁对x轴和y轴的毛截面惯性矩。

由于梁端部夹支，中部任意截面扭转时，纵向纤维发生了弯曲，属约束扭转。由式（5-22）得扭转的微分方程

$$M\frac{du}{dz}=-EI_{\omega}\frac{d^{3}\varphi}{dz^{3}}+GI_{t}\frac{d\varphi}{dz} \tag{5-26}$$

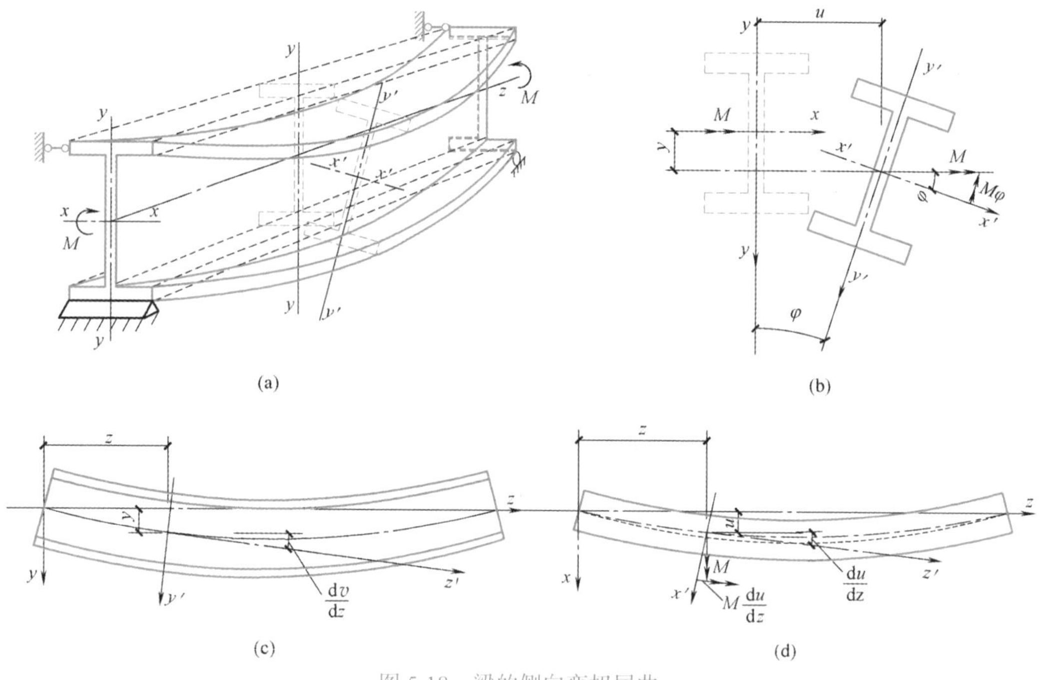

图5-18　梁的侧向弯扭屈曲

以上方程中，式（5-24）可独立求解，它是沿最大刚度平面的弯曲问题，与梁的弯扭屈曲无关。式（5-25）、（5-26）具有两个未知量φ和u，必须联立求解。将式（5-26）微分一次，将式（5-25）代入，可得到关于φ的弯扭屈曲微分方程

$$EI_{\omega}\frac{d^{4}\varphi}{dz^{4}}-GI_{t}\frac{d^{2}\varphi}{dz^{2}}-\frac{M^{2}}{EI_{y}}\varphi=0 \tag{5-27}$$

假设两端简支梁的扭转角为正弦曲线分布，即

$$\varphi = A\sin\frac{\pi z}{l} \tag{5-28}$$

将式（5-28）φ 和其二阶导数及四阶导数代入式（5-27）中，得

$$\left[EI_{\omega}\left(\frac{\pi}{l}\right)^4 + GI_{t}\left(\frac{\pi}{l}\right)^2 - \frac{M^2}{EI_{y}}\right]A\sin\frac{\pi z}{l} = 0 \tag{5-29}$$

使上式在任何 z 值都能成立的条件是方括号中数值为零，即

$$EI_{\omega}\left(\frac{\pi}{l}\right)^4 + GI_{t}\left(\frac{\pi}{l}\right)^2 - \frac{M^2}{EI_{y}} = 0 \tag{5-30}$$

式（5-30）中的 M 就是双轴对称工字形截面简支梁纯弯曲时的临界弯矩

$$M_{cr} = \frac{\pi^2 EI_{y}}{l^2}\sqrt{\frac{I_{\omega}}{I_{y}}\left(1 + \frac{GI_{t}l^2}{\pi^2 EI_{\omega}}\right)} \tag{5-31}$$

式中　EI_{y}——侧向抗弯刚度；

GI_{t}——抗扭刚度；

EI_{ω}——翘曲刚度。

根据弹性稳定理论，可得出单轴对称截面（图 5-19）简支梁在不同荷载作用下的弹性临界弯矩的通用计算公式

$$M_{cr} = C_1\frac{\pi^2 EI_{y}}{l^2}\left[C_2 a + C_3\beta_{y} + \sqrt{(C_2 a + C_3\beta_{y})^2 + \frac{I_{\omega}}{I_{y}}\left(1 + \frac{l^2 GI_{t}}{\pi^2 EI_{\omega}}\right)}\right] \tag{5-32}$$

$$\beta_{y} = \frac{1}{2I_{x}}\int_{A} y(x^2 + y^2)\,dA - y_0$$

式中　β_{y}——单轴对称截面的几何特性，当为双轴对称时，$\beta_{y} = 0$；

y_0——剪切中心的纵坐标，$y_0 = -\dfrac{I_1 h_1 - I_2 h_2}{I_{y}}$，正值时，剪切中心在形心之下，负值时，剪切中心在形心之上；

I_1、I_2——分别为受压翼缘和受拉翼缘对 y 轴的惯性矩，$I_1 = \dfrac{1}{12}t_1 b_1^3$，$I_2 = \dfrac{1}{12}t_2 b_2^3$；

h_1、h_2——分别为受压翼缘和受拉翼缘形心到整个截面形心的距离；

a——荷载作用点与剪切中心之间的距离，当荷载作用点在剪切中心之下时，取正值，反之取负值；

C_1、C_2、C_3——由荷载类型确定的系数，取值如表 5-5 所示。

上述的所有纵坐标以截面形心为原点，y 轴指向下方时为正值。

式（5-32）为许多国家制定设计规范时参考采用。

由上述式（5-32）可见，梁整体稳定的临界荷载与以下因素有关：

① 梁的侧向抗弯刚度 EI_{y}、抗扭刚度 GI_{t}、翘曲刚度 EI_{ω} 越大，临界弯矩越大；

② 梁受压翼缘的自由长度 l_1 越大，临界弯矩越小；

③ 荷载作用于上翼缘比作用于下翼缘的临界弯矩小；

④ 荷载形成的弯矩图沿梁长分布越饱满，临界弯矩越小；

⑤ β_{y} 值越大，临界弯矩越大，如加强受压翼缘的工字形截面的 β_{y} 值比加强受拉翼缘的工字形截面的 β_{y} 值大，因此前者的临界弯矩比后者大；

⑥ 梁端支承对位移的约束程度愈大，临界弯矩越大，同轴心受压构件稳定一样。

C_1、C_2 和 C_3 系数　　表 5-5

荷载情况	系数		
	C_1	C_2	C_3
跨度中点作用集中荷载	1.35	0.55	0.40
满跨均布荷载	1.13	0.46	0.53
纯弯曲	1.0	0	1

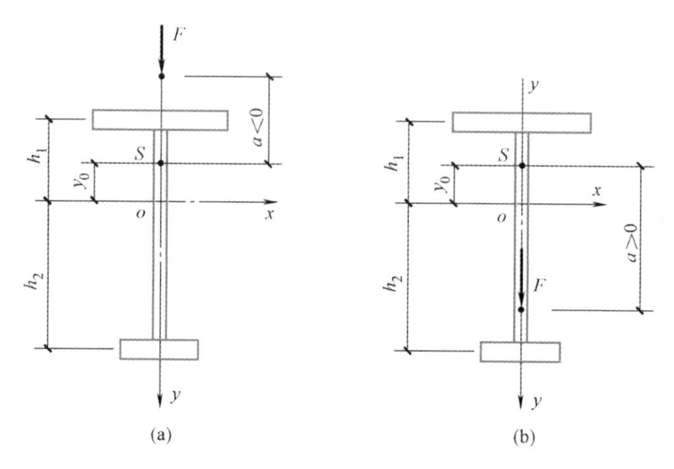

图 5-19　单轴对称截面及其荷载作用点

定义梁的临界应力：

$$\sigma_{cr}=\frac{M_{cr}}{W_x}$$

式中　W_x——梁截面对 x 轴的毛截面模量。

梁的整体稳定应满足：$M\leqslant\frac{M_{cr}}{\gamma_R}$，则

$$\frac{M_x}{W_x}\leqslant\frac{M_{cr}}{W_x}\cdot\frac{1}{\gamma_R}=\frac{\sigma_{cr}}{\gamma_R}=\frac{\sigma_{cr}}{f_y}\cdot\frac{f_y}{\gamma_R}\tag{5-33}$$

定义梁的整体稳定系数 φ_b

$$\varphi_b=\frac{\sigma_{cr}}{f_y}\tag{5-34}$$

将式（5-34）代入式（5-33），得到在最大刚度主平面内受弯的梁的整体稳定应满足

$$\frac{M_x}{\varphi_b W_x f}\leqslant 1.0\tag{5-35}$$

式中　M_x——绕强轴作用的最大弯矩设计值；

W_x——按受压最大纤维确定的梁毛截面模量，当截面板件宽厚比等级为 S1、S2、S3 或 S4 级时，取全截面模量，当截面板件宽厚比等级为 S5 级时，取有效截面模量，均匀受压翼缘有效外伸宽度可取 $15t_f\varepsilon_k$，腹板有效截面可按本教材 6.4.3 节相关公式计算。

φ_b——梁的整体稳定性系数，按附表 3-2 确定。

下面给出工程设计上用到的简化的双轴对称工字形截面简支梁纯弯曲时的稳定系数：

为了简化计算，《标准》取抗扭刚度：

$$I_t = \frac{1.25}{3}\sum b_i t_i^3 \approx \frac{1}{3}At_1^2$$

$$I_\omega = \frac{I_y h^2}{4}$$

式中　A——梁的毛截面面积。

将 $E = 206\times10^3\text{N/mm}^2$，$E/G = 2.6$，$I_y = Ai_y^2$，$\lambda_y = l_1/i_y$，并取 Q235 钢的 $f_y = 235\text{N/mm}^2$ 代入式（5-31）和式（5-34），得到双轴对称工字形截面简支梁纯弯曲时的稳定系数近似值：

$$\varphi_b = \frac{4320}{\lambda_y^2}\frac{Ah}{W_x}\sqrt{1+\left(\frac{\lambda_y t_1}{4.4h}\right)^2}\frac{235}{f_y} \tag{5-36}$$

式中　t_1——梁受压翼缘的厚度。

实际工程中梁受纯弯曲的情况很少，当梁受任意横向荷载作用时，临界弯矩的理论值应按式（5-32）计算。但这样的计算很复杂，通常选取较多的常用截面尺寸，用计算机进行数值计算和分析，得出了不同荷载作用下的稳定系数与纯弯曲作用下的稳定系数的比值 β_b。同时为了能够应用于单轴对称焊接工字形截面简支梁的一般情况，梁的整体稳定系数 φ_b 表达为：

$$\varphi_b = \beta_b \cdot \frac{4320Ah}{\lambda_y^2 W_x}\left(\sqrt{1+\left(\frac{\lambda_y t_1}{4.4h}\right)^2}+\eta_b\right)\varepsilon_k^2 \tag{5-37}$$

式中　β_b——梁整体稳定的等效弯矩系数，按附表 3-1 采用；

λ_y——梁的侧向支点间长度对弱轴的长细比，$\lambda_y = l_y/i_y$；

h——梁截面高度；

η_b——截面不对称影响系数，双轴对称截面，$\eta_b=0$，加强受压翼缘，$\eta_b=0.8(2\alpha_b-1)$，加强受拉翼缘，$\eta_b=2\alpha_b-1$，这里，$\alpha_b=\dfrac{I_1}{I_1+I_2}$，其中 I_1 和 I_2 分别为受压翼缘和受拉翼缘对 y 轴的惯性矩。

上述整体稳定系数是按弹性稳定理论求得的。研究证明，当求得的 $\varphi_b > 0.6$ 时，梁已进入非弹性工作阶段，整体稳定临界应力有明显的降低，必须对 φ_b 进行修正。《标准》规定，当按上述公式计算的 $\varphi_b > 0.6$ 时，用下式求得的 φ_b' 代替 φ_b 进行梁的整体稳定计算

$$\varphi_b' = 1.07-\frac{0.282}{\varphi_b} \leqslant 1.0 \tag{5-38}$$

轧制普通工字钢简支梁的整体稳定系数 φ_b 可查附表 3-2，当所得的 $\varphi_b > 0.6$ 时，用式（5-38）求得的 φ_b' 代替 φ_b 进行梁的整体稳定计算。

轧制槽钢简支梁的整体稳定系数 φ_b，可按下式计算

$$\varphi_b = \frac{570bt}{l_1 h}\cdot\varepsilon_k^2 \tag{5-39}$$

当所得的 $\varphi_b > 0.6$ 时，用式（5-38）求得 φ_b' 的代替 φ_b。

双轴对称工字形截面（含 H 型钢）悬臂梁的整体稳定系数 φ_b 可按式（5-32）计算，但系数 β_b 应按附表 3-4 查得。当所得的 $\varphi_b > 0.6$ 时，用式（5-38）求得 φ'_b 的代替 φ_b。

2. 梁的整体稳定系数的近似计算

承受均匀分布弯矩的梁，当 $\lambda_y \leqslant 120\varepsilon_k$ 时，其整体稳定系数 φ_b 可按下列近似公式计算。

（1）工字形截面

双轴对称时

$$\varphi_b = 1.07 - \frac{\lambda_y^2}{44000\varepsilon_k^2} \leqslant 1.0 \tag{5-40}$$

单轴对称时

$$\varphi_b = 1.07 - \frac{W_x}{(2\alpha_b + 0.1)Ah}\frac{\lambda_y^2}{14000\varepsilon_k^2} \leqslant 1.0 \tag{5-41}$$

（2）T 形截面（弯矩作用在对称轴平面内，绕 x 轴）

1）弯矩使翼缘受压时

双角钢 T 形截面

$$\varphi_b = 1 - 0.0017\lambda_y/\varepsilon_k \tag{5-42}$$

剖分 T 型钢和两板组合的 T 形截面

$$\varphi_b = 1 - 0.0022\lambda_y/\varepsilon_k \tag{5-43}$$

2）弯矩使翼缘受拉且腹板宽厚比不大于 $18\varepsilon_k$ 时

$$\varphi_b = 1 - 0.0005\lambda_y/\varepsilon_k \tag{5-44}$$

按式（5-40）~式（5-44）算得的 φ_b 大于 0.6 时，不需换算成 φ'_b，当算得的 φ_b 值大于 1.0 时，取 $\varphi_b = 1.0$。

5.3.4 梁的整体稳定计算

1. 梁不需计算整体稳定的保证

为保证梁的整体稳定或增强梁抵抗整体失稳的能力，当梁上有铺板（楼盖梁的楼面板或公路桥、人行天桥的面板等）密铺时，应使之与梁的受压翼缘牢固相连；若无刚性铺板或铺板与梁受压翼缘连接不可靠，则应设置平面支撑。楼盖或工作平台梁格的平面支撑有横向平面支撑和纵向平面支撑两种，横向支撑使主梁受压翼缘的自由长度由其跨长减小为 l_1（次梁间距），纵向支撑是为了保证整个楼面的横向刚度。

《标准》规定，当符合下列情况之一时，梁的整体稳定可以得到保证，不必计算：

（1）有铺板密铺在梁的受压翼缘上并与其牢固连接，能阻止梁受压翼缘的侧向位移。

（2）箱形截面简支梁，其截面尺寸（图 5-20）满足 $h/b_0 \leqslant 6$，且 $l_1/b_0 \leqslant 95\varepsilon_k^2$ 时（箱形截面的此条件很容易满足）。l_1 为受压翼缘侧向支承点间的距离（梁的支座处视为有侧向支承）。

2. 梁整体稳定的计算方法

当不满足前述不必计算整体稳定条件时，应对梁的整体稳定按式（5-35）进行计算。

当梁的整体稳定承载力不足时，可采用加大梁的截面尺寸或增加侧向支撑的办法予以解决，前一种办法中尤以增大受压翼缘的宽度最有效。

必须注意，不论梁是否需要计算整体稳定性，梁的支座处均应采取构造措施以阻止其端截面的扭转，从而形成“夹支”支座，如图 5-21 所示。当简支梁仅腹板与相邻构件相连，不能防止梁端截面的扭转，此时钢梁稳定性计算时侧向支承点距离应取实际距离的 1.2 倍。

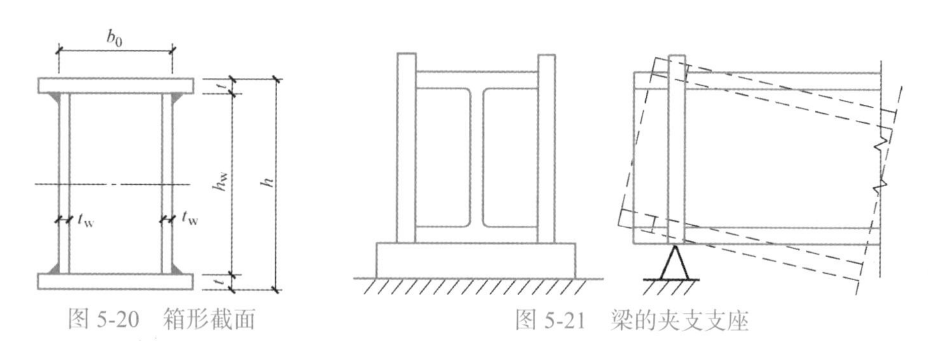

图 5-20 箱形截面　　图 5-21 梁的夹支支座

用作减小梁受压翼缘自由长度的侧向支撑，其支撑力应将梁的受压翼缘视为轴心压杆计算。支撑应设置在（或靠近）梁的受压翼缘平面。

【例题 5-4】 简支梁受力及支承如图 5-22 所示，支座为能防止梁端截面扭转的夹支支座。Q235B 钢，活荷载标准值 $P=100\text{kN}$，分项系数 1.5，不计梁的自重。（1）验算该梁的强度；（2）如不需验算该梁的整体稳定，问需设几道侧向支撑？（3）假设简支支座连接方式不能防止梁端截面扭转，活荷载标准值 $P=35\text{kN}$，分项系数 1.5，请利用公式（5-37）验算该梁的整体稳定是否满足？

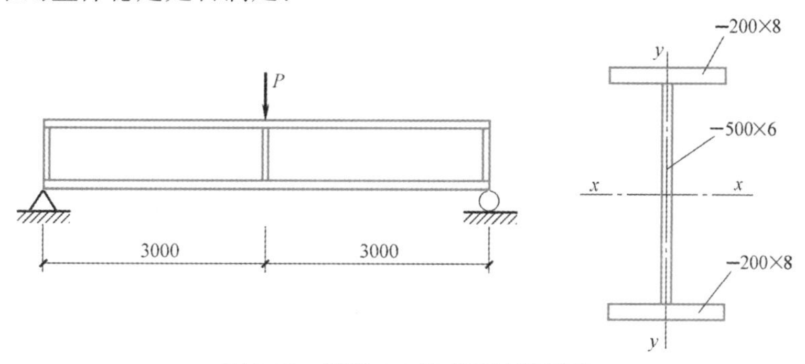

图 5-22 例题 5-4 简支梁计算简图

【解】 该梁的跨中截面的弯矩和剪力都最大。

$$M_{\max}=\frac{1.5Pl}{4}=\frac{1.5\times100}{4}\times6=225\text{kN}\cdot\text{m}$$

$$V_{\max}=\frac{1.5P}{2}=75\text{kN}$$

（1）强度验算

$$I_x=2\times0.8\times20\times25.4^2+\frac{1}{12}\times0.6\times50^3=26895\text{cm}^4$$

$$W_x=\frac{26895}{25.8}=1042\text{cm}^3$$

$$S=0.8\times20\times25.4+0.6\times25\times12.5=593.9\text{cm}^3$$

$$S_1 = 0.8 \times 20 \times 25.4 = 406.4\text{cm}^3$$

$$M_{\max} = \frac{1.5P}{l} = \frac{1.5 \times 100}{4} \times 6 = 225\text{kN} \cdot \text{m}$$

$$V_{\max} = \frac{1.5P}{2} = 75\text{kN}$$

因为翼缘$\dfrac{b_1}{t} = \dfrac{200-6}{2 \times 8} = 12.125 < 13\varepsilon_k = 13$，截面属于 S3 级

腹板$\dfrac{h_0}{t_w} = \dfrac{500}{6} = 83.3 < 93\varepsilon_k = 93$，截面属于 S3 级

整个截面属于 S3 级，所以可以考虑部分塑性。正应力验算：

$$\sigma = \frac{M}{\gamma_x W_x} = \frac{225 \times 10^6}{1.05 \times 1042 \times 10^3} = 205.6\text{N/mm}^2 < f = 215\text{N/mm}^2$$

最大剪应力强度验算：

$$\tau_{\max} = \frac{VS}{It_w} = \frac{75 \times 10^3 \times 593.9 \times 10^3}{26895 \times 10^4 \times 6} = 27.6\text{N/mm}^2 < f_v = 125\text{N/mm}^2$$

腹板与翼缘交界处折算应力验算：

$$\sigma_1 = \frac{My_1}{I_x} = \frac{225 \times 10^6 \times 250}{26895 \times 10^4} = 209.1\text{N/mm}^2$$

$$\tau_1 = \frac{VS_1}{I_x t_w} = \frac{75 \times 10^3 \times 406.4 \times 10^3}{26895 \times 10^4 \times 6} = 18.9\text{N/mm}^2$$

$$\sigma = \sqrt{\sigma_1^2 + 3\tau_1^2} = \sqrt{209.1^2 + 3 \times 18.9^2} = 210.0\text{N/mm}^2 < \beta_1 f = 1.1 \times 215 = 236.5\text{N/mm}^2$$

所以强度均满足。

（2）整体稳定性有保证的侧向支撑个数

如不需验算梁的整体稳定性，则需满足梁的整体稳定系数不小于 1.0。近似计算如下：

由式（5-40），$\varphi_b = 1.07 - \dfrac{\lambda_y^2}{44000\varepsilon_k^2} \geqslant 1.0$，即：

$$\lambda_y \leqslant \sqrt{0.07 \times 44000\varepsilon_k} = 55.5 \times 1 = 55.5$$

又 $\lambda_y = l_y/i_y$，$i_y = \sqrt{\dfrac{I_y}{A}} = \sqrt{\dfrac{2/12 \times 0.8 \times 20^3}{2 \times 0.8 \times 20 + 50 \times 0.6}} = 4.15\text{cm}$，则

$$l_y \leqslant 55.5 i_y = 55.5 \times 4.15 = 230.3\text{cm}$$

所以在梁跨中设 2 道侧向支承后，$l_y = 600/3 = 200\text{cm} < 230.3\text{cm}$，就能保证梁的整体稳定性。

（3）梁的整体稳定性验算

$$M_{\max} = \frac{1.5Pl}{4} = \frac{1.5 \times 35}{4} \times 6 = 78.75\text{kN} \cdot \text{m}$$

因为梁支座连接方式不能防止梁端截面扭转，因此梁的侧向计算长度为：

$$l_y = 1.2l = 1.2 \times 600 = 720\text{cm}，\lambda_y = l_y/i_y = 720/4.15 = 173.5$$

由附表 3-1，跨中无侧向支撑，集中荷载作用在上翼缘，得到：

$$\xi = \frac{l_1 t_1}{b_1 h} = \frac{720 \times 0.8}{20 \times 51.6} = 0.56 < 2.0$$

$$\beta_b = 0.73 + 0.18\xi = 0.73 + 0.18 \times 0.56 = 0.831$$

$$\varphi_b = \beta_b \cdot \frac{4320Ah}{\lambda_y^2 W_x}\left[\sqrt{1 + \left(\frac{\lambda_y t_1}{4.4h}\right)^2} + \eta_b\right]\varepsilon_k^2 =$$

$$= 0.831 \times \frac{4320 \times 62 \times 51.6}{173.5^2 \times 1042} \times \left[\sqrt{1 + \left(\frac{173.5 \times 0.8}{4.4 \times 51.6}\right)^2} + 0\right] = 0.428$$

$$\frac{M_x}{\varphi_b W_x f} = \frac{78.75 \times 10^3}{0.428 \times 1042 \times 215} = 0.823 < 1.0$$

整体稳定满足。

3. 框架梁下翼缘的畸变失稳

框架梁端的负弯矩区下翼缘受压，上翼缘受拉，且上翼缘有楼板起侧向支撑和提供扭转约束，因此负弯矩区的失稳是畸变失稳。

框架梁端负弯矩区的畸变屈曲临界应力可通过以下计算假定得到：将下翼缘作为压杆，腹板作为对下翼缘提供侧向弹性支撑的部件，上翼缘看成固定，则可以求出纯弯简支梁下翼缘发生畸变屈曲的临界应力，考虑到支座条件接近嵌固，弯矩快速下降变成正弯矩等有利因素，以及实际结构腹板高厚比的限值，腹板对翼缘能够提供强大的侧向约束，因此框架梁负弯矩区的畸变屈曲并不是一个需要特别加以精确计算的问题，因此《标准》给出了很简单的畸变屈曲临界应力计算公式。

正则化长细比 $\lambda_{n,b}$ 不大于 0.45 时，此时的弹塑性畸变屈曲应力基本达到钢材的屈服强度，不需要计算框架梁下翼缘的稳定性。当框架梁下翼缘的稳定性计算不满足时，可设置腹板加劲肋来为下翼缘提供更加刚强的约束，并带动楼板对框架梁提供扭转约束。设置腹板加劲肋后，刚度很大，一般不再需要计算整体稳定和畸变屈曲。

框架梁端支座承担负弯矩且梁顶有混凝土楼板时，框架梁下翼缘的稳定性计算应符合下列规定：

当 $\lambda_{n,b} \leqslant 0.45$ 时，可不计算框架梁下翼缘的稳定性。

当 $\lambda_{n,b} > 0.45$ 时，框架梁下翼缘的稳定性应按下列公式计算：

$$\frac{M_x}{\varphi_d W_{1x} f} \leqslant 1.0 \quad (5\text{-}45a)$$

$$\lambda_e = \pi \lambda_{n,b} \sqrt{\frac{E}{f_y}} \quad (5\text{-}45b)$$

$$\lambda_{n,b} = \sqrt{\frac{f_y}{\sigma_{cr}}} \quad (5\text{-}45c)$$

$$\sigma_{cr} = \frac{3.46 b_1 t_1^3 + h_w t_w^3 (7.27\gamma + 3.3)\varphi_1}{h_w^2 (12 b_1 t_1 + 1.78 h_w t_w)} E \quad (5\text{-}45d)$$

$$\gamma = \frac{b_1}{t_w} \sqrt{\frac{b_1 t_1}{h_w t_w}} \quad (5\text{-}45e)$$

$$\varphi_1 = \frac{1}{2}\left(\frac{5.436\gamma h_w^2}{l^2} + \frac{l^2}{5.436\gamma h_w^2}\right) \quad (5\text{-}45f)$$

式中　b_1——受压翼缘的宽度（mm）；

t_1——受压翼缘的厚度（mm）；

W_{1x}——弯矩作用平面内对受压最大纤维的毛截面模量（mm^3）；

φ_d——稳定系数，根据换算长细比 λ_e 查附表 4-1-2 采用；

$\lambda_{n,b}$——正则化长细比；

σ_{cr}——畸变屈曲临界应力（N/mm^2）；

l——框架梁端负弯矩区域的侧向支撑点之间的距离。当框架梁端支承的次梁高度不小于框架主梁高度一半时，次梁可作为框架梁的侧向支承点。此时 l 取次梁到框架梁端的净距离。其余情况，l 取框架梁净跨度的一半（mm）。

当框架梁下翼缘的稳定性计算不满足时，在侧向未受约束的受压翼缘区段内，应设置隅撑或沿梁长设间距不大于 2 倍梁高并与框架梁等宽的横向加劲肋。

【例题 5-5】 某二层的钢框架结构布置如图 5-23 所示。梁上有楼板布置，柱、梁均为 H 形钢截面，框架柱截面为 H600×400×14×25，框架梁截面为 H750×300×14×25，次梁截面高度为 400mm，均采用 Q355B 钢。试计算说明框架梁端部下翼缘是否满足稳定要求。

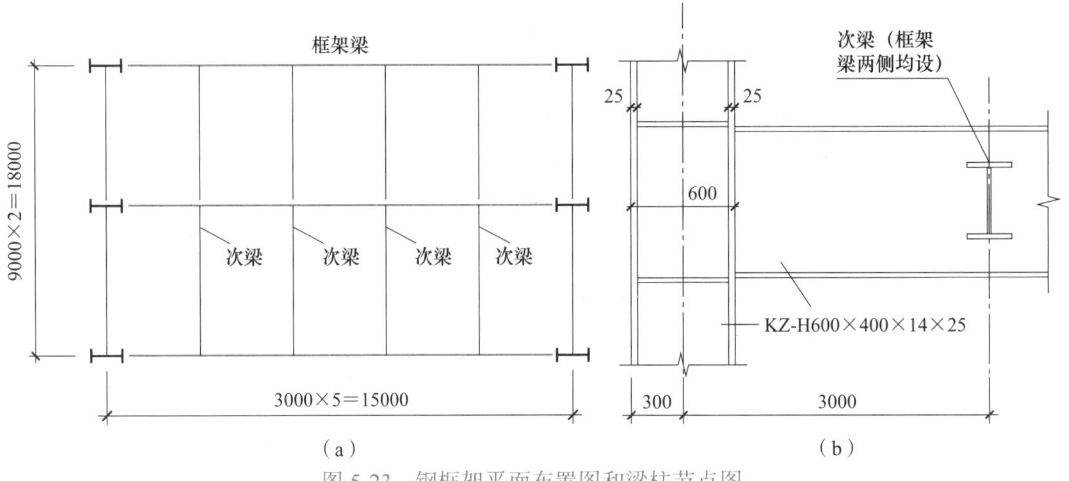

图 5-23　钢框架平面布置图和梁柱节点图

（a）结构平面布置；（b）梁柱节点

【解】 确定框架梁端侧向支点间的长度 l

次梁截面高度与框架梁截面高度的一半比较：

次梁：400mm ＞ 0.5×750mm，故 $l = 3000 - 300 = 2700$mm

框架梁翼缘宽度 $b_1 = 300$mm，腹板厚度 $t_w = 14$mm，腹板高度 $h_w = 750 - 25 \times 2 = 700$mm，$t_1 = 25$mm

$$\gamma = \frac{b_1}{t_w}\sqrt{\frac{b_1 t_1}{h_w t_w}} = \frac{300}{14}\sqrt{\frac{300\times25}{700\times14}} = 18.75$$

$$\varphi_1 = \frac{1}{2}\left(\frac{5.436\gamma h_w^2}{l^2} + \frac{l^2}{5.436\gamma h_w^2}\right)$$

$$= \frac{1}{2}\times\left(\frac{5.436\times18.75\times700^2}{2700^2} + \frac{2700^2}{5.436\times18.75\times700^2}\right) = 3.5$$

临界应力为：

$$\sigma_{cr}=\frac{3.46b_1t_1^3+h_wt_w^3(7.27\gamma+3.3)\varphi_1}{h_w^2(12b_1t_1+1.78h_wt_w)}E$$

$$=\frac{3.46\times300\times25^3+700\times14^3\times(7.27\times18.75+3.3)\times3.5}{700^2\times(12\times300\times25+1.78\times700\times14)}\times206000=3736\text{N/mm}^2$$

得到正则化长细比是：

$$\lambda_{n,b}=\sqrt{\frac{f_y}{\sigma_{cr}}}=\sqrt{\frac{355}{3736}}=0.308<0.45$$

框架梁下翼缘的稳定性满足。

5.4　受弯构件的局部稳定和加劲肋设计

组合梁一般由翼缘和腹板等板件组成，如果这些板件宽（高）而薄，板中压应力或剪应力达到某一数值后，受压翼缘或腹板可能偏离其平面位置，出现波形凹凸变形（图 5-24），这种现象称为梁局部失稳。

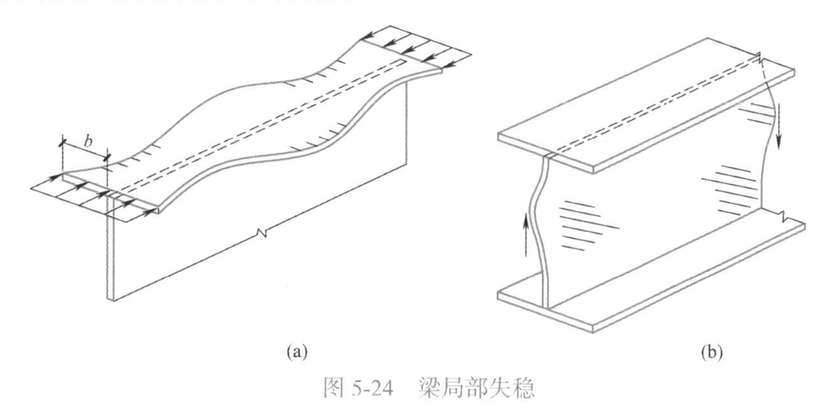

图 5-24　梁局部失稳

热轧型钢由于轧制条件，其板件宽厚比较小，都能满足表 5-1 的 S3 截面要求，局部稳定满足，不需要计算。

5.4.1　受压翼缘的局部稳定

受弯构件中板件的局部失稳就是不同约束条件的平板在不同应力分布下的失稳。根据板的弹性理论，单向均匀受压板的临界应力一般表达式已由第 4 章式（4-31b）给出，表达如下式：

$$\sigma_{cr}=\frac{\chi\kappa\pi^2E}{12(1-\nu^2)}\left(\frac{t}{b}\right)^2 \tag{5-46}$$

受弯构件的受压翼缘板沿厚度方向的应力梯度很小，可以近似作为受均布压应力作用的板件。为了充分发挥材料强度，翼缘应采用一定厚度的钢板，以使其临界应力 σ_{cr} 不低于钢材的屈服点 f_y，从而保证翼缘不丧失稳定。一般采用限制宽厚比的办法来保证梁的受压翼缘板的稳定性。

工字形截面受压翼缘板从腹板外侧挑出的外伸部分作为三边简支、一边自由的板件考虑，其屈曲系数 $\kappa=0.425$。支承翼缘板的腹板一般较薄，对翼缘板的约束作用很小，因此取弹性嵌固系数 $\chi=1.0$。在弹性阶段弯曲时，梁的最大边缘纤维应力为 f_y，若不考虑翼缘板厚度上应力的变化，近似取 $\sigma_{cr}=f_y$，并取 $E=206\times10^3\text{N/mm}^2$ 和 $\nu=0.3$，代入式（5-46），其中 b 为翼缘从腹板外侧悬挑长度，则可得到板件边缘屈服时其宽厚比为：

$$\frac{b}{t}\leqslant\sqrt{\frac{0.425\times\pi^2\times206\times10^3}{12\left(1-0.3^2\right)\times235}\cdot\frac{235}{f_y}}=18.34\sqrt{\frac{235}{f_y}}=18.34\varepsilon_k \tag{5-47}$$

S1 级、S2 级、S3 级、S4 级、S5 级分类的界限宽厚比分别定义为式（5-47）的 0.5、0.6、0.7、0.8 和 1.1 倍并取整数，结果见表 5-6，即是不同设计要求时，受压翼缘的宽厚比限值。

受压翼缘的各种截面屈曲宽厚比和《标准》取值比较　　表 5-6

宽厚比 / 屈服宽厚比	1.0	0.5	0.6	0.7	0.8	1.1
三边支承一边自由	18.34	9.17	11.00	12.84	14.67	20.17
标准取值	—	9	11	13	15	20
截面分类	—	S1	S2	S3	S4	S5

5.4.2　腹板的局部稳定

腹板受到的应力有弯矩引起的不均匀正应力 σ，剪力引起的剪应力 τ，还有可能承受梁上作用较大集中荷载时在腹板计算高度边缘一侧作用的局压应力 σ_c，在上述不同应力作用下腹板的局部失稳形式如图 5-25 所示。

在弯曲应力 σ 单独作用下，腹板的失稳形式如图 5-25（a）所示，凸凹波形的中心靠近其压应力合力的作用线。

在剪应力 τ 单独作用下，腹板在 45° 方向产生主应力，主拉应力和主压应力在数值上都等于剪应力。在主压应力作用下，腹板的失稳形式如图 5-25（b）所示，产生大约 45° 方向倾斜的凸凹波形。

在局部压应力 σ_c 单独作用下，腹板的失稳形式如图 5-25（c）所示，产生一个靠近横向压应力作用边缘的鼓曲面。

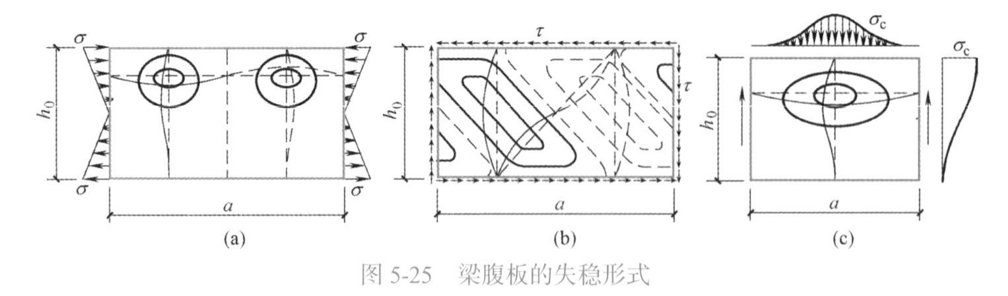

图 5-25　梁腹板的失稳形式

有两种方法考虑腹板的局部稳定性。对于承受静力荷载和间接承受动力荷载的组合梁，允许腹板在梁整体失稳之前屈曲，并利用其屈曲后强度，布置横向加劲肋并计算其抗弯和抗剪承载力，将在本章 5.5 节介绍。对于直接承受动力荷载的吊车梁及类似构件或其他不考虑屈曲后强度的组合梁，以腹板的屈曲作为承载能力的极限状态，按下述原则配置加劲肋，并计算腹板的稳定。

为了提高腹板的稳定性，可增加腹板的厚度，也可设置加劲肋。后一措施往往比较经济。

腹板加劲肋和翼缘板看作腹板的支承，将腹板划分为若干四边支承矩形板区格。这些板区格一般受有弯曲应力、剪应力及局部压应力的共同作用。

对于可能因剪应力或局部压应力引起屈曲的腹板，应隔一定距离设置横向加劲肋；对于可能因弯曲应力引起屈曲的腹板，宜在腹板受压区距受压翼缘 $h_0/5 \sim h_0/4$ 处设置纵向加劲肋；短加劲肋主要用于防止由局部压应力可能引起的腹板失稳；一般剪应力最容易引起腹板失稳，因此，三种加劲肋中横向加劲肋是最常采用的。

加劲肋的布置形式如图 5-26 所示。图 5-26（a）仅布置横向加劲肋，图 5-26（b）、图 5-26（c）同时布置横向加劲肋和纵向加劲肋、图 5-26（d）除布置横、纵向加劲肋外还设置短加劲肋。横、纵向加劲肋交叉处切断次要加劲肋即纵向加劲肋，让主要加劲肋即横向加劲肋贯通，并尽可能使纵向加劲肋两端支承于横向加劲肋上。

1. 腹板加劲肋的配置原则

经计算分析，不考虑腹板屈曲后强度时，组合梁腹板宜按下列规定配置加劲肋。

（1）当 $h_0/t_w \leq 80\varepsilon_k$ 时，对有局部压应力的梁，宜按构造配置横向加劲肋；当局部压应力较小时，可不配置加劲肋。

（2）直接承受动力荷载的吊车梁及类似构件，应按下列规定配置加劲肋（图 5-26）：

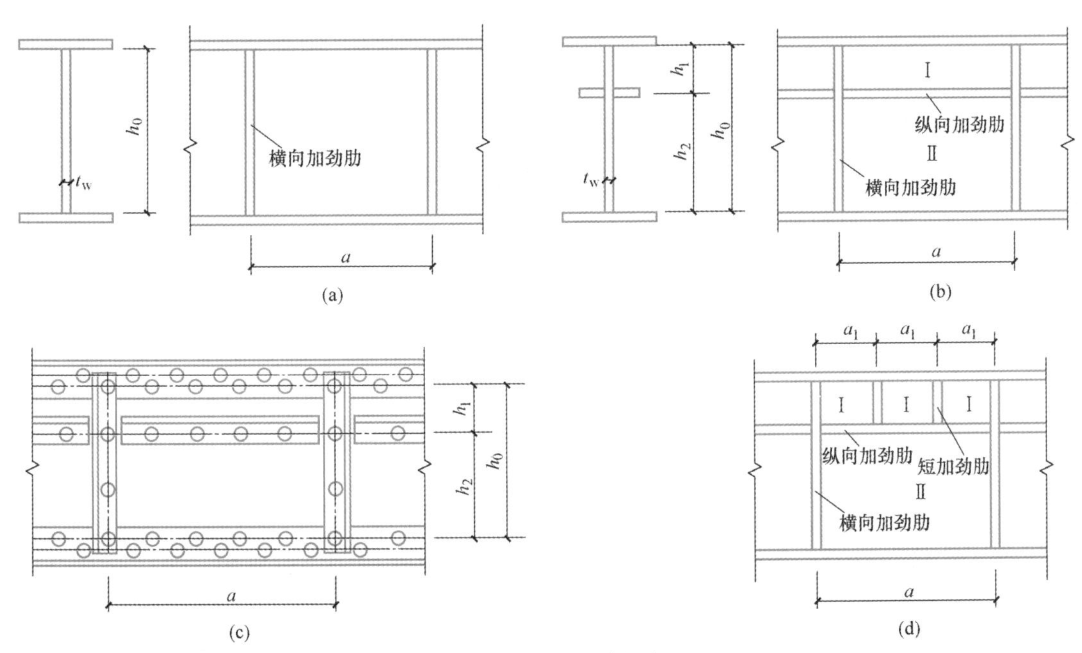

图 5-26 腹板加劲肋的布置

1）当 $h_0/t_w > 80\varepsilon_k$ 时，应配置横向加劲肋；

2）当受压翼缘扭转受到约束且 $h_0/t_w > 170\varepsilon_k$、受压翼缘扭转未受到约束且 $h_0/t_w > 150\varepsilon_k$，或按计算需要时，应在弯曲应力较大区格的受压区增加配置纵向加劲肋。局部压应力很大的梁，必要时尚宜在受压区配置短加劲肋。横向加劲肋的最小间距应为 $0.5h_0$，除无局部压应力的梁，当 $h_0/t_w \leqslant 100$ 时，最大间距可采用 $2.5h_0$ 外，最大间距应为 $2h_0$。纵向加劲肋至腹板计算高度受压边缘的距离应为 $h_0/5 \sim h_0/4$。短加劲肋的最小间距为 $0.75h_1$；

（3）不考虑腹板屈曲后强度时，当 $h_0/t_w > 80\varepsilon_k$，宜配置横向加劲肋；

（4）h_0/t_w 不宜超过 250；

（5）梁的支座处和上翼缘受有较大固定集中荷载处，宜设置支承加劲肋。

2. 单项临界应力的计算公式

计算腹板区格在弯曲应力、剪应力和局部压应力单独作用下的各项屈曲临界应力时，《标准》采用国际上通行的腹板高厚比表达方式，同时考虑了腹板的几何缺陷和残余应力的影响。

定义腹板正则化高厚比为钢材受弯、受剪或受压的屈服强度除以相应的腹板区格抗弯、抗剪或局部承压弹性屈曲临界应力之商的平方根。

$$\lambda_n = \sqrt{\frac{f_y}{\sigma_{cr}}} \tag{5-48}$$

由板的弹性稳定理论得到的式（5-46），改写为腹板高厚比，得到：

$$\sigma_{cr} = \frac{\chi \kappa \pi^2 E}{12(1-\nu^2)}\left(\frac{t_w}{h_0}\right)^2 \tag{5-49}$$

式中 λ_n——可用于代表抗弯计算时的正则化腹板高厚比 $\lambda_{n,b}$、抗剪计算时的高厚比 $\lambda_{n,s}$ 和横向集中荷载作用下的局部承压计算时的高厚比 $\lambda_{n,c}$；

f_y——用于代表抗弯和局部承压计算时的钢材的屈服点 f_y 和抗剪计算时的钢材抗剪屈服点 f_{vy}，$f_{vy} = \frac{1}{\sqrt{3}} f_y$；

σ_{cr}——用于代表腹板受弯时的临界应力 σ_{cr}，受剪时的临界应力 τ_{cr} 和局部承压时的临界应力 $\sigma_{c,cr}$；

χ——翼缘对腹板的嵌固系数；

κ——四边简支板的屈曲系数。

将钢材的弹性模量 $E = 206 \times 10^3 \text{N/mm}^2$，泊松比 $\nu = 0.3$ 代入式（5-49），并进而代入式（5-48），得到

$$\lambda_n = \frac{h_0/t_w}{28.1\sqrt{\chi\kappa}}\sqrt{\frac{f_y}{235}} = \frac{h_0/t_w}{28.1\sqrt{\chi\kappa}}\frac{1}{\varepsilon_k} \tag{5-50}$$

（1）仅设横向加劲肋的腹板区格

1）弯曲临界应力 σ_{cr}

对于既无缺陷又无残余应力的理想弹塑性板，不存在弹塑性过渡区，塑性范围和弹性范围的分界点是 $\lambda_{n,b} = 1.0$，此时，$\sigma_{cr} = f_y$。

实际工程中的板由于存在缺陷，在 $\lambda_{n,b}$ 未达到 1.0 之前临界应力就开始下降。《标准》取 $\lambda_{n,b} = 0.85$ 作为塑性范围和弹塑性范围的分界点；计算梁的整体稳定时，当稳定系数 φ_b 大于 0.6 时需做非弹性修正，相应的 $\lambda_{n,b} = \sqrt{1/0.6} = 1.29$，考虑到残余应力对腹板稳定的不利影响小于对梁整体稳定的影响，取 $\lambda_{n,b} = 1.25$ 作为弹塑性范围和弹性范围的分界点。弹塑性阶段，承载力和正则化长细比的关系是直线。

因此，弯曲临界应力的计算公式如下，分别对应着塑性、弹塑性和弹性状态。

当 $\lambda_{n,b} \leqslant 0.85$ 时

$$\sigma_{cr} = f \tag{5-51a}$$

当 $0.85 < \lambda_{n,b} \leqslant 1.25$ 时

$$\sigma_{cr} = [1 - 0.75(\lambda_{n,b} - 0.85)]f \tag{5-51b}$$

当 $\lambda_{n,b} > 1.25$ 时

$$\sigma_{cr} = 1.1f/\lambda_{n,b}^2 \tag{5-51c}$$

式中的 $\lambda_{n,b}$ 由以下式（5-53）计算得到。

将四边简支受弯板的屈曲系数 $\kappa_b = 23.9$ 代入式（5-50），得到

$$\lambda_{n,b} = \frac{h_0/t_w}{28.1\sqrt{23.9\chi_b}} \cdot \frac{1}{\varepsilon_k} \tag{5-52}$$

当梁的受压翼缘的扭转受到约束时，取嵌固系数 $\chi_b = 1.66$ 代入式（5-52），得到

$$\lambda_{n,b} = \frac{h_0/t_w}{177} \cdot \frac{1}{\varepsilon_k} \tag{5-53a}$$

当梁的受压翼缘的扭转未受到约束时，取嵌固系数 $\chi_b = 1.0$ 代入式（5-52），得到

$$\lambda_{n,b} = \frac{h_0/t_w}{138} \cdot \frac{1}{\varepsilon_k} \tag{5-53b}$$

当梁截面为单轴对称时，为了提高梁的整体稳定，一般加强受压翼缘，这样腹板的受压区高度 h_c 小于 $h_0/2$，腹板边缘压应力小于边缘拉应力，这时计算临界应力 σ_{cr} 时，屈曲系数 κ_b 应大于23.9。在实际计算中，仍取 $\kappa_b = 23.9$，而把腹板计算高度 h_0 用 $2h_c$ 代替。此时式（5-53a），式（5-53b）分别写成：

当梁的受压翼缘的扭转受到约束时

$$\lambda_{n,b} = \frac{2h_c/t_w}{177} \cdot \frac{1}{\varepsilon_k} \tag{5-54a}$$

当梁的受压翼缘的扭转未受到约束时

$$\lambda_{n,b} = \frac{2h_c/t_w}{138} \cdot \frac{1}{\varepsilon_k} \tag{5-54b}$$

2）剪切临界应力 τ_{cr}

剪切临界应力的计算公式如下，分别对应着塑性、弹塑性和弹性状态。

当 $\lambda_{n,s} \leqslant 0.8$ 时

$$\tau_{cr} = f_v \tag{5-55a}$$

当 $0.8 < \lambda_{n,s} \leqslant 1.2$ 时

$$\tau_{cr} = [1 - 0.59(\lambda_{n,s} - 0.8)]f_v \tag{5-55b}$$

当 $\lambda_{n,s} > 1.2$ 时

$$\tau_{cr} = 1.1f_v/\lambda_{n,s}^2 \tag{5-55c}$$

式中　f_v——钢材的抗剪强度设计值。

塑性和弹塑性的分界点以及弹塑性和弹性的分界点分别取 $\lambda_{n,s} = 0.8$ 和 $\lambda_{n,s} = 1.2$。前者参考欧盟规范 EC3-EVN-1993，后者认为钢材剪切比例极限为 $0.8f_{vy}$，再引入板件几何缺陷影响系数0.9，弹塑性和弹性的分界点为 $[1/(0.8\times0.9)]^{1/2} = 1.18$，调整为1.20。

$\lambda_{n,s}$ 由式（5-58）计算得到。

将腹板受剪嵌固系数 $\chi_s = 2.13$ 代入式（5-50），得到

$$\lambda_{n,s} = \frac{h_0/t_w}{37\eta\sqrt{\kappa_s}} \cdot \frac{1}{\varepsilon_k} \tag{5-56}$$

式中 η——简支梁取 1.11，框架梁梁端最大应力区取 1。

受剪腹板的屈曲系数 κ_s 和腹板区格的长宽比 a/h_0 有关。

当 $a/h_0 \leqslant 1.0$ 时

$$\kappa_s = 4 + 5.34\,(h_0/a)^2 \tag{5-57a}$$

当 $a/h_0 > 1.0$ 时

$$\kappa_s = 5.34 + 4\,(h_0/a)^2 \tag{5-57b}$$

式中 a——腹板横向加劲肋的间距。

将式（5-57）代入式（5-56），得到

当 $a/h_0 \leqslant 1.0$ 时

$$\lambda_{n,s} = \frac{h_0/t_w}{37\eta\sqrt{4 + 5.34\,(h_0/a)^2}} \cdot \frac{1}{\varepsilon_k} \tag{5-58a}$$

当 $a/h_0 > 1.0$ 时

$$\lambda_{n,s} = \frac{h_0/t_w}{37\eta\sqrt{5.34 + 4\,(h_0/a)^2}} \cdot \frac{1}{\varepsilon_k} \tag{5-58b}$$

当腹板不设横向加劲肋时，受剪腹板的屈曲系数 $\kappa_s = 5.34$。若要求 $\tau_{cr} = f_v$，则 $\lambda_{n,s}$ 不应大于 0.8，由式（5-56）可得高厚比限值

$$\frac{h_0}{t_w} \leqslant 0.8 \times 37 \times 1.1\sqrt{5.34}\,\varepsilon_k = 75.8\varepsilon_k \tag{5-59}$$

考虑到区格平均剪力一般低于 f_v，所以《标准》规定腹板不设横向加劲肋的限值为 $\dfrac{h_0}{t_w} \leqslant 80\varepsilon_k$。

3）局部压应力作用下的临界应力 $\sigma_{c,cr}$

局部受压临界应力的计算公式如下，分别对应着塑性、弹塑性和弹性状态。

当 $\lambda_{n,c} \leqslant 0.9$ 时

$$\sigma_{c,cr} = f \tag{5-60a}$$

当 $0.9 < \lambda_{n,c} \leqslant 1.2$ 时

$$\sigma_{c,cr} = [1 - 0.79\,(\lambda_{n,c} - 0.9)]\,f \tag{5-60b}$$

当 $\lambda_{n,c} > 1.2$ 时

$$\sigma_{c,cr} = 1.1 f/\lambda_{n,c}^2 \tag{5-60c}$$

式中的 $\lambda_{n,c}$ 由式（5-63）计算得到。

承受局部压应力的翼缘板对腹板的嵌固系数

$$\chi_c = 1.81 - 0.255\frac{h_0}{a} \tag{5-61}$$

和上式嵌固系数相配合的屈曲系数 κ_c 如下

当 $0.5 \leqslant a/h_0 \leqslant 1.5$ 时

$$\kappa_c = \left(7.4 + 4.5\frac{h_0}{a}\right)\frac{h_0}{a} \tag{5-62a}$$

当 $1.5 < a/h_0 < 2.0$ 时

$$\kappa_c = \left(11 - 0.9\frac{h_0}{a}\right)\frac{h_0}{a} \tag{5-62b}$$

计算 $\chi_c\kappa_c$ 比较复杂，进行简化后代入式（5-50），则得到

当 $0.5 \leqslant a/h_0 \leqslant 1.5$ 时

$$\lambda_{n,c} = \frac{h_0/t_w}{28\sqrt{10.9 + 13.4(1.83 - a/h_0)^3}} \cdot \frac{1}{\varepsilon_k} \tag{5-63a}$$

当 $1.5 < a/h_0 \leqslant 2.0$ 时

$$\lambda_{n,c} = \frac{h_0/t_w}{28\sqrt{18.9 - 5a/h_0}} \cdot \frac{1}{\varepsilon_k} \tag{5-63b}$$

在以上三组临界应力公式（5-51）、公式（5-55）和公式（5-60）中，式（a）和（b）都引进了抗力分项系数，对高厚比很小的腹板，临界应力等于强度设计值 f 或 f_v，而不是屈服点 f_y 或 f_{vy}。但是，式（c）都乘以系数 1.1，它是抗力分项系数的近似值，即式（c）临界应力是屈服点的理论值。这是因为板处于弹性范围时，具有较大的屈曲后强度。

（2）同时配有横向加劲肋和纵向加劲肋的腹板区格

梁腹板的纵向加劲肋设置在距腹板受压边缘距离 1/5～1/4 的腹板高度处，把腹板划分为上、下两个区格。

1）受压翼缘与纵向加劲肋之间的上区格

上区格是个狭长板幅，在弯矩作用下非均匀受压，应力由 σ 变到 0.55σ，此时的屈曲系数为 $\kappa_b = 5.13$，代入式（5-50），得到相应的通用高厚比

$$\lambda_{n,b1} = \frac{h_1/t_w}{28.1\sqrt{5.13\chi_b\varepsilon_k}} \cdot \frac{1}{\varepsilon_k} \tag{5-64}$$

当梁的受压翼缘的扭转受到约束时，取嵌固系数 $\chi_b = 1.4$ 代入式（5-64），得到

$$\lambda_{n,b1} = \frac{h_1/t_w}{75\varepsilon_k} \tag{5-65a}$$

当梁的受压翼缘的扭转未受到约束时，取嵌固系数 $\chi_b = 1.0$ 代入式（5-64），得到

$$\lambda_{n,b1} = \frac{h_1/t_w}{64\varepsilon_k} \tag{5-65b}$$

式中　h_1——纵向加劲肋到腹板受压边缘的距离。

把上两式（5-65a）和（5-65b）的 $\lambda_{n,b1}$ 代入式（5-51），即得上区格的弯曲临界应力 σ_{cr1}。

上区格的剪应力计算没有特殊处，在式（5-58）中用 h_1 代替 h_0 计算得到正则化高厚比后代入式（5-55）中即可。

在横向集中荷载作用下，不仅在上区格的上边缘有局部压应力 σ_c，下边缘还有局部压应力 $0.3\sigma_c$，区格可看作板状轴心受压柱计算其临界应力。板柱上端承受压应力 σ_c、分布宽度 l_z、板柱高度中央的应力分布宽度为上下边缘的平均值 $2.15l_z$，可近似取为 $2h_1$。这样，可把板柱看作截面积为 $2h_1t_w$ 的均匀受压柱。板柱的临界压应力按欧拉公式计算，

但弹性模量应以 $\frac{E}{1-\nu^2}$ 代替，则

$$N_{cr}=\frac{\pi^2 E}{(1-\nu^2)\lambda^2}2h_1 t_w \tag{5-66}$$

柱的计算长度为 h_1（两端铰接），截面回转半径为 $t_w/\sqrt{12}$，则 $\lambda=\sqrt{12}\,h_1/t_w$，代入上式，得到

$$N_{cr}=\frac{\pi^2 E}{6(1-\nu^2)}\left(\frac{t_w}{h_1}\right)^2 h_1 t_w$$

σ_c 的临界值为

$$\sigma_{c,cr1}=\frac{N_{cr}}{h_1 t_w}=37.2\left(\frac{100t_w}{h_1}\right)^2 \tag{5-67}$$

由此得到梁的受压翼缘扭转未受到约束时

$$\lambda_{n,c1}=\sqrt{\frac{f_y}{\sigma_{c,cr1}}}=\frac{h_1/t_w}{40\varepsilon_k} \tag{5-68a}$$

当梁的受压翼缘扭转受到约束时，相当于板柱上端嵌固，下端铰接，计算长度 $0.707h_1$，则

$$\lambda_{n,c1}=\frac{h_1/t_w}{56\varepsilon_k} \tag{5-68b}$$

2）纵向加劲肋与受拉翼缘之间的下区格

此区格在弯矩作用下的屈曲系数 $\kappa_b=47.6$，嵌固系数 $\chi_b=1.0$，代入式（5-50），得

$$\lambda_{n,b2}=\frac{h_2/t_w}{28.1\sqrt{47.6}}\cdot\frac{1}{\varepsilon_k}=\frac{h_2/t_w}{194\varepsilon_k} \tag{5-69}$$

式中　$h_2=h_0-h_1$。

下区格的临界剪应力和临界局部压应力的计算都和只设横向加劲肋的区格相同，即由式（5-55）和式（5-60）确定，不过在确定通用高厚比时都用 $h_2=h_0-h_1$ 代替 h_0。

（3）受压翼缘与纵向加劲肋之间配置短加劲肋的区格

加设短加劲肋，对弯曲压应力 $\sigma_{n,cr1}$ 的临界值无影响，仍由式（5-51）和式（5-65）计算。临界剪应力 τ_{cr1} 的计算方法不变，按式（5-55）计算，但其中的 λ_s 由式（5-58）中用 h_1 和 a_1 代替 h_0 和 a 计算得到，a_1 为短加劲肋的间距。

加设短加劲肋影响最大的为局部压应力的临界值。未设短加劲肋时，腹板上区格是狭长板，在局部压应力作用下性能接近两边支承板。设有短加劲后，成为四边支承板，稳定承载力提高，并和比值 a_1/h_1 有关。屈曲系数如下：

当 $a_1/h_1\leqslant 1.2$ 时

$$\kappa_c=6.8 \tag{5-70a}$$

当 $a_1/h_1>1.2$ 时

$$\kappa_c=6.8\sqrt{0.4+0.5\frac{a_1}{h_1}} \tag{5-70b}$$

相应的通用高厚比为

当 $a_1/h_1 \leqslant 1.2$ 时

当梁的受压翼缘的扭转受到约束时，取嵌固系数 $\chi_c = 1.4$，代入式（5-50），则

$$\lambda_{n,c1} = \frac{a_1/t_w}{87\varepsilon_k} \tag{5-71a}$$

当梁的受压翼缘的扭转未受到约束时，取嵌固系数 $\chi_c = 1.0$，代入式（5-50），则

$$\lambda_{n,c1} = \frac{a_1/t_w}{73\varepsilon_k} \tag{5-71b}$$

当 $a_1/h_1 > 1.2$ 时，上式（5-71）的右侧应乘以 $1\Big/\sqrt{0.4 + 0.5\dfrac{a_1}{h_1}}$。

3. 腹板加劲肋配置的计算

（1）仅配置横向加劲肋的腹板

仅配置横向加劲肋的腹板，各区格的局部稳定应按下式计算：

$$\left(\frac{\sigma}{\sigma_{cr}}\right)^2 + \left(\frac{\tau}{\tau_{cr}}\right)^2 + \frac{\sigma_c}{\sigma_{c,cr}} \leqslant 1.0 \tag{5-72}$$

式中 σ——所计算腹板区格内，由平均弯矩产生的腹板计算高度边缘的弯曲压应力；

τ——所计算腹板区格内，由平均剪力产生的腹板平均剪应力，$\tau = \dfrac{V}{h_w t_w}$；

σ_c——所计算腹板区格内，腹板计算高度边缘的局部压应力，$\sigma_c = \dfrac{F}{l_z t_w}$；

σ_{cr}，τ_{cr}，$\sigma_{c,cr}$——分别为弯矩、剪力、局部压力单独作用下的临界应力，按上述式（5-51）、式（5-55）和式（5-60）中所给出的公式计算。

（2）同时配置有横向加劲肋和纵向加劲肋的腹板

1）受压翼缘与纵向加劲肋之间的区格

该区格应满足：

$$\frac{\sigma}{\sigma_{cr1}} + \left(\frac{\tau}{\tau_{cr1}}\right)^2 + \left(\frac{\sigma_c}{\sigma_{c,cr1}}\right)^2 \leqslant 1.0 \tag{5-73}$$

式中 σ_{cr1}——临界弯曲应力，按上述式（5-51）计算，但其中的 $\lambda_{n,b}$ 由式（5-65）算得的 $\lambda_{n,b1}$ 代替；

τ_{cr1}——临界剪应力，按上述式（5-55）计算，其中的 $\lambda_{n,s}$ 由式（5-58）中用 h_1 代替 h_0 计算得到；

$\sigma_{c,cr1}$——临界压应力，按上述式（5-51）计算，但其中的 $\lambda_{n,b}$ 由式（5-68）算得的 $\lambda_{n,c1}$ 代替。

2）纵向加劲肋与受拉翼缘之间的区格

该区格应满足：

$$\left(\frac{\sigma_2}{\sigma_{cr2}}\right)^2 + \left(\frac{\tau}{\tau_{cr2}}\right)^2 + \frac{\sigma_{c2}}{\sigma_{c,cr2}} \leqslant 1.0 \tag{5-74}$$

式中 σ_2——所计算腹板区格内，由平均弯矩产生的腹板在纵向加劲肋处的弯曲压应力；

σ_{c2}——腹板在纵向加劲肋处的横向压应力，取 $0.3\sigma_c$；

σ_{cr2}——临界弯曲应力，按上述式（5-51）计算，但其中的 $\lambda_{n,b}$ 由式（5-69）算得的

$\lambda_{n,b2}$ 代替；

τ_{cr2}——临界剪应力，按上述式（5-55）计算，其中的 $\lambda_{n,s}$ 由式（5-58）中用 $h_2=h_0-h_1$ 代替 h_0 计算得到；

$\sigma_{c,cr2}$——临界压应力，按上述式（5-60）计算，但其中的 $\lambda_{n,c}$ 由式（5-63）中用 $h_2=h_0-h_1$ 代替 h_0 计算得到。

3）受压翼缘与纵向加劲肋之间配置短加劲肋的区格应满足式（5-73），即

$$\frac{\sigma}{\sigma_{cr1}}+\left(\frac{\tau}{\tau_{cr1}}\right)^2+\left(\frac{\sigma_c}{\sigma_{c,cr1}}\right)^2\leqslant 1.0 \tag{5-75}$$

式中 σ_{cr1}——临界弯曲应力，按上述式（5-51）计算，但其中的 $\lambda_{n,b}$ 由式（5-65）算得的 $\lambda_{n,b1}$ 代替；

τ_{cr1}——临界剪应力，按上述式（5-55）计算，但其中的 $\lambda_{n,s}$ 由式（5-58）中用 h_1 和 a_1 代替 h_0 和 a 计算得到，a_1 为短加劲肋的间距；

$\sigma_{c,cr1}$——临界压应力，按上述式（5-51）计算，但其中的 $\lambda_{n,b}$ 由式（5-71）算得的 $\lambda_{n,c1}$ 代替。

布置加劲肋后腹板的稳定计算具体例题见本章第 5.7 节例题 5-8。

5.4.3 加劲肋的构造和截面尺寸

焊接梁的加劲肋，宜在腹板两侧成对布置，必要时也可单侧布置。但支承加劲肋不应单侧布置。

横向加劲肋的间距 a（图 5-26）不得小于 $0.5h_0$，也不得大于 $2h_0$（对无局部压应力的梁，当 $h_0/t_w\leqslant 100\varepsilon_k$ 时，可采用 $2.5h_0$）。

加劲肋应有足够的刚度才能作为腹板的可靠支承，故对加劲肋的截面尺寸和截面惯性矩应有一定要求。

双侧布置的钢板横向加劲肋的外伸宽度应满足下式

$$b_s\geqslant\frac{h_0}{30}+40\ (\mathrm{mm}) \tag{5-76}$$

加劲肋的厚度

$$t_s\geqslant\frac{b_s}{15}，不受力加劲肋\ t_s\geqslant\frac{b_s}{19} \tag{5-77}$$

单侧布置时，外伸宽度应比上式（5-76）增大 20%，加劲肋的厚度随之增大。

在同时用横向加劲肋和纵向加劲肋加强的腹板中，横向加劲肋的截面尺寸除应符合上述规定外，其截面惯性矩 I_z 尚应满足下式要求：

$$I_z\geqslant 3h_0t_w^3 \tag{5-78}$$

纵向加劲肋的截面惯性矩 I_y，应满足下列公式要求：

当 $a/h_0\leqslant 0.85$ 时：

$$I_y\geqslant 1.5h_0t_w^3 \tag{5-79a}$$

当 $a/h_0>0.85$ 时：

$$I_y\geqslant\left(2.5-0.45\frac{a}{h_0}\right)\left(\frac{a}{h_0}\right)^2h_0t_w^3 \tag{5-79b}$$

短加劲肋的最小间距为 $0.75h_1$（图 5-26d）。短加劲肋外伸宽度应取为横向加劲肋外伸宽度的 0.7～1.0 倍，厚度不应小于短加劲肋外伸宽度的 1/15。

对大型梁，可采用型钢（H 型钢、工字钢、槽钢、肢尖焊于腹板的角钢）做成的加劲肋，其截面惯性矩不得小于相应钢板加劲肋的惯性矩。

在腹板两侧成对配置的加劲肋，其截面惯性矩 I_z 应按梁腹板中心线为轴线进行计算。在腹板一侧配置的加劲肋，其截面惯性矩 I_z 应按与加劲肋相连的腹板边缘为轴线进行计算。

为了避免焊缝交叉，减小焊接应力，与翼缘板、腹板相接处应切角，但直接承受动力荷载的梁（如吊车梁）的中间加劲肋下端不宜与受拉翼缘焊接，一般在距受拉翼缘不少于 50mm 处断开。作为焊接工艺孔时，切角宜采用半径 $R=30\text{mm}$ 的 1/4 圆弧。

5.4.4　支承加劲肋的计算

支承加劲肋（图 5-27）是指承受固定集中荷载或支座反力的横向加劲肋。支承加劲肋应在腹板两侧成对配置，并应进行整体稳定和端面承压计算。其截面通常比中间横向加劲肋大。

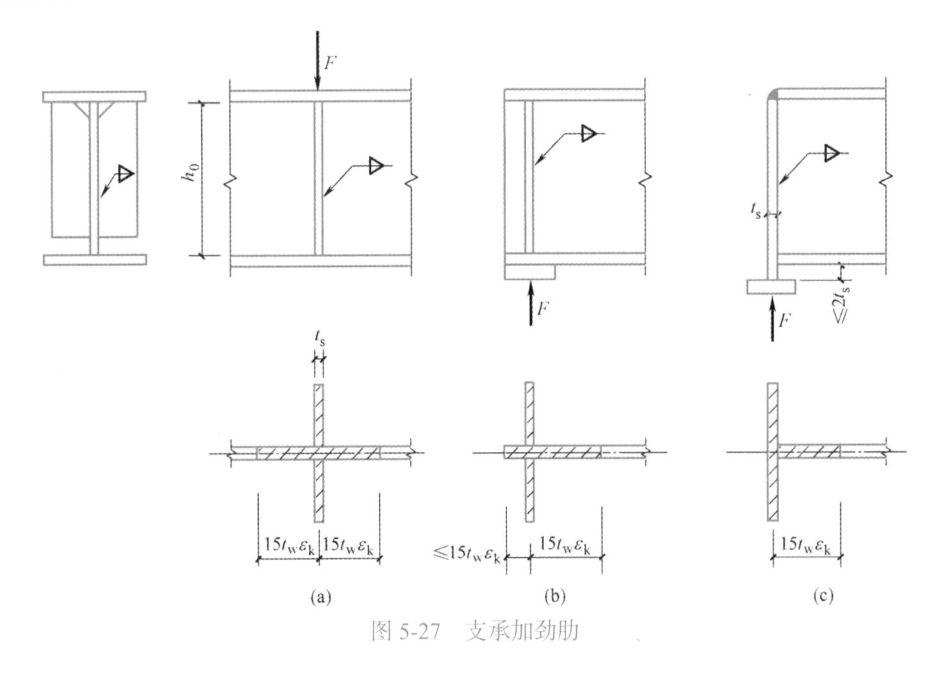

图 5-27　支承加劲肋

（1）应按承受梁支座反力或固定集中荷载的轴心受压构件计算其在腹板平面外的稳定性。此受压构件的截面包括加劲肋和加劲肋每侧各 $15t_w\varepsilon_k$ 范围内的腹板面积，其计算长度取 h_0。

（2）支承加劲肋的端部一般刨平顶紧于梁的翼缘或柱顶，其端面承压强度按

$$\sigma_{ce}=\frac{F}{A_{ce}}\leqslant f_{ce} \tag{5-80}$$

式中　F——支座反力或集中荷载；

A_{ce}——端面承压面积；

f_{ce}——钢材端面承压强度设计值。

梁的突缘支座（图 5-27c）的伸出长度不得大于其加劲肋厚度的 2 倍。

（3）支承加劲肋与腹板的连接焊缝，应按承受全部支座反力或集中荷载计算，计算时假定应力沿焊缝长度均匀分布。

横向加劲肋及支承加劲肋的设计过程见本章例题 5-8。

5.5 考虑腹板屈曲后强度的焊接截面梁设计

5.4 节介绍了梁的腹板在弯曲压应力、剪应力及横向局部压应力作用下，如果腹板厚度较薄，将会局部屈曲而产生平面外的挠曲变形。根据稳定理论确定了腹板小挠曲平衡状态的相应临界应力，为了保证腹板不发生局部屈曲，应设置加劲肋和适当加厚腹板的厚度。

理论分析和试验证明，四边支承的薄板屈曲性能与压杆不同，压杆一旦屈曲，即表示达到承载能力极限状态，屈曲荷载就是其极限荷载；四边支承的薄板则不同，屈曲荷载并不是它的极限荷载，薄板屈曲后还有较大的继续承载能力，称为屈曲后强度。

四边支承板，如果支承较强，则当板屈曲后发生出板面的侧向位移时，板中面内将产生薄膜张力场，张力的作用增强了板的抗弯刚度，可阻止侧向位移的加大，使板能继续承受更大的荷载，直至板屈服或板的四边支承破坏，这就是产生薄板屈曲后强度的由来。

焊接截面钢梁的腹板可看作支承在刚度较大的上、下翼缘板和两横向加劲肋之间的四边支承板。利用腹板的屈曲后强度，可加大腹板的高厚比，一般不必设置纵向加劲肋，可以获得更好的经济效果。

5.5.1 考虑腹板受剪屈曲后强度的抗剪承载力

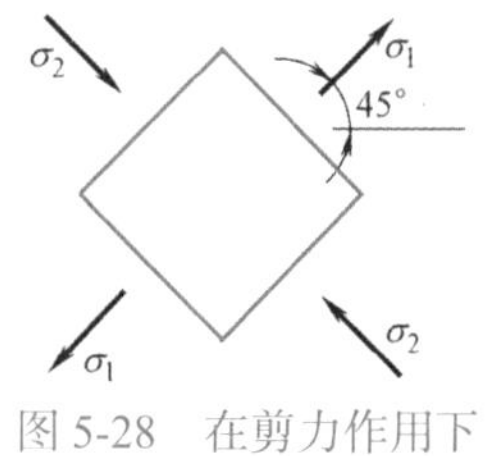

图 5-28 在剪力作用下腹板的主应力状态

腹板在剪应力作用下产生的主应力分布如图 5-28 所示，σ_1 为沿对角线的主拉应力，σ_2 为沿对角线的主压应力。当剪应力达到临界应力时，腹板区格将沿 45° 斜向屈曲，称为腹板因剪应力而失稳，此时腹板承担的剪力为 V_{cr}，如前所述 $V_{cr}=h_w t_w \tau_{cr}$。

如果 $\tau_{cr}<f_{vy}$，腹板虽然受剪屈曲，不能再继续承受斜向压力；但在另一方向主拉应力尚未达到屈服点，因薄膜张力作用还可继续受拉，最终腹板区格只有斜向张力场在起作用。此时的焊接截面梁的作用犹如一桁架，如图 5-29 所示，翼缘板相当于桁架的上、下弦杆，横向加劲肋相当于其竖腹杆，而腹板的张力场则相当于桁架的斜拉腹杆。

随着剪力的继续增加，张力场的张力也不断增大，直到腹板屈服为止。考虑腹板受剪屈曲后张力场的效果，腹板能承担的极限剪力 V_u 由两部分组成，一部分为薄板小挠度理论计算的屈曲剪力 V_{cr}，另一部分为张力场剪力 V_{tf}。腹板斜向张力场中拉力的水平分力由翼缘板承受，而竖向分力由于翼缘板的弯曲刚度小，由横向加劲肋承担。

腹板能承担的极限剪力 V_u 为

$$V_u = V_{cr} + V_{tf} \tag{5-81}$$

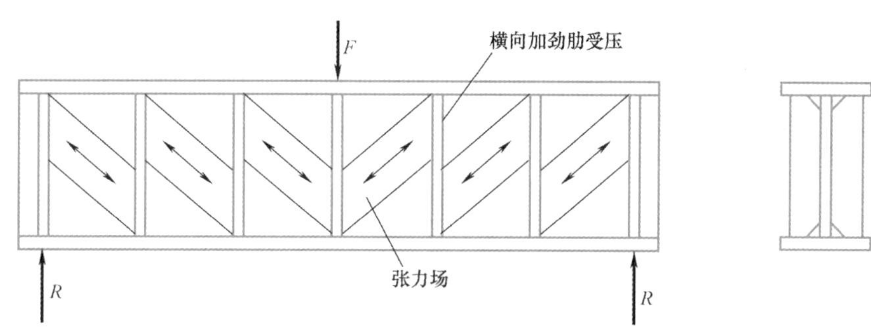

图 5-29　腹板中的张力场作用

下面计算张力场剪力 V_{tf}。

取图5-30所示的隔离体 $bcde$。b—e 和 d—c 分别为左右两腹板区格各自的平分线，b—c 为梁高 h 的平分线。则隔离体的 b—e 边和 d—c 边上的剪力各为 $V_{tf}/2$。

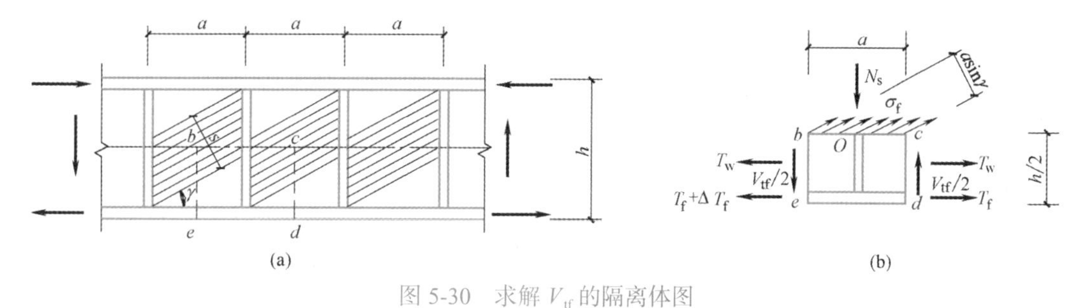

图 5-30　求解 V_{tf} 的隔离体图

首先确定张力场的最佳倾角 γ。假定张力场主要为传力到加劲肋的带形场，其宽度为 s。由几何关系得：

$$s = h_w \cos\gamma - a\sin\gamma \tag{5-82}$$

张力场的拉应力为 σ_f，其提供的竖向剪力：

$$\begin{aligned} V_{tf1} &= \sigma_f t_w s\sin\gamma = \sigma_f t_w (h_w\cos\gamma - a\sin\gamma)\sin\gamma \\ &= \sigma_f t_w \left(\frac{t_w}{2}\sin 2\gamma - a\sin^2\gamma\right) \end{aligned} \tag{5-83a}$$

张力场的最佳倾角 γ 应使张力场提供的抗剪强度为最大，即 $\frac{\mathrm{d}V_{tf1}}{\mathrm{d}\gamma} = 0$，可得：

$$\tan 2\gamma = \frac{h_w}{a}$$

由三角函数的关系，得：

$$\sin 2\gamma = \frac{1}{\sqrt{1+(a/h_w)^2}}$$

可见张力场的倾角为腹板区格对角线倾角的一半。

由图 5-30（b），由弯矩产生的水平力主要由翼缘板承受，认为腹板中的水平力不变。由平衡方程 $\sum X = 0$，得

$$\Delta T_f = (\sigma_f t_w a\sin\gamma)\cos\gamma = \sigma_f \frac{t_w a}{2}\sin 2\gamma \tag{5-83b}$$

式中　t_w——腹板厚度；

a——加劲肋的间距；

σ_f——均布的张力场拉应力。

对 O 点取矩，由 $\sum M_o = 0$，得：

$$\Delta T_f \frac{h}{2} - \frac{V_{tf}}{2} a = 0$$

代入上式，且 $h_w \approx h$，得：

$$V_{tf} = \sigma_f t_w \frac{h_w}{2} \sin 2\gamma = \frac{1}{2} \sigma_f t_w h_w \frac{1}{\sqrt{1 + (a/h_w)^2}} \tag{5-84}$$

腹板屈曲时的应力状态如图 5-31 所示。可见，屈曲后增加的拉力 σ_f 和屈曲时的 τ_{cr} 引起的主应力方向并不一致。为简化计算，假设二者是一致的，即可把二者叠加，则腹板的屈服条件为

$$\tau_{cr} + \frac{\sigma_f}{\sqrt{3}} = f_{vy}$$

则：

$$\sigma_f = \sqrt{3}\,(f_{vy} - \tau_{cr}) \tag{5-85}$$

将式（5-85）代入上式（5-84），并将式（5-84）代入式（5-81），得考虑张力场作用后腹板的抗剪强度为

$$V_u = V_{cr} + V_{tf} = h_0 t_w \left[\tau_{cr} + \frac{f_{vy} - \tau_{cr}}{1.15\sqrt{1 + (a/h_0)^2}} \right] \tag{5-86}$$

上述张力场法计算精确，但计算比较复杂。为简化计算，《标准》采用了一个根据数值计算结果得来的拟合函数，是不同尺寸区格腹板考虑屈曲后强度剪切承载力的下限，腹板极限剪力设计值计算公式如下：

$$V_u = h_w t_w \tau_u \tag{5-87}$$

式中　h_w——腹板的高度；

t_w——腹板的厚度；

τ_u——腹板考虑屈曲后抗剪强度设计值。其取值为

当 $\lambda_{n,s} \leqslant 0.8$ 时：

$$\tau_u = f_v \tag{5-88a}$$

当 $0.8 < \lambda_{n,s} \leqslant 1.2$ 时：

$$\tau_u = [1 - 0.5(\lambda_{n,s} - 0.8)] f_v \tag{5-88b}$$

当 $\lambda_{n,s} > 1.2$ 时：

$$\tau_u = f_v / \lambda_{n,s}^{1.2} \tag{5-88c}$$

其中，腹板正则化高厚比 $\lambda_{n,s}$ 的取值见式（5-58）所示。

上述 τ_u 计算公式（5-88）既适用于焊接工字梁只在梁两端配置支承加劲肋而跨度中间不配置横向加劲肋，也适用于同时配置支承加劲肋和横向加劲肋的情况。

图 5-32 给出了不考虑腹板屈曲后强度的 τ_{cr} 计算公式（5-55）和考虑腹板屈曲后强度的 τ_u 计算公式（5-88）所示的曲线，图中有竖直线区域为屈曲后强度。可以看出，当 $\lambda_{n,s} \leqslant 0.8$ 即 $\tau_u = f_v$ 时，无屈曲后强度。

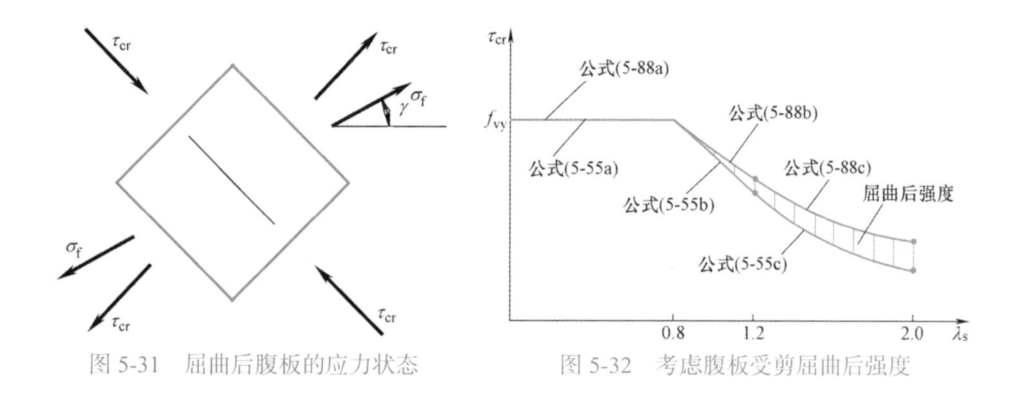

图 5-31　屈曲后腹板的应力状态　　图 5-32　考虑腹板受剪屈曲后强度

5.5.2　考虑腹板受弯屈曲后强度的抗弯承载力

当梁腹板区格在弯矩作用下受压边缘的最大压应力达 σ_{cr} 时，腹板发生受弯屈曲。此时弯曲区腹板将发生凹凸变形，部分受压区的腹板将不能继续承受压应力而退出工作。而 $\sigma_{cr}<f_y$ 时，腹板虽发生局部屈曲，但由于产生了薄膜张力，仍能承受增加的弯矩，一直到边缘压应力达到屈服点。

如图 5-33 所示，受压区弯曲应力分布不均匀，中和轴下移。引入有效截面的概念，认为腹板受压区的上、下两部分有效，中间部分退出工作，受拉部分全部有效。为了简化计算，使腹板屈曲后截面中和轴位置不改变，假设弯曲受拉区也有相应的高度为（$1-\rho$）h_c 的部分腹板退出工作，计算结果偏于安全。按有效截面计算梁利用腹板屈曲后强度的抗弯承载力设计值 M_{eu}

$$M_{eu}=\gamma_x\alpha_e W_x f \tag{5-89}$$

式中　γ_x——梁截面塑性发展系数；

W_x——全截面有效时的绕 x 轴的截面模量；

α_e——梁截面模量考虑腹板有效高度的折减系数。

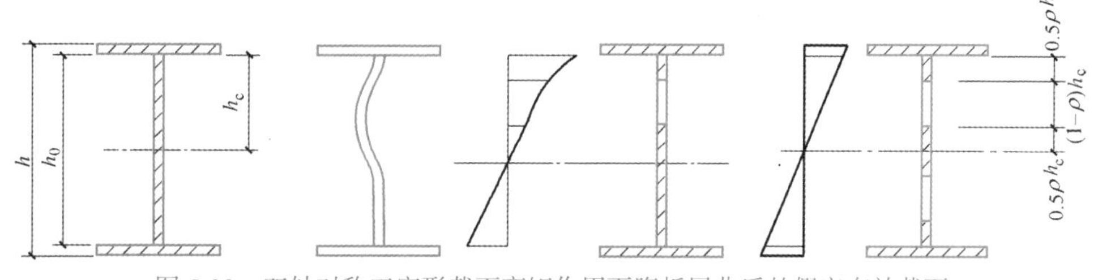

图 5-33　双轴对称工字形截面弯矩作用下腹板屈曲后的假定有效截面

设 I_x 为梁截面在腹板发生屈曲前绕 x 轴的惯性矩，I_{xe} 为腹板受压区发生屈曲、部分截面退出工作后的梁截面绕 x 轴的有效惯性矩，由图 5-33 所示假设的有效截面，得

$$I_{xe}=I_x-2(1-\rho)h_c t_w\left(\frac{h_c}{2}\right)^2=I_x-\frac{1-\rho}{2}h_c^3 t_w$$

则：

$$\alpha_e=\frac{I_{xe}}{I_x}=1-\frac{1-\rho}{2I_x}h_c^3 t_w \tag{5-90}$$

式中　h_c——按梁截面全部有效算得的腹板受压区高度；

ρ——腹板受压区有效高度系数，取值如下：

当 $\lambda_{n,b} \leqslant 0.85$ 时：

$$\rho = 1.0 \tag{5-91a}$$

当 $0.85 < \lambda_{n,b} \leqslant 1.25$ 时：

$$\rho = 1 - 0.82(\lambda_{n,b} - 0.85) \tag{5-91b}$$

当 $\lambda_{n,b} > 1.25$ 时：

$$\rho = \frac{1}{\lambda_{n,b}}\left(1 - \frac{0.2}{\lambda_{n,b}}\right) \tag{5-91c}$$

式中　$\lambda_{n,b}$——用于腹板受弯计算时的正则化高厚比，按式（5-54）计算。

公式（5-90）虽然导自双轴对称工字形截面，但也可近似用于单轴对称工字形截面。

5.5.3　焊接梁考虑腹板屈曲后强度的承载力

对直接承受动力荷载的梁，不能考虑腹板的屈曲后强度，按照第 5.4 节的方法设计梁的局部稳定和设置腹板加劲肋。对于非直接承受动力荷载的焊接梁，则可考虑腹板的屈曲后强度，按下式计算：

$$\left(\frac{V}{0.5V_u} - 1\right)^2 + \frac{M - M_f}{M_{eu} - M_f} \leqslant 1.0 \tag{5-92}$$

$$M_f = \left(A_{f1}\frac{h_1^2}{h^2} + A_{f2}h_2\right)f \tag{5-93}$$

式中　M，V——梁同一截面上同时产生的弯矩和剪力设计值；计算时当 $V < 0.5V_u$ 时，取 $V = 0.5V_u$；当 $M < M_f$，取 $M = M_f$；

M_f——由梁两翼缘所承担的弯矩设计值；

A_{f1}，h_1——较大翼缘的截面面积及其形心至梁中和轴的距离；

A_{f2}，h_2——较小翼缘的截面面积及其形心至梁中和轴的距离；

M_{eu}，V_u——考虑腹板屈曲后强度梁截面的抗弯和抗剪承载力设计值，分别见前述公式（5-89）和（5-87）。

焊接梁考虑腹板屈曲后强度的承载力计算过程见本章第 5.7 节例题 5-8。

5.5.4　考虑腹板屈曲后强度时梁腹板的中间横向加劲肋设计

如图 5-30（b）所示，考虑腹板受剪时的屈曲后强度，腹板中的斜向张力场将对横向加劲肋产生一个垂直压力 N_s，按张力场拉力的垂直分力计算：

$$N_s = \sigma_f t_w a \sin\gamma \sin\gamma = \sigma_f t_w a \sin^2\gamma = \frac{1}{2}\sigma_f t_w a(1 - \cos 2\gamma)$$

把公式（5-85）的 σ_f 和公式（5-84）导出的 $\cos 2\gamma$ 的值代入上式，得：

$$N_s = \frac{\sqrt{3}}{2} a t_w (f_{vy} - \tau_{cr})\left[1 - \frac{a/h_w}{\sqrt{1 + (a/h_w)^2}}\right] \tag{5-94}$$

为了简化计算，取：

$$N_s = V_u - \tau_{cr} h_w t_w$$

当横向加劲肋同时还承受集中力 F 作用时，横向加劲肋承受的压力为：

$$N_s = (V_u - \tau_{cr} h_w t_w) + F \tag{5-95}$$

式中 V_u——考虑腹板受剪屈曲后强度的抗剪承载力，即式（5-87）；

τ_{cr}——腹板区格的屈曲临界应力，见式（5-55）；

F——作用于中间支承加劲肋上端的集中压力。

计算加劲肋平面外稳定性时，截面应包括加劲肋及其两侧各 $15t_w\varepsilon_k$ 范围内的腹板面积，计算长度取为 h_0。

如图 5-34 所示，当支座旁的腹板区格利用屈曲后强度计算时，设计支座加劲肋时，除考虑承受梁的支座反力 R 外，尚应考虑承受由张力场引起的水平分力 H。水平分力 H 的大小见式（5-83b），作用点在距腹板计算高度上边缘 $h_0/4$ 处：

$$H = \sigma_f t_w a \sin\gamma \cos\gamma$$

为简化计算，取：

$$H = (V_u - \tau_{cr} h_w t_w)\sqrt{1 + \left(\frac{a}{h_0}\right)^2} \tag{5-96}$$

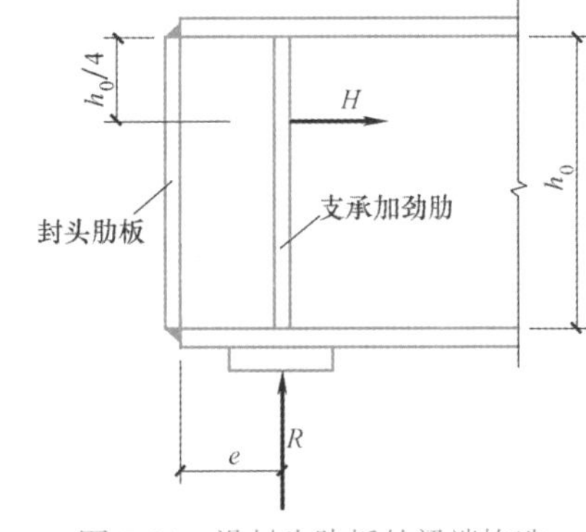

图 5-34 设封头肋板的梁端构造

式（5-96）中的 a 取值如下：对设有中间横向加劲肋的梁，a 取支座端区格的加劲肋间距；对不设中间横向加劲肋的梁，a 取支座至跨内剪力为零点的距离。

此水平分力 H 对中间加劲肋可认为两相邻区格的水平力相互抵消。但对支座加劲肋，必须考虑此水平力的作用，按压弯构件计算此支座加劲肋的强度和在腹板平面外的稳定性。

为了加强支座加劲肋抗 H 力的刚度，应设封头肋板，如图 5-34 所示。设封头肋板后，支座加劲肋可只按承受支座反力 R 的轴心压杆验算腹板平面外的稳定。

但封头肋板的截面积不应小于

$$A_c = \frac{3h_0 H}{16ef} \tag{5-97}$$

焊接梁考虑腹板屈曲后强度的腹板中间横向加劲肋设计以及支座加劲肋的设计计算过程见本章第 5.7 节例题 5-8。

5.6 型钢梁的设计

型钢梁中应用最广泛的是工字钢和 H 型钢。型钢梁设计一般应满足强度、整体稳定和刚度的要求。由于型钢截面的翼缘和腹板厚度较大，截面等级一般不低于 S3 级，局部稳定可以满足。

5.6.1 单向弯曲型钢梁

单向弯曲型钢梁的设计比较简单，下面简述其设计步骤。

1. 计算内力

根据已知梁的荷载设计值计算梁控制截面的弯矩和剪力。一般为最大弯矩 M_x 和最大剪力 V。

2. 初选截面

当梁的整体稳定有保证时，按抗弯强度求出需要的净截面模量

$$W_{nx} \geqslant \frac{M_x}{\gamma_x f}$$

当需要计算整体稳定时，预估梁的整体稳定系数 φ_b，按整体稳定求出需要的截面模量

$$W_x \geqslant \frac{M_x}{\varphi_b f}$$

根据计算的截面模量查型钢表选择合适的型钢。

3. 截面验算

按照所选定的型钢截面几何尺寸进行验算。

（1）强度验算

1）抗弯强度验算

按式（5-5）计算，M_x 应包括所选型钢梁自重所产生的弯矩。

2）抗剪强度验算

若型钢腹板截面无大的削弱，抗剪强度满足，一般不必验算。

验算抗剪强度时按式（5-8）计算。或采用近似方法，忽略翼缘板的作用，按下式进行计算

$$\tau = \frac{V}{h_w t_w} \leqslant f_v \tag{5-98}$$

当梁的翼缘有削弱时可将 V 乘以系数 1.2～1.5。

3）局部承压强度验算

当梁上有集中荷载作用且集中荷载作用处未设支承加劲肋时需按式（5-9）计算。不满足时需改选腹板较厚的截面。

4）折算应力的验算

对于梁上有较大弯矩和剪力的截面，需按式（5-10）计算。

（2）刚度验算

按式（5-12）计算。

（3）整体稳定验算

需进行整体稳定计算的梁应按式（5-35）计算。

【例题 5-6】 设图 5-35（a）为某车间工作平台的平面布置简图，梁上有钢筋混凝土预制铺板。次梁承受的荷载标准值为：恒载（不包括梁自重）1.5kN/m^2，活荷载 8kN/m^2。次梁跨度为 5m，间距为 2.5m，钢材为 Q235 钢。试按（1）平台铺板与次梁连牢；（2）平台铺板不与次梁连牢两种情况，分别选择次梁的截面。

【解】 （1）平台铺板与次梁连牢时，不必计算整体稳定。

1）初选截面

假设次梁自重为 0.5kN/m，次梁承受的线荷载设计值

$$q = 1.3\times1.5\times2.5 + 1.3\times0.5 + 1.5\times8\times2.5 = 35.53\text{kN/m}$$

梁跨中最大弯矩

$$M_x = \frac{1}{8}ql^2 = \frac{1}{8} \times 35.53 \times 5^2 = 111.03\text{kN} \cdot \text{m}$$

需要的净截面模量

$$W_x = \frac{M_x}{\gamma_x f} = \frac{111.03 \times 10^6}{1.05 \times 215} = 492\text{cm}^3$$

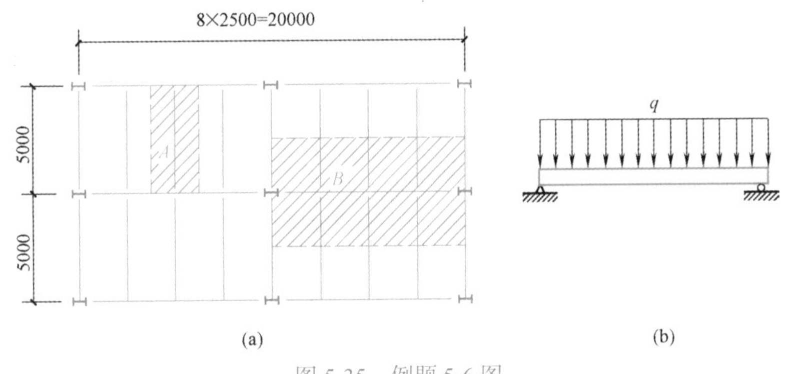

图 5-35　例题 5-6 图

（a）工作平台布置简图；（b）次梁的计算简图

根据附录 7 的表格，选用 I28a，$W_x = 508\text{cm}^3$，$I_x = 7115\text{cm}^4$，$I_x/S_x = 24.3\text{cm}$，$t = 13.7\text{mm}$，$t_w = 8.5\text{mm}$，$R = 10.5\text{mm}$，重量 $g = 43.5\text{kg/m} = 0.435\text{kN/m}$

翼缘 $\frac{b_1}{t} = \frac{122 - 8.5 - 2 \times 10.5}{2 \times 13.7} = 3.4 < 9\varepsilon_k = 9$，板件属于 S1。

腹板 $\frac{h_0}{t_w} = \frac{280 - 2 \times 13.7 - 2 \times 10.5}{8.5} = 27.2 < 65\varepsilon_k = 65$，板件属于 S1。$\gamma_x = 1.05$

2）截面验算

对于选定的梁

$$q = 1.3 \times 1.5 \times 2.5 + 1.3 \times 0.435 + 1.5 \times 8 \times 2.5 = 35.44\text{kN/m}$$

$$M_x = \frac{1}{8}ql^2 = \frac{1}{8} \times 35.44 \times 5^2 = 110.75\text{kN} \cdot \text{m}$$

$$V = \frac{1}{2}ql = \frac{1}{2} \times 35.44 \times 5 = 88.6\text{kN}$$

① 截面强度验算

弯曲正应力

$$\sigma = \frac{M_x}{\gamma_x W_{nx}} = \frac{110.75 \times 10^6}{1.05 \times 508 \times 10^3} = 208\text{N/mm}^2 < f = 215\text{N/mm}^2$$

剪应力

$$\tau = \frac{VS}{I_x t_w} = \frac{88.6 \times 10^3}{8.5 \times 24.3 \times 10} = 42.9\text{N/mm}^2 < f_v = 125\text{N/mm}^2$$

由于型钢的腹板较厚，若腹板无较大削弱，不必验算抗剪强度。

若次梁叠于主梁之上，支座处局部压应力：

假定支座处支承长度为 $a = 150\text{mm}$，$h_y = R + t = 10.5 + 13.7 = 24.2\text{mm}$

$$l_z = a + 2.5h_y = 150 + 2.5 \times 24.2 = 210.5\text{mm}$$

$$\sigma_c = \frac{\psi F}{l_z t_w} = \frac{1.0 \times 88.6 \times 10^3}{8.5 \times 210.5} = 49.52\text{N/mm}^2 < f = 215\text{N/mm}^2$$

② 刚度验算

次梁承受的线荷载标准值

$$q_k = 1.5 \times 2.5 + 0.435 + 8 \times 2.5 = 24.19\text{kN/m}$$

$$\frac{v}{l} = \frac{5}{384}\frac{q_k l^3}{EI_x} = \frac{5}{384} \times \frac{24.19 \times 5^3 \times 10^9}{2.06 \times 10^5 \times 7115 \times 10^4} = \frac{1}{372} < \left[\frac{v}{l}\right] = \frac{1}{250}$$，满足要求。

（2）若平台铺板不与次梁连牢，则需要计算其整体稳定。

1）初估截面

假设次梁自重为 0.6kN/m，按整体稳定要求选截面。

参考普通工字钢的整体稳定系数（附录 3 的附表 3-2），假设 $\varphi_b = 0.73 > 0.6$，则：

$$\varphi_b' = 1.07 - \frac{0.282}{\varphi_b} = 1.0 - \frac{0.282}{0.73} = 0.684$$

需要的毛截面模量为：

$$W_x = \frac{M_x}{\varphi_b f} = \frac{111.03 \times 10^6}{0.684 \times 215} = 755\text{cm}^3$$

根据附录 7 的表格，选用 I36a，$W_x = 878\text{cm}^3$，重量 $g = 60.0\text{kg/m} = 0.60\text{kN/m}$

2）截面验算

对于选定的梁

$$q = 1.3 \times 1.5 \times 2.5 + 1.3 \times 0.60 + 1.5 \times 8 \times 2.5 = 35.66\text{kN/m}$$

$$M_x = \frac{1}{8}ql^2 = \frac{1}{8} \times 35.66 \times 5^2 = 111.44\text{kN} \cdot \text{m}$$

稳定系数仍为 $\varphi_b' = 0.684$

整体稳定验算：

$$\frac{M_x}{\varphi_b W_x f} = \frac{111.44 \times 10^6}{0.684 \times 878 \times 10^3 \times 215} = 0.86 < 1.0$$

其他验算亦满足，略。

3）用钢量比较

I28a，截面面积为 $A = 55.4\text{cm}^2$，I36a，$A = 76.4\text{cm}^2$，则后者比前者多用钢：

$$\frac{76.4 - 55.4}{55.4} = 37.9\%$$

因此，应使铺板与次梁焊牢，保证梁整体稳定，由抗弯强度选截面更经济。

5.6.2 双向弯曲型钢梁

双向弯曲型钢梁承受两个主平面方向的荷载，设计方法与单向弯曲型钢梁相同，应考虑强度、整体稳定、挠度等的计算，由于型钢截面的翼缘和腹板厚度较大，截面等级一般不低于 S3 级。

双向弯曲梁的抗弯强度按式（5-6）计算，即

$$\frac{M_x}{\gamma_x W_{nx}}+\frac{M_y}{\gamma_y W_{ny}}\leqslant f$$

双向弯曲梁的整体稳定的理论分析较为复杂，一般按经验近似公式计算，《标准》规定双向受弯的 H 型钢或工字钢截面梁应按下式计算其整体稳定

$$\frac{M_x}{\varphi_b W_x}+\frac{M_y}{\gamma_y W_y}\leqslant f \tag{5-99}$$

式中 φ_b——绕强轴（x轴）弯曲所确定的梁整体稳定系数。

设计时应尽量满足不需计算整体稳定的条件，这样可按抗弯强度条件选择型钢截面，由式（5-6）可得

$$W_{nx}\geqslant\left(M_x+\frac{\gamma_x W_{nx}}{\gamma_y W_{ny}}M_y\right)\frac{1}{\gamma_x f}=\frac{M_x+\alpha M_y}{\gamma_x f} \tag{5-100}$$

对小型号的型钢，可近似取 $\alpha=6$（窄翼缘 H 型钢和工字钢）或 $\alpha=5$（槽钢）。

双向弯曲型钢梁最常用于檩条（图 5-36），其截面一般为 H 型钢（檩条跨度较大时）、槽钢（跨度较小时）或冷弯薄壁 Z 钢（轻型屋面且跨度不大时）等。型钢檩条的腹板垂直于屋面放置，竖向线荷载 q 可分解为垂直于截面两个主轴 x-x 轴和 y-y 轴的分荷载 $q_x=q\cos\varphi$ 和 $q_y=q\sin\varphi$，从而引起双向弯曲。

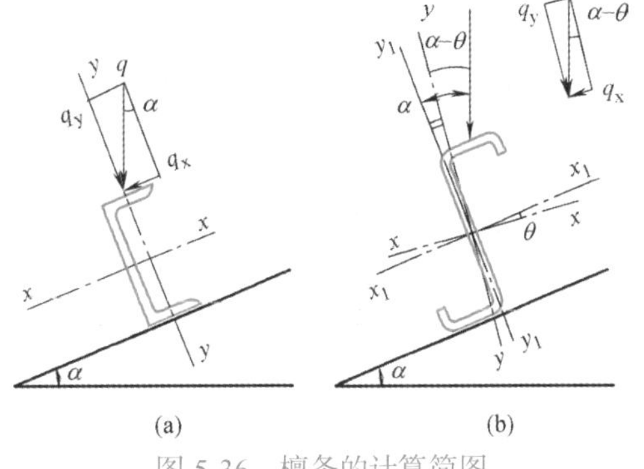

图 5-36 檩条的计算简图

为减小檩条和墙梁平面外的计算跨度，工程中一般沿屋面或墙面设置拉条、斜拉条以及撑杆等。

【例题 5-7】 设计某钢屋架的普通热轧槽钢檩条（图 5-37），两端简支，跨度 $l=6$m，跨中沿屋面坡向设置一道拉条，屋面坡度 $i=1/2.5$，屋面材料为钢丝网水泥波形瓦，重量为（沿屋面坡向）0.60kN/m^2，下铺木丝板保温层，重量为（沿屋面坡向）0.25kN/m^2，屋面均布活载为（水平投影面）0.50kN/m^2，雪荷载为（水平投影面）0.35kN/m^2。檩条水平间距为 1.35m（沿屋面坡向间距为 1.454m），材料 Q235 钢。

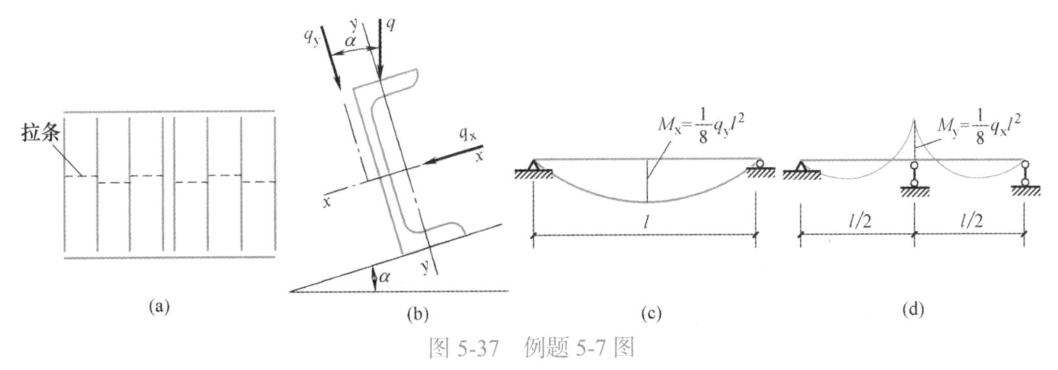

图 5-37 例题 5-7 图

【解】 屋面坡度 $\tan\alpha=1/2.5$，$\cos\alpha=0.9285$，$\sin\alpha=0.3714$，

（1）荷载及内力计算

预估檩条（包括拉条）自重 0.15kN/m

檩条线荷载标准值为：

$$q_k = (0.60 + 0.25) \times 1.454 + 0.15 + 0.5 \times 1.35 = 2.061\text{kN/m}$$

设计值为：

$$q = 1.3 \times (0.85 \times 1.454 + 0.15) + 1.5 \times 0.5 \times 1.35 = 2.814\text{kN/m}$$

$$q_x = q\sin\alpha = 2.814 \times 0.3714 = 1.045\text{kN/m}$$

$$q_y = q\cos\alpha = 2.814 \times 0.9285 = 2.613\text{kN/m}$$

$$M_x = \frac{1}{8} q_y l^2 = \frac{1}{8} \times 2.613 \times 6^2 = 11.76\text{kN} \cdot \text{m}$$

$$M_y = \frac{1}{8} q_x l_1^2 = \frac{1}{8} \times 1.045 \times 3^2 = 1.18\text{kN} \cdot \text{m}$$

（2）初选截面

$$W_{nx} = \frac{M_x + \alpha M_y}{\gamma_x f} = \frac{(11.76 + 5 \times 1.18) \times 10^6}{1.05 \times 215} = 78.2\text{cm}^3$$

由附表 7-3，选檩条槽钢［14a，重 0.145kN/m，考虑拉条重量，符合估计值，弯矩不再重算。

翼缘 $\frac{b_1}{t} = \frac{58 - 6.0 - 9.5}{9.5} = 4.5 < 9\varepsilon_k = 9$，板件属于 S1。

腹板 $\frac{h_0}{t_w} = \frac{140 - 2 \times 9.5 - 2 \times 9.5}{6.0} = 17 < 65\varepsilon_k = 65$，板件属于 S1。$\gamma_x = 1.05$，$\gamma_y = 1.2$

（3）截面验算

1）强度

$$\sigma = \frac{M_x}{\gamma_x W_{nx}} + \frac{M_y}{\gamma_y W_{ny}} = \frac{11.76 \times 10^6}{1.05 \times 80.5 \times 10^3} + \frac{1.18 \times 10^6}{1.20 \times 13.0 \times 10^3}$$

$$= 214.8\text{N/mm}^2 < f = 215\text{N/mm}^2$$

2）垂直于屋面方向的挠度

$$\frac{v}{l} = \frac{5}{384} \frac{q_{yk} l^3}{EI_x} = \frac{5}{384} \times \frac{2.061 \times 0.9285 \times 6000^3}{206 \times 10^3 \times 564 \times 10^4} = \frac{1}{216} < \frac{[v]}{l} = \frac{1}{150}$$

因有拉条，不必验算整体稳定。

5.7 焊接梁的设计

5.7.1 初选截面

选择焊接梁的截面时，首先要初步估算梁的截面高度、腹板厚度和翼缘尺寸（图 5-38）。下面介绍焊接截面梁试选截面的方法。

1. 梁的截面高度

确定梁的截面高度应考虑以下三个条件：

（1）容许最大高度 h_{max}

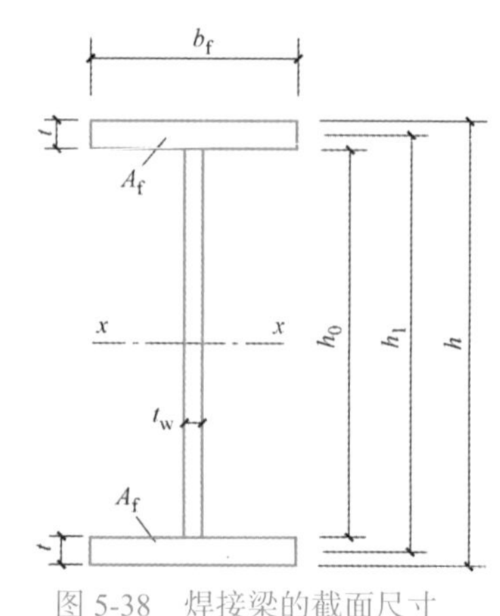

图 5-38　焊接梁的截面尺寸

梁的容许最大高度 h_{max} 是由生产工艺和建筑使用要求所需要的净空要求决定的。

（2）容许最小高度 h_{min}

刚度条件决定了梁的最小高度 h_{min}。即应使梁在全部荷载标准值作用下的挠度 v 不大于容许挠度［v］，即：

$$\frac{v}{l} \approx \frac{M_k l}{10EI_x} = \frac{\sigma_k l}{5Eh} \leqslant \frac{[v]}{l}$$

式中 σ_k——全部荷载标准值产生的最大弯曲正应力。

若梁的抗弯强度基本用足，即 σ 接近 f，可令 $\sigma_k = f/1.4$，这里 1.4 为近似的平均荷载分项系数。由此得梁的最小高跨比的计算式

$$\frac{h_{min}}{l} = \frac{\sigma_k l}{5E[v]} = \frac{f}{1.44 \times 10^6} \frac{l}{[v]} \tag{5-101}$$

由上式（5-101）可见，梁的容许挠度要求愈严格，则梁所需截面高度愈大。钢材的强度愈高，梁所需截面高度也愈大。

（3）经济高度

一般情况下，梁的高度大，腹板用钢量增多，而翼板用钢量相对减少；梁的高度小，则情况相反。最经济的高度下应使梁的总用钢量最少。设计时可参照下列经济高度的经验公式初选截面高度

$$h_e = 7\sqrt[3]{W_x} - 30\text{（cm）} \tag{5-102}$$

式中 W_x——梁所需要的截面模量，$W_x = \dfrac{M_x}{\gamma_x f}$。

根据上述三个条件，实际取用的梁高 h 一般应满足

$$h_{min} \leqslant h \leqslant h_{max}$$

$$h \approx h_e$$

2. 腹板高度 h_w

腹板高度应取稍小于梁高的尺寸，并考虑腹板的规格尺寸，一般取腹板高度为 50mm 的倍数。

3. 腹板厚度 t_w

腹板厚度应满足抗剪强度的要求。初选截面时，可取

$$t_w = \frac{\alpha V}{h_w f_v} \tag{5-103a}$$

当梁端翼缘截面无削弱时，式中的系数 α 宜取 1.2；当梁端翼缘截面有削弱时 α 取 1.5。

由腹板的抗剪强度所得的 t_w 一般较小。为了考虑局部稳定和构造等因素，腹板厚度一般用下列经验公式计算：

$$t_w = \frac{\sqrt{h_w}}{3.5} \tag{5-103b}$$

式中，t_w 和 h_w 的单位均为 mm。

实际采用的腹板厚度应考虑钢板的规格，一般为 2mm 的整数倍。对于承受静力荷载的板，厚度取值宜比上两式的计算值略小；对考虑腹板屈曲后强度的梁，腹板厚度可更小，但不得小于 6mm，也不应使高厚比超过 250。

4. 翼缘板尺寸

翼缘板尺寸可根据需要的截面模量和腹板截面尺寸计算。

$$I_x = \frac{1}{12}t_w h_w^3 + 2b_f t\left(\frac{h_1}{2}\right)^2$$

$$W_x = \frac{2I_x}{h} = \frac{1}{6}t_w\frac{h_w^3}{h} + b_f t\frac{h_1^2}{h}$$

初选截面时取 $h \approx h_1 \approx h_w$，则上式为

$$W_x = \frac{t_w h_w^2}{6} + b_f t h_w$$

因此可得

$$b_f t = \frac{W_x}{h_w} - \frac{t_w h_w}{6} \tag{5-104}$$

由上式可以算出一个翼缘板需要的面积 $b_f t$，再选定翼缘板宽度 b_f 和厚度 t 中的任一数值，即可求得其中的另一数值。一般翼缘板的宽度为

$$\frac{h}{6} \leqslant b_f \leqslant \frac{h}{2.5} \tag{5-105}$$

确定翼缘板的尺寸时，应注意满足局部稳定要求，使受压翼缘的外伸宽度与厚度的比值满足表 5-1 截面等级 S3 或 S4 要求。即

$$\frac{b}{t} \leqslant 13\varepsilon_k\text{（或 }15\varepsilon_k\text{）}$$

选择翼缘尺寸时，应符合钢板规格，宽度取 10mm 的倍数，厚度取 2mm 的倍数。

5.7.2 截面验算

根据选定的截面尺寸进行截面的几何特性计算，如惯性矩、截面模量等，然后进行验算。梁的截面验算包括强度、刚度、整体稳定和局部稳定几个方面。验算时应注意考虑梁的自重产生的内力。

5.7.3 焊接梁截面沿长度的改变

梁的弯矩是沿梁的长度变化的，因此，梁的截面如能随弯矩而变化，则可节约钢材。对跨度较小的梁，增加了加工量，不宜改变截面。

单层翼缘板的焊接梁改变截面时，宜改变翼缘板的宽度（图 5-39）而不改变其厚度。

梁改变一次截面约可节约钢材 10%～20%。如再多改变一次，可再节约 3%～4%，效果不显著。为了便于制造，一般只改变一次截面。

对承受均布荷载的梁，截面改变位置在距支座 1/6 处（图 5-39）最有利。较窄翼缘板宽度 b_f' 应由截面开始改变处的弯矩 M_1 确定。为了减少应力集中，宽板应从截面开始改变处向一侧以不大于 1∶2.5 的斜度放坡，然后与窄板对接。多层翼缘板的梁，可用切断外层板的办法来改变梁的截面（图 5-40）。理论切断点的位置可由计算确定。

为了保证被切断的翼缘板在理论切断处能正常工作，其外伸长度 l_1 应满足下列要求。

端部有正面角焊缝：

当 $h_f \geqslant 0.75t_1$ 时，$l_1 \geqslant b_1$；

当 $h_f < 0.75t_1$ 时，$l_1 \geqslant 1.5b_1$。

端部无正面角焊缝：$l_1 \geqslant 2b_1$。

式中，b_1 和 t_1 分别为被切断翼缘板的宽度和厚度；h_f 为侧面角焊缝和正面角焊缝的焊脚尺寸。

为了降低梁的建筑高度，简支梁可以在靠近支座处减小其高度，而使翼缘截面保持不变，其中图 5-41 构造简单，制作方便。梁端部高度应根据抗剪强度要求确定，但不宜小于跨中截面高度的 1/2。

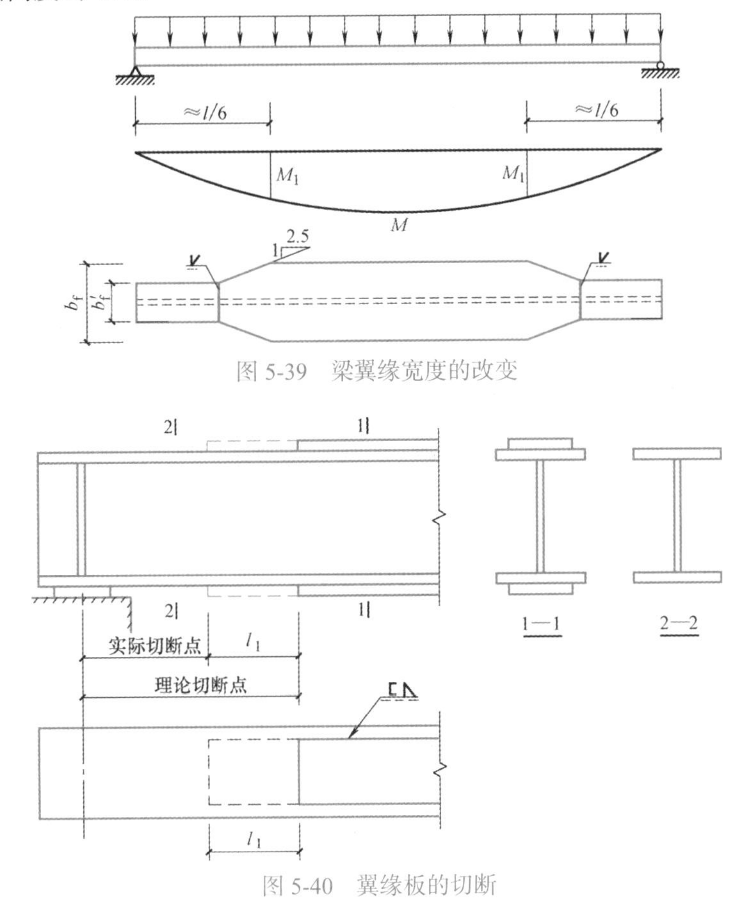

图 5-39　梁翼缘宽度的改变

图 5-40　翼缘板的切断

(a)

(b)

图 5-41　变高度梁

5.7.4 焊接截面梁翼缘与腹板连接焊缝的计算

如图 5-42 所示，当梁弯曲时，由于相邻截面中作用在翼缘截面的弯曲正应力有差值，翼缘与腹板间将产生水平剪应力。沿梁单位长度的水平剪力为：

$$V_1 = \tau_1 t_w \cdot 1 = \frac{VS_1}{I_x t_w} t_w = \frac{VS_1}{I_x}$$

式中 τ_1——腹板与翼缘交界处的水平剪应力（与竖向剪应力相等）；

S_1——翼缘截面对梁中和轴的面积矩。

当腹板与翼缘板用角焊缝连接时，角焊缝有效截面上承受的剪应力 τ_f 不应超过角焊缝强度设计值 f_f^w，即：

$$\tau_f = \frac{V_1}{2 \times 0.7 h_f} = \frac{VS_1}{1.4 h_f I_x} \leqslant f_f^w$$

需要的焊脚尺寸为：

$$h_f \geqslant \frac{VS_1}{1.4 I_x f_f^w} \tag{5-106}$$

当梁的翼缘上受有固定集中荷载而未设置支承加劲肋时，或受有移动集中荷载（如吊车轮压）时，上翼缘与腹板之间的连接焊缝，除承受沿焊缝长度方向的剪应力 τ_f 外，还承受垂直于焊缝长度方向的局部压应力

$$\sigma_f = \frac{\psi F}{2\beta_f h_e l_z} = \frac{\psi F}{1.4\beta_f h_f l_z}$$

因此，受有局部压应力的上翼缘与腹板之间的连接焊缝应按下式计算强度

$$\frac{1}{1.4 h_f}\sqrt{\left(\frac{\psi F}{\beta_f l_z}\right)^2 + \left(\frac{VS_1}{I_x}\right)^2} \leqslant f_f^w$$

得到

$$h_f \geqslant \frac{1}{1.4 f_f^w}\sqrt{\left(\frac{\psi F}{\beta_f l_z}\right)^2 + \left(\frac{VS_1}{I_x}\right)^2} \tag{5-107}$$

对直接承受动力荷载的梁，腹板与上翼缘的连接焊缝常采用焊透的 T 形对接与角接组合焊缝（图 5-43），此种焊缝与主体金属等强，不需计算。

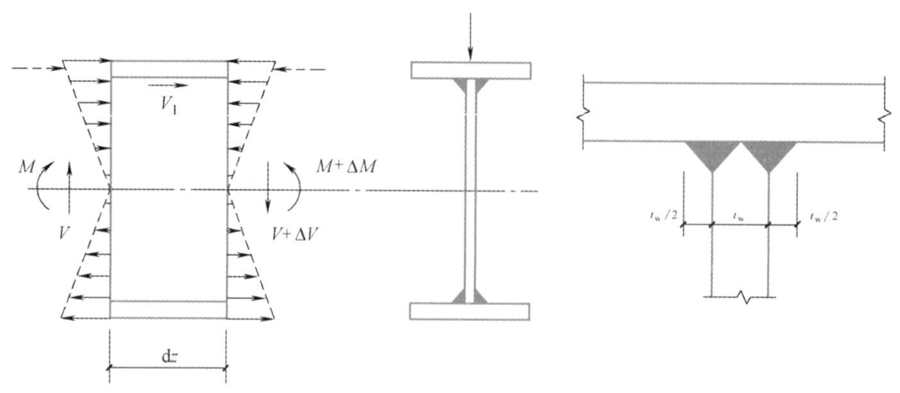

图 5-42 梁翼缘与腹板连接焊缝承受的水平剪力

图 5-43 焊透的 T 形连接焊缝

【例题 5-8】 按照例题 5-6 的条件和结果，设计主梁 B 的截面（图 5-35）。平台的铺板可保证梁的整体稳定。

【解】（1）内力计算

主梁的计算简图如图 5-44（a）所示。

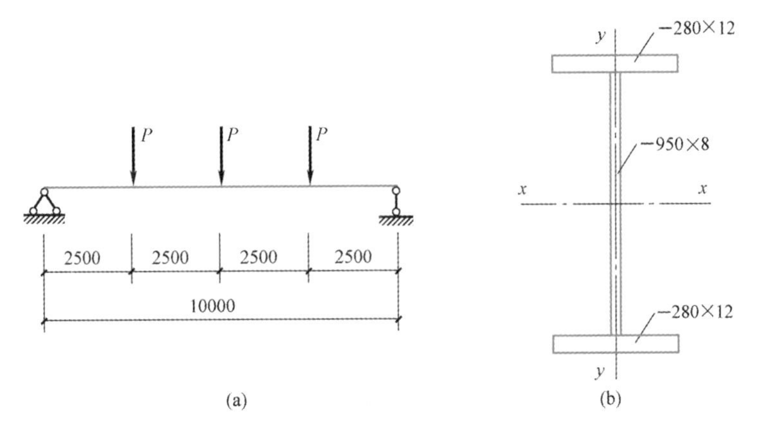

图 5-44　例题 5-8 图

（a）主梁计算简图；（b）主梁截面

主梁的支座反力（未计主梁自重）为：

$$R = 177.2 \times 3/2 = 265.8\text{kN}$$

梁跨中最大弯矩为

$$M_{\max} = 265.8 \times 5 - 177.2 \times 2.5 = 886\text{kN} \cdot \text{m}$$

（2）截面选择

梁所需净截面模量为

$$W_{\text{nx}} = \frac{M_{\max}}{\gamma_{x} f} = \frac{886 \times 10^{6}}{1.05 \times 215} = 3925\text{cm}^{3}$$

1）腹板高度

梁的高度在净空方面无限制条件，依刚度要求，工作平台主梁的容许挠度为 $l/400$，可知其容许最小高度为

$$h_{\min} = l/15 = 1000/15 = 67\text{cm}$$

按经验公式（5-102），可得梁的经济高度为

$$h_{\text{e}} = 7\sqrt[3]{W_{\text{x}}} - 30 = 7\sqrt[3]{3949} - 30 = 80.6\text{cm}$$

选梁的腹板高度为 $h_{\text{w}} = 95\text{cm}$

2）腹板厚度

由抗剪要求，由式（5-103a）可得：

$$t_{\text{w}} = 1.5 \times \frac{V_{\max}}{h_{\text{w}} f_{\text{v}}} = 1.5 \times \frac{265.8 \times 10^{3}}{950 \times 125} = 3.36\text{mm}$$

按经验公式（5-103b）

$$t_{\text{w}} = \frac{\sqrt{h_{\text{w}}}}{11} = \frac{\sqrt{95}}{11} = 0.89\text{cm}$$

选用腹板厚度为 $t_w = 8\text{mm}$

3）翼缘尺寸

按公式（5-104），所需翼缘板面积

$$b_f t = \frac{W_x}{h_w} - \frac{t_w h_w}{6} = \frac{3925}{95} - \frac{0.8\times95}{6} = 28.65\text{cm}^2$$

选翼缘板宽度为 $b_f = 280\text{mm}$，则所需厚度为

$$t = \frac{2865}{280} = 10.23\text{mm}$$

选用 $t = 12\text{mm}$

梁翼缘板 $\frac{b}{t} = \frac{280-8}{2\times12} = 11.3 < 13\varepsilon_k = 13$，板件属于 S3。

腹板 $\frac{h_0}{t_w} = \frac{950}{8} = 118.8 < 124\varepsilon_k = 124$，板件属于 S4，$\gamma_x = 1.05$

主梁截面尺寸如图 5-44（b）所示。

（3）截面验算

截面的几何特性计算

截面面积

$$A = 95\times0.8 + 2\times28\times1.2 = 143.2\text{cm}^2$$

惯性矩

$$I_x = 2\times28\times1.2\times48.1^2 + \frac{1}{12}\times0.8\times95^3 = 212633\text{cm}^4$$

截面模量

$$W_x = \frac{212633}{48.7} = 4366\text{cm}^3$$

半面积矩

$$S = 28\times1.2\times48.1 + \frac{1}{8}\times0.8\times95^2 = 2518.66\text{cm}^3$$

翼缘面积矩

$$S_1 = 28\times1.2\times48.1 = 1616.16\text{cm}^3$$

主梁自重

$$g_k = 143.2\times10^{-4}\times78.5\times1.2 = 1.349\text{kN/m}$$

式中 1.2 为考虑腹板加劲肋等附加构造用钢材使自重增大的系数。

梁跨中最大弯矩为：

$$M_{max} = 886 + \frac{1}{8}\times1.3\times1.349\times10^2 = 907.92\text{kN}\cdot\text{m}$$

支座最大剪力为：

$$V = 265.8 + \frac{1}{2}\times1.3\times1.349\times10 = 274.57\text{kN}$$

1）强度验算

由式（5-5），正应力

$$\sigma = \frac{M_{max}}{\gamma_x W_{nx}} = \frac{907.92 \times 10^6}{1.05 \times 4366 \times 10^3} = 198.07\text{N/mm}^2 < f = 215\text{N/mm}^2$$

由式（5-8），剪应力

$$\tau = \frac{VS}{I_x t_w} = \frac{274.57 \times 10^3 \times 2518.66 \times 10^3}{212633 \times 10^4 \times 8} = 40.65\text{N/mm}^2 < f = 125\text{N/mm}^2$$

由式（5-10），跨中截面腹板边缘折算应力

跨中截面剪力 $V = 88.6\text{kN}$

$$\sigma_1 = \frac{M}{I_x}\frac{h_0}{2} = \frac{907.92 \times 10^6}{212633 \times 10^4} \times \frac{950}{2} = 202.87\text{N/mm}^2$$

$$\tau_1 = \frac{88.6 \times 10^3 \times 1616.16 \times 10^3}{212633 \times 10^4 \times 8} = 8.45\text{N/mm}^2$$

$$\sqrt{\sigma_1^2 + 3\tau_1^2} = \sqrt{202.87^2 + 3 \times 8.45^2} = 203.40\text{N/mm}^2 < 1.1f = 1.1 \times 215$$

$= 236.5\text{N/mm}^2$，强度满足要求。

2）梁的刚度验算

集中荷载标准值

$$F_k = 24.19 \times 5 = 120.95\text{kN}$$

等效均布荷载标准值

$$q_k = 120.95/2.5 + 1.349 = 49.73\text{kN/m}$$

$$\frac{v}{l} = \frac{5}{384}\frac{q_k l^3}{EI_x} = \frac{5}{384} \times \frac{49.73 \times 10000^3}{206 \times 10^3 \times 212633 \times 10^4} = \frac{1}{676} < \frac{1}{400}$$，刚度满足要求。

（4）梁的截面改变

采用改变翼缘板宽度的方法，假定翼缘板在距支座 $l/6 = 10/16 = 1.667\text{m}$ 处开始变化截面。该截面的弯矩为：

$$M_x = 274.57 \times 1.667 - 1/2 \times 1.349 \times 1.3 \times 1.667^2 = 455.27\text{kN} \cdot \text{m}$$

需要的截面惯性矩为：

$$I_x = \frac{M_x h}{2\gamma_x f} = \frac{455.27 \times 10^6 \times 97.4}{2 \times 1.05 \times 215} = 98213\text{cm}^4$$

所需翼缘面积惯性矩为：

$$I_1 = 98213 - 1/12 \times 0.8 \times 95^3 = 41055\text{cm}^4$$

对应的翼板宽为：

$$I_1 = 2b_1 \times 1.2 \times 48.1^2 = 41055\text{cm}^4$$

$$b_1 = \frac{41055}{2 \times 1.2 \times 48.1^2} = 7.39\text{cm}$$

取翼缘变化后的截面宽度为 $b_1 = 140\text{mm}$

对应的惯性矩为：

$$I_x = 2 \times 14 \times 1.2 \times 48.1^2 + 1/12 \times 0.8 \times 95^3 = 134896\text{cm}^4$$

$$S_1 = 14 \times 1.2 \times 48.1 = 808.1\text{cm}^3$$

可承担的弯矩为：

$$M_x = \frac{2\gamma_x f I_x}{h} = \frac{2\times1.05\times215\times134896\times10^4}{974} = 625.31\text{kN}\cdot\text{m}$$

应用下式求理论变截面位置 x：

$$274.57x - \frac{1}{2}\times1.349\times1.3x^2 = 625.31$$

解得 $x = 2.295\text{m}$

将梁在距两端 2.2m 处开始改变截面，按照 1∶2.5 的斜度将原来的翼缘板在：

$$x = 2.2 - \frac{0.28-0.14}{2}\times2.5 = 2.025\text{m}$$

处与改变宽度后的翼缘板相对接，如图 5-45 所示。

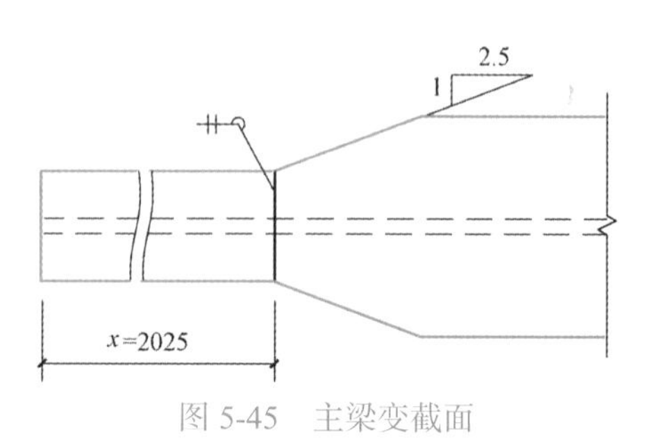

图 5-45　主梁变截面

由于在变截面处同时受有较大正应力和剪应力的作用，需按式（5-10）验算折算应力。梁在距支点 2.2m 处截面所受弯矩为：

$$M = 274.57\times2.2 - \frac{1}{2}\times1.3\times1.349\times2.2^2 = 599.81\text{kN}\cdot\text{m}$$

剪力为：

$$V = 274.57 - 1.3\times1.349\times2.2 = 270.71\text{kN}$$

由式（5-10），翼缘和腹板相连接处的折算应力计算如下：

正应力：

$$\sigma_1 = \frac{599.81\times10^6\times487}{134896\times10^4} = 216.54\text{N/mm}^2$$

剪应力：

$$\tau_1 = \frac{270.71\times10^3\times808.1\times10^3}{134896\times10^4\times8} = 20.27\text{N/mm}^2$$

$$\sqrt{\sigma_1^2 + 3\tau_1^2} = \sqrt{216.54^2 + 3\times20.27^2} = 219.37\text{N/mm}^2 < 1.1f = 1.1\times215 = 236.5\text{N/mm}^2$$

可节省的钢材，按体积计算为：

$$V_1 = 2\times2\times1.2\times14\times2.025 = 13608\text{cm}^3$$

原用钢总量（不计加劲肋等构造用钢）：

$$V_0 = 143.2\times1000 = 143200\text{cm}^3$$

$$\frac{13608}{143200} = 9.5\%$$

可节省用钢 9.5%。

（5）梁翼缘与腹板的连接焊缝

焊脚尺寸构造要求：$t_{max} = 12\text{mm}$，查表 3-4 得 $h_{fmin} = 5\text{mm}$

由式（5-106），得：

$$h_f = \frac{V_{max} S_1}{I_x}\cdot\frac{1}{1.4f_f^w} = \frac{274.57\times10^3\times808.1\times10^3}{134896\times10^4}\times\frac{1}{1.4\times160} = 0.73\text{mm}$$

选 $h_f=5\text{mm}$，满足构造。

次梁作用处应放置支承加劲肋，所以不需验算腹板的局部压应力。

（6）不考虑腹板屈曲后强度腹板加劲肋设计

在次梁传给主梁的集中荷载作用处及其中间布置加劲肋，每 1.25m 一个。

则横向加劲肋距

$$a=1250\text{mm}<2h_0=2\times950=1900\text{mm}$$

$$h_0/t_w=950/8=118.75$$

1）端部 A 区格验算（图 5-46）

截面内力：

$$M_l=0$$

$$V_l=274.57\text{kN}$$

$$M_r=274.57\times1.25-\frac{1}{2}\times1.3\times1.349\times1.25^2=341.84\text{kN}\cdot\text{m}$$

$$V_r=274.57-1.3\times1.349\times1.25=272.38\text{kN}$$

偏安全计算：

$$\sigma=\frac{341.84\times10^6}{212633\times10^4}\times487=78.29\text{N/mm}^2$$

$$\tau=\frac{272.38\times10^3}{950\times8}=35.83\text{N/mm}^2$$

由于平台的刚性铺板可保证梁的整体稳定，可看作受压翼缘扭转受到约束，由式（5-53a），

$$\lambda_{n,b}=\frac{h_0/t_w}{177}\frac{1}{\varepsilon_k}=118.75/177=0.671<0.85$$

由式（5-51a），得：$\sigma_{cr}=f=215\text{N/mm}^2$

$a/h_0=1.25/0.95=1.32>1.0$，由式（5-58b），得：

$$\lambda_{n,s}=\frac{h_0/t_w}{37\eta\sqrt{5.34+4\left(h_0/a\right)^2}}\frac{1}{\varepsilon_k}=\frac{118.75}{41\sqrt{5.34+4\left(\dfrac{0.95}{1.25}\right)^2}}\times1=1.05$$，则 $0.8<\lambda_{n,s}\leqslant1.2$，由式（5-55b），得：

$$\tau_{cr}=\left[1-0.59\left(\lambda_{n,s}-0.8\right)\right]f_v=\left[1-0.59\times\left(1.05-0.8\right)\right]\times125=106.8\text{N/mm}^2$$

由式（5-72），得：

$$\left(\frac{\sigma}{\sigma_{cr}}\right)^2+\left(\frac{\tau}{\tau_{cr}}\right)^2=\left(\frac{78.29}{215}\right)^2+\left(\frac{35.83}{106.8}\right)^2=0.245\leqslant1.0$$，稳定满足。

2）中间 D 区格验算（图 5-46）

截面内力：

$$M_l=274.57\times3\times1.25-\frac{1}{2}\times1.3\times1.349\times3.75^2-177.2\times1.25=795.81\text{kN}\cdot\text{m}$$

$$V_l=274.57-177.2-0.5\times1.3\times1.349\times3.75=94.08\text{kN}$$

$$M_r = 274.57\times5-\frac{1}{2}\times1.3\times1.349\times5^2-177.2\times2.5 = 907.93\text{kN}\cdot\text{m}$$

$$V_r = 274.57-177.2-1.3\times1.349\times5 = 88.60\text{kN}$$

$$\sigma = \frac{(795.81+907.93)\times10^6}{2\times212633\times10^4}\times487 = 195.11\text{N/mm}^2$$

$$\tau = \frac{(94.08+88.60)\times10^3}{2\times950\times8} = 12.02\text{N/mm}^2$$

由式（5-72），得：

$\left(\frac{\sigma}{\sigma_{cr}}\right)^2+\left(\frac{\tau}{\tau_{cr}}\right)^2=\left(\frac{195.11}{215}\right)^2+\left(\frac{12.02}{106.8}\right)^2=0.836\leqslant1.0$，稳定满足。

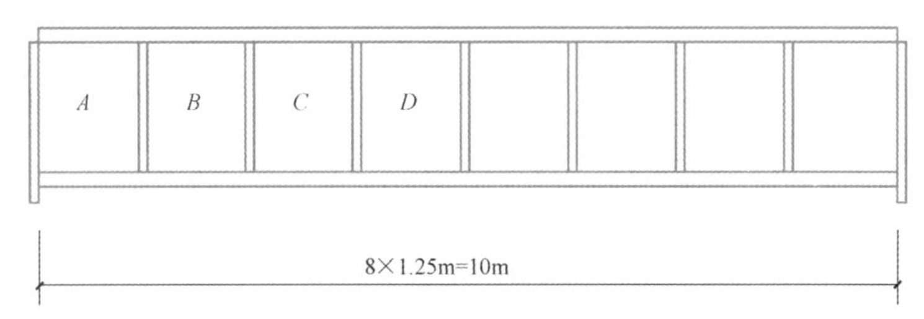

图 5-46　不考虑腹板屈曲后强度横向加劲肋的布置

3）支承加劲肋设计

① 中间支承加劲肋设计

$b_s = 950/30+40 = 72\text{mm}$，取 $b_s = 90\text{mm}$

$t_s = 90/15 = 6\text{mm}$

取 $b_s\times t_s = 90\text{mm}\times12\text{mm}$

$$N = 177.2\text{kN}$$

$$A_s = 2\times90\times12+2\times15\times8^2 = 4080\text{mm}^2$$

$$I_z = 1/12\times12\times188^3 = 664.5\text{cm}^4$$

$$i_z = \sqrt{664.5/40.8} = 4.04\text{cm}$$

$\lambda_z = 950/40.4 = 23.5$，查附表 4-1-3（C 类截面），$\varphi = 0.944$

$\frac{N}{\varphi Af} = \frac{177.2\times10^3}{0.944\times4080\times215} = 0.214 < 1.0$，稳定满足。

② 支座端部加劲板设计

取加劲板尺寸 $b_s\times t_s = 140\text{mm}\times12\text{mm}$，如图 5-47 所示。

$$N = 274.57\text{kN}$$

$$A_s = 140\times12+15\times8^2 = 2640\text{mm}^2$$

$$I_z = 1/12\times12\times140^3 = 274.4\text{cm}^4$$

$$i_z = \sqrt{274.4/26.4} = 3.2\text{cm}$$

$\lambda_z = 950/32 = 29.5$，查附表 4-1-3（C 类截面），$\varphi = 0.905$

$\frac{N}{\varphi Af} = \frac{274.57\times10^3}{0.905\times2640\times215} = 0.535 < 1.0$，稳定满足。

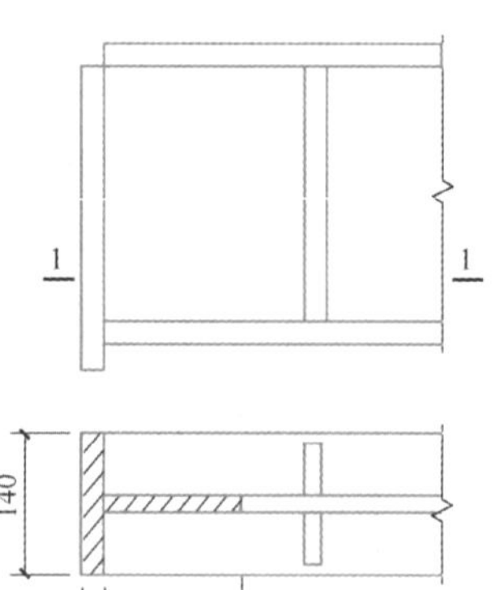

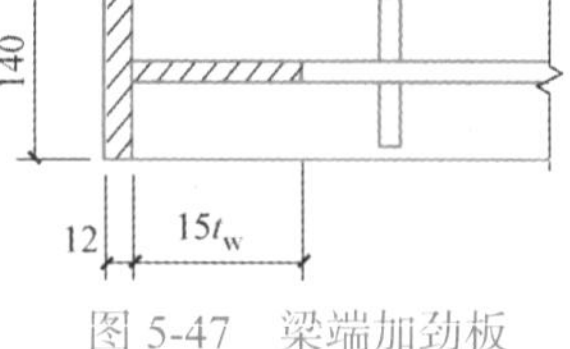

图 5-47　梁端加劲板

承压强度验算

$$A_b = 140 \times 12 = 1680\text{mm}^2$$

$$\frac{N}{A_b} = \frac{274.57 \times 10^3}{1680} = 163.43\text{N/mm}^2 < f_{ce} = 325\text{N/mm}^2，满足。$$

（7）考虑腹板屈曲后强度的设计

在次梁传给主梁的集中荷载作用处布置加劲肋，每 2.5m 一个，如图 5-48 所示。

$$h_0/h_w = 950/8 = 118.75$$

由于平台的铺板可保证梁的整体稳定，可看作受压翼缘扭转受到约束，由式（5-53a）：

$$\lambda_{n,b} = \frac{h_0/t_w}{177}\frac{1}{\varepsilon_k} = 118.75/177 \times 1 = 0.671 < 0.85$$

由式（5-91a），$\rho = 1$，即梁全截面有效。

由式（5-90），得：

$$\alpha_e = 1 - \frac{1-\rho}{2I_x}h_c^3 t_w = 1 - 0 = 1$$

由式（5-89），$M_{eu} = \gamma_x \alpha_e W_x f = 1.05 \times 1 \times 4366 \times 10^3 \times 215 = 985.66\text{kN} \cdot \text{m}$

$a/h_0 = 2.5/0.95 = 2.63 > 1.0$，由式（5-57b），得：

$$\lambda_{n,s} = \frac{h_0/t_w}{37\eta\sqrt{5.34 + 4(h_0/a)^2}}\frac{1}{\varepsilon_k} = \frac{118.75}{37 \times 1.1 \times \sqrt{5.34 + 4\left(\frac{0.95}{2.5}\right)^2}} \times 1 = 1.99$$

则 $0.8 < \lambda_{n,s} \leqslant 1.2$

由式（5-88b），得：

$$\tau_u = [1 - 0.5(\lambda_{n,s} - 0.8)] f_v = [1 - 0.5 \times (1.99 - 0.8)] \times 125 = 100.06\text{N/mm}^2$$

由式（5-87），得：

$$V_u = h_w t_w \tau_u = 950 \times 8 \times 100.06 = 760.46\text{kN}$$

由式（5-93），梁翼缘能承受的弯矩：

$$M_f = b_f t(t + h_w) f = 280 \times 12 \times (950 + 12) \times 215 = 694.95\text{kN} \cdot \text{m}$$

1）考虑腹板屈曲后强度验算

① 区格 A 左截面

内力：$M_1 = 0$，$V_1 = 274.57\text{kN} < 0.5V_u = 0.5 \times 760.46 = 380.23\text{kN}$

由式（5-92），得：

$$\left(\frac{V}{0.5V_u} - 1\right)^2 + \frac{M - M_f}{M_{eu} - M_f} = 0 < 1.0，满足。$$

② 区格 A 右截面

内力：

$$M_r = 274.57 \times 2.5 - \frac{1}{2} \times 1.3 \times 1.349 \times 5^2 = 664.50\text{kN} \cdot \text{m}$$

$$V_r = 274.57 - 1.3 \times 1.349 \times 2.5 = 270.19\text{kN}$$

由式（5-92），得：

$$\left(\frac{V}{0.5V_u}-1\right)^2+\frac{M-M_f}{M_{eu}-M_f}=\frac{694.95-694.95}{985.66-694.95}=0<1.0，满足。$$

③ 区格 B 右截面

内力：$M=907.93\text{kN}\cdot\text{m}$，$V=88.60\text{kN}$

由式（5-92），得：

$$\left(\frac{V}{0.5V_u}-1\right)^2+\frac{M-M_f}{M_{eu}-M_f}=\frac{907.93-694.95}{985.66-694.95}=0.733<1.0，满足。$$

以上验算均合格，可少布置加劲肋，更经济。

2）考虑腹板屈曲后强度支承加劲肋设计

① 中间支承加劲肋设计

取与不考虑腹板屈曲后强度时的加劲肋一样的截面尺寸，即 $b_s\times t_s=90\text{mm}\times12\text{mm}$

按轴心受压设计，压力为：

$$\lambda_{n,s}=\frac{h_0/t_w}{37\eta\sqrt{5.34+4(h_0/a)^2}}\frac{1}{\varepsilon_k}=\frac{118.75}{37\times1.1\times\sqrt{5.34+4\left(\frac{0.95}{2.5}\right)^2}}\times1.0=1.199$$

则 $0.8<\lambda_{n,s}\leqslant1.2$

由式（5-55b），得：

$$\tau_{cr}=[1-0.59(\lambda_{n,s}-0.8)]f_v=[1-0.59\times(1.199-0.8)]\times125=95.6\text{N/mm}^2$$

由式（5-95），得：

$$N_s=(V_u-\tau_{cr}h_wt_w)+F=760.46-95.6\times950\times8\times10^{-3}+177.2=211.1\text{kN}$$

截面特性：

$$A_s=2\times90\times12+2\times15\times8^2=4080\text{mm}^2$$

$$I_z=1/12\times12\times188^3=664.5\text{cm}^4$$

$$i_z=\sqrt{664.5/40.8}=4.04\text{cm}$$

$\lambda_z=950/40.4=23.5$，查附录 4 表（c 类截面）$\varphi=0.944$

$$\frac{N}{\varphi Af}=\frac{211.1\times10^3}{0.944\times4080\times215}=0.255<1.0，稳定满足。$$

② 支座支承加劲肋设计

取与不考虑腹板屈曲后强度时的加劲肋一样的截面尺寸，即 $b_s\times t_s=140\text{mm}\times12\text{mm}$。

需考虑水平拉力的影响，由式（5-96），得：

$$H=(V_u-\tau_{cr}h_wt_w)\sqrt{1+\left(\frac{a}{h_0}\right)^2}=(760.46-95.6\times950\times8\times10^{-3})\times\sqrt{1+\left(\frac{2.5}{0.95}\right)^2}$$

$$=95.43\text{kN}$$

支座采用封头肋板构造（图 5-48）。

由式（5-97），得：

$$A_c=\frac{3h_0H}{16ef}=\frac{3\times950\times95.43\times10^3}{16\times150\times215}=527\text{mm}^2<140\times12=1680\text{mm}^2$$

此时，支座加劲肋可按承受支座反力 $N=274.57\text{kN}$ 的轴心压杆计算，其稳定和承压强度验算与不考虑屈曲后强度时支座加劲肋一样，计算过程略。

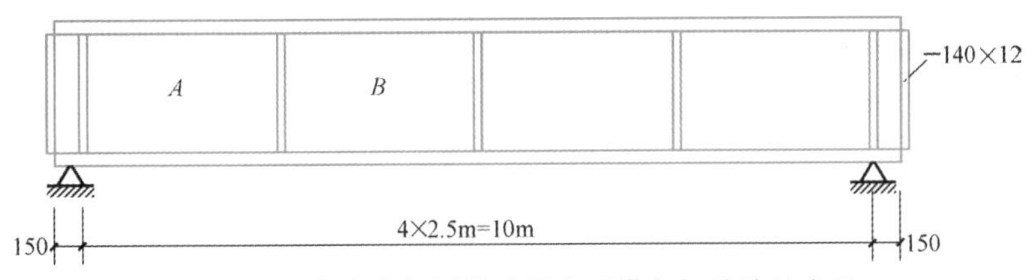

图 5-48　考虑腹板屈曲后强度时横向加劲肋的布置

思考题

5-1　简述梁截面的分类，型钢及组合截面应优先选用哪一种，为什么？

5-2　受弯构件各项计算中，哪些属于承载能力极限状态计算，哪些属于正常使用极限状态计算?

5-3　梁的强度计算有哪些内容？如何计算？截面塑性发展系数的意义是什么？举例说明其应用条件。

5-4　若设计钢梁与混凝土组合而成的简支组合梁，应如何受力才为合理截面？其中钢与混凝土连接面受力如何？

5-5　什么是梁的整体失稳? 受弯构件整体失稳的变形特征是什么? 影响梁的整体稳定的主要因素有哪些?

5-6　如何提高梁的整体稳定性? 其最有效而经济的方法是什么?

5-7　何谓截面的剪力中心? 它与材料、受力情况有关吗?

5-8　判别梁是否需要验算其整体稳定的条件是什么?

5-9　其他条件都相同的两根梁，Q235 钢的 h_{min} 较 Q355 钢的是大还是小? 为什么?

5-10　组合梁翼缘和腹板常采用角焊缝连接，焊缝长度一般远超过 $60h_f$，其承载力计算时是否考虑折减系数?

5-11　什么是梁的最大高度，最小高度和经济高度?

5-12　焊接组合工字形截面梁的翼缘与腹板的连接焊缝如何计算?

5-13　在焊接组合工字形截面梁的局部稳定验算中，翼缘与腹板的交界处对翼缘和腹板来说分别是怎样的支承? 为什么?

5-14　腹板的加劲肋有哪些形式? 有哪些作用? 设计时需要注意什么问题? 横向加劲肋宽度 b_s，厚度 t_s 的确定原则是什么?

5-15　什么叫作板件的通用高厚比? 目前对板件稳定问题，通常都采用通用高厚比来表述其临界应力。这种表达方法有何优点?

5-16　工字形截面梁中的腹板张力场是如何产生的? 张力场的作用可提高梁截面的何种承载力? 应如何保证张力场作用不受破坏?

5-17　组合梁考虑腹板受剪屈曲后强度时的抗剪承载力计算方法是什么? 考虑腹板受弯屈曲后强度时的抗弯承载力计算方法是什么?

5-18　组合梁考虑腹板屈曲后强度时的中间横向加劲肋如何设计? 支座加劲肋如何设计?

5-19　梁的拼接焊缝位置如何合理确定？

5-20　工字形梁的受压翼缘与轴压杆件的翼缘受力状态相近，其局部稳定的宽厚比要求有何不同？

计算题

5-1　一平台的梁格布置如图 5-49 所示，铺板为预制钢筋混凝土板，焊于次梁上。设平台恒载标准值（不包括梁自重）为 2.0kN/m^2，活荷载的标准值为 20kN/m^2。试选次梁截面，钢材为 Q355B 钢。

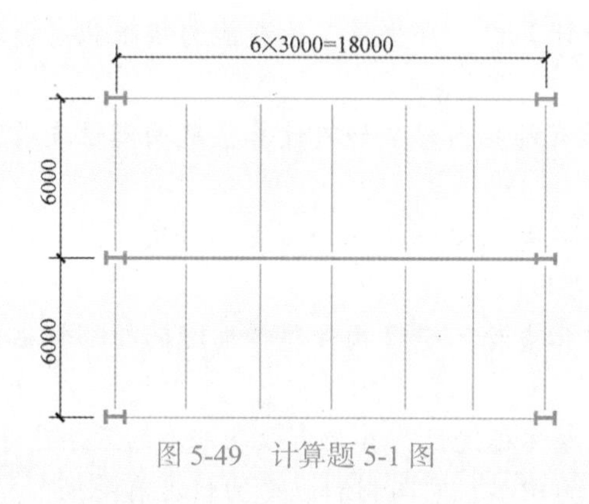

图 5-49　计算题 5-1 图

5-2　图 5-50 所示的简支梁，其截面为单轴对称工字形，材料为 Q235B 钢，梁的中点和两端均有侧向支承。在集中荷载设计值（未包括梁自重）$P=160$kN 的作用下，梁能否保证其整体稳定性？

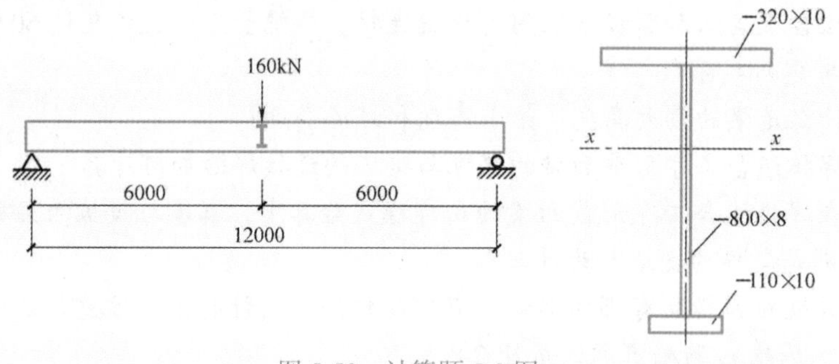

图 5-50　计算题 5-2 图

5-3　如图 5-51 所示工字形简支主梁，Q235B 钢，承受两个次梁传来的集中力设计值 $P=245$kN 作用，次梁作为主梁的侧向支承，不计主梁自重，验算主梁的强度，并判别梁的整体稳定性是否需要验算。

5-4　工字形组合截面外伸钢梁，如图 5-52 所示，钢材为 Q355B 钢。为保证腹板的局部稳定，请在支座 A、B 处及其之间梁段内布置加劲肋。

5-5　图 5-53 所示为一焊接工字形简支梁，钢材 Q235B。试求该梁能承受的均布荷载设计值为 P（包括梁自重）（kN）。

5-6　设计习题 5-1 的中间主梁（焊接组合梁），包括选择截面、计算翼缘焊缝、确定腹板加劲肋的间距。钢材为 Q355B 钢，E50 型焊条（手工焊）。

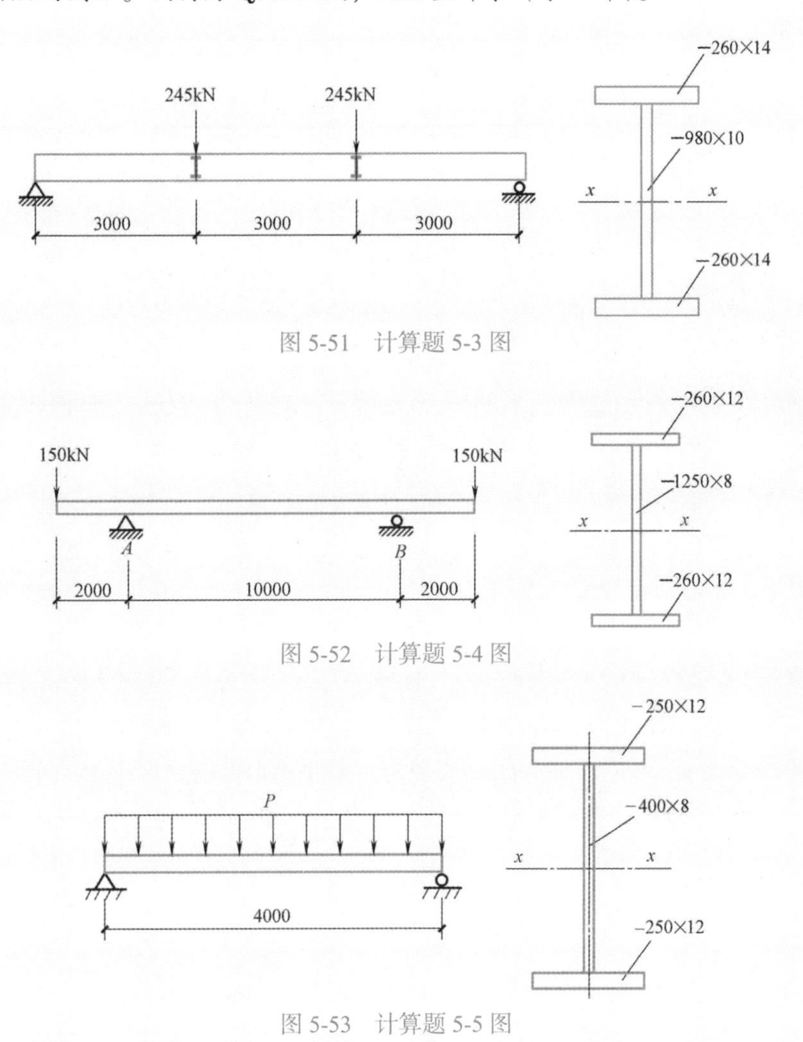

图 5-51　计算题 5-3 图

图 5-52　计算题 5-4 图

图 5-53　计算题 5-5 图

第 6 章 拉弯和压弯构件

Chapter 06

6.1 概述

多种荷载共同作用或构件节点处的相互约束下，钢结构体系中的构件截面产生多个内力，如轴力、弯矩、剪力及扭矩等。当构件截面的轴心拉力（或轴心压力）和弯矩起控制作用时，习惯上称为拉弯或压弯构件，也称为偏心受力构件。在钢结构中偏心受力构件的应用很多，如有节间荷载的屋架弦杆、厂房柱、多高层框架柱以及海洋平台立柱等，它们不仅要承受由荷载产生的轴心力，同时还要承受荷载产生的弯矩和剪力等。

6.1.1 拉弯构件

拉弯构件其截面弯矩可能由轴向拉力的偏心作用、端部弯矩作用或横向荷载作用等因素产生，如图 6-1 所示。当拉弯构件承受的截面弯矩较小时，其受力性能与轴压构件相近，因此其可取与轴心受拉构件相同的截面形式。当其承受的弯矩较大时，应在弯矩作用平面内采用较大的截面尺寸，以满足抗弯要求。对于承受两主轴方向弯矩的拉弯构件，如两方向弯矩相差不大时宜采用双轴对称截面，否则采用单轴对称截面更经济。

6.1.2 压弯构件

对于压弯构件，其所承受的弯矩也可能由以上几种原因产生，如图 6-2 所示。如果其承受的弯矩较小而压力较大，则可取与轴心受压构件相同的截面形式。当承受的弯矩相对较大时，除采用截面高度较大的双轴对称截面外，还可以采用单轴对称截面（图 6-3），以获得较好的经济效果。常用的单轴对称截面有实腹式和格构式两种，截面受压较大的一侧应分布较多的材料。

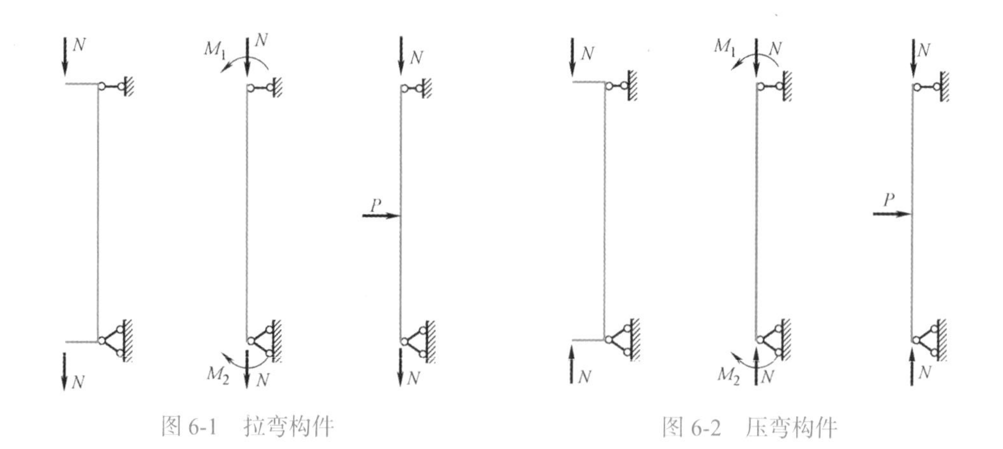

图 6-1　拉弯构件　　图 6-2　压弯构件

另外，当弯矩作用在截面的一个主轴平面内时称为单向压弯（或拉弯）构件，弯矩作用在两个主轴平面内时称为双向压弯（或拉弯）构件。

6.1.3 压弯（或拉弯）构件的破坏形式

拉弯构件的破坏形式主要是强度破坏，其承载能力极限为截面出现塑性铰。但对于格

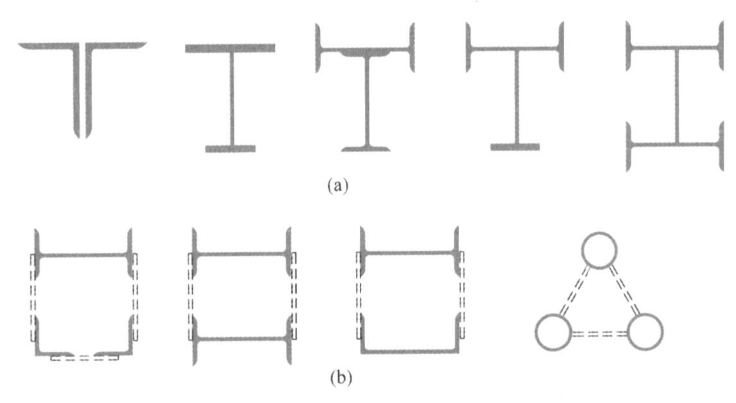

图 6-3　压弯构件的单轴对称截面
（a）实腹式截面；（b）格构式截面

构式拉弯构件或冷弯薄壁型钢拉弯构件，因截面中空，故当截面边缘纤维开始屈服，就基本上达到了其承载力极限。对于轴心拉力较小而弯矩较大的拉弯构件，也可能和受弯构件一样出现弯扭失稳，截面受压区板件也存在局部失稳的可能性，但这两种失稳的可能性不大。

压弯构件的整体破坏形式有强度破坏和整体失稳破坏。当截面削弱过多或构件很短时发生强度破坏。而失稳破坏是指，对于单向压弯构件，如果弯矩作用平面外有足够的侧向支承以阻止构件发生侧向位移和扭转，则构件只会在弯矩作用平面内发生弯曲失稳破坏，构件变形为弯矩作用平面内弯曲变形；如构件侧向没有足够的支承，则构件可能发生弯扭失稳破坏。这时，构件的变形除在弯矩作用平面内弯曲变形外，尚有出平面弯曲和扭转变形。双向压弯构件一般总是弯扭失稳破坏。

压弯构件的截面组成板件也存在局部失稳问题。若板件发生失稳，可导致压弯构件提前发生整体失稳破坏。

6.2　拉弯及压弯构件的强度和刚度

6.2.1　拉弯及压弯构件的强度

由于钢材的塑性性能较好，因此，拉弯和压弯构件的强度极限允许截面出现部分甚至全部塑性。对于拉弯和压弯构件在轴心力及弯矩的共同作用下，它们截面上的应力发展过程类似。其中工字形截面压弯构件在 N、M_x 作用下的截面应力发展过程如图 6-4 所示。

在轴向压力 N 和弯矩 M_x 共同作用下，且不断增加时，构件截面上的应力发展将经过四个阶段：① 边缘纤维的最大压应力达到屈服点以前，整个截面都处于弹性工作状态（图 6-4a）；② 受压较大一侧应力达到屈服强度后继续加载，部分材料进入塑性状态，而另一侧尚未屈服（图 6-4b）；③ 两侧均出现部分塑性区（图 6-4c）；④ 全截面进入塑性状态，即截面出现“塑性铰”（图 6-4d），此时截面达到承载能力的极限状态。

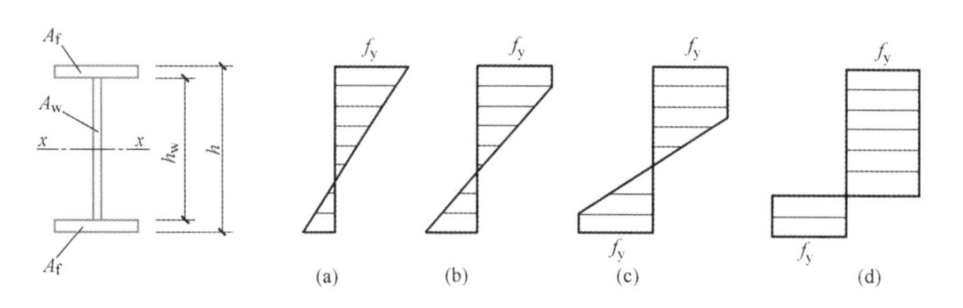

图 6-4　压弯构件截面应力发展过程

当截面出现塑性铰时，根据力的平衡条件，即由一对水平力 R 所组成的力偶与外力矩 M_x 平衡，合力 N 应与外轴力平衡（图 6-5），由此可获得轴心力 N 和弯矩 M_x 的相关关系式。为简化计算，可近似取 $h=h_w$，并令 $A_f=\alpha A_w$，则全截面面积 $A=(2\alpha+1)A_w$。

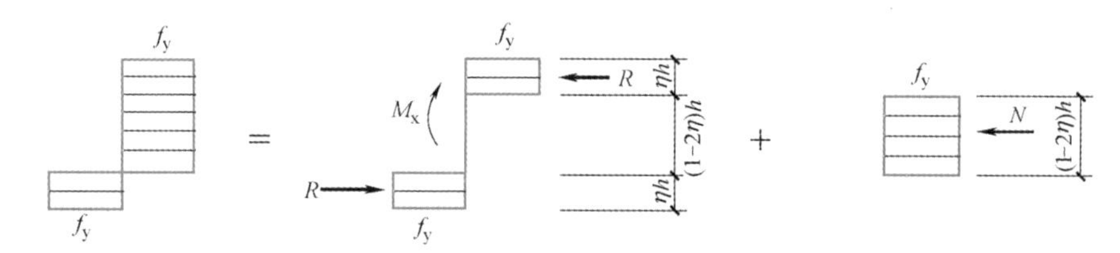

图 6-5　截面出现塑性铰时的应力分布

根据截面中性轴所处的位置不同，截面内力的计算分为两种情况：

（1）当中性轴在腹板范围内（$N\leqslant A_wf_y$）时：

$$N=(1-2\eta)ht_wf_y=(1-2\eta)A_wf_y \tag{6-1}$$

$$M_x=[A_fh+A_wh\eta(1-\eta)]f_y=A_whf_y(\alpha+\eta-\eta^2) \tag{6-2}$$

消去以上二式中的 η，并令：

$$N_p=Af_y=(2\alpha+1)A_wf_y \tag{6-3}$$

$$M_{px}=W_{px}f_y=(\alpha+0.25)A_whf_y \tag{6-4}$$

即得 N 和 M_x 的相关式：

$$\frac{(2\alpha+1)^2}{4\alpha+1}\cdot\left(\frac{N}{N_p}\right)^2+\frac{M_x}{M_{px}}=1 \tag{6-5}$$

（2）当中和轴在翼缘范围内（$N>A_wf_y$）时，可采用类似的方法求得 N 和 M_x 的相关式为：

$$\frac{N}{N_p}+\frac{4\alpha+1}{2(2\alpha+1)}\cdot\frac{M_x}{M_{px}}=1 \tag{6-6}$$

利用式（6-5）和式（6-6）所画出的 N/N_p 与 M_x/M_{px} 相关曲线，如图 6-6 所示。该曲线是外凸的，且当 $\alpha=A_f/A_w$ 较小时外凸较多，α 较大时外凸较少。

同理，可以求出 N 和 M_y（绕弱轴作用）共同作用下的全塑性相关曲线如图 6-6，此曲线比绕强轴弯曲时外凸更多。

双向拉弯及压弯构件，当其截面达到全塑性时，N 和 M_x、M_y 之间的相关关系，计算表明为一曲面，如图 6-6 所示。

为简化计算，以及考虑附加挠度的不利影响，对于拉弯及压弯构件在 N 和 M_x 作用下，采用斜直线代替曲线（图 6-6 虚线 ab），即：

$$\frac{N}{N_p}+\frac{M_x}{M_{px}}=1 \tag{6-7}$$

令 $N_p=A_n f_y$，$M_{px}=\gamma_x W_{nx} f_y$，并考虑其实际承载力极限值大于按直线公式计算所得的结果，采用塑性发展系数的方式予以修正，再引入抗力分项系数 γ_R 后，即得除圆管截面外，弯矩作用在主平面内的拉弯构件和压弯构件的强度计算式：

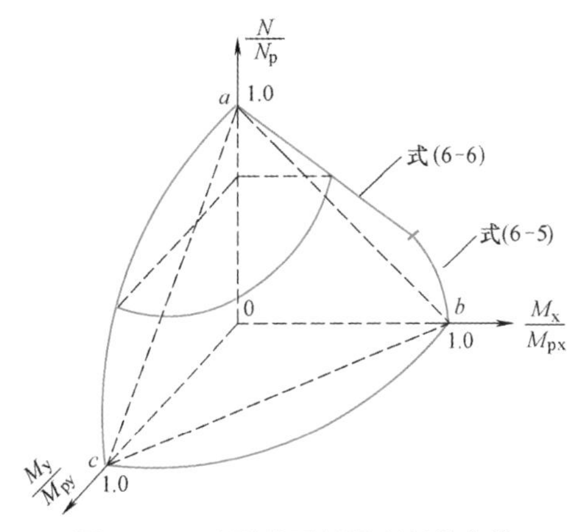

图 6-6　工字形截面的强度相关曲线

$$\frac{N}{A_n}+\frac{M_x}{\gamma_x W_{nx}}\leqslant\frac{f_y}{\gamma_R}=f \tag{6-8}$$

同理，N 和 M_x、M_y 作用下的拉弯或压弯构件，其线性相关公式：

$$\frac{N}{N_p}+\frac{M_x}{M_{px}}+\frac{M_y}{M_{py}}=1 \tag{6-9}$$

式（6-9）即为图 6-6 中虚线所示的三角形平面 abc。令 $N_p=A_n f_y$，$M_{px}=\gamma_x W_{nx} f_y$，$M_{py}=\gamma_y W_{ny} f_y$，考虑塑性发展系数，并引入抗力分项系数 γ_R 后，得弯矩作用在两主平面内的拉弯构件和压弯构件的强度计算公式：

$$\frac{N}{A_n}+\frac{M_x}{\gamma_x W_{nx}}+\frac{M_y}{\gamma_y W_{ny}}\leqslant f \tag{6-10}$$

式中　A_n——净截面面积；

W_{nx}、W_{ny}——对 x 轴和 y 轴的净截面模量；

γ_x、γ_y——截面塑性发展系数。

对于截面塑性发展系数 γ_x、γ_y 的取值，应首先根据其截面受压板件的内力分布情况确定其宽厚比等级，当截面板件宽厚比等级不满足 S3 级要求时取 1.0，满足 S3 级要求时，其截面塑性发展系数取值与受弯构件相同；需要验算疲劳强度的拉弯、压弯构件，截面塑性发展系数宜取 1.0，即不考虑截面塑性发展，按弹性应力状态计算（图 6-4a）。

弯矩作用在两个主平面内的圆形截面拉弯构件和压弯构件，其截面强度应按下式计算：

$$\frac{N}{A_n}+\frac{\sqrt{M_x^2+M_y^2}}{\gamma_m W_n}\leqslant f \tag{6-11}$$

式中　γ_m——圆形构件的截面塑性发展系数，对于实腹圆形截面取 1.2，当圆管截面板件宽厚比等级不满足 S3 级要求时取 1.0，满足 S3 级要求时取 1.15；需要验算疲劳强度的拉弯、压弯构件，宜取 1.0。

6.2.2　拉弯和压弯构件的刚度

为满足正常使用极限状态的要求，压弯和拉弯构件的刚度应满足要求。其长细比不应大于《标准》规定的容许长细比。拉弯构件的容许长细比与轴心受拉构件相同，压弯构件的容许长细比与轴心受压构件相同。压弯和拉弯构件的挠曲变形以及端部侧移也应满足《标准》的相关规定要求。

【例题 6-1】 如图 6-7 所示，两端铰支、长度中点处设有侧向支承的压弯构件，其截面为 HM244×175×7×11，静荷载作用下，轴向压力的设计值 $N=600\text{kN}$，跨中横向荷载的设计值 $P=35\text{kN}$。截面无削弱，材料为 Q235B 钢，$[\lambda]=150$。试验算构件的强度和长细比是否满足要求。

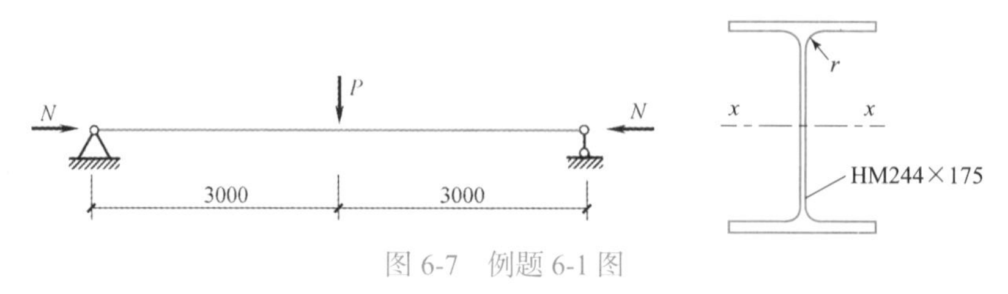

图 6-7 例题 6-1 图

【解】

查型钢表得：截面积 $A=56.24\text{cm}^2$，自重 0.432kN/m，$I_x=6120\text{cm}^4$，$W_x=502\text{cm}^3$，$i_x=10.4\text{cm}$，$i_y=4.18\text{cm}$，$r=16\text{mm}$。

（1）最大弯矩设计值

$$M_x=1.3\times\frac{1}{8}\times0.432\times6^2+\frac{1}{4}\times35\times6=55.03\text{kN}\cdot\text{m}$$

（2）截面板件宽厚比等级

翼缘：

$$\frac{b}{t}=\frac{244-7-16\times2}{2\times11}=9.32<11\varepsilon_k$$

腹板：

$$\frac{N}{A_n}\pm\frac{M_x}{I_{nx}}\cdot\frac{h_0}{2}=\frac{600\times10^3}{56.24\times10^2}\pm\frac{55.03\times10^6}{6120\times10^4}\times\left(\frac{244-11\times2-16\times2}{2}\right)=\frac{192.11}{21.27}\text{N/mm}^2$$

$$\alpha_0=\frac{\sigma_{max}-\sigma_{min}}{\sigma_{max}}=\frac{192.11-21.27}{192.11}=0.889$$

$$\frac{h_0}{t_w}=\frac{244-11\times2-16\times2}{7}=27.14$$

$$\frac{h_0}{t_w}=27.14<(38+13\alpha_0^{1.39})\varepsilon_k=(38+13\times0.889^{1.39})\times1.0=49.04$$

截面板件宽厚比满足 S2 级要求，取 $\gamma_x=1.05$。

（3）强度验算

$$\frac{N}{A_n}+\frac{M_x}{\gamma_x W_{nx}}=\frac{600\times10^3}{56.24\times10^2}+\frac{55.03\times10^6}{1.05\times502\times10^3}=211.09\text{N/mm}^2<f=215\text{N/mm}^2$$

强度满足要求。

（4）长细比验算

$$\lambda_x=\frac{l_{0x}}{i_x}=\frac{600}{10.4}=57.69,\ \lambda_y=\frac{l_{0y}}{i_y}=\frac{300}{4.18}=71.77<[\lambda]=150$$

长细比满足要求。

6.3　压弯构件的整体稳定

压弯构件的截面尺寸一般取决于构件的整体稳定承载力。在工程中，对于实腹式双轴对称截面，一般将其弯矩绕强轴作用，而单轴对称截面则将弯矩作用在对称轴平面内，也即弯矩绕非对称轴作用。压弯构件既可能在弯矩作用平面内整体失稳，也可能在弯矩作用平面外整体失稳。所以，压弯构件应分别计算弯矩作用平面内和弯矩作用平面外的整体稳定性。

6.3.1　弯矩作用平面内的稳定

1. 压弯构件弯矩作用平面内的弹性工作性能

如图 6-8 所示，一两端铰支压弯构件，弹性工作范围内，在轴向压力 N 和弯矩 $M=Ne_0$ 共同作用下，构件跨中最大挠度为 v。设离构件端部为 x 处的挠度为 y，则此处力的平衡方程为：

$$EIy''+N(y+e_0)=0 \qquad (6\text{-}12)$$

如假定构件的挠曲线为一半波正弦曲线，即 $y=v\sin\pi x/l$，求解以上微分方程，并引入边界条件，得杆长中点挠度 v 的表达式为：

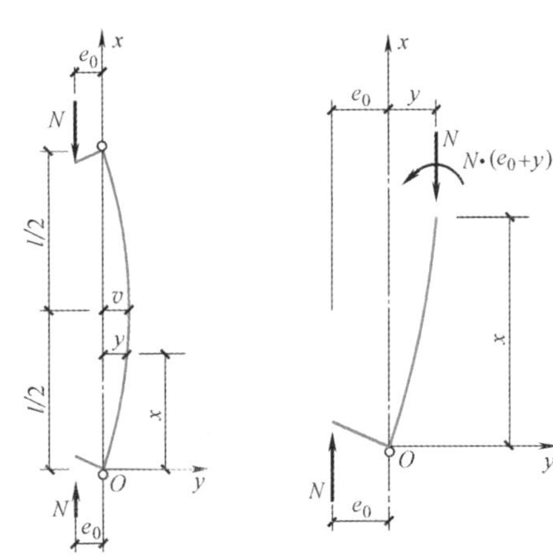

图 6-8　压弯构件的微弯受力状态

$$v=y_{max}=e_0\left[\sec\left(\frac{l}{2}\sqrt{\frac{N}{EI}}\right)-1\right]=e_0\left[\sec\left(\frac{\pi}{2}\sqrt{\frac{N}{N_E}}\right)-1\right] \qquad (6\text{-}13)$$

式中　$N_E=\pi^2EI/l^2$——欧拉临界力。

由于 $\sec\left(\frac{\pi}{2}\sqrt{\frac{N}{N_E}}\right)=1+\frac{\pi^2}{8}\cdot\frac{N}{N_E}+\frac{5\pi^4}{384}\left(\frac{N}{N_E}\right)^2+\cdots\approx\frac{1+0.25N/N_E}{1-N/N_E}$，因此，构件长度中点最大弯矩为：

$$M_{max}=Ne_0+Nv=Ne_0\left[1+\frac{1+0.25N/N_E}{1-N/N_E}-1\right]=N\cdot e_0\frac{1+0.25N/N_E}{1-N/N_E} \qquad (6\text{-}14)$$

由于实际压弯构件的 N/N_E 较小，所以，近似取：

$$M_{max}=N\cdot e_0\frac{1}{1-N/N_E}=N\cdot e_0\alpha=M\alpha \qquad (6\text{-}15)$$

式中　α——挠度放大系数。

对无初始缺陷的压弯构件，其 M_{max}/Ne_0 与 N/N_E 的关系曲线如图 6-9 所示。

以上推导过程是建立在弹性工作基础上得到的，但由于钢材并非无限弹性体，所以承受偏心压力 N 的钢构件，当 N 达到一定值后（即达到图 6-9 的 A 点或 B 点）将进入弹塑性工作状态，故其实际的 M_{max}/M 与 N/N_E 的关系曲线如图 6-9 虚线所示。

对于横向荷载作用下的两端铰支压弯构件，也可建立类似式（6-12）的平衡方程，求解可得跨中最大弯矩表达式为：

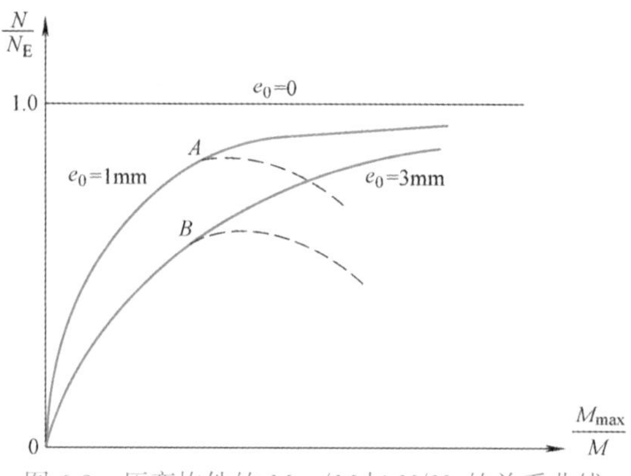

图 6-9　压弯构件的 M_{max}/M 与 N/N_E 的关系曲线

$$M_{max}=M+Nv_{max}=M+N\cdot v_m\frac{1}{1-N/N_E}=\frac{M}{1-N/N_E}\left(1-\frac{N}{N_E}+\frac{Nv_m}{M}\right)$$

$$=\frac{M}{1-N/N_E}\left[1+\left(\frac{N_Ev_m}{M}-1\right)\frac{N}{N_E}\right]=\frac{\beta_mM}{1-N/N_E}\tag{6-16}$$

式中　β_m——$\beta_m=1+\left(\frac{N_Ev_m}{M}-1\right)\frac{N}{N_E}$，称为等效弯矩系数，常用压弯构件不同荷载作用下的等效弯矩系数 β_m 如表 6-1 所示；

M、v_m——横向荷载在跨中产生的弯矩和挠度，如图 6-10（a）所示。

等效弯矩系数 β_m 值　　表 6-1

序号	荷载及弯矩图	弹性分析值
1	M 正弦曲线	1.0
2	M 抛物线	$1+0.028\frac{N}{N_E}$
3	M	$1+0.234\frac{N}{N_E}$
4	M	$1-0.178\frac{N}{N_E}$
5	M	$1+0.051\frac{N}{N_E}$
6	M M	$1-0.589\frac{N}{N_E}$
7	2M M	$1-0.315\frac{N}{N_E}$
8	$M=M_1$ M_2	$\sqrt{0.3+0.4\frac{M_2}{M_1}+0.3\left(\frac{M_2}{M_1}\right)^2}$

2. 压弯构件弯矩作用平面内的整体稳定

目前，确定压弯构件弯矩作用平面内整体稳定承载力的方法较多，下面就两种常用的计算方法作以简单的介绍。

1）边缘纤维屈服准则

边缘纤维屈服准则，是指当构件截面最大受压纤维刚一屈服时，即认为构件失去承载能力而发生破坏。用边缘纤维屈服准则计算压弯构件弯矩作用平面内的整体稳定时，需考虑初始缺陷的影响。

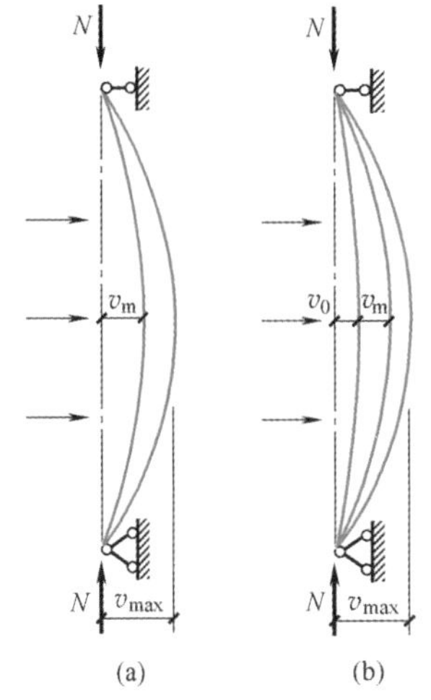

图 6-10　铰支压弯构件

设各种初始缺陷的等效弯曲曲线为跨中挠度为 v_0 的正弦曲线，如图 6-10（b）所示，在任意横向荷载或端弯矩作用下的跨中挠度为 v_m，截面弯矩为 M_x，则截面边缘屈服的表达式为：

$$\frac{N}{A}+\frac{\beta_{mx}M_x+Nv_0}{W_{1x}(1-N/N_{Ex})}=f_y \tag{6-17}$$

显然，当 $M_x=0$ 时，上式中的 N 即为有初始缺陷的轴压构件的临界力 N_{cr}：

$$\frac{N_{cr}}{A}+\frac{N_{cr}v_0}{W_{1x}(1-N/N_{Ex})}=f_y \tag{6-18}$$

保持与轴心受压构件的整体稳定计算公式的一致性，即 $N_{cr}=\varphi_x Af_y$，代入式（6-18），解得 v_0 为：

$$v_0=\left(\frac{1}{\varphi_x}-1\right)\left(1-\varphi_x\frac{Af_y}{N_{Ex}}\right)\frac{W_{1x}}{A} \tag{6-19}$$

将 v_0 代入式（6-17）中，经整理得：

$$\frac{N}{\varphi_x A}+\frac{\beta_{mx}M_x}{W_{1x}\left(1-\varphi_x\frac{N}{N_{Ex}}\right)}=f_y \tag{6-20}$$

式中　φ_x——弯矩作用平面内的轴心受压构件整体稳定系数。

公式（6-20）即为压弯构件按边缘屈服准则导出的整体稳定计算公式。

2）最大强度准则

对于格构式压弯构件，因截面中空，边缘纤维屈服准则较适用。但对于实腹式压弯构件，当受压最大边缘刚开始屈服时，构件尚有较大的强度储备，即容许截面塑性深入。所以要反映实腹式压弯构件的实际受力状态，宜采用最大强度准则，即以具有初始缺陷的压杆为模型，考虑截面的塑性发展，以最终破坏的最大荷载为其极限承载力。

实际上考虑初始缺陷（初弯曲、初偏心和残余应力等）的轴心受压构件的稳定计算方法，完全适用于压弯构件，因为具有初弯曲和初偏心的轴心受压构件就是压弯构件，只不过其截面弯矩是由缺陷因素引起，而主要内力是轴向压力。

实腹式压弯构件弯矩作用平面内的整体稳定计算方法，是通过对考虑缺陷（存在 $l/1000$ 的初弯曲和实测残余应力）影响的构件模型数值计算（逆算单元长度法）并结合工程实际，选用 165 条压弯构件极限承载力曲线，作为拟合相关公式的依据。另外，为了保证构件在正常工作时不产生过大的残余变形，像梁和压弯构件的强度计算那样，需要限制构件危险截面的塑性发展深度。因此对某些塑性太深的承载力曲线作了调整，用调整后的曲线来拟合相关公式。图 6-11 绘出了翼缘为火焰切割边的焊接工字形截面压弯构件在两端相等弯矩作用下的相关曲线，其中实线为理论计算的结果。

对于不同的截面形式，或虽然截面形式相同但尺寸不同、残余应力的分布不同以及失稳方向的不同等，其计算曲线都将有很大的差异。另外，所选用的 165 条压弯构件极限承载力曲线，也很难用一个统一公式来表达。经过分析，发现采用由边缘屈服准则所导出的相关公式的形式，可以较好地解决上述问题。由于影响稳定承载力的因素很多，且构件失稳时已进入弹塑性工作阶段，要得到精确的、符合各种不同情况的理论相关公式是不可能的。将用数值计算方法得到的压弯构件的极限承载力 N_u 与用边缘纤维屈服准则导出的相关公式（6-20）中的轴心压力 N 进行比较，发现，对于短粗的实腹杆，式（6-20）偏于安全；而对于细长的实腹杆，式（6-20）偏于不安全。因此，借用压弯构件边缘纤维屈服时计算公式的形式，但在计算弯曲应力时考虑了截面的塑性发展和二阶弯矩，对于初弯曲和残余应力的影响用一个等效偏心距 v_0 来考虑，并引入抗力分项系数，最后给出了一比较符合实际又能满足工程精度要求的实用相关公式：

$$\frac{N}{\varphi_x A}+\frac{\beta_{mx}\cdot M_x}{W_{px}\left(1-k\frac{N}{N_{Ex}}\right)}=f_y \tag{6-21}$$

式中 W_{px}——塑性毛截面模量；

k——系数。

经计算发现当 $k=0.8$ 时，公式（6-21）的计算结果与各截面的理论计算结果误差最小，即 $k=0.8$ 为最优值。图 6-11 中的虚线，即为 $k=0.8$ 时的焊接工字形截面压弯构件的计算结果曲线。

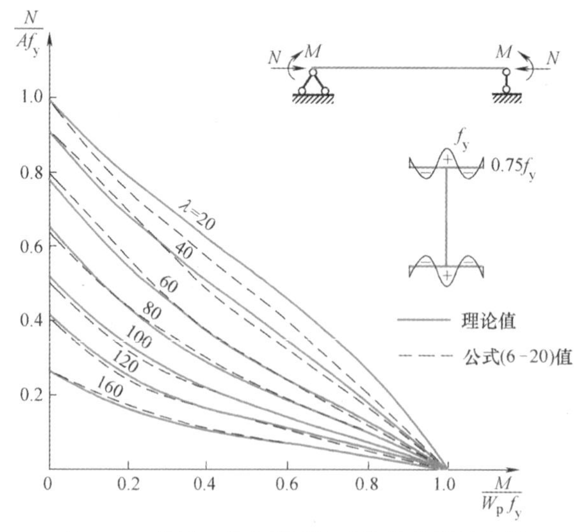

图 6-11 焊接工字形截面压弯构件的相关曲线

3. 实腹式压弯构件弯矩作用平面内的整体稳定计算公式

由于式（6-21）中的系数 k 的取值与构件的截面形式及荷载作用位置有关，因此，对于不同的截面形式及荷载作用位置，实腹式压弯构件整体稳定计算公式也不尽相同。为便于计算，统一取 $k=0.8$，并考虑截面部分塑性深入取 $W_{px}=\gamma_x W_{1x}$，并引入抗力分项系数，即得实腹式压弯构件弯矩作用平面内的整体稳定计算公式：

$$\frac{N}{\varphi_x A}+\frac{\beta_{mx}\cdot M_x}{\gamma_x W_{1x}\left(1-0.8\dfrac{N}{N'_{Ex}}\right)}\leqslant f \tag{6-22}$$

式中 N——所计算构件段范围内的轴心压力设计值；

N'_{Ex}——参数，$N'_{Ex}=\pi^2EA/(1.1\lambda_x^2)$；

M_x——所计算构件段范围内的最大弯矩设计值；

φ_x——弯矩作用平面内的轴心受压构件稳定系数；

W_{1x}——在弯矩作用平面内对受压最大纤维的毛截面模量；

β_{mx}——等效弯矩系数。

等效弯矩系数 β_{mx} 按如下规定采用：

（1）无侧移框架柱和两端支承的构件：

1）无横向荷载作用时：

$$\beta_{mx}=0.6+0.4\frac{M_2}{M_1} \tag{6-23}$$

式中 M_1、M_2——端弯矩，构件无反弯点（同向曲率）时取同号；构件有反弯点（反向曲率）时取异号，$|M_1|\geqslant|M_2|$。

2）无端弯矩但有横向荷载作用时：

跨中单个集中荷载：

$$\beta_{mx}=1-0.36\frac{N}{N_{cr}} \tag{6-24}$$

全跨均布荷载：

$$\beta_{mx}=1-0.18\frac{N}{N_{cr}} \tag{6-25}$$

式中 N_{cr}——弹性临界力，$N_{cr}=\pi^2EI/(\mu l)^2$；

μ——构件的计算长度系数。

3）端弯矩和横向荷载同时作用时，式（6-22）中的 $\beta_{mx}M_x$ 应按下式计算：

$$\beta_{mx}M_x=\beta_{mqx}M_{qx}+\beta_{m1x}M_1 \tag{6-26}$$

式中 M_{qx}——横向荷载产生的弯矩最大值；

M_1——端弯矩的绝对值最大弯矩；

β_{m1x}——按式（6-23）计算的等效弯矩系数；

β_{mqx}——按式（6-24）和式（6-25）计算的等效弯矩系数。

（2）有侧移框架柱和悬臂构件，等效弯矩系数 β_{mx} 应按下列规定采用：

1）有横向荷载的柱脚铰接的单层框架柱和多层框架的底层柱，$\beta_{mx}=1.0$；

2）除“1)”规定之外的框架柱，β_{mx} 应按式（6-24）计算；

3）自由端作用有弯矩的悬臂柱，β_{mx} 应按下式计算：

$$\beta_{mx}=1-0.36(1-m)\frac{N}{N_{cr}} \tag{6-27}$$

式中　m——自由端弯矩与固定端弯矩之比，当弯矩图无反弯点时取正号，有反弯点时取负号。

对于T型钢、双角钢T形和槽形等单轴对称截面压弯构件，当弯矩作用于对称轴平面内（绕非对称轴作用）且使翼缘受压时，构件失稳时截面出现的塑性区除受压区屈服和受压、受拉区同时屈服两种情况外，还可能在受拉区首先出现屈服而导致构件失去承载能力，因此该类构件除了按式（6-22）计算外，还应满足下式要求：

$$\left|\frac{N}{A}-\frac{\beta_{mx}M_x}{\gamma_x W_{2x}\left(1-1.25\frac{N}{N'_{Ex}}\right)}\right|\leqslant f \tag{6-28}$$

式中　W_{2x}——对无翼缘端的毛截面模量；

γ_x——与 W_{2x} 相对应的截面塑性发展系数。

其余符号同式（6-22），上式第二项分母中的1.25也是经过与理论计算结果相比较后引入的修正系数。

6.3.2　压弯构件弯矩作用平面外的稳定

压弯构件受荷时，一个翼缘受压大，而另一个翼缘受压小甚至受拉，当荷载达到一定值后，受压较大翼缘向平面外弯曲，从而引起整个构件的侧向弯曲并伴随扭转，即弯扭屈曲。对于压弯构件，即使是双轴对称截面，也会产生弯扭屈曲，这主要是由于荷载作用点偏离剪切中心，横向剪力与截面剪力流的合力不重合，因此在侧向弯曲的同时必然伴随扭转。

1. 压弯构件的弯扭屈曲

如图6-12双轴对称工字形截面，两端铰接夹支但杆端可自由翘曲的偏心受压构件，压力作用在 y 轴的 D 点，偏心距为 e，根据弹性理论，可建立构件在弯矩作用平面外屈曲临界状态时的以下两个平衡方程。

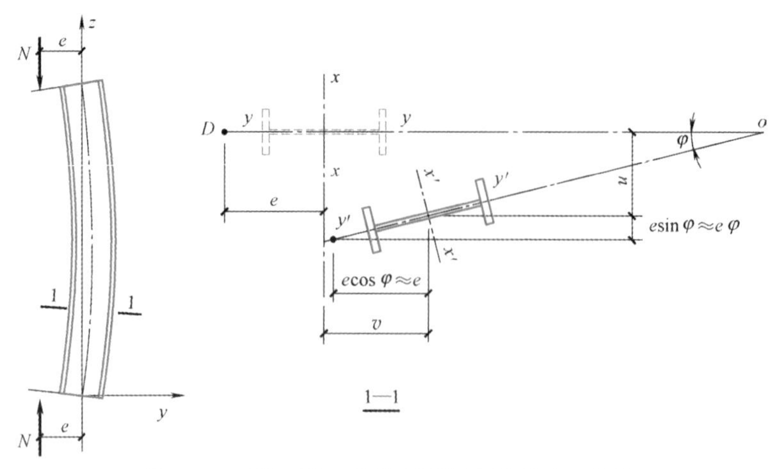

图6-12　双轴对称工字形截面压弯构件弯扭屈曲

设截面的剪心的侧向位移为 u，截面扭转角为 φ，由于截面扭转而引起的侧移增加值为 $e\sin\varphi \approx e \cdot \varphi$，因此对 y 轴的弯矩平衡方程为：

$$EI_y u'' + N(u + e \cdot \varphi) = 0 \tag{6-29}$$

由于发生侧向位移后，横向剪力（通过压力作用点）对剪心产生扭矩 Neu'，因此对 z 轴（纵轴）的扭矩平衡方程为：

$$EI_\omega \varphi''' - (GI_t - Ni_0^2)\varphi' + Neu' = 0 \tag{6-30}$$

式中　I_t——截面的抗扭惯性矩；

I_ω——扇性惯性矩，又称截面的翘曲常数；

G——剪切模量；

i_0——截面的极回转半径，$i_0 = \sqrt{(I_x + I_y)/A}$。

对于两端铰接偏心受压构件，设杆件中点处的侧移和转角分别为 u_m 和 φ_m，变形曲线为 $u = u_m\sin\pi z/l$ 和 $\varphi = \varphi_m\sin\pi z/l$。联合求解式（6-29）和式（6-30），并引入边界条件：在 $z = 0$ 和 $z = l$ 处，$u = u'' = 0$，$\varphi = \varphi'' = 0$，即得弯扭屈曲的临界力的计算方程：

$$(N_{Ey} - N)(N_z - N) - \left(\frac{M_x}{i_0}\right)^2 = 0 \tag{6-31a}$$

或

$$\left(1 - \frac{N}{N_{Ey}}\right)\left(1 - \frac{N}{N_{Ey}} \cdot \frac{N_{Ey}}{N_z}\right) - \left(\frac{M_x}{M_{crx}}\right)^2 = 0 \tag{6-31b}$$

式中　$M_x = Ne$，$M_{crx} = \sqrt{i_0^2 N_{Ey} N_z}$——双轴对称纯弯曲梁的临界弯矩。

由式（6-31）所求得的 N，即为均匀弯矩作用下双轴对称截面压弯构件弯扭屈曲临界力 N_{cr}。如取 $e = 0$，由式（6-31）可得轴心受压构件绕弱轴（y 轴）的欧拉临界力 $N_{cr} = N_{Ey}$ 或绕纵轴（z 轴）扭转屈曲的临界力 $N_{cr} = N_z$，这里 $N_{Ey} = \pi^2 EI_y/l_y^2$，$N_z = (GI_t + \pi^2 EI_\omega/l_z^2)/i_0^2$，其中 l_y、l_z 分别为构件侧向弯曲自由长度和扭转自由长度，对于两端铰接构件 $l_y = l_z = l$。

将 N_z/N_{Ey} 的不同比值代入式（6-31），可得 N_z/N_{Ey} 和 M_x/M_{crx} 的无量纲关系曲线，如图 6-13 所示。

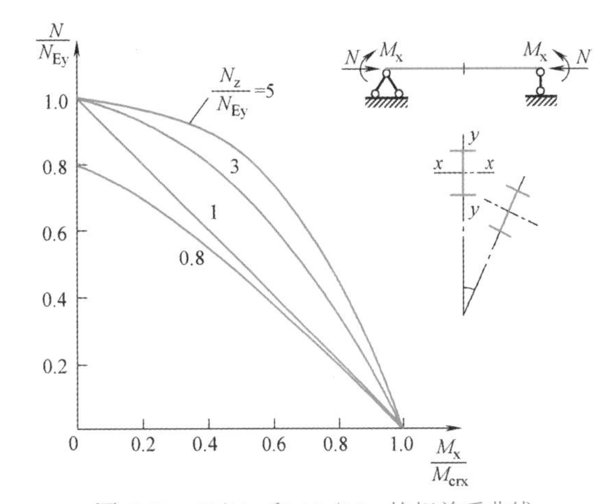

图 6-13　N/N_{Ey} 和 M_x/M_{crx} 的相关系曲线

由图 6-13 可知，N_z/N_{Ey} 越大，曲线越外凸。对于钢结构中一般的双轴对称工字形截面压弯构件，其 N_z/N_{Ey} 一般均大于 1.0，如偏于安全地取 $N_z/N_{Ey} = 1.0$，则式（6-31）变为：

$$\left(1 - \frac{N}{N_{Ey}}\right)^2 - \left(\frac{M_x}{M_{crx}}\right)^2 = 0$$

即：

$$\frac{N}{N_{Ey}}+\frac{M_x}{M_{crx}}=1 \tag{6-32}$$

式（6-32）是双轴对称截面在弹性工作状态下导出的理论公式并经简化后得出的。理论分析和试验研究表明，它同样适用于弹塑性工作状态下压弯构件的弯扭屈曲计算。对于单轴对称截面的压弯构件，只要用该单轴对称截面轴心压杆的弯扭屈曲临界力 N_{cr} 代替式（6-32）中的 N_{Ey}，相关公式仍然适用。

2. 压弯构件弯矩作用平面外的整体稳定计算公式

如将 $N_{Ey}=\varphi_y Af_y$、$M_{crx}=\varphi_b W_{1x} f_y$ 代入式（6-32）中，并引入非均匀弯矩作用时的等效弯矩系数 β_{tx}、截面影响系数 η，以及抗力分项系数 γ_R 后，即得压弯构件在弯矩作用平面外稳定计算公式：

$$\frac{N}{\varphi_y A}+\eta\frac{\beta_{tx}M_x}{\varphi_b W_{1x}}\leqslant f \tag{6-33}$$

式中 M_x——所计算构件段范围内（构件侧向支承点间）的最大弯矩设计值；

φ_y——弯矩作用平面外的轴心受压构件稳定系数；

η——截面影响系数，闭口截面 $\eta=0.7$，其他截面 $\eta=1.0$；

φ_b——均匀弯曲的受弯构件整体稳定系数；

β_{tx}——等效弯矩系数。

等效弯矩系数 β_{tx}，按下列规定采用：

（1）在弯矩作用平面外有支承的构件，应根据两相邻支承点间构件段内的荷载和内力情况确定：

1）无横向荷载作用时：$\beta_{tx}=0.65+0.35\dfrac{M_2}{M_1}$，$M_1$ 和 M_2 是在弯矩作用平面内的端弯矩，使构件产生同向曲率时取同号；使构件产生反向曲率时取异号，$|M_1|\geqslant|M_2|$；

2）有端弯矩和横向荷载同时作用时：使构件产生同向曲率时，$\beta_{tx}=1.0$；使构件产生反向曲率时，$\beta_{tx}=0.85$；

3）无端弯矩但有横向荷载作用时：$\beta_{tx}=1.0$。

（2）弯矩作用平面外为悬臂的构件，$\beta_{tx}=1.0$。

为简化计算，式（6-33）中均匀弯曲的受弯构件整体稳定系数 φ_b，按附录 3 规定计算。对于工字形和T形截面的非悬臂构件，当 $\lambda_y\leqslant120\varepsilon_k$ 时，可按附录 3.5 近似公式计算，这些公式已考虑了构件的弹塑性失稳问题，所以当计算出的 $\varphi_b>0.6$ 时不必再换算；对闭合截面，取 $\varphi_b=1.0$。

6.3.3 双向弯曲实腹式压弯构件的整体稳定

对于弯矩作用在两个主轴平面内的双向弯曲压弯构件，其失稳时呈现出弯曲和扭转的空间失稳形式，其承载力可根据最大强度理论求出。不过由于双向弯曲使中和轴有倾角，再加之扭转这一因素，计算很复杂。另外，由于双向弯曲压弯构件在实际工程中较为少见，所以《标准》仅规定了双轴对称截面柱的计算方法。

双轴对称的工字形截面和箱形截面的压弯构件，当弯矩作用在两个主平面内时，可采用下列与单向弯曲相衔接的线性公式计算其稳定性：

$$\frac{N}{\varphi_x A}+\frac{\beta_{mx}M_x}{\gamma_x W_{1x}\left(1-0.8\dfrac{N}{N'_{Ex}}\right)}+\eta\frac{\beta_{ty}M_y}{\varphi_{by}W_{1y}}\leqslant f \tag{6-34}$$

或

$$\frac{N}{\varphi_y A}+\eta\frac{\beta_{tx}M_x}{\varphi_{bx}W_{1x}}+\frac{\beta_{my}M_y}{\gamma_y W_{1y}\left(1-0.8\dfrac{N}{N'_{Ey}}\right)}\leqslant f \tag{6-35}$$

式中 M_x、M_y——对x轴（强轴）和y轴（弱轴）的最大弯矩设计值；

φ_x、φ_y——对x轴和x轴的轴心受压构件整体稳定系数；

φ_{bx}、φ_{by}——均匀弯曲的受弯构件整体稳定性系数，按附录3计算，其中工字形截面，φ_{bx}可按附录3-5的规定确定，而$\varphi_{by}=1.0$；对闭口截面，$\varphi_{bx}=\varphi_{by}=1.0$。

等效弯矩系数β_{mx}、β_{my}，应按式（6-22）中有关弯矩作用平面内的规定采用；β_{tx}、β_{ty}及η应按式（6-33）中有关弯矩作用平面外的规定采用。

6.4 压弯构件的局部稳定和屈曲后强度

6.4.1 压弯构件的局部稳定理论

1. 翼缘的稳定

实腹式压弯构件的受压翼缘板，其截面应力状态与梁受压翼缘基本相同，特别是由强度控制设计时更是如此，其局部稳定问题如第5章所述。

2. 腹板的稳定

对于实腹式压弯构件的腹板稳定问题，实质上是在剪应力和非均匀压应力联合作用下的屈曲问题。现以工字形截面压弯构件为例（图6-14），就实腹式压弯构件腹板的稳定作以简单介绍。

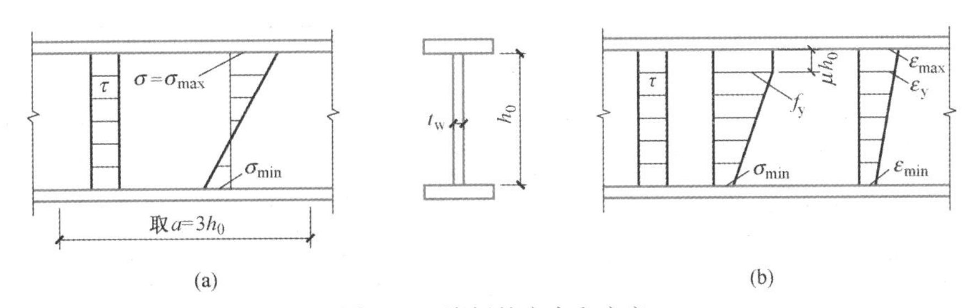

图6-14 腹板的应力和应变

在压弯构件中腹板可视为一四边简支板，因此在弹性状态下屈曲时（图6-14a），其临界状态的相关公式为：

$$\left(\frac{\tau}{\tau_0}\right)^2+\left[1-\left(\frac{\alpha_0}{2}\right)^5\right]\frac{\sigma}{\sigma_0}+\left(\frac{\alpha_0}{2}\right)^5\left(\frac{\sigma}{\sigma_0}\right)^2=1 \tag{6-36}$$

式中 σ——弯矩和轴心压力共同作用下，受压较大一侧腹板计算高度边缘的压应力；

τ——剪力作用下的腹板平均剪应力；

α_0——应力梯度，计算公式同式（5-1）；

τ_0——剪应力 τ 单独作用时的弹性屈曲应力，$\tau_0 = \frac{\kappa_v \pi^2 E}{12(1-v^2)}\left(\frac{t_w}{h_0}\right)^2$，若取 $a = 3h_0$，则屈曲系数 $\kappa_v = 5.784$；

σ_0——非均匀应力 σ 单独作用时的弹性屈曲应力，$\sigma_0 = \frac{\kappa_c \pi^2 E}{12(1-v^2)}\left(\frac{t_w}{h_0}\right)^2$。屈曲系数 κ_c 取决于 α_0 和剪应力的影响，当 $\tau = 0$ 时，其值见表 6-2。

当 $\alpha_0 = 2.0$ 时，式（6-36）可归结为弯曲正应力和剪应力联合作用时板件的屈曲条件；当 $\alpha_0 = 0$ 时，式（6-36）可归结为均匀压应力和剪应力联合作用时板件的屈曲条件。

由式（6-36）可知，剪应力将降低腹板的屈曲应力。但计算表明，当 $\alpha_0 \leqslant 1$ 时，τ/σ_m（σ_m 弯曲压应力）值的变化对腹板屈曲应力的影响较小。根据压弯构件的设计资料，可取 $\tau/\sigma_m = 0.2 \sim 0.3$ 作为计算腹板屈曲应力的依据。

只要将 σ_0、τ_0 和不同的剪应力 τ 代入式（6-36），可得压应力和剪应力联合作用下腹板的屈曲应力表达式：

$$\sigma_{cr} = \frac{\kappa_e \pi^2 E}{12(1-v^2)}\left(\frac{t_w}{h_0}\right)^2 \tag{6-37}$$

式中　κ_e——压应力和剪应力联合作用下的弹性屈曲系数，当 $\tau = 0.3\sigma_m$ 时，其值见表 6-2。

由式（6-37）即可确定腹板弹性屈曲时 h_0/t_w 的最大限值。

当腹板是在弹塑性状态下屈曲（图 6-14b）时，应根据腹板的弹塑性屈曲理论计算确定其塑性屈曲系数 κ_p，用以代替式（6-37）中的 κ_e。此时腹板的屈曲应力 $\sigma_{cr} = f_y$，腹板的高厚比限值仍可由式（6-37）确定。

κ_p 的取值与应力比 τ/σ、应变梯度 $\alpha = (\varepsilon_{max}\varepsilon_{min})/\varepsilon_{max}$ 和板边缘的最大割线模量 E_s（取决于腹板的塑性发展深度 μh_0）等有关，计算过程复杂，这里不作介绍。当 $\tau = 0.3\sigma_m$、腹板塑性发展深度为 $0.25h_0$ 时，κ_p 的取值见表 6-2。

非均匀应力和剪应力联合作用下腹板的屈曲系数　　表 6-2

屈曲系数	α_0										
	0	0.2	0.4	0.6	0.8	1.0	1.2	1.4	1.6	1.8	2.0
κ_c	4.000	4.443	4.992	5.689	6.595	7.812	9.503	11.868	15.183	19.524	23.922
κ_e	4.000	4.435	4.970	5.640	6.469	7.507	8.815	10.393	12.150	13.800	15.012
κ_p	4.000	3.914	3.874	4.242	4.681	5.214	5.886	6.678	7.576	9.738	11.301

实际上，对于长细比较小的压弯构件，在弯矩作用平面内失稳时，截面的塑性发展深度超过 $0.25h_0$，而长细比较大的压弯构件，塑性发展深度却达不到 $0.25h_0$，甚至腹板可能处于弹性工作状态，也就是说，腹板的塑性发展深度与构件长细比 λ 有关。

6.4.2　压弯构件截面板件宽（高）厚比限值

现行《标准》对于实腹式压弯构件的截面按照板件的宽厚比不同进行了截面分类，

如表 5-1 所示。对于要求不出现局部失稳的实腹压弯构件，其腹板高厚比、翼缘宽厚比应符合表 5-1 规定的压弯构件 S4 级截面要求。

6.4.3　压弯构件屈曲后的强度

当工字形和箱形截面压弯构件的腹板高厚比超过表 5-1 规定的 S4 级截面要求时，构件截面板件的临界应力将达不到钢材的屈服强度或构件整体稳定的临界应力，截面板件屈曲提前，造成构件的强度和整体稳定承载力降低，为此可采用有效截面的方法计算构件的承载能力。具体计算方法如下：

强度计算：

$$\frac{N}{A_{ne}} \pm \frac{M_x + Ne}{W_{nex}} \leqslant f \tag{6-38}$$

平面内稳定计算：

$$\frac{N}{\varphi_x A_e f} + \frac{\beta_{mx} M_x + Ne}{W_{e1x}(1 - 0.8N/N'_{Ex})f} \leqslant 1.0 \tag{6-39}$$

平面外稳定计算：

$$\frac{N}{\varphi_y A_e f} + \eta \frac{\beta_{tx} M_x + Ne}{\varphi_b W_{e1x} f} \leqslant 1.0 \tag{6-40}$$

式中　A_{ne}、A_e——分别为有效净截面面积和有效毛截面面积；

W_{nex}——有效截面的净截面模量；

W_{e1x}——有效截面对较大受压纤维的毛截面模量；

e——有效截面形心至原截面形心的距离。其余符号含义同前。

式（6-38）～式（6-40）中有效截面参数计算如下：

（1）工字形截面腹板受压区的有效宽度应取为：

$$h_e = \rho h_c \tag{6-41a}$$

当 $\lambda_{n,p} \leqslant 0.75$ 时：

$$\rho = 1.0 \tag{6-41b}$$

当 $\lambda_{n,p} > 0.75$ 时：

$$\rho = \frac{1}{\lambda_{n,p}}\left(1 - \frac{0.19}{\lambda_{n,p}}\right) \tag{6-41c}$$

$$\lambda_{n,p} = \frac{h_w/t_w}{28.1\sqrt{k_\sigma}} \cdot \frac{1}{\varepsilon_k} \tag{6-42}$$

$$k_\sigma = \frac{16}{2 - \alpha_0 + \sqrt{(2 - \alpha_0)^2 + 0.112\alpha_0^2}} \tag{6-43}$$

式中　h_c、h_e——分别为腹板受压区宽度和有效宽度，当腹板全部受压时，$h_c = h_w$；

ρ——有效宽度系数；

α_0——参数，按式（5-1）计算。

（2）工字形截面腹板有效宽度 h_e 应按下列公式计算：

当截面全部受压，即 $\alpha_0 \leqslant 1$ 时（图 6-15a）：

$$h_{e1} = 2h_e/(4 + \alpha_0) \tag{6-44}$$

$$h_{e2} = h_e - h_{e1} \tag{6-45}$$

当截面部分受拉，即 $\alpha_0 > 1$ 时（图 6-15b）：

$$h_{e1} = 0.4h_e \tag{6-46}$$

$$h_{e2} = 0.6h_e \tag{6-47}$$

（3）箱形截面压弯构件翼缘宽厚比超限时也应按式（6-41）计算其有效宽度，计算时取 $k_\sigma = 4.0$，有效宽度分布在两侧均等。

需要说明的是，当压弯构件的弯矩效应在相关公式中占有重要地位，且最大弯矩出现在构件端部截面时，强度验算应该针对该截面计算，A_{ne} 和 W_{nex} 都取自该截面。但构件稳定计算也取此截面的 A_e 和 W_{e1x} 则将低估构件的承载力，这是由于构件各个截面的有效面积不相同，且有效截面的形心偏离原截面形心所致。此时，计算构件在框架平面外的稳定性，可取计算段中间 1/3 范围内弯矩最大截面的有效截面特性。平面内稳定计算在没有适当计算方法之前，则仍可偏于安全的取弯矩最大处的有效截面特性计算。

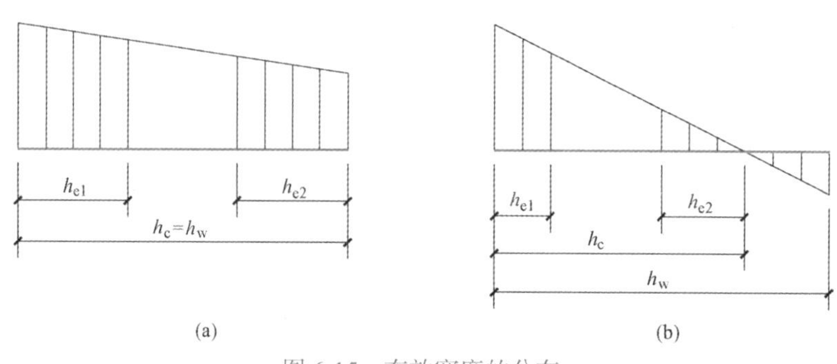

图 6-15　有效宽度的分布

（a）截面全部受压；（b）截面部分受拉

6.5　拉弯构件设计

同其他构件一样，拉弯构件设计时，应同时满足承载能力极限状态和正常使用极限状态。对于承受静力荷载的拉弯构件，是以其最不利截面出现塑性铰为其承载力极限状态。故对于承载能力极限状态，拉弯构件只需满足式（6-8）或式（6-10）的要求即可。

对于正常使用极限状态则只需满足长细比要求，即：

$$\lambda_{x(y)} \leqslant [\lambda] \tag{6-48}$$

式中　$[\lambda]$——取值同轴心受拉构件。

事实上，尽管《标准》对于拉弯构件的承载能力极限状态仅规定进行强度计算，但当构件截面所承受的轴心拉力很小而弯矩相对较大时，构件的受力性能与受弯构件相似，即在截面的一侧将出现较大的压应力而导致构件像梁一样发生侧向弯扭屈曲，这时建议按下式验算其承载力：

$$\frac{M_x}{W_x} - \frac{N}{A} \leqslant \varphi_b \cdot f \tag{6-49}$$

式中　M_x——构件截面最大弯矩设计值；

W_x——对受压最大纤维的毛截面模量；

φ_b——梁的整体稳定系数。

【例题 6-2】 已知某用 2∟125×80×8 长肢相拼而成的 T 形截面拉弯构件，静荷载作用下，承受轴心拉力设计值 $N=190\text{kN}$，横向均布荷载设计值 $q=9.8\text{kN/m}$（含自重），如图 6-16 所示。钢材 Q235AF，[λ] = 350。试验算其能否可靠工作（截面无削弱）。

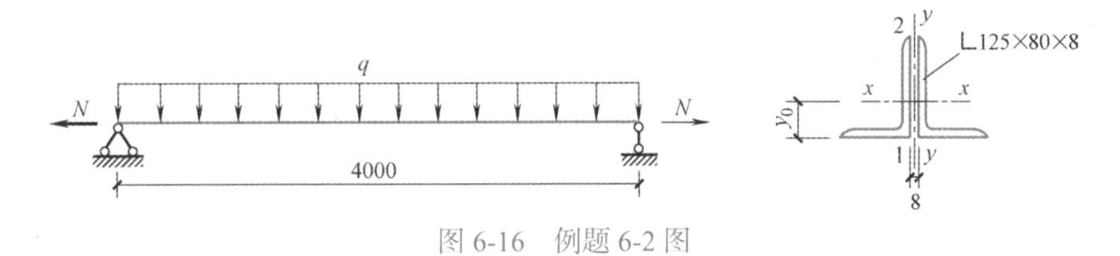

图 6-16　例题 6-2 图

【解】 查型钢表得截面参数：

$$A=16.0\times2=32\text{cm}^2,\ i_x=4.01\text{cm},\ i_y=3.2\text{cm},\ y_0=4.06\text{cm}。$$

$$I_x=Ai_x^2=32\times4.01^2=514.56\text{cm}^4$$

（1）强度验算

因截面无削弱，故仅需计算内力最大截面，即跨度中点截面，其内力为：

轴心拉力设计值：$N=190\text{kN}$；

弯矩设计值：$M_x=\frac{1}{8}ql^2=\frac{1}{8}\times9.8\times4^2=19.6\text{kN}\cdot\text{m}$；

截面模量为：

肢背处：$W_{nx1}=\frac{I_x}{y_0}=\frac{514.56}{4.06}=126.74\text{cm}^3$

肢尖处：$W_{nx2}=\frac{I_x}{12.5-y_0}=\frac{514.56}{12.5-4.06}=60.97\text{cm}^3$

考虑截面塑性发展系数，$\gamma_{x1}=1.05$，$\gamma_{x2}=1.2$，则：

肢背处应力：

$$\frac{N}{A_n}+\frac{M_x}{\gamma_{x1}W_{nx1}}=\frac{190\times10^3}{32\times10^2}+\frac{19.6\times10^6}{1.05\times126.74\times10^3}=206.66\text{N/mm}^2<f=215\text{N/mm}^2$$

肢尖处应力：

$$\frac{M_x}{\gamma_{x2}W_{nx2}}-\frac{N}{A_n}=\frac{19.6\times10^6}{1.2\times60.97\times10^3}-\frac{190\times10^3}{32\times10^2}=208.52\text{N/mm}^2<f=215\text{N/mm}^2$$

强度满足要求。

（2）刚度验算：

$\lambda_x=\frac{l_{ox}}{i_x}=\frac{400}{4.01}=99.75<[\lambda]=350$，满足要求；

$\lambda_y=\frac{l_{oy}}{i_y}=\frac{400}{3.2}=125<[\lambda]=350$，满足要求。

由以上计算可知，该构件能可靠工作。

6.6　压弯构件（框架柱）的计算长度

目前在钢结构中压弯构件的计算长度是根据构件端部的约束条件按弹性稳定理论确定。对于端部约束条件比较简单的压弯构件，可由计算长度系数 μ 直接得到构件的计算长度，见表 4-3。但对于框架柱，情况较复杂。框架平面内的计算长度需通过对框架的整体稳定分析得到；框架平面外的计算长度则需根据支承点的布置情况确定。

6.6.1　单层等截面框架柱平面内的计算长度

在进行框架的整体稳定分析时，一般不考虑框架结构的空间作用，取平面框架作为计算模型。框架平面内的失稳形式有两种，即对于有支撑框架，其失稳形式是无侧移的（图 6-17a、b），而对于无支撑的纯框架，其失稳形式为有侧移的（图 6-17c、d）。无侧移失稳框架的临界力比具有相同尺寸和连接条件的有侧移失稳框架的临界力大得多。因此，除非有阻止框架侧移的支撑体系（包括支撑桁架、剪力墙、电梯井等），框架的承载能力一般是以有侧移失稳时的临界力确定的。

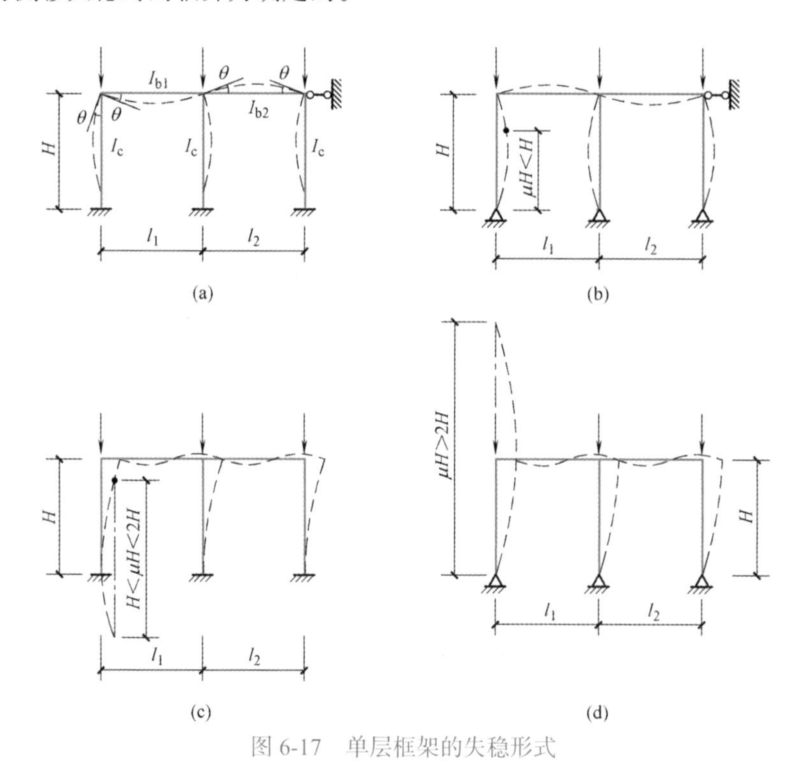

图 6-17　单层框架的失稳形式

由于框架柱的上端与横梁刚接，因此，框架横梁对柱子的约束作用取决于横梁与柱子的线刚度比 K_0，即：

对于单层单跨框架：

$$K_0=\frac{I_b/l}{I_c/H} \tag{6-50}$$

对于单层多跨框架：
$$K_0 = \frac{I_{b1}/l_1 + I_{b2}/l_2}{I_c/H} \tag{6-51}$$

根据弹性稳定理论确定框架柱的计算长度，基本假定如下：

（1）材料是线弹性的。

（2）框架只承受作用在节点上的竖向荷载，不考虑横梁荷载和水平荷载产生梁端弯矩的影响。计算分析表明，在弹性工作范围内，该假定引起的误差不大，可以满足设计要求。需要指出的是，此假定只能用于确定柱的计算长度，在确定柱的截面尺寸时则必须同时考虑弯矩和轴心力。

（3）框架中的所有柱子是同时丧失稳定的，即各框架柱同时达到其临界荷载。

（4）当柱子失稳时，相交于同一节点的横梁对柱子提供的约束弯矩，按柱子的线刚度之比分配给柱子。

（5）在无侧移失稳时，横梁两端的转角大小相等方向相反；在有侧移失稳时，横梁两端的转角不但大小相等而且方向相同。

根据以上基本假定，并为简化计算仅考虑直接与所研究框架柱相连的横梁的约束作用，略去不直接与该柱子连接的横梁的约束影响，将框架按其侧向支承情况用位移法进行稳定分析，即可得出框架柱在框架平面内的计算长度系数 μ，因此框架柱的计算长度 H_0：
$$H_0 = \mu H \tag{6-52}$$

式中　H——柱的几何长度；

μ——计算长度系数，见表 6-3。

显然，μ 值与框架柱柱脚与基础的连接形式及 K_0 值有关。

有侧移单层等截面无支撑纯框架柱的计算长度系数 μ　　表 6-3

柱与基础的连接	相交于上端的横梁线刚度之和与柱线刚度之比										
	0	0.05	0.1	0.2	0.3	0.4	0.5	1.0	2.0	5.0	≥10
铰接	—	6.02	4.46	3.42	3.01	2.78	2.64	2.33	2.17	2.07	2.03
刚接	2.03	1.83	1.70	1.52	1.42	1.35	1.30	1.17	1.10	1.05	1.03

注：1. 线刚度为截面惯性矩与构件长度之比。
2. 当横梁与柱铰接时，取横梁线刚度为零。
3. 当计算框架的等截面格构式柱和桁架式横梁的线刚度时，应考虑缀件（或腹杆）变形的影响，将其惯性矩乘以 0.9；当桁架式横梁高度有变化时，其惯性矩宜按平均高度计算。

从表 6-3 可以看出，有侧移的无支撑纯框架失稳时，框架柱的计算长度系数都大于 1.0。柱脚刚接的有侧移无支撑纯框架柱，μ 值约在 1.0～2.0（图 6-17c）。柱脚铰接的有侧移无支撑纯框架柱，μ 值总是大于 2.0，其实际意义可通过图 6-17（d）所示的变形情况来理解。

对于无侧移的有支撑框架柱，柱子的计算长度系数 μ 将小于 1.0（图 6-17a、b）。

6.6.2　多层等截面框架柱在框架平面内的计算长度

对于多层多跨框架的失稳形式也分为无侧移失稳（图 6-18a）和有侧移失稳（图 6-18b）两种情况，计算时的基本假定与单层框架相同。多层多跨框架结构柱的计算长度系数 μ

和横梁的约束作用有直接关系，它取决于在该柱上端节点处相交的横梁线刚度之和与柱线刚度之和的比值 K_1，同时还取决于与该柱下端节点处相交的横梁线刚度之和与柱线刚度之和的比值 K_2。

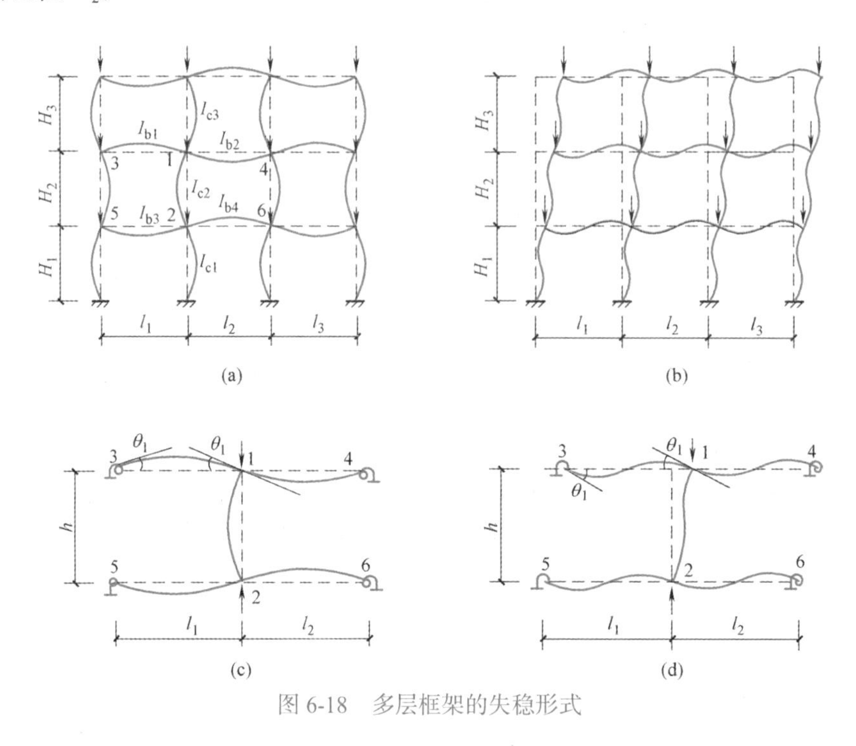

图 6-18　多层框架的失稳形式

对于未设置支撑结构的纯框架结构，属于有侧移反对称失稳。对于有支撑框架，按其抗侧移刚度的大小，又可分为强支撑框架和弱支撑框架。现行《标准》不建议采用弱支撑框架。

当支撑结构的侧移刚度（产生单位侧倾角所需的水平力）S_b 满足式（6-53）的要求时，为强支撑框架，属于无侧移失稳。当支撑结构的侧移刚度 S_b 不满足式（6-53）的要求时，为弱支撑框架。有支撑框架在一般情况下均能满足式（6-53）的要求，因而可按无侧移失稳计算。

$$S_b \geqslant 4.4\left[\left(1+\frac{100}{f_y}\right)\sum N_{bi}-\sum N_{0i}\right] \tag{6-53}$$

式中　$\sum N_{bi}$、$\sum N_{0i}$——分别为第 i 层层间所有框架柱用无侧移框架和有侧移框架柱计算长度系数算得的轴压杆稳定承载力之和。

多层框架无论在哪一类形式下失稳，每一根柱都要受到柱端构件以及远端构件的影响。因多层多跨框架的未知节点位移数较多，需要展开高阶行列式和求解复杂的超越方程，计算工作量大且很困难。故在实用工程设计中，引入了简化杆端约束条件的假定，即将框架简化为图 6-18（c）、（d）所示的计算单元，只考虑与柱端直接相连构件的约束作用。在确定柱的计算长度时，假设柱子开始失稳时相交于上下两端节点的横梁对于柱子提供的约束弯矩，按其与上下两端节点柱的线刚度之和的比值 K_1 和 K_2 分配给柱子。K_1 为相交于柱上端节点的横梁线刚度之和与柱线刚度之和的比值；K_2 为相交于柱下端节点的横梁线刚度之和与柱线刚度之和的比值。如图 6-18 中的节点 1、2 之间的杆：

$$K_1=\frac{I_{b1}/l_1+I_{b2}/l_2}{I_{c3}/H_3+I_{c2}/H_2} \tag{6-54}$$

$$K_2=\frac{I_{b3}/l_1+I_{b4}/l_2}{I_{c2}/H_2+I_{c1}/H_1} \tag{6-55}$$

多层多跨框架柱的计算长度系数 μ 见附录 5 附表 5-1（有侧移框架）和附表 5-2（无侧移框架）。实际上表 6-3 中单层框架柱的 μ 值已包括在附表 5-1 中，如令附表 5-1 中的 $K_2=0$，即表 6-3 中与基础铰接的 μ 值；柱与基础刚接时，从理论上来说 K_2 应为无穷大，但考虑到实际工程情况，取 $K_2\geqslant 10$ 时的 μ 值。

等截面柱，在框架平面内的计算长度系数 μ 值亦可采用下列近似公式计算：

（1）无支撑框架

无支撑框架柱的计算长度系数，按附表 5-1 有侧移框架柱的计算长度系数确定，也可按下列简化公式计算：

$$\mu=\sqrt{\frac{7.5K_1K_2+4(K_1+K_2)+1.52}{K_1+K_2+7.5K_1K_2}} \tag{6-56}$$

式中 K_1、K_2——分别为相交于柱上端、柱下端的横梁线刚度之和与柱线刚度之和的比值。当梁远端为铰接时，应将横梁线刚度乘以 0.5；当梁远端为嵌固时，则应乘以 2/3。

设有摇摆柱时，摇摆柱自身的计算长度系数取 1.0。而由于上下均为铰接的摇摆柱承受荷载的倾覆作用必然由支持它的框（刚）架来抵抗，使框（刚）架柱的计算长度增大，因此这时框架柱的计算长度系数应乘以放大系数 η，η 应按下式计算：

$$\eta=\sqrt{1+\frac{\sum(N_1/h_1)}{\sum(N_f/h_f)}} \tag{6-57}$$

式中 $\sum(N_f/h_f)$——本层各框架柱轴心压力设计值与柱子高度比值之和；

$\sum(N_1/h_1)$——本层各摇摆柱轴心压力设计值与柱子高度比值之和。

当有侧移框架同层各柱的 N/I 不相同时，柱计算长度系数宜按式（6-58）计算；当框架附有摇摆柱时，框架柱的计算长度系数宜按式（6-59）确定。当计算而得的 μ_i 小于 1.0 时，应取 $\mu_i=1.0$。

$$\mu_i=\sqrt{\frac{N_{Ei}}{N_i}\cdot\frac{1.2}{K}\sum\frac{N_i}{h_i}} \tag{6-58}$$

$$\mu_i=\sqrt{\frac{N_{Ei}}{N_i}\cdot\frac{1.2\sum\frac{N_i}{h_i}+\sum\frac{N_{1j}}{h_j}}{K}} \tag{6-59}$$

$$N_{Ei}=\frac{\pi^2EI_i}{h_i^2} \tag{6-60}$$

式中 N_i、N_{Ei}——第 i 根柱轴心压力设计值和欧拉临界力；

h_i——第 i 根柱高度；

K——框架层侧移刚度，即产生层间单位侧移所需的力；

N_{1j}——第 j 根摇摆柱轴心压力设计值；

h_j——第 j 根摇摆柱的高度。

计算单层框架和多层框架底层的计算长度系数时，K 值宜按柱脚的实际约束情况进行计算，也可按理想情况（铰接或刚接）确定 K 值，并对算得的系数进行修正。

当多层单跨框架的顶层采用轻型屋面，或多跨多层框架的顶层抽柱形成较大跨度时，顶层框架柱的计算长度系数应忽略屋面梁对柱子的转动约束。

（2）有支撑框架

对于强支撑框架，框架柱的计算长度系数 μ 可按附表 5-2 无侧移框架柱的计算长度系数确定，也可按下列近似公式计算：

$$\mu=\sqrt{\frac{(1+0.41K_1)(1+0.41K_2)}{(1+0.82K_1)(1+0.82K_2)}} \tag{6-61}$$

式中　K_1、K_2——分别为相交于柱上端、柱下端的横梁线刚度之和与柱线刚度之和的比值。

当梁远端为铰接时，应将横梁线刚度乘以 1.5；当梁远端为嵌固时，应将横梁线刚度乘以 2.0。

6.6.3　单层厂房框架柱下端刚性固定时平面内的计算长度

1. 变截面单阶柱在框架平面内的计算长度

对于有吊车单层厂房柱，从经济角度考虑常采用阶形柱。阶形柱的计算长度是分段确定的，即各段的计算长度应等于各段的几何长度乘以相应的计算长度系数 μ_1 和 μ_2，但各段的计算长度系数之间有内在关系。在图 6-19 中，柱的上下段计算长度分别为 $H_{01}=\mu_1H_1$、$H_{02}=\mu_2H_2$。

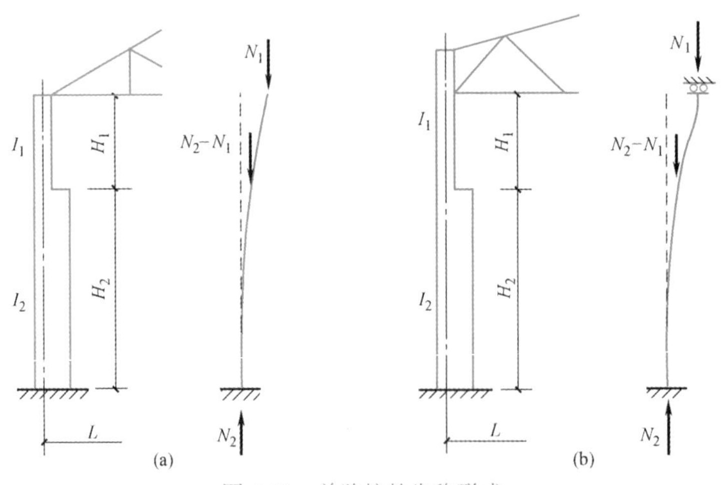

图 6-19　单阶柱的失稳形式

阶形柱的计算长度系数是根据对称的单跨框架发生有侧移失稳条件确定的。根据柱的上端与横梁（或桁架）的连接是属于铰接还是刚接的条件，分为图 6-19（a）、（b）两种失稳形式。

当柱的上端与横梁铰接时，将柱视为上端自由的独立柱，下段柱的计算长度系数 μ_2

取决于上段柱和下段柱的临界力参数 $\eta_1 = (H_1/H_2) \cdot \sqrt{N_1 I_2/(N_2/I_1)}$ 和线刚度比 $K_1 = I_1 H_2/(I_2 H_1)$，这里，H_1、I_1、N_1 和 H_2、I_2、N_2 分别是上段柱和下段柱的高度、截面惯性矩及最大轴向压力。μ_2 按附表 5-3 取值，上段柱的计算长度系数 $\mu_1 = \mu_2/\eta_1$。

当柱的上端与横梁刚性固接时，横梁的刚度对框架的屈曲有一定的影响，但当横梁的线刚度与上段柱的线刚度之比大于 1.0 时，横梁刚度的大小对框架屈曲的影响差别不大。这时下段柱的计算长度系数 μ_2 可直接按照图 6-19（b）所示计算简图把柱视为上端可移动但不能转动的独立柱，按参数 K_1 和 η_1 查附表 5-4 确定，而上段柱的计算长度系数仍为 $\mu_1 = \mu_2/\eta_1$。

事实上，当柱上端与实腹梁刚接时，由于实腹梁的线刚度不及桁架，虽然实腹梁对单阶柱也提供一定的转动约束，但还不到转角可以忽略的程度，为此把柱视为上端可移动但不能转动的独立柱计算得到的下段柱的计算长度系数误差较大，此时应按式（6-62）计算下段柱的计算长度系数 μ_2^1。但 μ_2^1 系数不应大于按柱上端与横梁铰接计算时得到的 μ_2 值，且不小于按柱上端与桁架型横梁刚接计算时得到的 μ_2 值。

$$\mu_2^1 = \frac{\eta_1^2}{2(\eta_1+1)} \sqrt[3]{\frac{\eta_1 - K_b}{K_b}} + (\eta_1 - 0.5) K_c + 2 \tag{6-62}$$

$$K_c = \frac{I_1/H_1}{I_2/H_2} \tag{6-63}$$

$$\eta_1 = \frac{H_1}{H_2} \sqrt{\frac{N_1}{N_2} \cdot \frac{I_2}{I_1}} \tag{6-64}$$

式中 I_1、H_1——阶形柱上段柱的惯性矩和柱高；

I_2、H_2——阶形柱下段柱的惯性矩和柱高；

K_c——阶形柱上段柱线刚度与下段柱线刚度的比值；

η_1——参数。

考虑到组成横向框架的各阶形柱所受吊车竖向荷载的差别较大，荷载较小的相邻柱会给所计算的荷载较大的柱提供侧移约束，同时由于厂房的空间作用，有利于荷载重分配减轻柱的负荷。所以对于阶形柱的计算长度还需根据各种类型厂房的不同特点对其进行了不同的折减，以反映阶形柱在框架平面内承载力的提高。折减系数按表 6-4 取用。

单层厂房阶形柱计算长度折减系数　　表 6-4

<table>
<tr><th colspan="4">厂房类型</th><th rowspan="2">折减系数</th></tr>
<tr><th>单跨或多跨</th><th>纵向温度区段内一个柱列的柱子数</th><th>屋面情况</th><th>厂房两侧是否有通长的屋盖纵向水平支撑</th></tr>
<tr><td rowspan="4">单跨</td><td>等于或少于 6 个</td><td>—</td><td>—</td><td rowspan="2">0.9</td></tr>
<tr><td rowspan="3">多于 6 个</td><td rowspan="2">非大型混凝土屋面板的屋面</td><td>无纵向水平支撑</td></tr>
<tr><td>有纵向水平支撑</td><td rowspan="3">0.8</td></tr>
<tr><td>大型混凝土屋面板的屋面</td><td>—</td></tr>
<tr><td rowspan="3">多跨</td><td rowspan="3">—</td><td rowspan="2">非大型混凝土屋面板的屋面</td><td>无纵向水平支撑</td></tr>
<tr><td>有纵向水平支撑</td><td rowspan="2">0.7</td></tr>
<tr><td>大型混凝土屋面板的屋面</td><td>—</td></tr>
</table>

注：有横梁的露天结构（如落锤车间等）其折减系数可采用 0.9。

对于双阶柱的计算长度确定，可参见《标准》相关规定。

2. 带牛腿等截面柱在框架平面内的计算长度

对于带牛腿等截面柱在框架平面内的计算长度，《标准》按考虑沿柱高轴压力变化的实际条件，忽略相邻柱的支撑作用（相邻柱的起重机压力较小）和柱脚实际上并非完全刚性两个因素，给出了偏安全的计算公式。具体计算方法如下：

$$H_0=\alpha_N\left[\sqrt{\frac{4+7.5K_b}{1+7.5K_b}}-\alpha_K\left(\frac{H_1}{H}\right)^{1+0.8K_b}\right]H \tag{6-65}$$

$$K_b=\frac{\sum(I_{bi}/l_i)}{I_c/H} \tag{6-66}$$

式中 H_1、H——分别为柱在牛腿表面以上的高度和柱总高度（图 6-20）；

K_b——与柱连接的横梁线刚度之和与柱线刚度之比；

I_{bi}、l_i——分别为第 i 根梁的截面惯性矩和跨度；

I_c——为柱截面惯性矩；

α_K——和 K_b 有关的系数；

α_N——考虑压力变化的系数。

α_K 按下列规定确定：

当 $K_b<0.2$ 时：

$$\alpha_K=1.5-2.5K_b \tag{6-67}$$

当 $0.2\leqslant K_b\leqslant 2.0$ 时：$\alpha_K=1.0$。

α_N 按下列规定确定：

$$\gamma=N_1/N_2 \tag{6-68}$$

当 $\gamma\leqslant 0.2$ 时：$\alpha_N=1.0$；

当 $\gamma>0.2$ 时：

$$\alpha_N=1.0+\frac{H_1}{H_2}\cdot\frac{(\gamma-0.2)}{1.2} \tag{6-69}$$

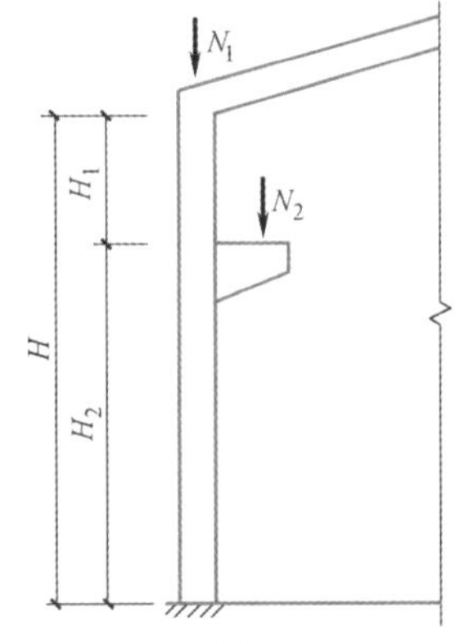

图 6-20　单层厂房框架示意

需要指出的是，在以上计算中，当计算框架的格构式柱和桁架式横梁的惯性矩时，应考虑柱或横梁截面高度变化和缀件（或腹杆）变形的影响。

6.6.4　框架柱在框架平面外的计算长度

柱在框架平面外的计算长度一般由框架支撑体系的布置情况确定。支撑体系可提供柱在平面外的支承点，柱在框架平面外失稳时，支承点可以看作变形曲线的反弯点，因此柱在框架平面外的计算长度应取能阻止柱平面外侧移的支承点间的距离。如图 6-21 单层框架柱，柱在平面外的计算长度，上段为 H_1、下段为 H_2。对于多层框架柱，在平面外的计算长度就可能为该柱的全长。

【例题 6-3】 图 6-22 为一有侧移双层框架，横梁和柱子的线刚度如图所示。试求出各柱在框架平面内的计算长度系数 μ。

【解】 根据附表 5-1 得各柱的计算长度系数如下：

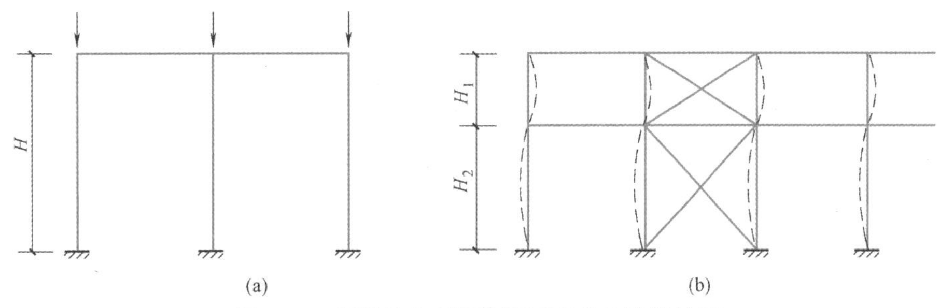

图 6-21 框架柱在弯矩作用平面外的计算长度

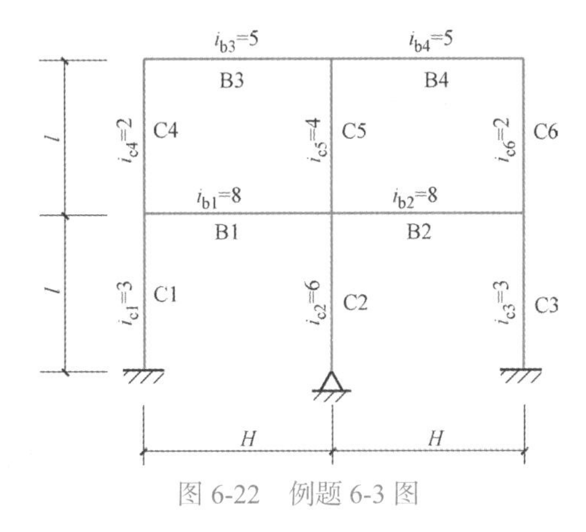

图 6-22 例题 6-3 图

柱 C1、C3：

$$K_1=\frac{8}{2+3}=1.6;\ K_2=10，得：\mu=1.128$$

柱 C2：

$$K_1=\frac{8+8}{4+6}=1.6;\ K_2=0，得：\mu=2.234$$

柱 C4、C6：

$$K_1=\frac{5}{2}=2.5;\ K_2=\frac{8}{2+3}=1.6，得：\mu=1.18$$

柱 C5：

$$K_1=\frac{5+5}{4}=2.5;\ K_2=\frac{8+8}{6+4}=1.6，得：\mu=1.18$$

6.7 实腹式压弯构件设计

6.7.1 截面形式

对于压弯构件，当构件截面承受的弯矩较小时，其截面形式可与轴心受压构件相同。当弯矩较大时，宜采用在弯矩作用平面内截面高度较大的双轴对称截面或单轴对称截面。实腹式压弯构件常用的截面形式如图 6-3（a）所示。

6.7.2 截面选择

实腹式压弯构件设计时应首先选定截面的形式，然后根据构件所承受的轴心压力 N 和弯矩 M 以及构件的计算长度 l_{0x} 和 l_{0y} 初步确定截面的尺寸，然后进行强度、整体稳定、局部稳定以及刚度的验算。

实腹式压弯构件截面的初步确定可按以下步骤进行。

（1）首先假定长细比 λ_x，λ_x 通常在 60～100；

（2）由 λ_x 及 i_{0x} 计算回转半径 i_x；

（3）由 i_x 根据附录 9 计算截面高度 h；

（4）计算 $\dfrac{A}{W_{1x}}$：

$$\frac{A}{W_{1x}}=\frac{A}{I_x}y_1=\frac{y_1}{i_x^2} \tag{6-70}$$

（5）计算所需截面面积 A：

$$A=\frac{N}{f}\left[\frac{1}{\varphi_x}+\frac{M_x}{N}\cdot\frac{A}{W_{1x}}\frac{\beta_{mx}}{\gamma_x\left(1-0.8\dfrac{N}{N'_{Ex}}\right)}\right] \tag{6-71}$$

（6）求解弯矩作用平面内对最大受压纤维所需的毛截面模量 W_{1x}：

$$W_{1x}=\frac{Ai_x^2}{y_1} \tag{6-72}$$

（7）求解平面外整体稳定系数 φ_y：

$$\varphi_y=\frac{N}{A}\cdot\frac{1}{f-\dfrac{\eta\beta_{tx}M_x}{\varphi_b W_{1x}}} \tag{6-73}$$

（8）由 φ_y 及构件截面类别，按附录 4 查出对应的长细比 λ_y，并由 λ_y 和 l_{0y} 计算回转半径 i_y 和截面宽度 b（按附录 9 确定）。

（9）根据截面高度 h、宽度 b 和截面面积 A 初步确定截面。

由于在上述步骤中的 y_1，等效弯矩系数 β_{mx} 和 β_{tx}，弯曲整体稳定系数 φ_b，参数 N'_{Ex} 等需作近似估计，因此初估截面尺寸不一定满足要求，也就是说实腹式压弯构件的截面尺寸往往需要进行多次调整方可确定。

6.7.3 截面验算

1. 强度验算

单向弯矩作用下的压弯构件其强度应满足式（6-8）要求。当截面无削弱且在强度和稳定计算中 N、M_x 取值相同而等效弯矩系数为 1.0 时，可不进行强度验算。

2. 整体稳定验算

实腹式压弯构件弯矩作用平面内的整体稳定应满足式（6-22）要求。对于弯矩作用在对称轴平面内且使翼缘受压的 T 形截面（包括双角钢 T 形截面），还应满足式（6-28）要求。

弯矩作用平面外的整体稳定应满足式（6-33）要求。

3. 局部稳定验算

当要求实腹式压弯构件截面的翼缘和腹板不发生局部屈曲时，其板件宽（高）厚比等级应满足表 5-1 中 S4 级截面要求的规定。

4. 刚度验算

实腹式压弯构件的长细比不应超过表 4-2 中规定的容许长细比限值。

6.7.4 构造要求

压弯构件的板件当用纵向加劲肋加强以满足宽厚比限值时，加劲肋宜在板件两侧成对配置，其一侧外伸宽度不应小于板件厚度 t 的 10 倍，厚度不宜小于 $0.75t$。

对于格构柱和大型实腹式柱，在受有较大水平力处和运送单元的端部应设置横隔，横隔的间距不得大于柱截面长边尺寸的 9 倍和 8m。

【例题 6-4】 试设计某双轴对称工字形组合截面压弯构件，如图 6-23 所示。构件两端铰支，中间 1/3 长度处设有侧向支承，承受轴心压力的设计值 $N=1400\text{kN}$，构件长度三分点处作用有两集中力设计值 $P=150\text{kN}$。采用 Q235 钢，截面无削弱，翼缘板为焰切边（b 类截面），不考虑自重。

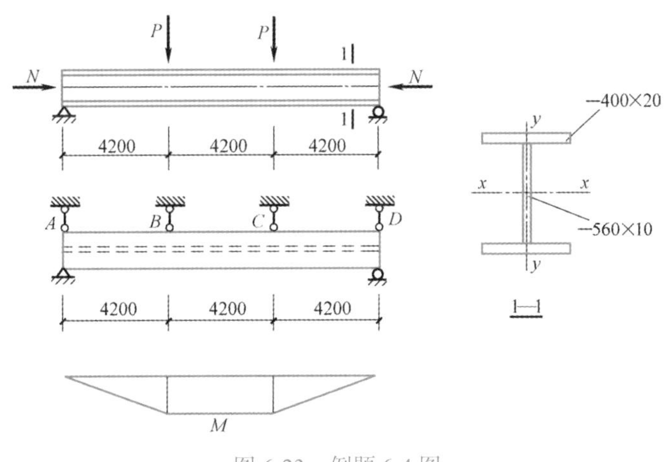

图 6-23 例题 6-4 图

【解】

由已知条件可得，构件中点最大弯矩 $M_x=\dfrac{Pl}{3}=\dfrac{150\times12.6}{3}=630\text{kN}\cdot\text{m}$

（1）截面初步设计

假设弯矩作用平面内的长细比 $\lambda_x=70$，查附表 4-1-2（b 类截面）得：$\varphi_x=0.751$，则回转半径 i_x：

$$i_x=\frac{l_{0x}}{\lambda_x}=\frac{1260}{70}=18\text{cm}$$

查附录 9 得截面高度 h：

$$h\approx\frac{i_x}{\alpha_1}=\frac{18}{0.43}=41.86\text{cm}$$

$$\frac{A}{W_{1x}}=\frac{h}{2i_x^2}=\frac{41.86}{2\times18^2}=0.0646\text{cm}^{-1}$$

近似取：

$$\frac{\beta_{mx}}{\gamma_x\left(1-0.8\dfrac{N}{N'_{Ex}}\right)}\approx1$$

所需截面面积 A：

$$A=\frac{N}{f}\left(\frac{1}{\varphi_x}+\frac{M_x}{N}\cdot\frac{A}{W_{1x}}\right)=\frac{1400\times10^3}{215}\times\left(\frac{1}{0.751}+\frac{630\times10^6}{1400\times10^3}\times0.0646\times10^{-1}\right)$$
$$=27599.91\text{mm}^2\approx276\text{cm}^2$$

弯矩作用平面内对最大受压纤维所需的毛截面模量 W_{1x}：

$$W_{1x}=\frac{A}{0.0646}=\frac{276}{0.0646}=4272.45\text{cm}^3$$

计算弯矩作用平面外整体稳定系数 φ_y：

近似取 $\beta_{tx}=\varphi_b=1.0$，且工字形截面 $\eta=1.0$，则：

$$\varphi_y=\frac{N}{A}\cdot\frac{1}{f-\dfrac{\eta\beta_{tx}M_x}{\varphi_bW_{1x}}}=\frac{1400\times10^3}{27600}\times\frac{1}{215-\dfrac{1.0\times1.0\times630\times10^6}{1.0\times4272.45\times10^3}}=0.751$$

查附表 4-1-2（b 类截面）得 $\lambda_y=70$，则回转半径 i_y：

$$i_y=\frac{l_{0y}}{\lambda_y}=\frac{420}{70}=6\text{cm}$$

查附录 9，则截面宽度 b 为：

$$b=\frac{i_{0y}}{\alpha_2}=\frac{6}{0.24}=25\text{cm}$$

初选翼缘板 -250×16，腹板 -380×8，截面面积 $A=25\times1.6\times2+38\times0.8=110.4\text{cm}^2$ 与 276cm^2 相差较大，截面作一次调整：

选 H 形截面翼缘板尺寸为 -400×20，腹板 -560×10，截面如图 6-23 所示。

（2）截面验算

1）截面几何参数及刚度验算

$$A=40\times2\times2+56\times1=216\text{cm}^2$$

$$I_x=\frac{1}{12}(40\times60^3-39\times56^3)=149248\text{cm}^4$$

$$I_y=\frac{1}{12}(2\times40^3\times2+56\times1^3)=21338\text{cm}^4$$

$$i_x=\sqrt{\frac{I_x}{A}}=\sqrt{\frac{149248}{216}}=26.29\text{cm}$$

$$i_y=\sqrt{\frac{I_y}{A}}=\sqrt{\frac{21338}{216}}=9.94\text{cm}$$

$$W_{1x}=\frac{2I_x}{h}=\frac{2\times149248}{60}=4974.93\text{cm}^3$$

$$\lambda_x=\frac{l_{0x}}{i_x}=\frac{1260}{26.29}=47.93<[\lambda]=150$$

$$\lambda_y=\frac{l_{0y}}{i_y}=\frac{420}{9.94}=42.25<[\lambda]=150$$

查附表 4-1-2（b 类截面）得：$\varphi_x=0.870$；$\varphi_y=0.890$

2）整体稳定验算

弯矩作用平面内：

$$N'_{Ex}=\frac{\pi^2EI_x}{1.1l_{0x}^2}=\frac{3.14\times206\times10^3\times149248\times10^4}{1.1\times12600^2}=17358\text{kN}$$

$$\beta_{mx}=1-0.36\frac{N}{N_{cr}}=1-0.36\times\frac{1400}{17358\times1.1}=0.974$$

$$\frac{N}{\varphi_xA}+\frac{\beta_{mx}\cdot M_x}{\gamma_xW_{1x}\left(1-0.8\dfrac{N}{N'_{Ex}}\right)}=\frac{1400\times10^3}{0.87\times216\times10^2}$$

$$+\frac{0.974\times630\times10^6}{1.05\times4974.93\times10^3\times\left(1-0.8\times\dfrac{1400}{17358}\right)}$$

$$=74.50+125.57=200.07\text{N/mm}^2<f=205\text{N/mm}^2$$

弯矩作用平面外：

构件的BC段，仅有端弯矩，且端弯矩使构件产生同向曲率，$M_1=M_2=630\text{kN}\cdot\text{m}$，故：

$$\beta_{tx}=0.65+0.35\frac{M_2}{M_1}=1.0$$

工字形截面 $\eta=1.0$。

$$\varphi_b=1.07-\frac{\lambda_y^2}{44000}=1.07-\frac{42.25^2}{44000}=1.029>1.0$$

取 $\varphi_b=1.0$，则：

$$\frac{N}{\varphi_yA}+\eta\frac{\beta_{tx}M_x}{\varphi_bW_{1x}}=\frac{1400\times10^3}{0.89\times216\times10^2}+\frac{1.0\times1.0\times630\times10^6}{1.0\times4974.93\times10^3}$$

$$=72.83+126.63=199.46\text{N/mm}^2<f=205\text{N/mm}^2$$

3）局部稳定验算

翼缘：$\dfrac{b}{t}=\dfrac{195}{20}=9.75<11\varepsilon_k=11\times\sqrt{\dfrac{235}{235}}=11$，S2 级。

腹板：

$$\sigma_{max}=\frac{N}{A}+\frac{M}{I_x}\cdot\frac{h_0}{2}=\frac{1400\times10^3}{216\times10^2}+\frac{630\times10^6\times280}{149248\times10^4}=64.81+118.19=183\text{N/mm}^2$$

$$\sigma_{min}=\frac{N}{A}-\frac{M}{I_x}\cdot\frac{h_0}{2}=\frac{1400\times10^3}{216\times10^2}-\frac{630\times10^6\times280}{149248\times10^4}=64.81-118.19=-53.38\text{N/mm}^2$$

$$\alpha_0=\frac{\sigma_{\max}-\sigma_{\min}}{\sigma_{\max}}=\frac{183+53.38}{183}=1.292<1.6$$

$$\frac{h_0}{t_w}=\frac{560}{10}=56<(38+13\alpha_0^{1.39})\varepsilon_k=(38+13\times1.292^{1.39})\times\sqrt{\frac{235}{235}}=56.56\text{，S2 级。}$$

截面板件宽（高）厚比满足 S2 级要求，可以考虑截面塑性发展。因截面无削弱，故强度不需计算。

【例题 6-5】 某两端双向铰接长 10m 的箱形截面压弯构件，承受轴向压力设计值 $N=2500\text{kN}$，端弯矩设计值 $M_x=700\text{kN}\cdot\text{m}$，材料为 Q235 钢，构件截面尺寸如图 6-24 所示。试验算其能否可靠工作。

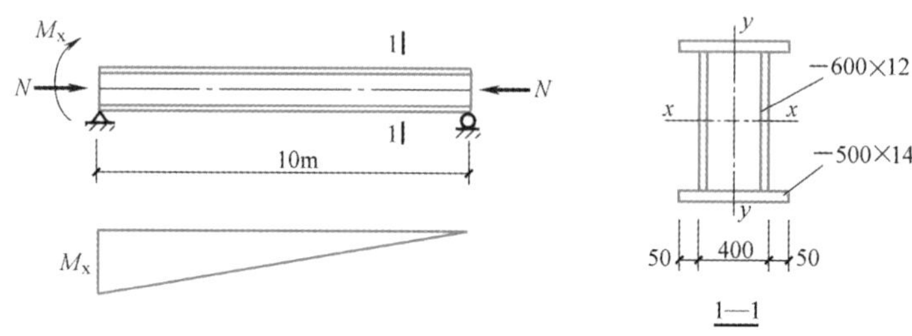

图 6-24　例题 6-5 图

【解】

（1）截面的几何特性

$$A=60\times1.2\times2+50\times1.4\times2=284\text{cm}^2$$

$$I_x=\frac{1}{12}\times(50\times62.8^3-47.6\times60^3)=175171\text{cm}^4$$

$$I_y=\frac{1}{12}\times1.4\times50^3\times2+60\times1.2\times19.4^2\times2=83362\text{cm}^4$$

$$i_x=\sqrt{\frac{I_x}{A}}=\sqrt{\frac{175171}{284}}=24.8\text{cm；}\ i_y=\sqrt{\frac{I_y}{A}}=\sqrt{\frac{83362}{284}}=17.1\text{cm}$$

$$W_{1x}=\frac{2I_x}{h}=\frac{2\times175171}{62.8}=5579\text{cm}^3$$

（2）强度验算

$$\frac{N}{A_n}+\frac{M_x}{\gamma_x W_{nx}}=\frac{2500\times10^3}{284\times10^2}+\frac{700\times10^6}{1.05\times5579\times10^3}$$

$$=88.03+119.49=207.5\text{N/mm}^2<f=215\text{N/mm}^2$$

（3）整体稳定验算

1）弯矩作用平面内：

$$\lambda_x=\frac{l_{0x}}{i_x}=\frac{1000}{24.8}=40.3<[\lambda]=150$$

查附表 4-1-2（b 类截面）得：$\varphi_x=0.898$；

$$N'_{Ex}=\frac{\pi^2EA}{1.1\lambda_x^2}=\frac{3.14^2\times206\times10^3\times284\times10^2}{1.1\times40.3^2}=32288\text{kN}$$

$$\beta_{\mathrm{mx}}=0.6+0.4\frac{M_2}{M_1}=0.6+0.4\times\frac{0}{700}=0.6$$

$$\frac{N}{\varphi_{\mathrm{x}}A}+\frac{\beta_{\mathrm{mx}}\cdot M_{\mathrm{x}}}{\gamma_{\mathrm{x}}W_{1\mathrm{x}}\left(1-0.8\dfrac{N}{N'_{\mathrm{Ex}}}\right)}=\frac{2500\times10^3}{0.898\times284\times10^2}+\frac{0.6\times700\times10^6}{1.05\times5579\times10^3\times\left(1-0.8\times\dfrac{2500}{32288}\right)}$$

$$=98.03+76.43=174.46\mathrm{N/mm^2}<f=215\mathrm{N/mm^2}$$

2）弯矩作用平面外：

$$\lambda_{\mathrm{y}}=\frac{l_{0\mathrm{y}}}{i_{\mathrm{y}}}=\frac{1000}{17.1}=58.5<[\lambda]=150$$

查附表 4-1-2（b 类截面）得：$\varphi_{\mathrm{y}}=0.815$；

$$\beta_{\mathrm{mx}}=0.65+0.35\frac{M_2}{M_1}=0.65+0.35\times\frac{0}{700}=0.65$$

箱形截面 $\varphi_{\mathrm{b}}=1.0$；$\eta=0.7$。

$$\frac{N}{\varphi_{\mathrm{y}}A}+\eta\frac{\beta_{\mathrm{tx}}M_{\mathrm{x}}}{\varphi_{\mathrm{b}}W_{1\mathrm{x}}}=\frac{2500\times10^3}{0.815\times284\times10^2}+\frac{0.7\times0.65\times700\times10^6}{1.0\times5579\times10^3}$$

$$=108.01+57.09=165.1\mathrm{N/mm^2}<f=205\mathrm{N/mm^2}$$

由以上计算可知，构件承载力由支座处的强度控制。

（4）局部稳定验算

$$\frac{b_0}{t}=\frac{400}{14}=28.6<30\varepsilon_{\mathrm{k}}=30\times\sqrt{\frac{235}{235}}=30\text{，S1 级。}$$

截面板件宽（高）厚比小于 S3 级要求，可以考虑截面塑性发展。

6.8　格构式压弯构件设计

对于截面高度较大的压弯构件，为了节省材料通常采用格构式截面。格构式压弯构件一般用于厂房的框架柱和高大的独立支柱。由于截面的高度较大且受有较大的外剪力，故构件肢件通常采用缀条连接。缀板连接的格构式压弯构件很少采用。

根据作用于构件的弯矩和压力以及使用要求，格构式压弯构件可设计成双轴对称或单轴对称截面。当构件截面弯矩不大或正负弯矩的绝对值相差不大时，可用对称的截面形式；而正负弯矩的绝对值相差较大时，常采用不对称截面，并使较大柱肢位于受压较大的一侧。常用的格构式压弯构件截面如图 6-3（b）所示。

6.8.1　弯矩绕虚轴作用的格构式压弯构件

当弯矩绕构件截面的虚轴作用时，格构式压弯构件应进行下列计算：

1. 弯矩作用平面内的整体稳定

弯矩绕虚轴作用的格构式压弯构件，由于构件截面中空，不能再考虑截面的塑性深入发展，故弯矩作用平面内的整体稳定计算宜采用边缘屈服准则。在根据此准则导出的相关式（6-20）中，考虑其适用构件的长细比范围和抗力分项系数后，即得《标准》给定的整体稳定性计算公式：

$$\frac{N}{\varphi_x A}+\frac{\beta_{mx}M_x}{W_{1x}\left(1-\frac{N}{N'_{Ex}}\right)}\leqslant f \tag{6-74}$$

式中　$W_{1x}=I_x/y_0$；

I_x——对 x 轴（虚轴）的毛截面惯性矩；

y_0——由 x 轴到受压较大分肢轴线的距离或者到受压较大分肢腹板边缘的距离，二者取大值；

φ_x——轴心压杆的整体稳定系数，根据对 x 轴（虚轴）的换算长细比 λ_{0x} 确定；

N'_{Ex}——考虑抗力分项系数后的欧拉临界力，$N'_{Ex}=\pi^2EA/(1.1\lambda_{0x}^2)$。

其余符号同前。

2. 分肢稳定

弯矩绕虚轴作用的压弯构件，在弯矩作用平面外的整体稳定性一般是由分肢稳定来保证。

整个构件视为一平行弦桁架，构件的两个分肢看作桁架的弦杆，则两分肢的轴心力可按下列公式确定（图 6-25）：

分肢 1：

$$N_1=\frac{Ny_2}{a}+\frac{M_x}{a} \tag{6-75}$$

分肢 2：

$$N_2=N-N_1 \tag{6-76}$$

缀条式压弯构件的分肢按轴心受压构件计算。分肢的计算长度，在缀件平面内取缀条体系的节间长度；在缀条平面外，取构件两个侧向支承点间的距离。

对于缀板式压弯构件的分肢，其截面内除轴心力 N_1、N_2 外，还应考虑由剪力作用引起的局部弯矩，故应按实腹式压弯构件验算单肢的稳定性。

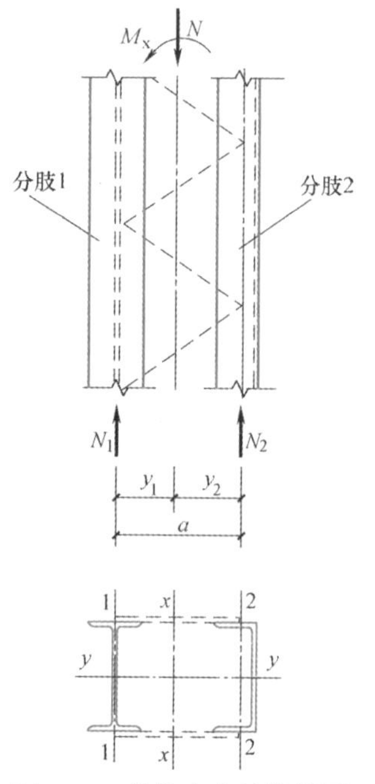

图 6-25　分肢内力计算简图

3. 缀件的计算

格构式压弯构件缀件的计算方法与格构式轴心受压构件相同，只不过计算时应取构件的实际剪力和按轴心受压构件计算所得剪力二者中的较大值。

6.8.2　弯矩绕实轴作用的格构式压弯构件

当弯矩绕构件截面实轴（y 轴）作用时，其受力性能与实腹式压弯构件完全相同。因此，弯矩绕实轴作用的格构式压弯构件，弯矩作用平面内和平面外的整体稳定计算均与实腹式构件相同，但在计算弯矩作用平面外的整体稳定时，轴压构件稳定系数 φ_x 应由换算长细比 λ_{0x} 确定，并取稳定系数 $\varphi_b=1.0$。

6.8.3　双向受弯的格构式压弯构件

在两主轴平面内均有弯矩作用的双肢格构式压弯构件（图 6-26），其稳定性按如下规定计算：

1. 整体稳定计算

现行《标准》采用与由边缘屈服准则导出的弯矩绕虚轴作用的格构式压弯构件平面内整体稳定计算公式（6-74）相衔接的线性公式计算：

$$\frac{N}{\varphi_x A}+\frac{\beta_{mx}M_x}{W_{1x}\left(1-\frac{N}{N'_{Ex}}\right)}+\frac{\beta_{ty}M_y}{W_{1y}}\leqslant f \tag{6-77}$$

式中 W_{1y}——在 M_y 作用下对较大受压纤维的毛截面模量；

φ_x、N'_{Ex}——由换算长细比 λ_{0x} 确定。

2. 分肢的稳定

在 N 和 M_x 作用下，将分肢视为桁架弦杆计算其轴心力，M_y 按分肢刚度大小分配给两分肢（图 6-26），然后对每个分肢按实腹式压弯构件验算其稳定性。

分肢 1：

$$N_1=\frac{Ny_2}{a}+\frac{M_x}{a} \tag{6-78}$$

$$M_{y1}=\frac{I_1/y_1}{I_1/y_1+I_2/y_2}\cdot M_y \tag{6-79}$$

分肢 2：

$$N_2=N-N_1 \tag{6-80}$$

$$M_{y2}=M_y-M_{y1} \tag{6-81}$$

式中 I_1、I_2——分肢 1 和分肢 2 对 y 轴的惯性矩；

y_1、y_2——x 轴至分肢 1 和分肢 2 轴线的距离。

需要指出的是式（6-79）和式（6-81）仅适用于当 M_y 作用在构件的主轴平面内的情形。当 M_y 作用在一个分肢的轴线平面内时，M_y 应视为由该分肢全部承受。

对于压弯格构柱，不论截面大小，均应设置横隔，横隔的设置方法与轴心受压格构柱相同。格构柱的分肢局部稳定与实腹式柱的要求相同。

【例题 6-6】 如图 6-27 所示一下端固定、上端自由的压弯格构柱，柱顶端有一侧向铰支承。截面由两个 I25a 型钢组成，缀条采用∟50×5 角钢，柱的实际长度 $l=5.4$m，计算长度 $l_{0x}=2.1l$，$l_{0y}=0.8l$。柱上端承受轴心压力设计值 $N=500$kN（含自重），水平力设计值 $F=50$kN，钢材 Q235B，截面无削弱。试验算该柱能否可靠工作。

【解】

（1）截面几何参数

查型钢表知：

$$A=2\times48.5=97\text{cm}^2$$

$$I_1=280\text{cm}^4,\ i_1=2.4\text{cm}$$

$$I_{y1}=5017\text{cm}^4,\ i_{y1}=10.2\text{cm}$$

$$I_x=2\times(280+48.5\times20^2)=39360\text{cm}^4$$

$$I_y=2\times5017=10034\text{cm}^4$$

$$i_x=\sqrt{\frac{I_x}{A}}=\sqrt{\frac{39360}{97}}=20.14\text{cm}$$

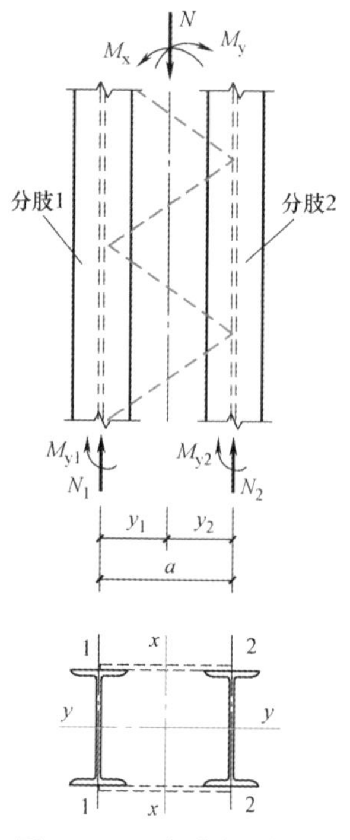

图 6-26　双向受弯格构式压弯构件

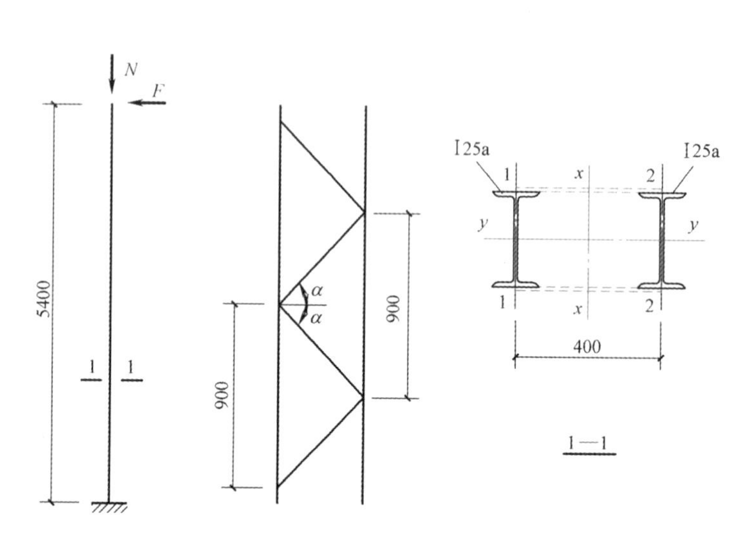

图 6-27　例题 6-6 图

$$i_y=\sqrt{\frac{I_y}{A}}=\sqrt{\frac{10034}{97}}=10.17\text{cm}$$

因两分肢截面相同，故：$y_1=y_2=20\text{cm}$

单根缀条∟50×5 的截面面积：$A_1=4.8\text{cm}^2$，$i_{min}=0.98\text{cm}$

（2）弯矩作用平面内的稳定验算

$$M_x=5.4\times50=270\text{kN}\cdot\text{m}$$

$$\lambda_x=\frac{l_{0x}}{i_x}=\frac{2.1\times5.4\times100}{20.14}=56.31<[\lambda]=150$$

换算长细比：

$$\lambda_{0x}=\sqrt{\lambda_x^2+27\frac{A}{2A_1}}=\sqrt{56.31^2+\frac{27\times97}{2\times4.8}}=58.68$$

查附表 4-1-2（b 类截面）$\varphi_x=0.815$

$$N'_{Ex}=\frac{\pi^2EA}{1.1\lambda_{0x}^2}=\frac{3.14^2\times206\times10^3\times97\times10^2}{1.1\times58.68^2}=5201.5\text{kN}$$

$$W_{1x}=\frac{I_x}{y_1}=\frac{39360}{20}=1968\text{cm}^2$$

悬臂构件：$\beta_{mx}=1.0-0.36\dfrac{N}{N_{cr}}=1.0-0.36\times\dfrac{500}{5201.5\times1.1}=0.969$

$$\frac{N}{\varphi_x A}+\frac{\beta_{mx}M_x}{W_{1x}\left(1-\frac{N}{N'_{Ex}}\right)}=\frac{500\times10^3}{0.815\times9700}+\frac{0.969\times270\times10^6}{1968\times10^3\times\left(1-\frac{500}{5201.5}\right)}$$

$$=63.25+147.08=210.33\text{N/mm}^2<f=215\text{N/mm}^2$$

（3）分肢稳定验算

分肢 1：

$$N_1=\frac{Ny_2}{a}+\frac{M_x}{a}=\frac{500\times20}{40}+\frac{270\times10^2}{40}=925\text{kN}$$

分肢 2：

$$N_2=N-N_1=500-925=-425\text{kN（拉力）}$$

显然，分肢 2 不存在稳定问题，故仅验算分肢 1 的稳定。

$$\lambda_1=\frac{90}{2.4}=37.5<[\lambda]=150$$

查附表 4-1-2（b 类截面）$\varphi_1=0.908$

$$\lambda_{y1}=\frac{0.8\times540}{10.2}=42.35<[\lambda]=150$$

查附表 4-1-1（a 类截面）$\varphi_{y1}=0.936$

$$\frac{N_1}{0.5\varphi_1 A}=\frac{925\times10^3}{0.908\times48.5\times10^2}=210.05\text{N/mm}^2<f=215\text{N/mm}^2$$

（4）缀条验算

实际剪力：$V=F=50\text{kN}$

假想剪力：

$$V=\frac{Af}{85}\sqrt{\frac{f_y}{235}}=\frac{97\times10^2\times215}{85}\times\sqrt{\frac{235}{235}}\times10^{-3}=24.54\text{kN}$$

小于实际剪力，取实际剪力计算。

缀条的内力及计算长度：

$$\alpha=\tan^{-1}\left(\frac{45}{40}\right)=48.37°$$

$$N_c=\frac{50}{2\cos48.37°}=37.63\text{kN}$$

$$l_c=\frac{40}{\cos48.37°}=60.2\text{cm}$$

$$\lambda_c=\frac{60.2\times0.9}{0.98}=55.29<[\lambda]=150$$

查附表 4-1-2（b 类截面）得：$\varphi=0.832$

单角钢单面连接强度折减系数：

$$\eta=0.6+0.0015\lambda_c=0.6+0.0015\times55.29=0.683$$

缀条稳定性验算：

$$\frac{N_c}{\varphi A_1}=\frac{37.63\times10^3}{0.832\times4.8\times10^2}=94.2\text{N/mm}^2<\eta\cdot f=0.683\times215=146.8\text{N/mm}^2$$

因截面无削弱，强度不需验算。另分肢截面局部稳定经验算满足。由以上计算可知，该构件能够可靠工作。

思考题

6-1　试述在进行组合截面拉弯、压弯构件设计时，应分别满足哪些要求。

6-2　简述拉弯和压弯构件，在 N、M 共同作用下，截面应力的发展过程。

6-3　试述现行《标准》给定的压弯构件弯矩作用平面内的整体稳定计算公式的确定原则是什么。

6-4　实腹式构件在 N、M_x 作用下，其在弯矩作用平面外将发生何种屈曲？为什么？

6-5　对于弯矩绕虚轴 x 作用的格构式压弯构件，其平面外稳定是如何保证的？

6-6　试述工字形截面压弯构件翼缘与受弯构件翼缘宽厚比的关系如何。

计算题

6-1　某两端铰接拉弯构件，截面为 I22a。作用力（静荷载）如图 6-28 所示，截面无削弱，钢材 Q235AF。试求其所能承受的最大均布荷载 q。

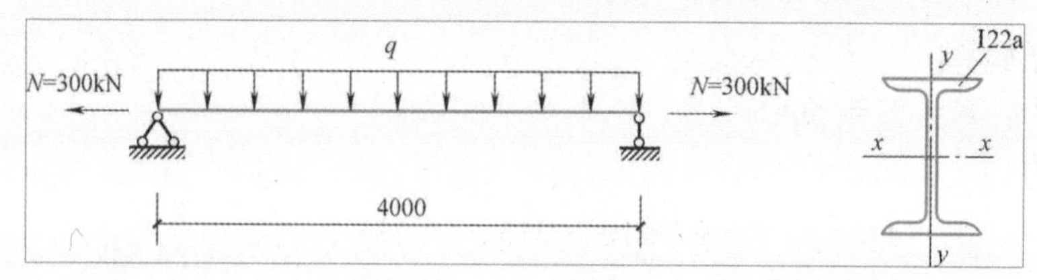

图 6-28　计算题 6-1 图

6-2　如果在习题 6-1 图示构件的侧向跨中作用一水平集中力设计值 $P=5\text{kN}$，其他条件不变，试求其所能承受的最大均布荷载 q。

6-3　有一两端铰接长度为 4.5m 的偏心受压柱，用 Q235B 的 HN400×200×8×13 做成，压力的设计值为 $N=500\text{kN}$，两端偏心距相同，皆为 160mm，试验算其承载力是否满足要求。

6-4　试设计某两端铰接的工字形组合截面压弯构件，$l_{0x}=l_{0y}=8.4\text{m}$，承受轴向压力设计值 $N=1500\text{kN}$，其跨中作用一集中力设计值 $P=100\text{kN}$，材料为 Q235B 钢，翼缘为火焰切割边。

6-5　设计如图 6-29 所示悬臂柱，其顶端作用轴心压力设计值 $N=2000\text{kN}$，水平力 $H=200\text{kN}$，截面要求采用双轴对称焊接工字形截面，翼缘为火焰切割边。在弯矩作用平面内，柱的下端与基础刚接，上端自由。侧向支撑如图所示。材料为 Q235B 钢材。

6-6　如图 6-30 所示，偏心压杆由 2∟180×110×10 长肢相拼组成，作用力设计值 $N=600\text{kN}$，$q=3.0\text{kN/m}$。试验算该构件能否安全工作。

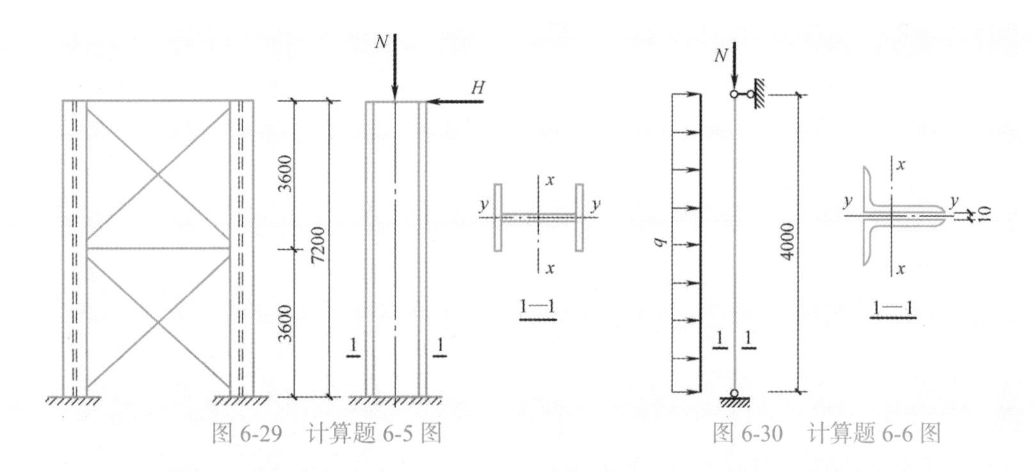

图 6-29 计算题 6-5 图　　图 6-30 计算题 6-6 图

6-7 试求截面如图 6-31 所示的压弯构件的弹性弯扭临界力。已知构件长 11m，两端铰接，轴向压力作用在腹板平面内，偏心距为 750mm，钢材 Q235B，翼缘为火焰切割边。

6-8 某两端铰接长 9m 的压弯构件，截面为 I32a，钢材为 Q235B。作用有轴心压力的设计值为 600kN，在腹板平面承受均布荷载设计值为 6.0kN/m。试验算此压弯构件在弯矩作用平面内的稳定是否满足要求？为保证弯矩作用平面外的稳定需设置几个侧向支承点？

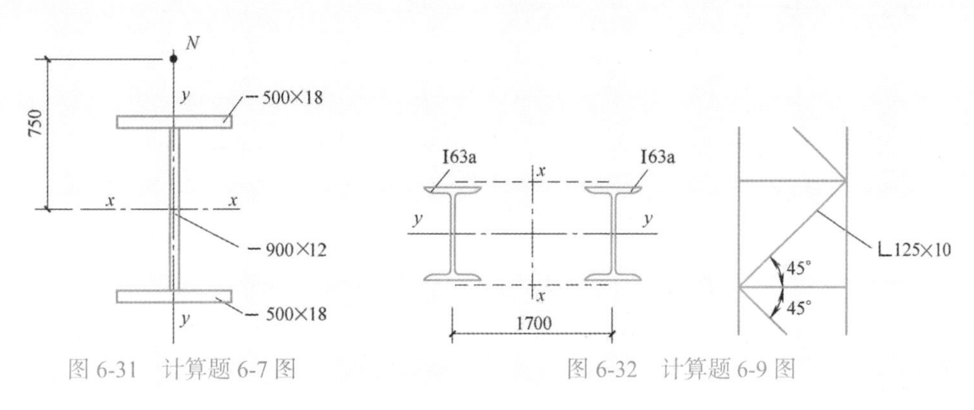

图 6-31 计算题 6-7 图　　图 6-32 计算题 6-9 图

6-9 已知某厂房柱截面及缀条布置如图 6-32 所示，缀条采用∟125×10 角钢，柱的计算长度 $l_{0x}=28.5\text{m}$、$l_{0y}=17.7\text{m}$，钢材为 Q235B，其所承受的最大设计内力为 $N=2700\text{kN}$，$\pm M_x=2200\text{kN}\cdot\text{m}$，试验算该柱是否安全。

第 7 章 钢结构的节点

Chapter 07

钢结构的节点具有形式多样和复杂性的特点，其设计应根据结构的重要性、受力特点、荷载情况和工作环境等因素选用合理的节点形式、材料与加工工艺。钢结构节点的安全性主要取决于其强度与刚度，应防止焊缝与螺栓等连接部位开裂引起节点失效，或节点变形过大造成结构内力重分配。钢结构节点构造应符合结构计算假定，使结构受力与计算简图中的刚接、铰接等假定相一致，保证节点传力顺畅，尽量做到相邻构件的轴线交汇于一点。当构件在节点处偏心相交时，尚应考虑局部弯矩的影响。构造复杂的重要节点应通过有限元分析确定其承载力，并宜进行试验验证。此外，钢结构节点的构造应便于制作、运输、安装、维护，防止积水、积尘，并应采取有效的防腐蚀与防火措施。

本章仅就典型钢结构节点的设计原则与设计方法予以阐述。

7.1 连接板节点

7.1.1 桁架节点板的强度

钢结构杆件端部通过节点板连接时，节点板件往往处于复杂受力状态。对于节点板在拉、剪共同作用下的强度计算公式是根据双角钢杆件桁架节点板的试验结果拟合而来的，如图 7-1 所示。

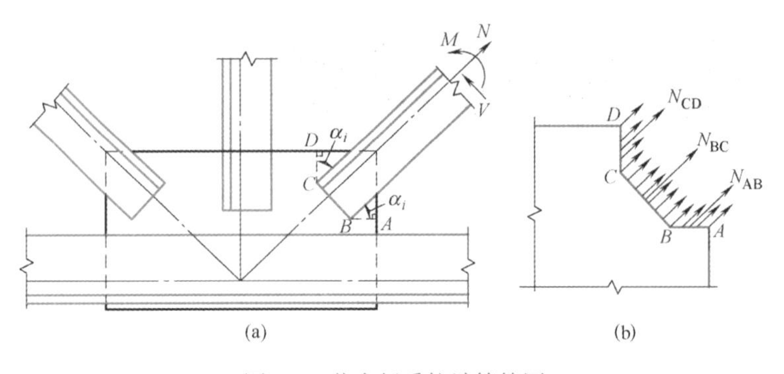

图 7-1 节点板受拉计算简图

由图 7-1 可知，其典型破坏特征为沿最危险的线段撕裂破坏，即沿图 7-1（a）中的 $\overline{AB}$—$\overline{BC}$—$\overline{CD}$折线撕裂，其中$\overline{AB}$、$\overline{CD}$与节点板的边界线基本垂直。沿$\overline{AB}$—$\overline{BC}$—$\overline{CD}$撕裂线取隔离体如图 7-1（b）所示，考虑受力过程中板件塑性发展所引起的应力重分布，假定在破坏时撕裂面上各线段的应力 σ_i' 在线段内均匀分布且平行于受拉腹杆轴力作用线，当各撕裂段截面上的折算应力同时达到钢材抗拉强度 f_u 时，板件破坏。一般对于桁架杆件其截面所受 M 和 V 很小，可忽略不计，根据力平衡条件，则：

$$\sum N_i = \sum \sigma_i' \cdot l_i \cdot t = N \tag{7-1}$$

式中 l_i——第 i 撕裂段的长度；

t——节点板厚度。

设 α_i 为第 i 段撕裂线与腹杆轴线的夹角，则第 i 段撕裂面上的平均正应力 σ_i 和平均剪应力 τ_i 为：

$$\sigma_i = \sigma_i' \sin\alpha_i = \frac{N_i}{l_i t}\sin\alpha_i \tag{7-2}$$

$$\tau_i = \sigma_i' \cos\alpha_i = \frac{N_i}{l_i t}\cos\alpha_i \tag{7-3}$$

$$\sigma_{\text{red}} = \sqrt{\sigma_i^2 + 3\tau_i^2} = \frac{N_i}{l_i t}\sqrt{\sin^2\alpha_i + 3\cos^2\alpha_i} = \frac{N_i}{l_i t}\sqrt{1 + 2\cos^2\alpha_i} \leqslant f_{\text{u}} \tag{7-4}$$

$$N_i \leqslant \frac{1}{\sqrt{1 + 2\cos^2\alpha_i}} l_i t f_{\text{u}} \tag{7-5}$$

取 $\eta_i = \dfrac{1}{\sqrt{1 + 2\cos^2\alpha_i}}$，则：

$$N_i \leqslant \eta_i l_i t f_{\text{u}} = \eta_i A_i f_{\text{u}} \tag{7-6}$$

$$N = \sum N_i \leqslant \sum \eta_i A_i f_{\text{u}} = N_{\text{u}} \tag{7-7}$$

按极限状态设计法，将式（7-7）中的抗拉强度 f_{u} 换为钢材强度设计值 f，即为节点板在拉、剪共同作用下的强度计算公式：

$$\frac{N}{\sum \eta_i A_i} \leqslant f \tag{7-8}$$

以上式中 N——作用于板件的拉力；

A_i——第 i 段破坏面的截面积 $A_i = tl_i$，当为螺栓连接时，应取净截面面积；

l_i——第 i 破坏段的长度，应取板件中最危险的破坏线长度；

η_i——第 i 段的拉剪折算系数；

α_i——第 i 段破坏线与拉力轴线的夹角。

尽管式（7-8）是根据双角钢杆件桁架节点板的试验结果拟合而来的，它同样适用于连接节点处的其他板件，如图 7-2 所示。

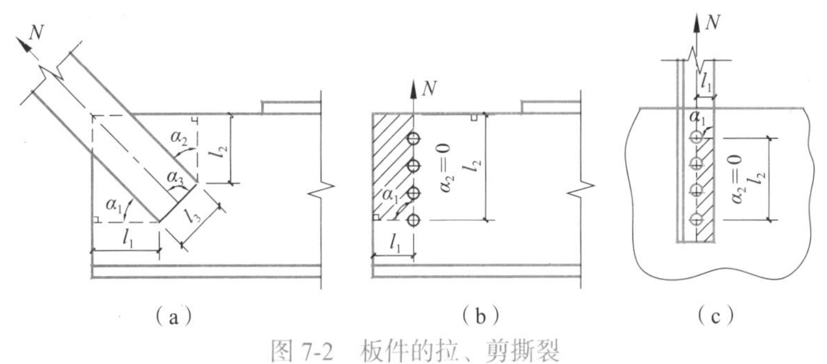

图 7-2 板件的拉、剪撕裂

（a）焊缝连接；（b）、（c）螺栓连接

考虑到桁架节点板的外形通常不规则，用式（7-8）计算比较复杂，此外一些承受动力荷载的桁架需要计算节点板的疲劳时，该公式更不适用，故参照国外经验，桁架节点板可采用有效宽度法进行承载力计算。所谓有效宽度即认为腹杆轴力 N 将通过连接件在节点板内按照某一个应力扩散角度传至连接件端部与 N 相垂直的一定宽度范围内，该一定宽度即称为有效宽度 b_{e}，如图 7-3 所示。桁架节点板的有效宽度法按下式计算：

$$\sigma = \frac{N}{b_{\text{e}} t} \leqslant f \tag{7-9}$$

式中　b_e——板件的有效宽度；当用螺栓（或铆钉）连接时，应减去孔径，孔径应取比螺栓（或铆钉）标称尺寸大 4mm。

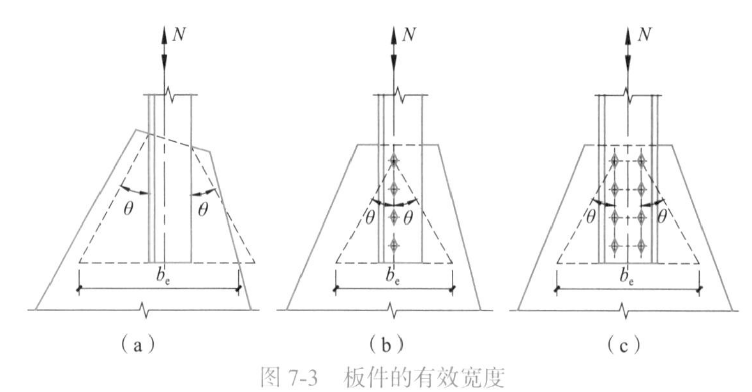

图 7-3　板件的有效宽度

（a）焊缝连接；（b）单排螺栓（铆钉）连接；（c）多排螺栓（铆钉）连接

θ—应力扩散角，焊接及单排螺栓时可取 30°，多排螺栓时可取 22°

有效宽度法计算简单，概念清楚，适用于腹杆与节点板的多种连接情况，如侧焊、围焊和铆钉、螺栓连接等（当采用铆钉或螺栓连接时，b_e 应取为有效净宽度）。

7.1.2　桁架节点板的稳定

如图 7-4 所示桁架节点板，试验表明在斜腹杆轴向压力 N 的作用下，节点板内存在三个受压区，即 $\overline{AB}$ 区（FAGHB 板件）、$\overline{BC}$ 区（BIJC 板件）和 $\overline{CD}$ 区（CKMP 板件），当其中某一区先失稳后，其他区即相继失稳，因此节点板的稳定承载力取决于其最小值，其中 $\overline{BC}$ 区往往起控制作用。通过试验结果可得出以下结论：① 当节点板自由边长度 l_f 与其厚度 t 之 $l_f/t > 60\varepsilon_k$ 时，节点板的稳定性很差，将很快失稳，故此时应沿自由边加劲；② 有竖腹杆的节点板或 $l_f/t \leq 60\varepsilon_k$ 的无竖腹杆节点板在斜腹杆压力作用下，失稳均呈三折线（$\overline{AB}$—$\overline{BC}$—$\overline{CD}$）屈折破坏，其屈折线的位置和方向，均与受拉时的撕裂线类同；③ 节点板的抗压性能取决于 c/t 的大小（c 为受压斜腹杆连接肢端面中点沿腹杆轴线方向至弦杆的净距，t 为节点板厚度）。在一般情况下，c/t 愈大，节点板稳定承载力愈低。对有竖腹杆的节点板，当 $c/t \leq 15\varepsilon_k$ 时，节点板的受压极限承载力与受拉极限承载力大致相等，破坏的安全度相同，故此时可不进行稳定验算。

综上所述，在试验基础上给出的桁架节点板在受压斜腹杆作用下稳定计算方法如下：

（1）对有竖腹杆相连的节点板，当 $c/t \leq 15\varepsilon_k$ 时，可不计算其稳定，否则应按《标准》附录 G 进行稳定计算，在任何情况下，c/t 不得大于 $22\varepsilon_k$，c 为受压腹杆连接肢端面中点沿腹杆轴线方向至弦杆的净距离；

（2）对无竖腹杆相连的节点板，当 $c/t \leq 10\varepsilon_k$ 时，节点板的稳定承载力可取为 $0.8b_e tf$。当 $c/t > 10\varepsilon_k$ 时，应按《标准》附录 G 进行稳定计算，但在任何情况下，c/t 不得大于 $17.5\varepsilon_k$。

需要特别指出的是，当采用以上方法计算桁架节点板的强度和稳定时，尚应符合下列规定：

（1）节点板边缘与腹杆轴线之间的夹角不应小于 15°；

（2）斜腹杆与弦杆的夹角应为 30°～60°；

（3）节点板的自由边长度与厚度之比应满足 $l_f/t \leqslant 60\varepsilon_k$。

对于其他板件连接节点的设计计算方法，在此不再讨论。

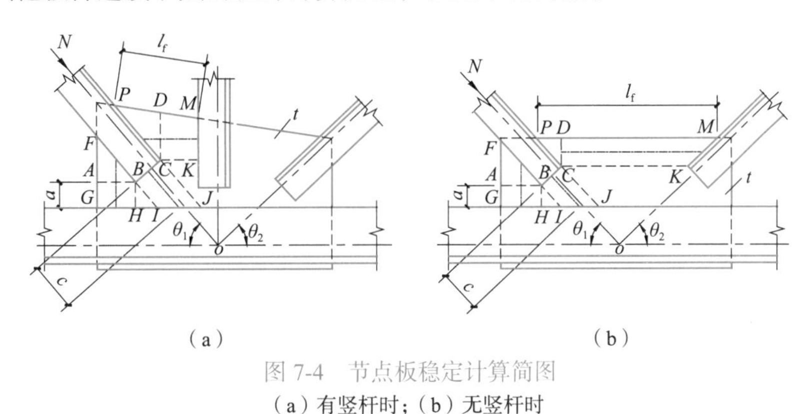

图 7-4 节点板稳定计算简图

（a）有竖杆时；（b）无竖杆时

7.2 梁的拼接和主次梁节点

7.2.1 梁的拼接

梁的拼接有工厂拼接和工地拼接两种。由于型材尺寸的限制，有时必须将其接长或拼大，这种拼接常在工厂中进行，称为工厂拼接。由于运输或安装条件的限制，梁必须分段运输，然后在工地拼装连接，称为工地拼接。

型钢梁的拼接可采用对接焊缝连接（图 7-5a），但由于翼缘与腹板连接处不易焊透，故有时采用拼接板拼接（图 7-5b）。梁的拼接位置宜选在弯矩较小处。

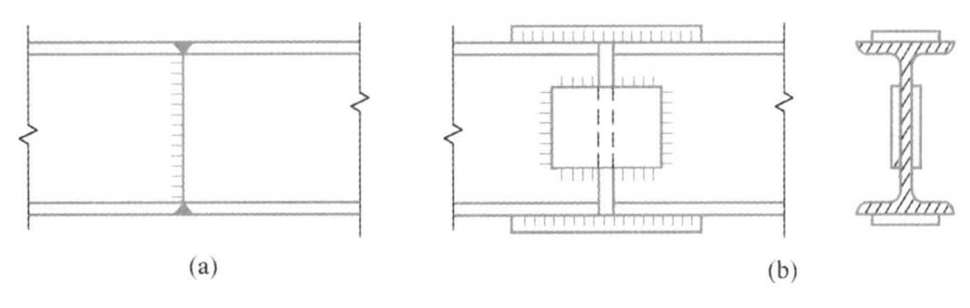

图 7-5 型钢梁的拼接

焊接组合梁工厂拼接时，翼缘和腹板的拼接位置宜错开并用直对接焊缝相连。腹板的拼接焊缝与横向加劲肋之间至少应相距 $10t_w$（图 7-6）。对接焊缝施焊时宜加引弧板，并采用一级或二级焊缝，实现对接焊缝与主体金属等强。

梁的工地拼接（图 7-7）时，其翼缘和腹板宜在同一截面附近处断开，以便分段运输。为了便于焊接应将上、下翼缘的拼接边缘制成向上开口的 V 形坡口，并设置引弧板。

为了便于在工地拼装和施焊，并减少焊接残余应力，工厂制造时，应把拼接缝两侧各约 500mm 范围内的上、下翼缘与腹板的焊缝待到工地拼装后再行施焊。

为了避免焊缝集中，在同一截面可将翼缘和腹板的接头适当错开（图 7-7b），运输过程中应对单元突出部分予以保护，以免碰损。

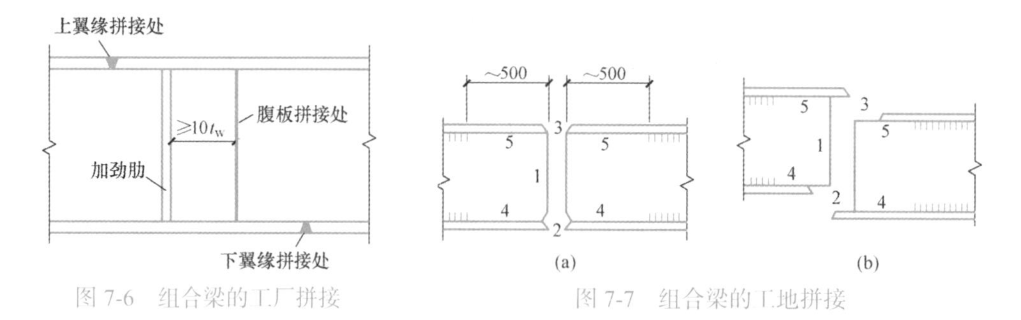

图 7-6　组合梁的工厂拼接　　　　图 7-7　组合梁的工地拼接

由于现场施焊条件较差，焊缝质量难于保证，所以较重要或受动力荷载的大型梁，其工地拼接宜采用高强度螺栓（图 7-8）。

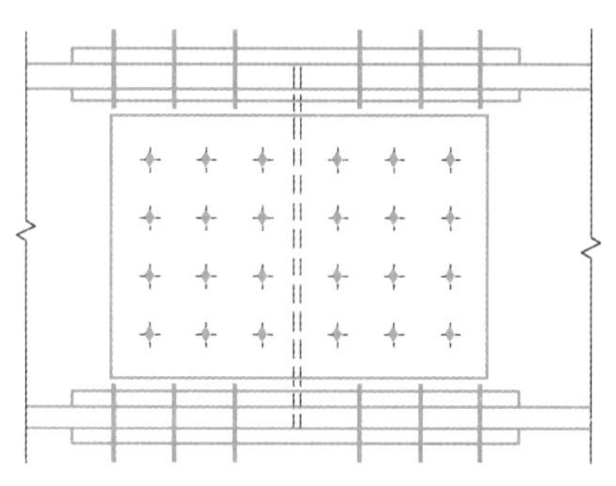

图 7-8　采用高强度螺栓的工地拼接

当梁拼接处的对接焊缝不能与主体金属等强时，例如采用三级对接焊缝时，应对受拉区翼缘焊缝进行计算，使拼接处弯曲拉应力不超过焊缝抗拉强度设计值。

拼接设计有两种常用方法，一是按原截面的最大强度进行，使拼接处与原截面等强；另一种方法是按拼接处截面的实际最大内力设计值进行。一般情况下，工厂拼接常按等强度设计，以便于在制造时根据材料的具体情况设置拼接位置；重要的工地拼接也常用等强度设计，如重要的轴心受力构件，特别是受拉构件的拼接。

对用拼接板拼接的接头（图 7-5b、图 7-8），按下述方法进行设计。

翼缘拼接板及其连接可视为与梁翼缘等强或按拼接截面处弯矩 M 作用下翼缘所需提供的内力 N 设计。腹板拼接板及其连接，承受梁截面全部剪力 V，以及按刚度分配到腹板上的弯矩 M_w（式 7-10）。M_w 使腹板连接螺栓群处于受扭状态。梁翼缘和腹板的拼接板及其连接螺栓群的具体计算公式参见第 3 章和第 4 章所述。

$$M_w = M\frac{I_w}{I} \tag{7-10}$$

式中　I_w——腹板截面惯性矩；

　　　I——梁截面的惯性矩。

7.2.2　次梁与主梁的连接节点

次梁与主梁的连接形式可分为叠接（不等高连接）和平接（等高连接）两种。

叠接（图 7-9）是将次梁置于主梁上面，用螺栓或焊缝连接，构造简单，但结构构件占用建筑高度大，其应用常受到限制。图 7-9（a）为简支次梁与主梁的连接构造，而图 7-9（c）是连续次梁与主梁的连接构造示例。如次梁截面较大时，应采取构造措施防止支座处截面扭转。

平接（图 7-10）是指次梁顶面与主梁顶面相平或接近，从侧面与主梁的加劲肋或腹板上专门设置的短角钢或承托相连接。图 7-10（a）、（b）、（c）是次梁为简支梁时与主梁连接的构造，图 7-10（d）是连续次梁与主梁的连接构造。平接虽构造复杂，但可降低结构所占高度，故在实际工程中应用较广泛。

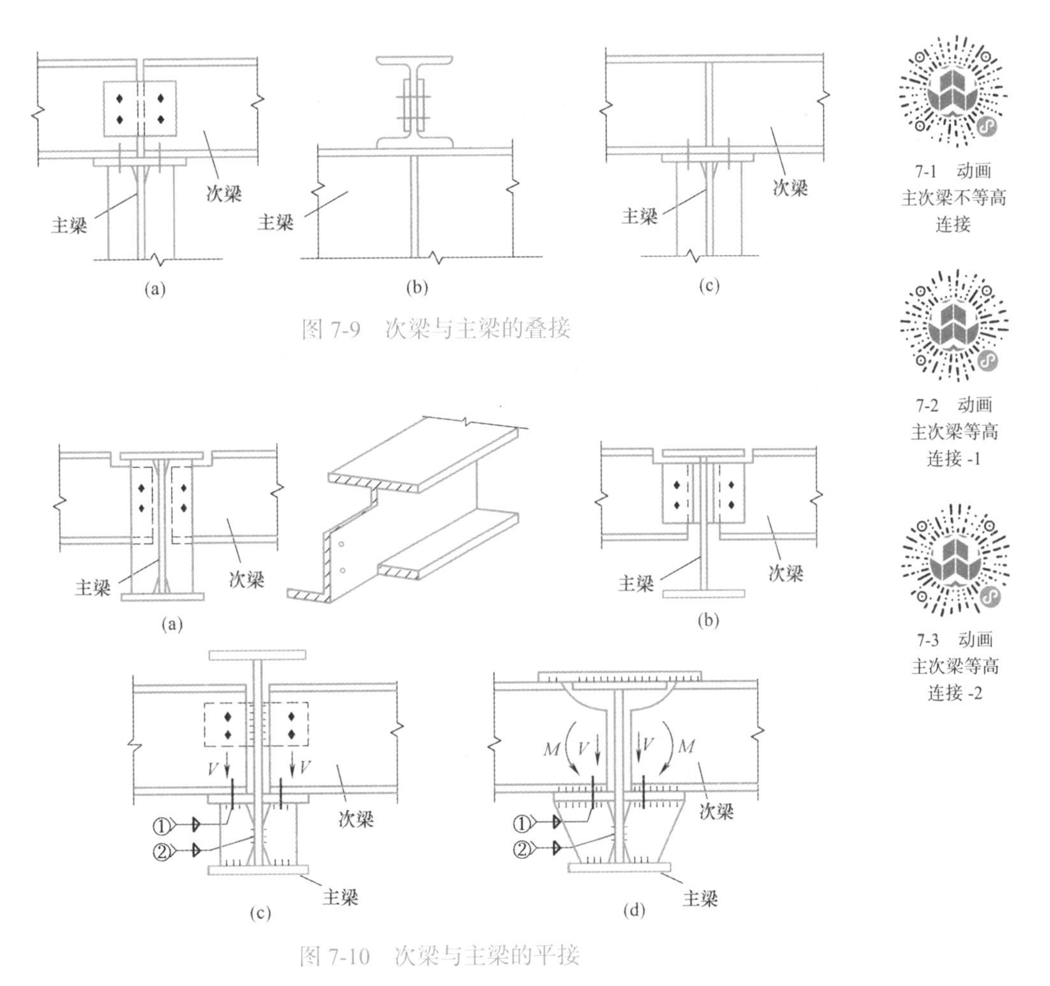

图 7-9 次梁与主梁的叠接

图 7-10 次梁与主梁的平接

每一种连接构造都要将次梁支座的反力传给主梁，这些支座反力实质上就是次梁的端部剪力。而梁腹板的主要作用是抗剪，所以应将次梁腹板连于主梁的腹板上，或连于与主梁腹板抗剪刚度较大的横向加劲肋上或承托的竖直板上。在次梁支座反力作用下，按传力的大小计算连接焊缝或螺栓的强度。由于主、次梁翼缘及承托水平板的外伸部分在铅垂方向的抗剪强度较小，分析受力时不考虑它们传给次梁的支座反力。在图 7-10（c）、（d）中，次梁支座反力 V 先由焊缝①传给支托竖直板，然后由焊缝②传给主梁腹板。其他连接构造，支座反力的传递途径与此相似。具体计算时，在形式上可不考虑偏心作用，而将次梁支座反力增大 20%～30%，以考虑实际上存在的偏心的影响。

对于刚接构造，次梁与次梁之间还要传递支座弯矩。图 7-9（c）的次梁本身是连续的，支座弯矩可以直接传递，不必计算。图 7-10（d）主梁两侧的次梁是断开的，支座弯矩靠焊接在次梁上翼缘的盖板、下翼缘承托水平顶板传递。由于梁的翼缘承受弯矩的大部分，所以连接盖板的截面及其焊缝可按承受水平力 $H = M/h$ 计算（M 为次梁支座弯矩，h 为次梁高度）。承托顶板与主梁腹板的连接焊缝也按承受水平力 H 计算。

7.3 梁的支座

钢梁端支座可分为支承于砌体、混凝土构件或钢柱上，这里仅就前者做简单讲述，而梁端部支承于钢柱节点在下一节中讨论。梁端部支承于砌体或混凝土构件上的支座，工程中应用较多的有平板支座、弧形支座、辊轴支座和铰轴支座。平板支座构造简单、加工方便，适用于支座反力较小时；弧形支座、辊轴支座和铰轴支座的实际受力性能与力学上的铰支座受力性能相吻合，受力合理，但其加工制作较复杂。

7.3.1 平板支座

常用的梁端部平板支座如图 7-11 所示，梁端反力通过支座底板直接传给下部砌体或混凝土构件。为防止平板支座底板下部砌体或混凝土被压坏，应按式（7-11）确定底板的平面尺寸。

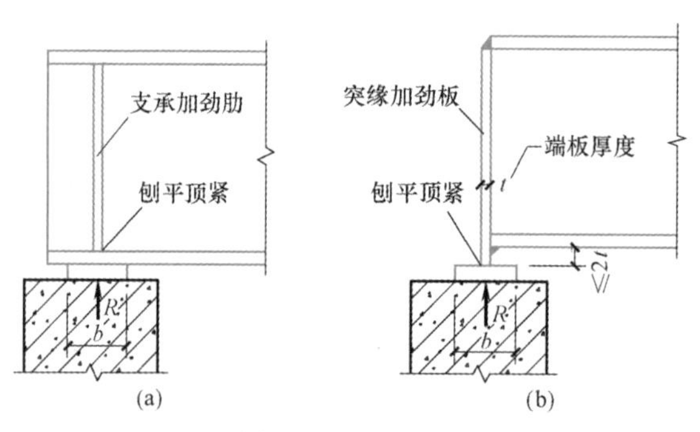

图 7-11　梁的支座

（a）平板支座；（b）带突缘的平板支座

$$A = a \times b \geqslant \frac{R}{\beta_c \beta_l f_c} \tag{7-11}$$

式中　a、b——平板支座底板的长度和宽度；

R——梁端支座反力；

f_c——砌体或混凝土轴心受压强度设计值，按现行《混凝土结构设计规范》GB 50010 规定采用；

β_c、β_l——混凝土强度系数和混凝土局压强度提高系数，按现行《混凝土结构设计规范》GB 50010 规定采用。当全截面受压时，$\beta_l = 1.0$。

平板支座底板厚度应根据支座反力对底板产生的弯矩进行计算，且不宜小于 12mm。具体计算方法与平板式轴心受压柱脚底板厚度的计算方法相同。

式（7-11）是假定底板反力均匀的基础之上的，如梁端平板支座处于下部构件截面的边缘且梁端转角较大时，宜考虑底板反力沿长度不均匀分布的影响。

图 7-11（b）通过突缘加劲板传递支座反力时，其伸出长度不得大于其厚度的 2 倍，并宜采取限位措施。当突缘加劲板的伸出长度大于其厚度的 2 倍时，应按轴心受压构件验算突出板件的强度和稳定性。

梁的端部支承加劲肋的下端和突缘端面，按端面承压强度设计值进行计算时，构造上应满足刨平顶紧的要求。

7.3.2　弧形支座和辊轴支座

图 7-12 所示梁端弧形支座和辊轴支座的反力 R 的作用面积 A 应满足式（7-11）要求。

为防止弧形支座的弧形垫块和辊轴支座的辊轴，在反力 R 的作用下发生劈裂破坏，其圆弧面与钢板接触面的承压力应满足式（7-12）要求。

$$R \leqslant 40ndlf^2/E \tag{7-12}$$

式中　d——弧形表面接触点曲率半径 r 的 2 倍；

n——辊轴数目，对弧形支座 $n=1$；

l——弧形表面或滚轴与平板的接触长度；

f——钢材的强度设计值。

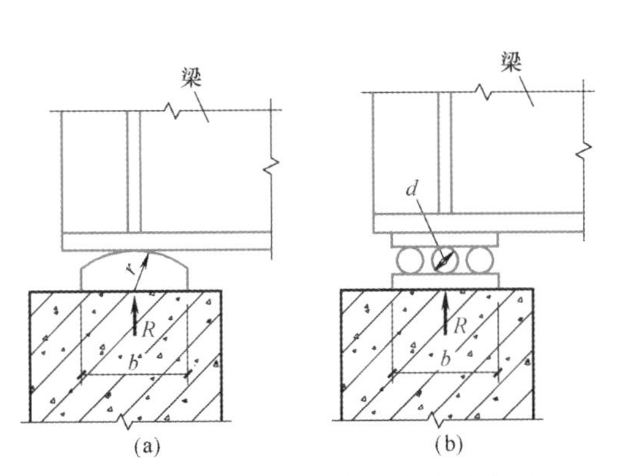

图 7-12　弧形支座和辊轴支座示意图

（a）弧形支座；（b）辊轴支座

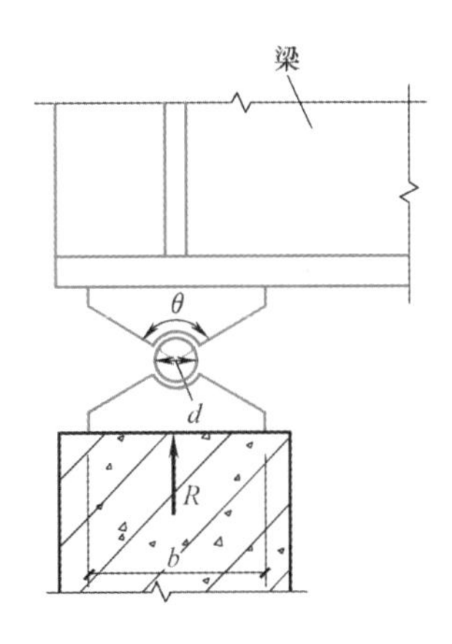

图 7-13　铰轴支座

7.3.3　铰轴支座

对于图 7-13 所示的铰轴支座，当两相同半径的圆柱形弧面自由接触面的中心角 $\theta \geqslant 90°$ 时，其圆柱形枢轴的承压应力应按下式计算：

$$\sigma = \frac{2R}{dl} \leqslant f \tag{7-13}$$

式中　d——枢轴直径；

l——枢轴纵向接触面长度。

梁端支承在混凝土或砌体上的支座，除满足以上规定外，设计时尚应采取可靠的构造措施保证钢梁不发生侧移或扭转。

受力复杂或大跨度结构宜采用球形支座。球形支座应根据使用条件采用固定、单向滑动或双向滑动等形式。球形支座上盖板、球芯、底座和箱体均应采用铸钢加工制作，滑动面应采取相应的润滑措施、支座整体应采取防尘及防锈措施。

7.4 梁柱节点

钢梁与钢柱之间的连接节点按其受力特点可分为铰接、刚接和半刚性节点，连接方式可采用栓焊混合连接、螺栓连接、焊接连接、端板连接、顶底角钢连接等构造。轴心受压柱只承受轴心压力作用，其与梁的连接应采用铰接。对于框架结构，梁柱节点一般需要传递弯矩，多采用刚性连接。梁柱采用刚性或半刚性节点时，应进行弯矩和剪力作用下的节点强度验算。梁柱节点的连接应遵循传力路线明确、简捷，安全可靠，构造简单，方便施工，经济合理的原则。

7.4.1 梁与柱铰接

梁与柱连接节点，仅传递梁端剪力时为铰接连接（图 7-14）。如图 7-14（a）所示，梁支承在柱顶上，梁端反力直接作用于柱顶板，由顶板传给柱身。该种节点柱顶板与柱多用焊缝连接，顶板厚度一般取 16～20mm；顶板与梁的连接多用普通螺栓连接，起安装固定作用。为实现梁柱节点更接近铰接受力状态，可采用如图 7-14（b）所示的连接构造，即梁端反力通过其端部加劲板的突缘传给柱顶板。当荷载较大时宜在柱腹板两侧设置加劲肋，并通过加劲肋将梁端反力传给柱身。柱腹板加劲肋也可以采用腹板开槽，肋板插入的连接方式。两相邻梁之间为便于安装一般留有一定缝隙，安装就位后用填板和构造螺栓连接。为防止施工过程中梁的翻转，梁下翼缘宜与柱顶板采用普通螺栓构造连接，梁翼缘与柱顶板间宜设构造填板。

图 7-14（b）所示柱腹板每侧加劲肋应按传递柱轴力 N 的 0.5 倍考虑，计算简图如图 7-15 所示。加劲肋与柱腹板连接焊缝应按承受剪力 $N/2$ 和弯矩 $Na/4$ 计算，a 为加劲肋的宽度；加劲肋与柱顶板的连接焊缝宜按承受 $N/2$ 压力的正面角焊缝计算。当加劲肋与柱顶板刨平顶紧时，其连接焊缝可按构造确定。

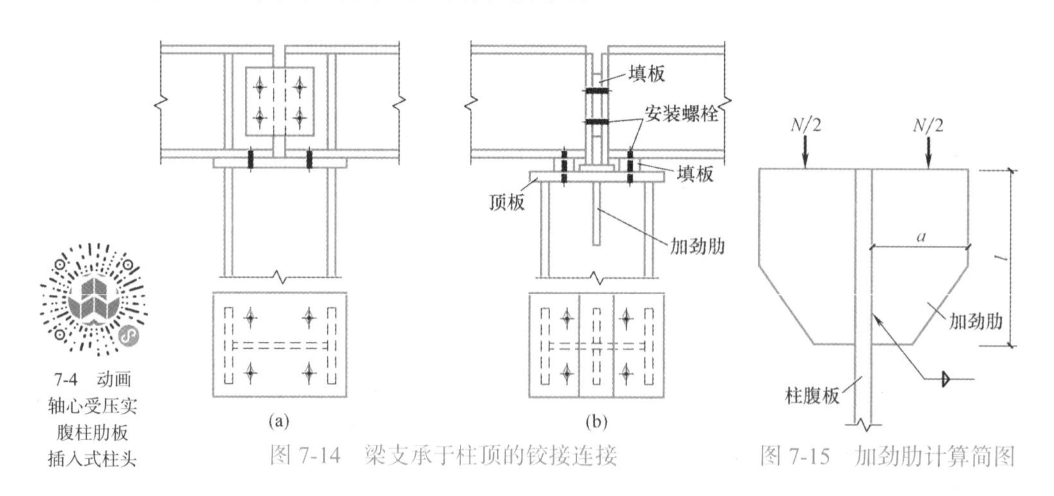

图 7-14 梁支承于柱顶的铰接连接

图 7-15 加劲肋计算简图

梁端加劲板及其突缘的设计方法同梁突缘支座。

梁直接支承在柱顶的连接方法构造简单，对梁长度方向的几何尺寸要求不高，不足在于当连接的两侧梁跨度、荷载等因素不同时，图 7-14（a）构造易导致柱偏心受压。

在多层框架结构的中间层，柱与梁的连接只能在侧面，如图 7-16 所示，梁柱之间通过型钢连接件或节点板连接，型钢连接件及节点板与梁腹板一般采用高强度螺栓连接。理论上梁腹板所受弯矩很小，可认为腹板不传递弯矩，计算时按铰接处理。型钢连接件及节点板与柱的连接可以采用栓接或焊接。当承受的竖向荷载较大时，宜在梁下部设置承托（图 7-16c），承托可采用型钢或钢板，它与柱翼缘的连接一般用角焊缝相连，所承担的荷载是梁的竖向支座反力。当承托起临时安装作用时，竖向支座反力则由螺栓承担。

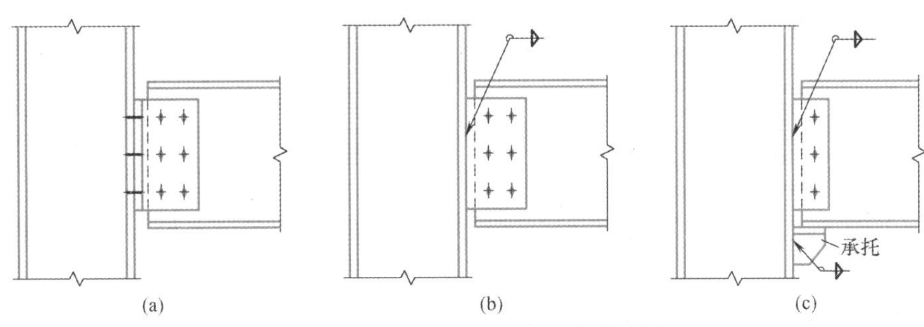

图 7-16 梁支承于柱侧面的铰接连接

7.4.2 梁与柱刚接

梁与柱刚接可采用焊接、螺栓连接、栓焊混合连接三种形式。下面仅就几种常用梁柱刚性连接节点的受力特点作简要介绍。

梁与柱刚接时，其构造应保证梁端弯矩和剪力的可靠传递，同时也要保证节点的刚度，防止连接发生明显的相对转角。其次，节点构造应简洁以便于施工。图 7-17 是常用的几种梁与柱刚接的构造图。

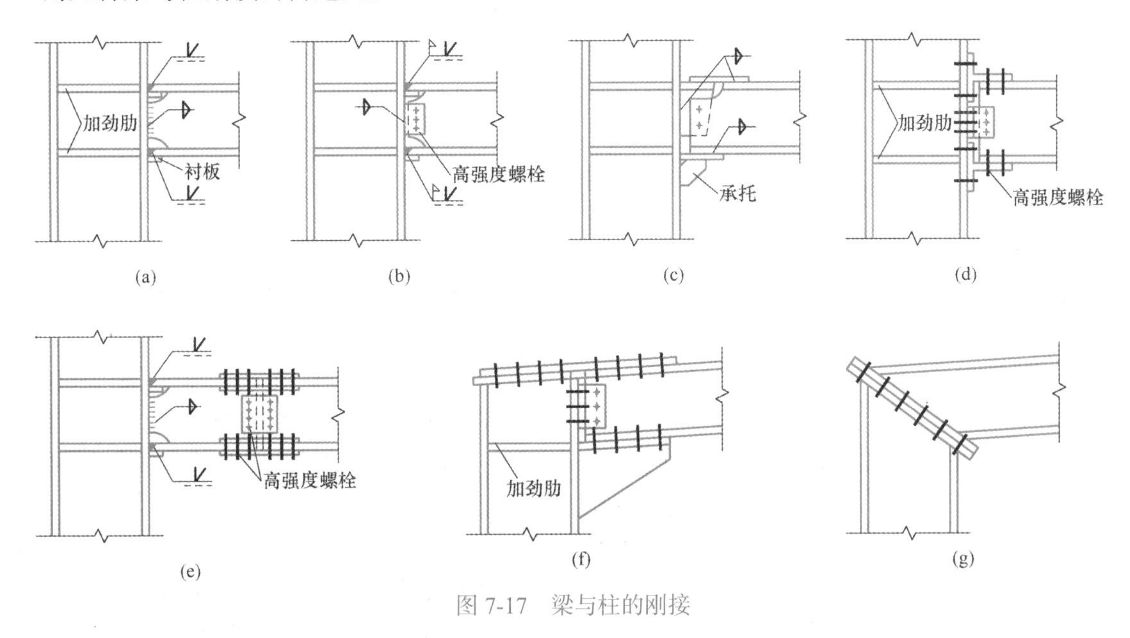

图 7-17 梁与柱的刚接

图 7-17（a）的构造是全部通过焊缝将弯矩和剪力传给柱子，计算时可认为翼缘连接焊缝承受全部梁端弯矩，而剪力则全部由腹板连接焊缝承担。为使梁翼缘连接焊缝能在

平焊位置施焊，要在柱翼缘焊上衬板，同时在梁腹板端部预先留出槽口，上槽口是为了让出衬板的位置，下槽口是为了满足施焊的要求。梁的腹板与柱翼缘也可采用高强度螺栓连接，如图 7-17（b）。

图 7-17（c）是通过高强度螺栓和焊缝将梁端弯矩和剪力传给柱子的。由于梁端设有承托，故计算时可假定梁端剪力全部由其承担。

图 7-17（d）为采用 T 形连接件和高强度螺栓的梁与柱刚性连接构造。T 形连接件可由 H 型钢剖分或铸造而成，但其板厚需通过计算确定。该种连接，由于要通过连接板或连接件才能将力传给柱子，故属于间接传力构造。

图 7-17（e）为梁与预先焊在柱上的牛腿（或短梁段）采用高强度螺栓相连而形成的刚性连接，梁端的弯矩和剪力是通过牛腿与柱的连接焊缝传递给柱子，而高强度螺栓连接实现梁与牛腿间的弯矩和剪力传递。

图 7-17（f）、（g）为单层框架结构的梁与柱刚性连接构造，多见于门式钢架的梁柱节点连接。

在节点处，梁上翼缘的连接范围内，柱的翼缘可能在水平拉力的作用下向外弯曲致使连接焊缝受力不均匀；而在梁下翼缘附近，柱腹板又可能因水平压力的作用而局部失稳。因此，一般需在对应于梁的上、下翼缘处设置柱的水平加劲肋或横隔。否则，需对柱的腹板和翼缘进行强度和稳定验算。

当框架柱两侧的梁高度不相等，或两垂直相交的梁高度不相等时，柱腹板的水平加劲肋应设在梁上、下翼缘的对应位置，也可将截面较小的梁端局部加高，如图 7-18 所示。

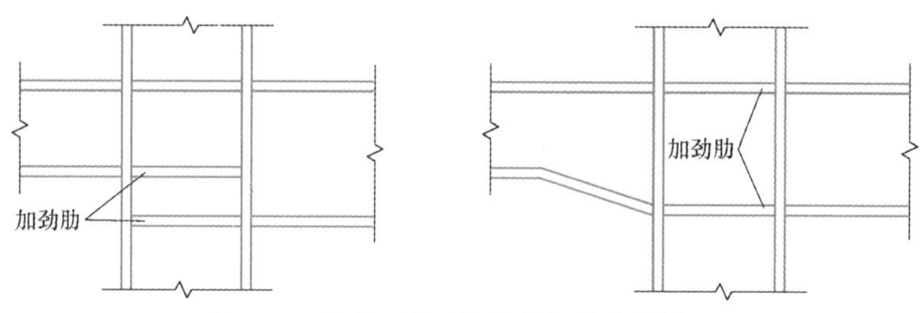

图 7-18　梁高不等时柱腹板加劲肋的设置

【例题 7-1】 某 H 型钢截面梁与 H 型钢截面柱刚性节点，节点弯矩设计值 $M=240\text{kN}\cdot\text{m}$，剪力设计值 $V=200\text{kN}$。节点构造为梁翼缘与柱翼缘采用焊透的坡口对接焊缝连接（设引弧板），腹板采用双面角焊缝连接，焊脚尺寸 $h_f=6\text{mm}$，如图 7-19 所示。已知梁采用 HM500×300 型钢制作，柱采用 HW400×400 型钢制作，梁、柱及其连接板均为 Q235B 钢材，试验算该节点强度是否满足要求。

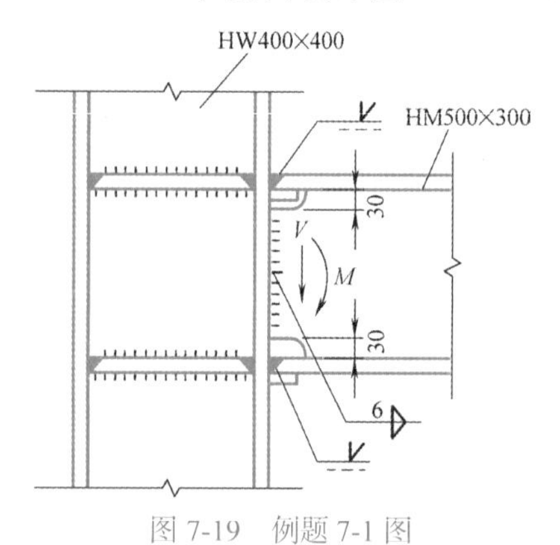

图 7-19　例题 7-1 图

【解】

查附表 1-2 知对接焊缝抗拉强度 $f_t^w=215\text{N/mm}^2$，角焊缝强度 $f_f^w=160\text{N/mm}^2$，Q235B 钢材的抗剪强度 $f_v=125\text{N/mm}^2$。

已知梁的截面高 $h=500\text{mm}$，翼缘宽 $b_f=200\text{mm}$，

翼缘厚 $t=14\text{mm}$，腹板厚 $t_w=8\text{mm}$。

梁端腹板削弱后截面：$I_x=37738.89\text{cm}^4$，$I_f=33076.59\text{cm}^4$。

1. 精确计算方法

（1）翼缘对接焊缝强度验算

$$M_f=\frac{I_f}{I_x}M=\frac{33076.59}{37738.89}\times240=210.35\text{kN}\cdot\text{m}$$

$$\sigma=\frac{M_f}{(h-14)\,b_f t}=\frac{210.35\times10^6}{(500-14)\times200\times14}=154.58\text{N/mm}^2<f_t^w=215\text{N/mm}^2$$

（2）腹板角焊缝强度验算

$$\sigma_f=\frac{6M_w}{2\times0.7h_f\,(h-44\times2-2h_f)^2}=\frac{6\times(240-210.35)\times10^6}{2\times0.7\times6\times(500-44\times2-2\times6)^2\times6}$$
$$=132.37\text{N/mm}^2$$

$$\tau_f=\frac{V}{2\times0.7h_f\,(h-44\times2-2h_f)}=\frac{200\times10^3}{2\times0.7\times6\times(500-44\times2-2\times6)}=59.52\text{N/mm}^2$$

设计时，应以腹板净截面面积抗剪承载力的 1/2 作为焊缝所承担的剪力，则：

$$\tau_f=\frac{A_{wn}f_v}{2\times2\times0.7h_f l_w}=\frac{(500-2\times44)\times8\times125}{2\times2\times0.7\times6\times(500-2\times44-2\times6)}=61.31\text{N/mm}^2$$

$$\sqrt{\left(\frac{\sigma_f}{\beta_f}\right)^2+\tau_f^2}=\sqrt{\left(\frac{133.37}{1.22}\right)^2+61.31^2}=124.62\text{N/mm}^2<f_f^w=160\text{N/mm}^2$$

节点连接焊缝强度满足要求。

2. 简化计算方法

假设翼缘对接焊缝承担全部弯矩，腹板角焊缝仅承担全部剪力。

（1）翼缘对接焊缝强度验算

$$\sigma=\frac{M_f}{(h-14)\,b_f t}=\frac{240\times10^6}{(500-14)\times200\times14}=176.37\text{N/mm}^2<f_t^w=215\text{N/mm}^2$$

（2）腹板角焊缝强度验算

同上，在剪力 V 的作用下：

$$\tau_f=59.52\text{N/mm}^2<f_f^w=160\text{N/mm}^2$$

腹板连接角焊缝承担腹板净截面面积抗剪承载力的 1/2，则：

$$\tau_f=61.31\text{N/mm}^2<f_f^w=160\text{N/mm}^2$$

节点连接焊缝强度满足要求。

由以上计算可知，简化计算方法低估了腹板连接焊缝的应力。

7.4.3 梁与柱半刚性连接

工程中常用的梁与柱半刚性连接如图 7-20 所示，在竖向荷载作用下可以看作梁简支于柱，在水平荷载作用下起刚性节点作用。由此可见，半刚性连接必须有抵抗弯矩的能力，但无需像刚性连接那么大。如图 7-20（a）、（b）所示，半刚性连接可以采用端板一高强螺栓连接，端部可以外伸也可不伸出梁的翼缘，在弯矩作用下沿梁高分为受拉区和受压区，受压区螺栓可以少设，与受拉区螺栓共同抵抗梁端剪力，而受拉区需设置足够的螺栓以承担弯矩和剪力。图 7-20（c）为梁端采用角钢或其他连接件的螺栓连接，弯矩作用下角钢及连接件具有一定的可变形特性，从而实现梁与柱的半刚性连接。

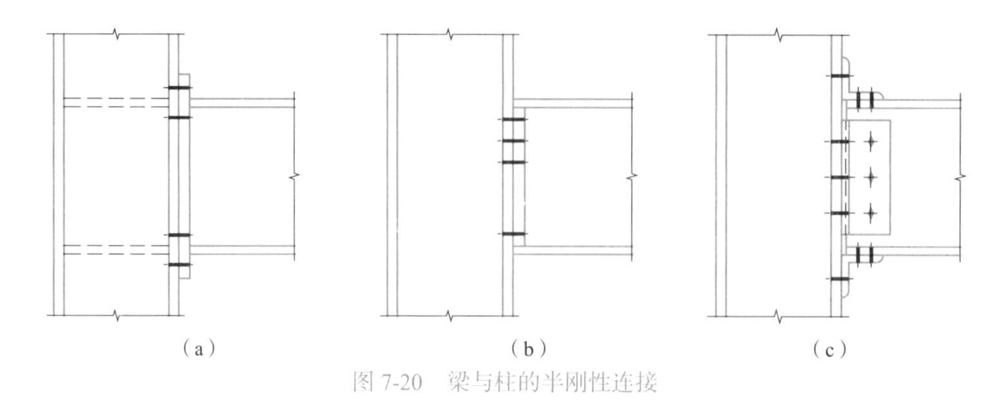

图 7-20　梁与柱的半刚性连接

7.5　柱脚

对于钢柱来说，其所承受的荷载主要来自与其相连接的梁，并将其传给与其相连的基础。由于基础混凝土的材料强度远低于钢材，在同等压力作用下，混凝土需要较大的受压面积，所以必须把柱的底部放大形成柱脚，以增加其与混凝土基础顶部的接触面积来实现荷载的可靠传递。

钢柱脚的构造应保证柱的内力可靠地传递给基础，并与基础有牢固的连接。钢柱脚比较费料和费工，设计时应做到：传力明确、安全可靠、经济合理、构造简单且应具有足够刚度。钢柱脚按其与基础之间的传力不同，分为铰接和刚接两种形式。铰接柱脚主要传递轴力和剪力，而刚接柱脚除传递轴力和剪力外，尚应可靠传递柱端弯矩给基础。

7.5.1　铰接柱脚

铰接柱脚与混凝土基础的连接方式主要是外露式，如图 7-21 所示。其中图 7-21（a）是最简单的铰接柱脚构造形式—手板式柱脚，主要应用于荷载较小的小型柱，柱轴力由焊缝传至基础底板。对于荷载较大的大型柱，需要的底板尺寸较大，为减小底板的厚度，增大柱脚的刚度，一般在柱端与底板之间增设靴梁，如图 7-21（b）～（d）所示。柱轴力通过靴梁与柱翼缘间的竖向焊缝传给靴梁，由靴梁把压力向两侧分散，然后再通过其与底板连接的水平焊缝传至底板。如果底板尺寸过大，可以在靴梁之间设置隔板，将底板分成若干区格，以减小底板所受弯矩，并提高靴梁的稳定性，为进一步提高靴梁的稳定性和底板的抗弯能力还可以在靴梁外侧设置肋板。

外露式铰接柱脚是通过埋设在基础里的锚栓来固定的，按照构造要求可采用 2～4 个直径为 20～25mm 的锚栓。为了便于安装，底板上的锚栓孔径一般为锚栓直径的 1.5～2 倍。为保证锚栓对柱脚的固定作用，一般在柱脚安装定位以后，锚栓处底板上面设带标准孔垫板，并将其与底板焊牢。

外露式铰接柱脚的设计计算内容主要包括三个部分：底板尺寸设计计算、靴梁尺寸设计计算和彼此间连接焊缝的设计计算。

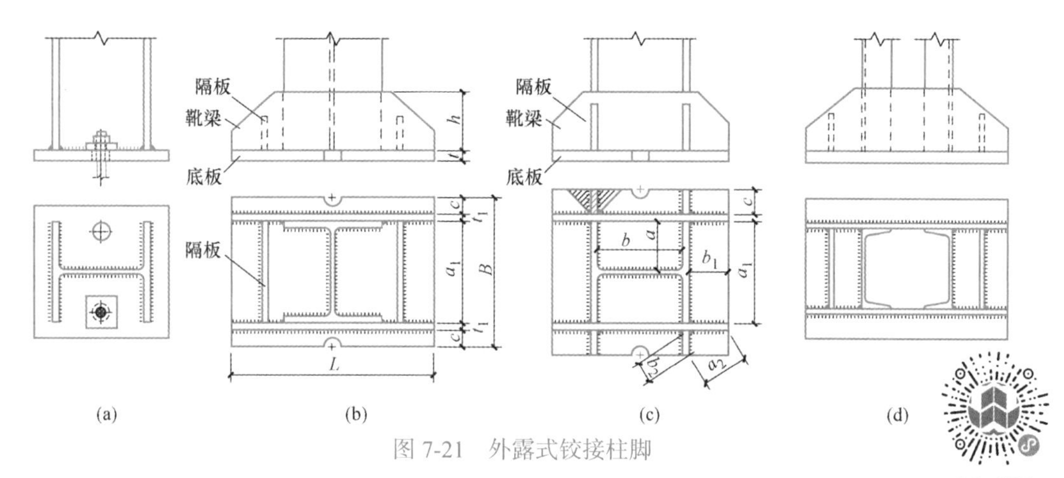

图 7-21　外露式铰接柱脚

7-5　动画
平板式柱脚

1. 底板的尺寸

（1）底板的平面尺寸取决于基础材料的抗压能力。设计计算时基础对底板的压应力可近似认为是均匀分布的。该假设条件成立的前提是底板平面外刚度足够大，这样所需的底板毛面积 A 按下式确定：

$$A = B \times L \geqslant \frac{N}{\beta_c \beta_l f_c} + A_0 \tag{7-14}$$

式中　N——作用于柱脚的压力设计值；

A_0——锚栓孔的面积，一般按构造要求初估。

β_c、β_l、f_c 符号含义见式（7-11）。

底板的宽度 B 由钢柱截面的宽度或高度、靴梁板的厚度和底板悬伸尺寸三部分组成，如图 7-21（b）所示，因此：

$$B = a_1 + 2t_1 + 2c \tag{7-15}$$

式中　a_1——柱截面的宽度或高度；

t_1——靴梁板的厚度；

c——底板悬伸尺寸。

底板的长度为：$L = A/B$。

B 与 L 宜近似相同，但是不允许 L 大于 B 的 2 倍，因为过分狭长的柱脚会使底板下面的压力分布很不均匀。

（2）底板的厚度由其抗弯强度决定，所受荷载为基础与底板接触面的均布反力。底板被靴梁、肋板、隔板和柱截面划分成不同的板区格，如果将靴梁、肋板、隔板、柱翼缘和腹板视为底板的支承构件，按边界条件的不同，底板可分为四边支承板、三边支承板、两相支承板和悬臂板，如图 7-21（b）、（c）所示。均布反力作用下，各区格板单位宽度上的最大弯矩按力学方法计算。

1）四边支承板，一般为双向弯曲的板，板中央的短边方向的弯矩比长边方向大，取单位宽度的板条作为计算单元，其弯矩为：

$$M_4 = \alpha q a^2 \tag{7-16}$$

式中　q——作用于底板单位面积上的压力，$q = N/A$；

a——四边支承板的短边长度；

α——弯矩系数，根据板长边 b 与短边 a 之比，可按表 7-1 取值。

2）三边支承板：

$$M_3 = \beta q a_1^2 \tag{7-17}$$

式中 a_1——三边支承板的自由边长度；

β——弯矩系数，根据 b_1/a_1 由表 7-2 查得。

3）两相邻边支承板：

$$M_2 = \gamma q a_2^2 \tag{7-18}$$

式中 a_2——两自由边对角线长度（图 7-21c）；

γ——弯矩系数，根据 b_2/a_2 由表 7-3 查得。

四边简支板的弯矩系数 α　　表 7-1

b/a	1.0	1.1	1.2	1.3	1.4	1.5	1.6	1.7	1.8	1.9	2.0	3.0	≥4.0
α	0.048	0.055	0.063	0.069	0.075	0.081	0.086	0.091	0.095	0.099	0.101	0.119	0.125

三边简支，一边自由板的弯矩系数 β　　表 7-2

b_1/a_1	0.3	0.4	0.5	0.6	0.7	0.8	0.9	1.0	1.2	≥1.4
β	0.026	0.042	0.058	0.072	0.085	0.092	0.104	0.111	0.120	0.125

两相邻边支承板的弯矩系数 γ　　表 7-3

b_2/a_2	0.3	0.4	0.5	0.6	0.7	0.8	0.9	1.0	1.1	≥1.2
γ	0.026	0.042	0.056	0.072	0.085	0.092	0.104	0.111	0.120	0.125

4）悬臂板：

$$M_1 = \frac{qc^2}{2} \tag{7-19}$$

式中 c——底板悬伸长度。

按最不利原则，取底板各区格最大弯矩 M_{max}，按抗弯强度确定底板的厚度 t：

$$t \geqslant \sqrt{6M_{max}/f} \tag{7-20}$$

式中 $M_{max} = \max\{M_1, M_2, M_3, M_4\}$。

柱脚设计时，靴梁、肋板、隔板的布置位置应使底板上各区格弯矩大致相同，以免造成底板过厚而浪费材料。底板的厚度一般为 20～40mm，且不得小于 14mm，以确保足够的刚度，从而满足基础反力为均匀分布的假设。

2. 靴梁的设计

如图 7-22 所示，靴梁的高度 h_1 主要由其与柱相连的焊缝长度决定，计算公式如下：

$$h_1 = \frac{N}{4 \times 0.7 h_f f_f^w} + 2h_f \tag{7-21}$$

靴梁的厚度不宜与柱翼缘厚度相差太大，且不宜小于 10mm。

靴梁可视为支承于柱翼缘边部的双向悬臂梁，承受各区格板传来的荷载以及隔板传来的集中力，靴梁所支承各区格底板传来的荷载可等效为均布荷载。靴梁截面在最大弯矩和剪力作用下应满足抗弯和抗剪强度要求。

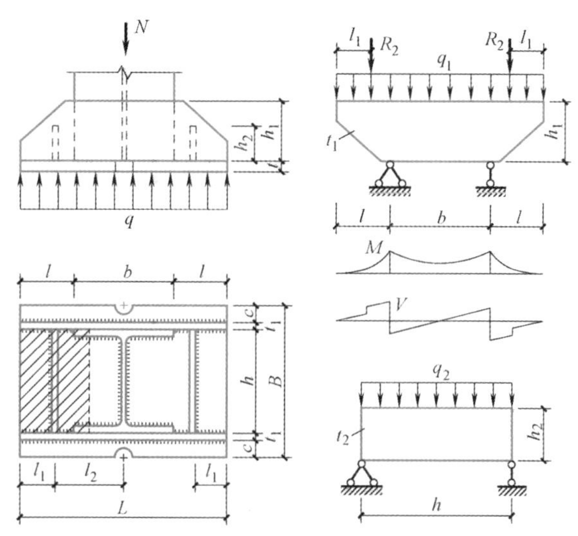

图 7-22　外露式铰接柱脚计算简图

靴梁最大弯矩：

$$M = q_1 \cdot l \cdot \frac{l}{2} + R_2 (l - l_1) \qquad (7\text{-}22)$$

靴梁最大剪力：

$$V = q_1 \cdot l + R_2 \qquad (7\text{-}23)$$

式中　q_1——底板传给靴梁的线荷载；

R_2——隔板的支座反力，其余符号如图 7-22 所示。

3. 隔板和肋板的设计

隔板作为划分底板区格的支承边界，应具有一定刚度，其厚度不得小于其宽度的1/50，可比靴梁的厚度略小，高度由其与靴梁连接角焊缝的承载力确定，由于隔板内侧不易施焊，所以不应考虑内侧焊缝受力，隔板高度按下式确定：

$$h_2 = \frac{0.5 q_2 h}{0.7 h_{f1} f_f^w} + 2h_{f1} \qquad (7\text{-}24)$$

式中　q_2——隔板承受的线荷载，如图 7-22 所示，$q_2 = q(l_1 + 0.5l_2)$。

隔板的计算简图可视为支承于靴梁上的简支梁，均布荷载 q_2 作用下应满足抗弯和抗剪承载力要求。

肋板可看作支承与靴梁的悬臂梁，其所承受的荷载如图 7-21（c）中所示阴影部分的底板反力。肋板与靴梁间的连接焊缝以及肋板的强度按其所承受的弯矩和剪力计算。

铰接柱脚设计时不宜考虑构造锚栓的抗剪作用，柱端剪力可由底板与混凝土基础间的摩擦力或设置抗剪键承受，具体构造参见图 7-24 外露式柱脚。

【例题 7-2】 设计如图 7-23 所示轴心受压格构柱的柱脚。柱轴心压力的设计值为 $N = 2700\text{kN}$，柱脚钢材为 Q355B 钢，焊条采用 E50 型，手工焊。基础混凝土的轴心抗压强度设计值 $f_c = 11.9\text{N/mm}^2$。

【解】 柱脚的具体构造形式和柱截面尺寸如图 7-23 所示。

（1）底板尺寸

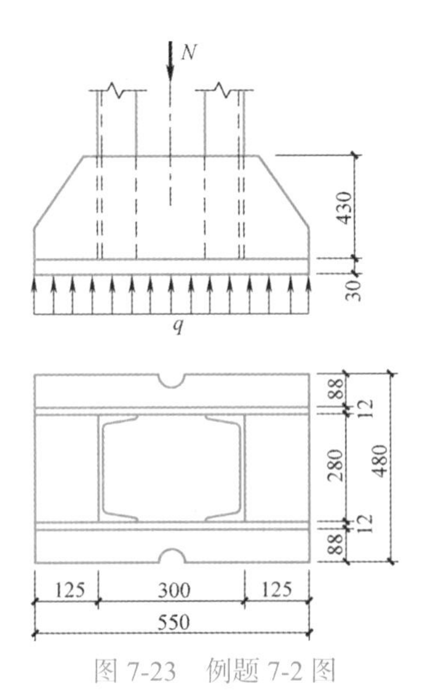

图 7-23　例题 7-2 图

取 $\beta_c = \beta_l = 1.0$，需要的底板净面积：

$$A_n = \frac{N}{\beta_c \beta_l f_c} = \frac{2700 \times 10^3}{1.0 \times 1.0 \times 11.9} = 226891\text{mm}^2$$

底板宽度：

$$B = a_1 + 2t_1 + 2c = 280 + 2 \times 12 + 2 \times 88 = 480\text{mm}$$

底板长度：

$$L = A_n / B = 226891/480 = 473\text{mm}$$

取整 $L = 550\text{mm}$，底板毛面积为 $A = 480 \times 550 = 264000$，减去锚栓孔面积约为 4000mm^2，大于所需净面积。

基础对底板的压应力为：$q = \dfrac{N}{A_n} = \dfrac{2700 \times 10^3}{264000 - 4000} = 10.4\text{N/mm}^2 < f_c = 11.9\text{N/mm}^2$，满足。

底板的区格有三种，分别计算其单位宽度的弯矩：

四边支承板，$b/a = 300/280 = 1.071$，查表 7-1，$\alpha = 0.053$：

$$M_4 = \alpha q a^2 = 0.053 \times 10.4 \times 280^2 = 43214\text{N} \cdot \text{mm}$$

三边支承板，$b_1/a_1 = 125/280 = 0.446$，查表 7-2，$\beta = 0.049$：

$$M_3 = \beta q a_1^2 = 0.049 \times 10.4 \times 280^2 = 39953\text{N} \cdot \text{mm}$$

悬臂板，$M_1 = \dfrac{qc^2}{2} = \dfrac{1}{2} \times 10.4 \times 88^2 = 40269\text{N} \cdot \text{mm}$

三种板区格的弯曲值相差不大，柱脚零件的布置位置较合理，无需调整，底板单位板宽承受的最大弯矩为：

$$M_{max} = M_3 = 43214\text{N} \cdot \text{mm}$$

底板厚度为：

$t > \sqrt{6M_{max}/f} = \sqrt{6 \times 43214/295} = 29.6\text{mm}$，取 $t = 30\text{mm}$。

（2）靴梁计算

设靴梁与柱翼缘连接焊缝的焊脚尺寸 $h_f = 12\text{mm}$，则靴梁高度根据所需焊缝长度确定：

$$h_1 = \frac{N}{4\times 0.7h_f f_f^w} + 2h_f = \frac{2700\times 10^3}{4\times 0.7\times 12\times 200} + 2\times 12 = 426\text{mm}$$

取靴梁高度为 430mm，厚度取 12mm，截面强度验算如下：

两块靴梁板承受的线荷载为：$qB = 10.4\times 480 = 4992\text{N/mm}$

承受的最大弯矩：

$$M = \frac{qBl^2}{2} = \frac{4992\times 125^2\times 10^{-6}}{2} = 39\text{kN}\cdot\text{m}$$

$$\sigma = \frac{M}{W} = \frac{6\times 39\times 10^6}{2\times 12\times 430^2} = 53\text{N/mm}^2 < f = 295\text{N/mm}^2$$

剪力计算：

$$V = qBl = 4992\times 125 = 624\text{kN}$$

$$\tau = 1.5\frac{V}{h_1 t_1} = \frac{1.5\times 624\times 10^3}{2\times 430\times 12} = 90.7\text{N/mm}^2 < f_v = 170\text{N/mm}^2$$

靴梁与底板的连接焊缝按传递全部柱压力考虑，设焊缝的焊脚尺寸均为 $h_f = 12\text{mm}$，所需焊缝总计算长度为：

$$\sum l_w = \frac{N}{1.22\times 0.7h_f f_f^w} = \frac{2700\times 10^3}{1.22\times 0.7\times 12\times 200} = 1318\text{mm}$$

考虑施焊的可能性，靴梁与底板的连接焊缝的实际计算长度：

$l_w = 550\times 2 + 125\times 4 - 6\times 2\times 12 = 1456\text{mm} > 1318\text{mm}$，焊缝长度满足要求。

柱脚按构造采用两个直径为 20mm 的锚栓。

7.5.2　刚接柱脚

刚接柱脚按柱脚位置不同，可分为外露式、外包式、埋入式和插入式四种。一般，高层结构框架柱的柱脚采用埋入式柱脚、插入式柱脚及外包式柱脚；多层结构框架柱可采用外露式柱脚；单层厂房刚接柱脚可采用插入式柱脚、外露式柱脚。

外露式刚接柱脚可分为整体式刚接柱脚（图 7-24a～d）和分离式刚接柱脚（图 7-24e）。整体式刚接柱脚常用于实腹柱和分肢距离较小的格构柱，分离式刚接柱脚常用于分肢间距较大的格构柱。

当作用于柱脚的压力和弯矩都比较小时，可采取图 7-24（a）、（b）所示构造方案。图 7-24（a）和轴压铰接柱脚构造基本相同，在锚栓连接处焊一角钢（图 7-24a），以增加连接处底板刚度。柱脚连接刚度要求较高时可采取图 7-24（b）、（c）所示构造，实现柱脚与基础刚性连接。

当作用于柱脚的压力和弯矩都较大时，可采取图 7-24（c）、（d）所示带靴梁的构造方案。由于靴梁和肋板将底板分为若干较小的区格，使底板的厚度明显减小，同时也大大提高了柱脚的刚度。

对于分肢的间距较大的格构式柱，为节约钢材多采用分离式柱脚，如图 7-24（e）所示，每个分肢下的柱脚相当于一个轴心受压的铰接柱脚。但为了保证分离式柱脚在运输和安装时具备一定的刚度，宜设置具有足够刚度的缀件将两个柱脚连在一起。

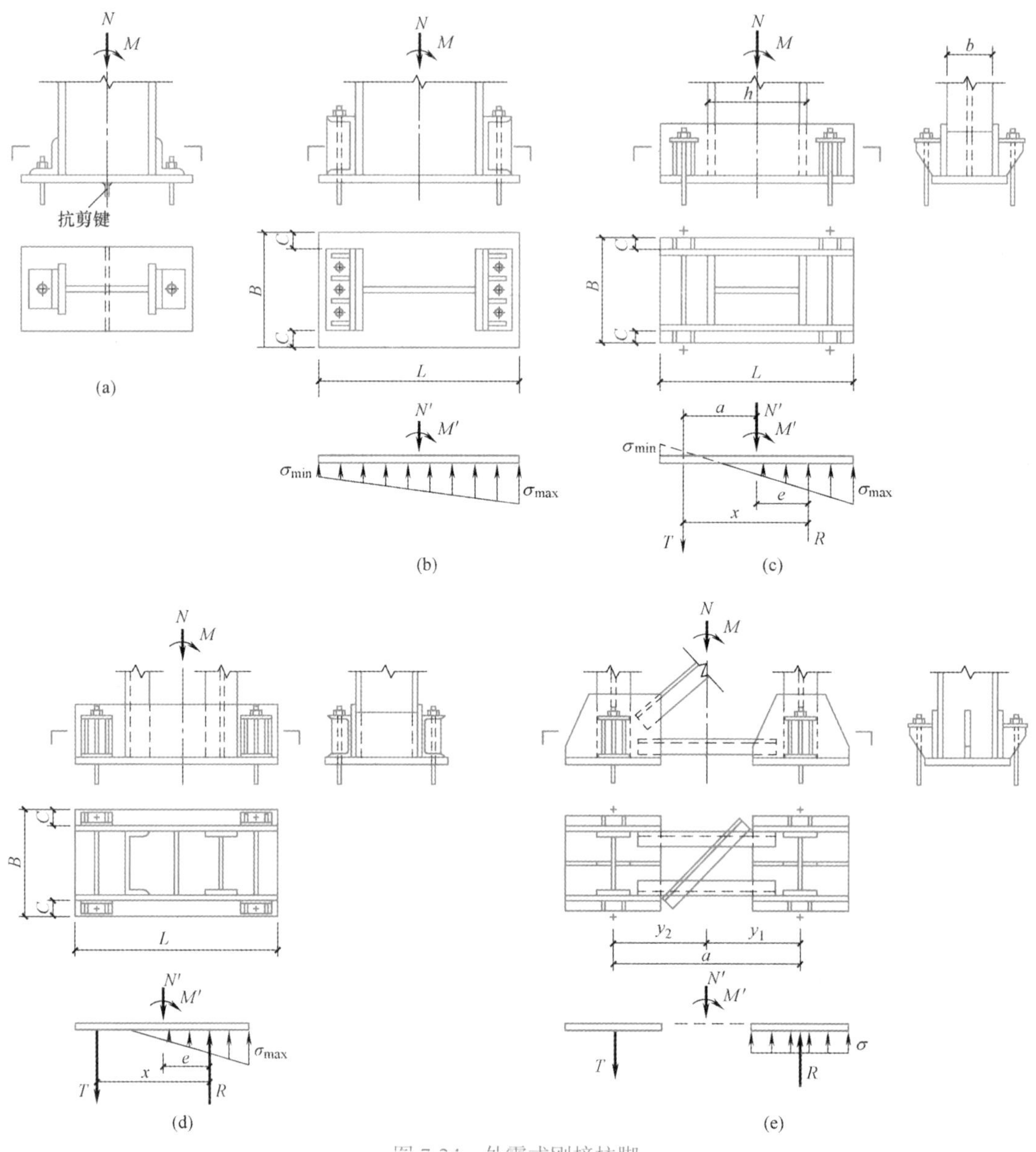

图 7-24　外露式刚接柱脚

由于柱脚底板与基础（一般为混凝土材料）的接触面无法承受弯矩作用下产生的拉应力，因此需设置锚栓来承受该拉应力的合力，故锚栓须经过计算确定。为了便于施工中调整柱脚的位置，柱脚底板上锚栓孔的直径应是锚栓直径的 1.5～2.0 倍，待柱子就位并调整到设计位置后，再用垫板套住锚栓并与水平板焊牢，垫板上的孔径只比锚栓直径大 1～2mm，垫板厚度不宜小于 20mm。

1. 整体式刚接柱脚

（1）底板的计算

如图 7-24（c）所示整体式刚接柱脚。其底板的宽度 B 可根据构造要求确定，悬伸长度 C 一般取 20～30mm。在弯矩与轴心压力作用下，底板与基础接触面上的压应力分布是不均匀的。底板在弯矩作用平面内的长度 L，应由基础混凝土的抗压强度条件确定，即：

$$\sigma_{\max}=\frac{N}{BL}+\frac{6M}{BL_2}\leqslant f_c \tag{7-25}$$

式中　N、M——柱脚所承受的最不利弯矩和轴心压力，取使基础一侧产生最大压应力的内力组合；

f_c——混凝土的受压强度设计值。

而底板另一侧的应力为：

$$\sigma_{\min}=\frac{N}{BL}-\frac{6M}{BL_2} \tag{7-26}$$

显然，如果 $\sigma_{\min}$ 为压应力，说明底板范围内无受拉区，而当 $\sigma_{\min}$ 为拉应力时，则柱脚底板范围内的受拉区合力则由锚栓承担。

底板的厚度由压应力产生的弯矩计算确定，计算方法同外露式铰接柱脚，其厚度不宜小于 16mm。对于偏心受压柱脚，由于底板压应力分布不均匀，计算时可偏安全地取底板各区格下的最大压应力。需要注意的是，此种方法仅适用于底板全部受压时的情况。若 $\sigma_{\min}$ 为拉应力，则应采用下面锚栓计算中所算得的基础压应力进行底板的厚度计算。

（2）锚栓的计算

如前所述，锚栓的作用是使柱脚能牢固地固定于基础并承受拉力。显然，若弯矩较大，由式（7-26）所得的 $\sigma_{\min}$ 为负，即为拉应力，此拉应力的合力由柱脚锚栓承受。

计算锚栓时，应采用使其产生最大拉力的组合内力 N' 和 M'，N' 和 M' 为换算至柱脚底板底面的轴力和弯矩。为求得锚栓的最大拉力，通常取 N' 偏小而 M' 偏大的一组最不利内力。一般情况下，可不考虑锚栓和混凝土基础的变形，近似地按式（7-25）和式（7-26）计算底板两侧的应力 $\sigma_{\max}$ 和 $\sigma_{\min}$。由 $\Sigma M=0$ 即可求得锚栓拉力：

$$T=\frac{M'-N'(x-a)}{x} \tag{7-27}$$

式中　a——锚栓至轴力 N' 作用点的距离；

x——锚栓至基础受压区合力作用点的距离。

按此锚栓拉力即可计算出或按附录 8 查出底板一侧所需锚栓的个数和直径。

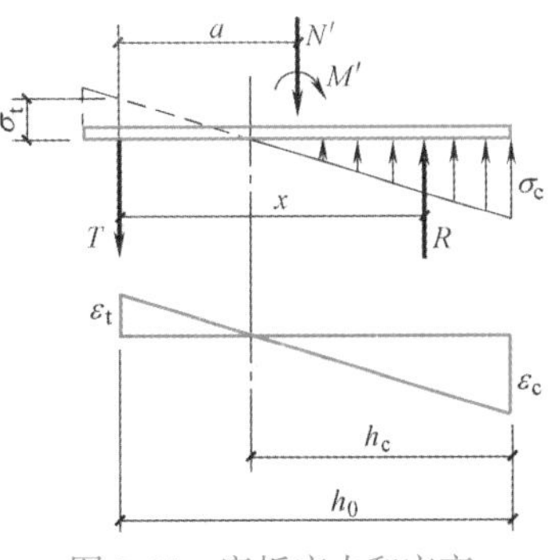

图 7-25　底板应力和应变

由于式（7-27）是建立在底板绝对刚性基础上得出的，所得 T 偏大。当按式（7-27）所算拉力确定的锚栓直径大于 60mm 时，宜考虑锚栓和混凝土基础的弹性性质，按下述方法计算锚栓的拉力。

假定变形符合平截面假定，在 N' 和 M' 的共同作用下，其应力应变图形如图 7-25 所示，则：

$$\frac{\sigma_t}{\sigma_c}=\frac{E\varepsilon_t}{E_c\varepsilon_c}=n_0\frac{h_0-h_c}{h_c} \tag{7-28}$$

式中 σ_t——锚栓的拉应力；

σ_c——底板边缘混凝土的最大压应力；

n_0——钢和混凝土弹性模量之比；

h_0——锚栓至底板最大受压边缘的距离；

h_c——底板受压区长度。

由力和力矩平衡条件得：

$$N' + N_t = \frac{1}{2}\sigma_c b h_c \tag{7-29}$$

$$N'a + M' = \frac{1}{2}\sigma_c b h_c\left(h_0 - \frac{h_c}{3}\right) \tag{7-30}$$

式中 b——底板宽度；

N_t——锚栓拉力。

将式（7-28）、式（7-29）两式消去 σ_c，并令 $h_c = \alpha h_0$，由式（7-30）得：

$$\alpha^2\left(\frac{3-\alpha}{1-\alpha}\right) = \frac{6(M'+N'a)}{bh_0^2}\cdot\frac{n_0}{\sigma_t} \tag{7-31}$$

令：

$$\beta = \frac{6(M'+N'a)}{bh_0^2}\cdot\frac{n_0}{\sigma_t} \tag{7-32}$$

则：

$$\alpha^2\left(\frac{3-\alpha}{1-\alpha}\right) = \beta \tag{7-33}$$

再由式（7-29）、式（7-30）两式消去 σ_c，得：

$$N_t = k\frac{M'+N'a}{h_0} - N' \tag{7-34}$$

上式中系数 k 与 α 值有关：

$$k = 3/(3-\alpha) \tag{7-35}$$

为便于计算，将 β、k 系数列于表 7-4。具体计算步骤为：① 由式（7-32），并取 σ_t 等于锚栓的抗拉强度设计值 f_t^b，算出 β；② 由表 7-4 查出最为接近的 k 值（不必用插入法）；③ 按式（7-34）求出锚栓拉力 N_t；④ 由附录 8 确定一侧锚栓的直径和个数。

系数 β、k 表 7-4

β	0.068	0.098	0.134	0.176	0.225	0.279	0.340	0.407	0.482
k	1.05	1.06	1.07	1.08	1.09	1.10	1.11	1.12	1.13
β	0.565	0.656	0.755	0.864	0.981	1.110	1.250	1.403	1.567
k	1.14	1.15	1.16	1.17	1.18	1.19	1.20	1.21	1.22
β	1.748	1.944	2.160	2.394	2.653	2.935	3.248	3.592	3.977
k	1.23	1.24	1.25	1.26	1.27	1.28	1.29	1.30	1.31
β	4.407	4.888	5.431	6.047	6.756	7.576	8.532	9.663	10.02
k	1.32	1.33	1.34	1.35	1.36	1.37	1.38	1.39	1.40

锚栓的拉应力：

$$\sigma'_t = \frac{N_t}{nA_e} \leqslant f_t^b \qquad (7\text{-}36)$$

由于锚栓的直径一般较大，对粗大的锚栓，受拉时螺纹处应力集中的不利影响显著；此外，锚栓是保证柱脚刚性连接的关键部件，其弹性伸长不宜过大，所以对其取了较低的抗拉强度设计值。如对 Q235 钢锚栓，取 $f_t^b = 140\text{N/mm}^2$；对 Q355 钢锚栓，取 $f_t^b = 180\text{N/mm}^2$，分别相当于受拉构件强度设计值（第二组钢材）的 0.7 倍和 0.6 倍。

柱脚锚栓不宜用以承受柱脚底部的水平剪力，此水平剪力宜由底板与混凝土基础间的摩擦力（摩擦系数可取 0.4）或设置抗剪键（图 7-24a）承担。

柱脚锚栓的工作环境变化较大，露天和室内工作的腐蚀情况不尽相同，对于容易锈蚀的环境，锚栓应按计算面积为基准预留适当腐蚀量。此外，柱脚锚栓应有足够的埋置深度，当埋置深度受限或锚栓在混凝土中的锚固较长时，则可设置锚板或锚梁。

由于柱脚底板平面外刚度不足，锚栓不宜直接连于底板上，以免锚栓不能可靠受拉。锚栓通常支承于焊于靴梁的肋板上，肋板上同时搁置水平板和垫板，如图 7-24 所示。

肋板顶部的水平焊缝以及肋板与靴梁的连接焊缝（此焊缝为偏心受力）应根据每个锚栓的拉力来计算确定。锚栓支承垫板的厚度根据其抗弯强度计算。

（3）靴梁、隔板及其连接焊缝的计算

靴梁与柱身的连接焊缝，应按可能产生的最大内力 N_1 计算，并由焊缝所需要的长度来确定靴梁的高度。其中：

$$N_1 = \frac{N}{2} + \frac{M}{h} \qquad (7\text{-}37)$$

靴梁按支承于柱边缘的悬伸梁来验算其截面强度。靴梁的悬伸部分与底板间的连接焊缝（共有 4 条），应按整个底板宽度下的最大基础反力来计算。在柱身范围内，靴梁内侧不便施焊，只考虑外侧两条焊缝受力，可按该范围内最大基础反力计算。

隔板的计算同铰接柱脚，其所承受的基础反力均可偏于安全地取其负荷范围内的最大反力值计算。

2. 分离式刚接柱脚

分离式刚接柱脚的每个分肢柱脚可按轴压铰接柱脚设计，其轴向压力取分肢可能产生的最大压力。但锚栓应由计算确定。如分肢 1 受压较大，则分肢 1 柱脚所承受的最大压力按下式计算：

$$N_1 = \frac{Ny_2 + M}{a} \qquad (7\text{-}38)$$

式中 N、M——对分肢最不利的内力组合值；

y_2——分肢 2 轴线到柱轴线的距离（图 7-24e）；

a——两分肢轴线距离。

每个分肢柱脚的锚栓也按各自的最不利组合内力换算成的最大拉力计算。

外包式、埋入式和插入式柱脚属于钢与钢筋混凝土组合受力节点，其设计构造在此不做过多赘述。

思考题

7-1　简述桁架节点板的受力特点及其实用稳定计算方法。

7-2　按加工工艺不同钢梁的拼接分几类？其各自特点如何？

7-3　如何合理确定钢梁拼接焊缝的位置？

7-4　主次梁连接形式有哪些？各自特点如何？

7-5　支承于砌体或混凝土构件上的钢梁支座有哪些？各自受力性能如何？

7-6　梁柱节点按其刚度的不同分为哪几种？

7-7　按传力种类不同，钢柱脚分为哪几类？其应用范围如何？

7-8　钢结构工程中常用的刚接柱脚有哪些？

7-9　简述外露式铰接柱脚的设计内容和步骤。

7-10　简述外露式刚接柱脚的传力途径。

7-11　外包式柱脚的主要构造有哪些？

7-12　埋入式柱脚的主要构造如何？

计算题

7-1　已知主梁截面为HW450×200型钢，次梁截面为HW400×200型钢，次梁端部支座反力$R=210$kN。钢材为Q235B，焊条采用E43型，手工焊，高强度螺栓为10.9级，试设计该主次梁连接。

7-2　已知截面为HW450×200型钢梁，截面最不利内力设计值$M=290$kN·m，$V=110$kN，拼接处翼缘熔透对焊，腹板采用高强度螺栓拼接板连接。钢材为Q235B，焊条采用E43型，手工焊，高强度螺栓为10.9级，试设计该梁的拼接连接。

7-3　试设计轴心受压柱外露式铰接柱脚。钢柱截面为HW400×400型钢，承受轴心压力的设计值为$N=2500$kN，$V=85$kN。钢材为Q235B，焊条采用E43型，手工焊。基础混凝土强度等级为C30。

7-4　试设计框架柱外露式刚接柱脚，并绘制柱脚施工详图。钢柱截面为HM488×300型钢，柱底端截面内力设计值为$N=2000$kN，$M=290$kN·m，$V=110$kN。钢材为Q355B，焊条采用E50型，手工焊。基础混凝土强度等级为C30。

7-5　试设计框架柱外包式刚接柱脚，并绘制柱脚施工详图。钢柱截面为HM488×300型钢，柱底端截面内力设计值为$N=2000$kN，$M=290$kN·m，$V=110$kN。钢材为Q355B，焊条采用E50型，手工焊。基础及外包混凝土强度等级为C30。

附 录

附录1　钢材、焊缝和螺栓的设计强度及折减系数

钢材的设计用强度指标（N/mm²）　　附表1-1

钢材牌号		钢材厚度或直径（mm）	强度设计值			屈服强度 f_y	抗拉强度 f_u
			抗拉、抗压、抗弯 f	抗剪 f_v	端面承压（刨平顶紧）f_{ce}		
碳素结构钢	Q235	≤16	215	125	320	235	370
		>16，≤40	205	120		225	
		>40，≤100	200	115		215	
低合金高强度结构钢	Q355	≤16	305	175	400	355	470
		>16，≤40	295	170		345	
		>40，≤63	290	165		335	
		>63，≤80	280	160		325	
		>80，≤100	270	155		315	
	Q390	≤16	345	200	415	390	490
		>16，≤40	330	190		380	
		>40，≤63	310	180		360	
		>63，≤100	295	170		340	
	Q420	≤16	375	215	440	420	520
		>16，≤40	355	205		410	
		>40，≤63	320	185		390	
		>63，≤100	305	175		370	
	Q460	≤16	410	235	470	460	550
		>16，≤40	390	225		450	
		>40，≤63	355	205		430	
		>63，≤100	340	195		410	
建筑结构用钢板	Q345GJ	>16，≤50	325	190	415	345	490
		>50，≤100	300	175		335	

注：1. 表中直径指实心棒材直径，厚度指计算点的钢材或钢管壁厚度，对轴心受拉和轴心受压构件指截面中较厚板件的厚度。
2. 冷弯型材和冷弯钢管，其强度设计值应按现行有关国家标准的规定采用。

焊缝的强度设计值（N/mm^2）　　附表 1-2

焊接方法和焊条型号	构件钢材		对接焊缝强度设计值				角焊缝强度设计值	对接焊缝抗拉强度 f_u^w	角焊缝、抗拉、抗压和抗剪强度 f_u^f
	牌号	厚度或直径（mm）	抗压 f_c^w	焊缝质量为下列等级时，抗拉 f_t^w 一级、二级	焊缝质量为下列等级时，抗拉 f_t^w 三级	抗剪 f_v^w	抗拉、抗压和抗剪 f_f^w		
自动焊、半自动焊和 E43 型焊条手工焊	Q235	≤ 16	215	215	185	125	160	415	240
		> 16，≤ 40	205	205	175	120			
		> 40，≤ 100	200	200	170	115			
自动焊、半自动焊和 E50、E55 型焊条手工焊	Q355	≤ 16	305	305	260	175	200	480（E50） 540（E55）	280（E50） 315（E55）
		> 16，≤ 40	295	295	250	170			
		> 40，≤ 63	290	290	245	165			
		> 63，≤ 80	280	280	240	160			
		> 80，≤ 100	270	270	230	155			
	Q390	≤ 16	345	345	295	200	200（E50） 220（E55）		
		> 16，≤ 40	330	330	280	190			
		> 40，≤ 63	310	310	265	180			
		> 63，≤ 100	295	295	250	170			
自动焊、半自动焊和 E55、E60 型焊条手工焊	Q420	≤ 16	375	375	320	215	220（E55） 240（E60）	540（E55） 590（E60）	315（E55） 340（E60）
		> 16，≤ 40	355	355	300	205			
		> 40，≤ 63	320	320	270	185			
		> 63，≤ 100	305	305	260	175			
自动焊、半自动焊和 E55、E60 型焊条手工焊	Q460	≤ 16	410	410	350	235	220（E55） 240（E60）	540（E55） 590（E60）	315（E55） 340（E60）
		> 16，≤ 40	390	390	330	225			
		> 40，≤ 63	355	355	300	205			
		> 63，≤ 100	340	340	290	195			
自动焊、半自动焊和 E50、E55 型焊条手工焊	Q345GJ	> 16，≤ 35	310	310	265	180	200	480（E50） 540（E55）	280（E50） 315（E55）
		> 35，≤ 50	290	290	245	170			
		> 50，≤ 100	285	285	240	165			

注：表中厚度指计算点的钢材厚度，对轴心受拉和轴心受压构件指截面中较厚板件的厚度。

螺栓连接的强度设计值（N/mm²）　　附表 1-3

螺栓的性能等级、锚栓和构件钢材的牌号		强度设计值										
		普通螺栓						锚栓	承压型连接或网架用高强度螺栓			高强度螺栓的抗拉强度 f_u^b
		C 级螺栓			A 级、B 级螺栓							
		抗拉 f_t^b	抗剪 f_v^b	承压 f_c^b	抗拉 f_t^b	抗剪 f_v^b	承压 f_c^b	抗拉 f_t^a	抗拉 f_t^b	抗剪 f_v^b	承压 f_c^b	
普通螺栓	4.6 级、4.8 级	170	140	—	—	—	—	—	—	—	—	—
	5.6 级	—	—	—	210	190	—	—	—	—	—	—
	8.8 级	—	—	—	400	320	—	—	—	—	—	—
锚栓	Q235	—	—	—	—	—	—	140	—	—	—	—
	Q355	—	—	—	—	—	—	180	—	—	—	—
	Q390	—	—	—	—	—	—	185	—	—	—	—
承压型连接高强度螺栓	8.8 级	—	—	—	—	—	—	—	400	250	—	830
	10.9 级	—	—	—	—	—	—	—	500	310	—	1040
螺栓球节点用高强度螺栓	9.8 级	—	—	—	—	—	—	—	385	—	—	—
	10.9 级	—	—	—	—	—	—	—	430	—	—	—
构件钢材牌号	Q235	—	—	305	—	—	405	—	—	—	470	—
	Q355	—	—	385	—	—	510	—	—	—	590	—
	Q390	—	—	400	—	—	530	—	—	—	615	—
	Q420	—	—	425	—	—	560	—	—	—	655	—
	Q460	—	—	450	—	—	595	—	—	—	695	—
	Q345GJ	—	—	400	—	—	530	—	—		615	—

注：1. A 级螺栓用于 $d \leqslant 24$mm 和 $L \leqslant 10d$ 或 $L \leqslant 150$mm（按较小值）的螺栓；B 级螺栓用于 $d > 24$mm 和 $L > 10d$ 或 $L > 150$mm（按较小值）的螺栓；d 为公称直径，L 为螺栓公称长度。

2. A、B 级螺栓孔的精度和孔壁表面粗糙度，C 级螺栓孔的允许偏差和孔壁表面粗糙度，均应符合现行国家规范《钢结构工程施工质量验收标准》GB 50205 的要求。

3. 用于螺栓球节点网架的高强度螺栓，M12～M36 为 10.9 级，M39～M64 为 9.8 级。

结构构件或连接设计强度的折减系数　　附表 1-4

项次	情况	折减系数
1	单面连接的单角钢 （1）按轴心受力计算强度和连接 （2）按轴心受压计算稳定性	0.85
	等边角钢 短边相连的不等边角钢 长边相连的不等边角钢	$0.6 + 0.0015\lambda$，但不大于 1.0 $0.5 + 0.0025\lambda$，但不大于 1.0 0.70
2	无垫板的单面施焊对接焊缝	0.85
3	施工条件较差的高空安装焊缝和铆钉连接	0.90
4	沉头和半沉头铆钉连接	0.80

注：1. λ——长细比，对中间无联系的单角钢压杆，应按最小回转半径计算；当 $\lambda < 20$ 时，取 $\lambda = 20$。

2. 当几种情况同时存在时，其折减系数应连乘。

附录 2　受弯构件的容许挠度

吊车梁、楼盖梁、屋盖梁、工作平台梁以及墙架构件的挠度不宜超过附表 2-1 所列的容许值。

受弯构件的挠度容许值　　附表 2-1

项次	构件类别	挠度容许值	
		$[v_T]$	$[v_Q]$
1	吊车梁和吊车桁架（按自重和起重量最大的一台吊车计算挠度） 1）手动起重机和单梁起重机（含悬挂起重机） 2）轻级工作制桥式起重机 3）中级工作制桥式起重机 4）重级工作制桥式起重机	 $l/500$ $l/750$ $l/900$ $l/1000$	—
2	手动葫芦或捯链的轨道梁	$l/400$	—
3	有重轨（重量等于或大于 38kg/m）轨道的工作平台梁 有轻轨（重量等于或小于 24kg/m）轨道的工作平台梁	$l/600$ $l/400$	—
4	楼（屋）盖梁或桁架、工作平台梁（第 3 项除外）和平台板 1）主梁或桁架（包括设有悬挂起重设备的梁和桁架） 2）仅支承压型金属板屋面和冷弯型钢檩条 3）除支承压型金属板屋面和冷弯型钢檩条外，尚有吊顶 4）抹灰顶棚的次梁 5）除 1）～4）款外的其他梁（包括楼梯梁） 6）屋盖檩条 支承压型金属板屋面者 支承其他屋面材料者 有吊顶 7）平台板	 $l/400$ $l/180$ $l/240$ $l/250$ $l/250$ $l/150$ $l/200$ $l/240$ $l/150$	 $l/500$ $l/350$ $l/300$ — — — —
5	墙架构件（风荷载不考虑阵风系数） 1）支柱（水平方向） 2）抗风桁架（作为连续支柱的支承时，水平位移） 3）砌体墙的横梁（水平方向） 4）支承压型金属板的横梁（水平方向） 5）支承其他墙面材料的横梁（水平方向） 6）带有玻璃窗的横梁（竖直和水平方向）	 — — — — — $l/200$	 $l/400$ $l/1000$ $l/300$ $l/100$ $l/200$ $l/200$

注：1. l 为受弯构件的跨度（对悬臂梁和伸臂梁为悬臂长度的 2 倍）。
2. $[v_T]$ 为永久和可变荷载标准值产生的挠度（如有起拱应减去拱度）的容许值，$[v_Q]$ 为可变荷载标准值产生的挠度的容许值。
3. 当吊车梁或吊车桁架跨度大于 12m 时，其挠度容许值 $[v_T]$ 应乘以 0.9 的系数。
4. 当墙面采用延性材料或与结构采用柔性连接时，墙架构件的支柱水平位移容许值可采用 $l/300$，抗风桁架（作为连续支柱的支承时）水平位移容许值可采用 $l/800$。

冶金厂房或类似车间中设有工作级别为 A7、A8 级起重机的车间，其跨间每侧吊车梁或吊车桁架的制动结构，由一台最大起重机横向水平荷载（按荷载规范取值）所产生的挠度不宜超过制动结构跨度的 $l/2200$。

附录 3　梁的整体稳定系数

附录 3-1　等截面焊接工字形和轧制 H 型钢简支梁

$$\varphi_{\mathrm{b}}=\beta_{\mathrm{b}}\cdot\frac{4320Ah}{\lambda_{\mathrm{y}}^{2}W_{\mathrm{x}}}\left(\sqrt{1+\left(\frac{\lambda_{\mathrm{y}}t_{1}}{4.4h}\right)^{2}}+\eta_{\mathrm{b}}\right)\varepsilon_{\mathrm{k}}^{2} \tag{F3-1-1}$$

$$\lambda_{\mathrm{y}}=\frac{l_{1}}{i_{\mathrm{y}}} \tag{F3-1-2}$$

式中　β_{b}——梁整体稳定的等效弯矩系数，按附表 3-1 采用。

λ_{y}——梁在侧向支撑点间对截面弱轴 y-y 的长细比。

当按上述公式计算的 φ_{b} 大于 0.6 时，用下式求得的 φ_{b}' 代替 φ_{b} 进行梁的整体稳定计算

$$\varphi_{\mathrm{b}}'=1.07-\frac{0.282}{\varphi_{\mathrm{b}}}\leqslant 1.0 \tag{F3-1-3}$$

H 型钢和等截面工字形简支梁的等效临界弯矩系数 β_{b}　　附表 3-1

项次	侧向支承	荷载		$\xi\leqslant 2.0$	$\xi>2.0$	适用范围
1	跨中无侧向支承	均布荷载作用在	上翼缘	$0.69+0.13\xi$	0.95	双轴对称、加强受压翼缘的单轴对称焊接工字形截面和轧制 H 型钢截面
2			下翼缘	$1.73-0.20\xi$	1.33	
3		集中荷载作用在	上翼缘	$0.73+0.18\xi$	1.09	
4			下翼缘	$2.23-0.28\xi$	1.67	
5	跨度中点有一个侧向支承点	均布荷载作用在	上翼缘	1.15		双轴对称、所有单轴对称焊接工字形截面和轧制 H 型钢截面
6			下翼缘	1.40		
7		集中荷载作用在截面高度上任意位置		1.75		
8	跨中有不少于两个等距离侧向支承点	任意荷载作用在	上翼缘	1.20		
9			下翼缘	1.40		
10	梁端有弯矩，但跨中无荷载作用			$1.75-1.05\left(\frac{M_2}{M_1}\right)+0.3\left(\frac{M_2}{M_1}\right)^2$，但$\leqslant 2.3$		

注：1. ξ 为参数，$\xi=\frac{l_1t_1}{b_1h}$，其中 b_1 为受压翼缘的宽度。

2. M_1、M_2 为梁的端弯矩，使梁产生同向曲率时 M_1 和 M_2 取同号，产生反向曲率时取异号，$|M_1|\geqslant|M_2|$。

3. 表中项次 3、4 和 7 的集中荷载是指一个或少数几个集中荷载位于跨中央附近的情况，对其他情况的集中荷载，应按表中项次 1、2、5、6 内的数值采用。

4. 表中项次 8、9 的 β_{b}，当集中荷载作用在侧向支承点处时，取 $\beta_{\mathrm{b}}=1.20$。

5. 荷载作用在上翼缘指荷载作用点在翼缘表面，方向指向截面形心；荷载作用在下翼缘指荷载作用点在翼缘表面，方向背向截面形心。

6. 对 $\alpha_{\mathrm{b}}>0.8$ 的加强受压翼缘工字形截面，下列情况的 β_{b} 值应乘以相应的系数：

项次 1：当 $\xi\leqslant 1.0$ 时，乘以 0.95；

项次 3：当 $\xi\leqslant 0.5$ 时，乘以 0.90；当 $0.5<\xi\leqslant 1.0$ 时，乘以 0.95。

附录 3-2 轧制普通工字型钢简支梁

轧制普通工字型钢简支梁的整体稳定系数查附表 3-2。当查表所得的 φ_b 大于 0.6 时，用公式（F3-1-3）求得的 φ_b' 代替 φ_b 进行梁的整体稳定计算。

轧制普通工字钢简支梁的整体稳定系数 φ_b　　附表 3-2

项次	荷载情况			工字钢型号	自由长度 l_1（m）								
					2	3	4	5	6	7	8	9	10
1	跨中无侧向支承点的梁	集中荷载作用在	上翼缘	10～20	2.00	1.30	0.99	0.80	0.68	0.58	0.53	0.48	0.43
				22～32	2.40	1.48	1.09	0.86	0.72	0.62	0.54	0.49	0.45
				36～63	2.80	1.60	1.07	0.83	0.68	0.56	0.50	0.45	0.40
2			下翼缘	10～20	3.10	1.95	1.34	1.01	0.82	0.69	0.63	0.57	0.52
				22～40	5.50	2.80	1.84	1.37	1.07	0.86	0.73	0.64	0.56
				45～63	7.30	3.60	2.30	1.62	1.20	0.96	0.80	0.69	0.60
3		均布荷载作用在	上翼缘	10～20	1.70	1.12	0.84	0.68	0.57	0.50	0.45	0.41	0.37
				22～40	2.10	1.30	0.93	0.73	0.60	0.51	0.45	0.40	0.36
				45～63	2.60	1.45	0.97	0.73	0.59	0.50	0.44	0.38	0.35
4			下翼缘	10～20	2.50	1.55	1.08	0.83	0.68	0.56	0.52	0.47	0.42
				22～40	4.00	2.20	1.45	1.10	0.85	0.70	0.60	0.52	0.46
				45～63	5.60	2.80	1.80	1.25	0.95	0.78	0.65	0.55	0.49
5	跨中有侧向支承点的梁（不论荷载作用点在截面高度上的位置）			10～20	2.20	1.39	1.01	0.79	0.66	0.57	0.52	0.47	0.42
				22～40	3.00	1.80	1.24	0.96	0.76	0.65	0.56	0.49	0.43
				45～63	4.00	2.20	1.38	1.01	0.80	0.66	0.56	0.49	0.43

注：1. 同附表 3-1 的注 3、注 5。
2. 表中的 φ_b 适用于 Q235 钢。对其他钢号，表中数值应乘以 ε_k^2。

附录 3-3 轧制槽钢简支梁

轧制槽钢简支梁的整体稳定系数 φ_b，可按下式计算：

$$\varphi_b = \frac{570bt}{l_1 h}\varepsilon_k^2 \tag{F3-3-1}$$

当所得的 φ_b 大于 0.6 时，用公式（F3-1-3）求得 φ_b' 以代替 φ_b。

附录 3-4 双轴对称工字形等截面悬臂梁

双轴对称工字形截面悬臂梁的整体稳定系数 φ_b 可按公式（F3-1-1）计算，但系数 β_b 应按附表 3-3 查得。当所得的 φ_b 大于 0.6 时，用公式（F3-1-3）求得 φ_b' 以代替 φ_b。

双轴对称工字形等截面悬臂梁的等效临界弯矩系数 β_b　　附表 3-3

项次	荷载形式		$0.6 \leqslant \xi \leqslant 1.24$	$1.24 < \xi \leqslant 1.96$	$1.96 < \xi \leqslant 3.10$
1	自由端一个集中荷载作用在	上翼缘	$0.21 + 0.67\xi$	$0.72 + 0.26\xi$	$1.17 + 0.03\xi$
2		下翼缘	$2.94 - 0.65\xi$	$2.64 - 0.40\xi$	$2.15 - 0.15\xi$
3	均布荷载作用在上翼缘		$0.62 + 0.82\xi$	$1.25 + 0.31\xi$	$1.66 + 0.10\xi$

注：1. 本表是按支承端为固定端的情况确定的，当用于由邻跨延伸出来的伸臂梁时，应在构造上采取措施加强支承处的抗扭能力。
2. 表中 ξ 见附表 3-1 注 1。

附录 3-5　均匀弯曲的受弯构件

当 $\lambda_y \leqslant 120\varepsilon_k$ 时，其整体稳定系数 φ_b 可按下列近似公式计算：

1. 工字形截面：

双轴对称

$$\varphi_b = 1.07 - \frac{\lambda_y^2}{44000\varepsilon_k^2} \tag{F3-5-1}$$

单轴对称

$$\varphi_b = 1.07 - \frac{W_x}{(2\alpha_b + 0.1)Ah} \cdot \frac{\lambda_y^2}{14000\varepsilon_k^2} \tag{F3-5-2}$$

2. 弯矩作用在对称轴平面，绕 x 轴的 T 形截面：

1）弯矩使翼缘受压时：

双角钢 T 形截面：

$$\varphi_b = 1 - 0.0017\lambda_y/\varepsilon_k \tag{F3-5-3}$$

剖分 T 型钢和两板组合 T 形截面：

$$\varphi_b = 1 - 0.0022\lambda_y/\varepsilon_k \tag{F3-5-4}$$

2）弯矩使翼缘受拉且腹板宽厚比不大于 $18\varepsilon_k$ 时：

$$\varphi_b = 1 - 0.0005\lambda_y/\varepsilon_k \tag{F3-5-5}$$

当按公式（F3-5-1）和公式（F3-5-2）算得的 φ_b 值大于 1.0 时，取 $\varphi_b = 1.0$。

附录 4　轴心受压构件的稳定系数

附录 4-1

a类、b类、c类和d类截面轴心受压构件的稳定系数，可按附表4-1-1～附表4-1-4查找。

a 类截面轴心受压构件的稳定系数 φ　　附表 4-1-1

λ/ε_k	0	1	2	3	4	5	6	7	8	9
0	1.000	1.000	1.000	1.000	0.999	0.999	0.998	0.998	0.997	0.996
10	0.995	0.994	0.993	0.992	0.991	0.989	0.988	0.986	0.985	0.983
20	0.981	0.979	0.977	0.976	0.974	0.972	0.970	0.968	0.966	0.964
30	0.963	0.961	0.959	0.957	0.954	0.952	0.950	0.948	0.946	0.944
40	0.941	0.939	0.937	0.934	0.932	0.929	0.927	0.924	0.921	0.918
50	0.916	0.913	0.910	0.907	0.903	0.900	0.897	0.893	0.890	0.886
60	0.883	0.879	0.875	0.871	0.867	0.862	0.858	0.854	0.849	0.844
70	0.839	0.834	0.829	0.824	0.818	0.813	0.807	0.801	0.795	0.789
80	0.783	0.776	0.770	0.763	0.756	0.749	0.742	0.735	0.728	0.721
90	0.713	0.706	0.698	0.691	0.683	0.676	0.668	0.660	0.653	0.645
100	0.637	0.630	0.622	0.614	0.607	0.599	0.592	0.584	0.577	0.569
110	0.562	0.555	0.548	0.541	0.534	0.527	0.520	0.513	0.507	0.500
120	0.494	0.487	0.481	0.475	0.469	0.463	0.457	0.451	0.445	0.439
130	0.434	0.428	0.423	0.417	0.412	0.407	0.402	0.397	0.392	0.387
140	0.382	0.378	0.373	0.368	0.364	0.360	0.355	0.351	0.347	0.343
150	0.339	0.335	0.331	0.327	0.323	0.319	0.316	0.312	0.308	0.305
160	0.302	0.298	0.295	0.292	0.288	0.285	0.282	0.279	0.276	0.273
170	0.270	0.267	0.264	0.261	0.259	0.256	0.253	0.250	0.248	0.245
180	0.243	0.240	0.238	0.235	0.233	0.231	0.228	0.226	0.224	0.222
190	0.219	0.217	0.215	0.213	0.211	0.209	0.207	0.205	0.203	0.201
200	0.199	0.197	0.196	0.194	0.192	0.190	0.188	0.187	0.185	0.183
210	0.182	0.180	0.178	0.177	0.175	0.174	0.172	0.171	0.169	0.168
220	0.166	0.165	0.163	0.162	0.161	0.159	0.158	0.157	0.155	0.154
230	0.153	0.151	0.150	0.149	0.148	0.147	0.145	0.144	0.143	0.142
240	0.141	0.140	0.139	0.137	0.136	0.135	0.134	0.133	0.132	0.131

b 类截面轴心受压构件的稳定系数 φ　　附表 4-1-2

λ/ε_k	0	1	2	3	4	5	6	7	8	9
0	1.000	1.000	1.000	0.999	0.999	0.998	0.997	0.996	0.995	0.994
10	0.992	0.991	0.989	0.987	0.985	0.983	0.981	0.978	0.976	0.973
20	0.970	0.967	0.963	0.960	0.957	0.953	0.950	0.946	0.943	0.939
30	0.936	0.932	0.929	0.925	0.921	0.918	0.914	0.910	0.906	0.903
40	0.899	0.895	0.891	0.886	0.882	0.878	0.874	0.870	0.865	0.861
50	0.856	0.852	0.847	0.842	0.837	0.833	0.828	0.823	0.818	0.812
60	0.807	0.802	0.796	0.791	0.785	0.780	0.774	0.768	0.762	0.757
70	0.751	0.745	0.738	0.732	0.726	0.720	0.713	0.707	0.701	0.694
80	0.687	0.681	0.674	0.668	0.661	0.654	0.648	0.641	0.634	0.628
90	0.621	0.614	0.607	0.601	0.594	0.587	0.581	0.574	0.568	0.561
100	0.555	0.548	0.542	0.535	0.529	0.523	0.517	0.511	0.504	0.498
110	0.492	0.487	0.481	0.475	0.469	0.464	0.458	0.453	0.447	0.442
120	0.436	0.431	0.426	0.421	0.416	0.411	0.406	0.401	0.396	0.392
130	0.387	0.383	0.378	0.374	0.369	0.365	0.361	0.357	0.352	0.348
140	0.344	0.340	0.337	0.333	0.329	0.325	0.322	0.318	0.314	0.311
150	0.308	0.304	0.301	0.297	0.294	0.291	0.288	0.285	0.282	0.279
160	0.276	0.273	0.270	0.267	0.264	0.262	0.259	0.256	0.253	0.251
170	0.248	0.246	0.243	0.241	0.238	0.236	0.234	0.231	0.229	0.227
180	0.225	0.222	0.220	0.218	0.216	0.214	0.212	0.210	0.208	0.206
190	0.204	0.202	0.200	0.198	0.196	0.195	0.193	0.191	0.189	0.188
200	0.186	0.184	0.183	0.181	0.179	0.178	0.176	0.175	0.173	0.172
210	0.170	0.169	0.167	0.166	0.164	0.163	0.162	0.160	0.159	0.158
220	0.156	0.155	0.154	0.152	0.151	0.150	0.149	0.147	0.146	0.145
230	0.144	0.143	0.142	0.141	0.139	0.138	0.137	0.136	0.135	0.134
240	0.133	0.132	0.131	0.130	0.129	0.128	0.127	0.126	0.125	0.124
250	0.123									

c 类截面轴心受压构件的稳定系数 φ　　附表 4-1-3

λ/ε_k	0	1	2	3	4	5	6	7	8	9
0	1.000	1.000	1.000	0.999	0.999	0.998	0.997	0.996	0.995	0.993
10	0.992	0.990	0.988	0.986	0.983	0.981	0.978	0.976	0.973	0.970
20	0.966	0.959	0.953	0.947	0.940	0.934	0.928	0.921	0.915	0.909
30	0.902	0.896	0.890	0.883	0.877	0.871	0.865	0.858	0.852	0.845
40	0.839	0.833	0.826	0.820	0.813	0.807	0.800	0.794	0.787	0.781
50	0.774	0.768	0.761	0.755	0.748	0.742	0.735	0.728	0.722	0.715
60	0.709	0.702	0.695	0.689	0.682	0.675	0.669	0.662	0.656	0.649
70	0.642	0.636	0.629	0.623	0.616	0.610	0.603	0.597	0.591	0.584
80	0.578	0.572	0.565	0.559	0.553	0.547	0.541	0.535	0.529	0.523
90	0.517	0.511	0.505	0.499	0.494	0.488	0.483	0.477	0.471	0.467
100	0.462	0.458	0.453	0.449	0.445	0.440	0.436	0.432	0.427	0.423
110	0.419	0.415	0.411	0.407	0.402	0.398	0.394	0.390	0.386	0.383
120	0.379	0.375	0.371	0.367	0.363	0.360	0.356	0.352	0.349	0.345
130	0.342	0.338	0.335	0.332	0.328	0.325	0.322	0.318	0.315	0.312
140	0.309	0.306	0.303	0.300	0.297	0.294	0.291	0.288	0.285	0.282
150	0.279	0.277	0.274	0.271	0.269	0.266	0.263	0.261	0.258	0.256
160	0.253	0.251	0.248	0.246	0.244	0.241	0.239	0.237	0.235	0.232
170	0.230	0.228	0.226	0.224	0.222	0.220	0.218	0.216	0.214	0.212
180	0.210	0.208	0.206	0.204	0.203	0.201	0.199	0.197	0.195	0.194
190	0.192	0.190	0.189	0.187	0.185	0.184	0.182	0.181	0.179	0.178
200	0.176	0.175	0.173	0.172	0.170	0.169	0.167	0.166	0.163	0.163
210	0.162	0.161	0.159	0.158	0.157	0.155	0.154	0.153	0.152	0.151
220	0.149	0.148	0.147	0.146	0.145	0.144	0.142	0.141	0.140	0.139
230	0.138	0.137	0.136	0.135	0.134	0.133	0.132	0.131	0.130	0.129
240	0.128	0.127	0.126	0.125	0.124	0.123	0.123	0.122	0.121	0.120
250	0.119									

d 类截面轴心受压构件的稳定系数 φ 附表 4-1-4

λ/ε_k	0	1	2	3	4	5	6	7	8	9
0	1.000	1.000	0.999	0.999	0.998	0.996	0.994	0.992	0.990	0.987
10	0.984	0.981	0.978	0.974	0.969	0.965	0.960	0.955	0.949	0.944
20	0.937	0.927	0.918	0.909	0.900	0.891	0.883	0.874	0.865	0.857
30	0.848	0.840	0.831	0.823	0.815	0.807	0.798	0.790	0.782	0.774
40	0.766	0.758	0.751	0.743	0.735	0.727	0.720	0.712	0.705	0.697
50	0.690	0.682	0.675	0.668	0.660	0.653	0.646	0.639	0.632	0.625
60	0.618	0.611	0.605	0.598	0.591	0.585	0.578	0.571	0.565	0.559
70	0.552	0.546	0.540	0.534	0.528	0.521	0.516	0.510	0.504	0.498
80	0.492	0.487	0.481	0.476	0.470	0.465	0.459	0.454	0.449	0.444
90	0.439	0.434	0.429	0.424	0.419	0.414	0.409	0.405	0.401	0.397
100	0.393	0.390	0.386	0.383	0.380	0.376	0.373	0.369	0.366	0.363
110	0.359	0.356	0.353	0.350	0.346	0.343	0.340	0.337	0.334	0.331
120	0.328	0.325	0.322	0.319	0.316	0.313	0.310	0.307	0.304	0.301
130	0.298	0.296	0.293	0.290	0.288	0.285	0.282	0.280	0.277	0.275
140	0.272	0.270	0.267	0.265	0.262	0.260	0.257	0.255	0.253	0.250
150	0.248	0.246	0.244	0.242	0.239	0.237	0.235	0.233	0.231	0.229
160	0.227	0.225	0.223	0.221	0.219	0.217	0.215	0.213	0.211	0.210
170	0.208	0.206	0.204	0.202	0.201	0.199	0.197	0.196	0.194	0.192
180	0.191	0.189	0.187	0.186	0.184	0.183	0.181	0.180	0.178	0.177
190	0.175	0.174	0.173	0.171	0.170	0.168	0.167	0.166	0.164	0.163
200	0.162									

附录 4-2

当构件的 λ/ε_k 超出附表 4-1-1～附表 4-1-4 时，轴心受压构件的稳定系数应按下列公式计算：

当 $\lambda_n \leqslant 0.215$ 时：

$$\varphi = 1-\alpha_1\lambda_n^2 \quad \text{(F4-2-1)}$$

$$\lambda_n = \frac{\lambda}{\pi}\sqrt{\frac{f_y}{E}} \quad \text{(F4-2-2)}$$

当 $\lambda_n > 0.215$ 时：

$$\varphi = \frac{1}{2\lambda_n^2}\left[(\alpha_2+\alpha_3\lambda_n+\lambda_n^2)-\sqrt{(\alpha_2+\alpha_3\lambda_n+\lambda_n^2)^2-4\lambda_n^2}\right] \quad \text{(F4-2-3)}$$

式中 α_1、α_2、α_3——系数，按附表 4-2 采用。

系数 α_1、α_2、α_3 附表 4-2

截面类别		α_1	α_2	α_3
a 类		0.41	0.986	0.152
b 类		0.65	0.965	0.300
c 类	$\lambda_n \leqslant 1.05$	0.73	0.906	0.595
	$\lambda_n > 1.05$		1.216	0.302
d 类	$\lambda_n \leqslant 1.05$	1.35	0.868	0.915
	$\lambda_n > 1.05$		1.375	0.432

附录 5　柱的计算长度系数

有侧移框架柱的计算长度系数 μ　　附表 5-1

K_2 \ K_1	0	0.05	0.1	0.2	0.3	0.4	0.5	1	2	3	4	5	≥ 10
0	∞	6.02	4.46	3.42	3.01	2.78	2.64	2.33	2.17	2.11	2.08	2.07	2.03
0.05	6.02	4.16	3.47	2.86	2.58	2.42	2.31	2.07	1.94	1.90	1.87	1.86	1.83
0.1	4.46	3.47	3.01	2.56	2.33	2.20	2.11	1.90	1.79	1.75	1.73	1.72	1.70
0.2	3.42	2.86	2.56	2.23	2.05	1.94	1.87	1.70	1.60	1.57	1.55	1.54	1.52
0.3	3.01	2.58	2.33	2.05	1.90	1.80	1.74	1.58	1.49	1.46	1.45	1.44	1.42
0.4	2.78	2.42	2.20	1.94	1.80	1.71	1.65	1.50	1.42	1.39	1.37	1.37	1.35
0.5	2.64	2.31	2.11	1.87	1.74	1.65	1.59	1.45	1.37	1.34	1.32	1.32	1.30
1	2.33	2.07	1.90	1.70	1.58	1.50	1.45	1.32	1.24	1.21	1.20	1.19	1.17
2	2.17	1.94	1.79	1.60	1.49	1.42	1.37	1.24	1.16	2.14	1.12	1.12	1.10
3	2.11	1.90	1.75	1.57	1.46	1.39	1.34	1.21	1.14	1.11	1.10	1.09	1.07
4	2.08	1.87	1.73	1.55	1.45	1.37	1.32	1.20	1.12	1.10	1.08	1.08	1.06
5	2.07	1.86	1.72	1.54	1.44	1.37	1.32	1.19	1.12	1.09	1.08	1.07	1.05
≥ 10	2.03	1.83	1.70	1.52	1.42	1.35	1.30	1.17	1.10	1.07	1.06	1.05	1.03

注：1. 表中的计算长度系数 μ 值按下式计算：

$$\left[36K_1K_2-\left(\frac{\pi}{\mu}\right)^2\right]\sin\frac{\pi}{\mu}+6\left(K_1+K_2\right)\frac{\pi}{\mu}\cdot\cos\frac{\pi}{\mu}=0$$

式中　K_1、K_2——分别为相交于柱上端、柱下端的横梁线刚度之和与柱线刚度之和的比值。当横梁远端为铰接时，应将横梁线刚度乘以 0.5；当横梁远端为嵌固时，则应乘以 2/3。

2. 当横梁与柱铰接时，取横梁线刚度为零。

3. 对底层框架柱，当柱与基础铰接时，取 $K_2=0$，对平板支座可取 $K_2=0.1$；当柱与基础刚接时，取 $K_2=10$。

4. 当与柱刚性连接的横梁所受轴心压力 N_b 较大时，横梁线刚度应乘以折减系数 α_N：

横梁远端与柱刚接时，$\alpha_N=1-N_b/(4N_{Eb})$

横梁远端铰支时，$\alpha_N=1-N_b/N_{Eb}$

横梁远端嵌固时，$\alpha_N=1-N_b/(2N_{Eb})$

式中，$N_{Eb}=\pi^2EI_b/l^2$，I_b 为横梁截面惯性矩，l 为横梁长度。

无侧移框架柱的计算长度系数 μ 附表 5-2

K_2 \ K_1	0	0.05	0.1	0.2	0.3	0.4	0.5	1	2	3	4	5	≥10
0	1.000	0.990	0.981	0.964	0.949	0.935	0.922	0.875	0.820	0.791	0.773	0.760	0.732
0.05	0.990	0.981	0.971	0.955	0.940	0.926	0.914	0.867	0.814	0.784	0.766	0.754	0.726
0.1	0.981	0.971	0.962	0.946	0.931	0.918	0.906	0.860	0.807	0.778	0.760	0.748	0.721
0.2	0.964	0.955	0.946	0.930	0.916	0.903	0.891	0.846	0.795	0.767	0.749	0.737	0.711
0.3	0.949	0.940	0.931	0.916	0.902	0.889	0.878	0.834	0.784	0.756	0.739	0.728	0.701
0.4	0.935	0.926	0.918	0.903	0.889	0.877	0.866	0.823	0.774	0.747	0.730	0.719	0.693
0.5	0.922	0.914	0.906	0.891	0.878	0.866	0.855	0.813	0.765	0.738	0.721	0.710	0.685
1	0.875	0.867	0.860	0.846	0.834	0.823	0.813	0.774	0.729	0.704	0.688	0.677	0.654
2	0.820	0.814	0.807	0.795	0.784	0.774	0.765	0.729	0.686	0.663	0.648	0.638	0.615
3	0.791	0.784	0.778	0.767	0.756	0.747	0.738	0.704	0.663	0.640	0.625	0.616	0.593
4	0.773	0.766	0.760	0.749	0.739	0.730	0.721	0.688	0.648	0.625	0.611	0.601	0.580
5	0.760	0.754	0.748	0.737	0.728	0.719	0.710	0.677	0.638	0.616	0.601	0.592	0.570
≥10	0.732	0.726	0.721	0.711	0.701	0.693	0.685	0.654	0.615	0.593	0.580	0.570	0.549

注：1. 表中的计算长度系数 μ 值按下式计算：

$$\left[\left(\frac{\pi}{\mu}\right)^2+2(K_1+K_2)-4K_1K_2\right]\frac{\pi}{\mu}\cdot\sin\frac{\pi}{\mu}-2\left[(K_1+K_2)\left(\frac{\pi}{\mu}\right)^2+4K_1K_2\right]\cos\frac{\pi}{\mu}+8K_1K_2=0$$

式中 K_1、K_2——分别为相交于柱上端、柱下端的横梁线刚度之和与柱线刚度之和的比值。当横梁远端为铰接时，应将横梁线刚度乘以 1.5；当横梁远端为嵌固时，则将横梁线刚度乘以 2。

2. 当横梁与柱铰接时，取横梁线刚度为零。
3. 对底层框架柱，当柱与基础铰接时，取 $K_2=0$，对平板支座可取 $K_2=0.1$；当柱与基础刚接时，取 $K_2=10$。
4. 当与柱刚接的横梁所受轴心压力 N_b 较大时，横梁线刚度应乘以折减系数 α_N：
   横梁远端与柱刚接和横梁远端铰支时，$\alpha_N=1-N_b/N_{Eb}$；
   横梁远端嵌固时，$\alpha_N=1-N_b/(2N_{Eb})$；
   式中 N_{Eb} 的计算式见附表 5-1 注 4。

柱上端为自由的单阶柱下段的计算长度系数 μ_2 附表 5-3

简图	η_1 \ K_1	0.06	0.08	0.10	0.12	0.14	0.16	0.18	0.20	0.22	0.24	0.26	0.28	0.3	0.4	0.5	0.6	0.7	0.8
	0.2	2.00	2.01	2.01	2.01	2.01	2.01	2.01	2.02	2.02	2.02	2.02	2.02	2.02	2.03	2.04	2.05	2.06	2.07
I_1 H_1	0.3	2.01	2.02	2.02	2.02	2.03	2.03	2.03	2.04	2.04	2.05	2.05	2.05	2.06	2.08	2.10	2.12	2.13	2.15
	0.4	2.02	2.03	2.04	2.04	2.05	2.06	2.07	2.07	2.08	2.09	2.09	2.10	2.11	2.14	2.18	2.21	2.25	2.28
	0.5	2.04	2.05	2.06	2.07	2.09	2.10	2.11	2.12	2.13	2.15	2.16	2.17	2.18	2.24	2.29	2.35	2.40	2.45
	0.6	2.06	2.08	2.10	2.12	2.14	2.16	2.18	2.19	2.21	2.23	2.25	2.26	2.28	2.36	2.44	2.52	2.59	2.66
	0.7	2.10	2.13	2.16	2.18	2.21	2.24	2.26	2.29	2.31	2.34	2.36	2.38	2.41	2.52	2.62	2.72	2.81	2.90
I_2 H_2	0.8	2.15	2.20	2.24	2.27	2.31	2.34	2.38	2.41	2.44	2.47	2.50	2.53	2.56	2.70	2.82	2.94	3.06	3.16
	0.9	2.24	2.29	2.35	2.39	2.44	2.48	2.52	2.56	2.60	2.63	2.67	2.71	2.74	2.90	3.05	3.19	3.32	3.44
	1.0	2.36	2.43	2.48	2.54	2.59	2.64	2.69	2.73	2.77	2.82	2.86	2.90	2.94	3.12	3.29	3.45	3.59	3.74
	1.2	2.69	2.76	2.83	2.89	2.95	3.01	3.07	3.12	3.17	3.22	3.27	3.32	3.37	3.59	3.80	3.99	4.17	4.34
$K_1=\frac{I_1}{I_2}\cdot\frac{H_2}{H_1}$	1.4	3.07	3.14	3.22	3.29	3.36	3.42	3.48	3.55	3.61	3.66	3.72	3.78	3.83	4.09	4.33	4.56	4.77	4.97
	1.6	3.47	3.55	3.63	3.71	3.78	3.85	3.92	3.99	4.07	4.12	4.18	4.25	4.31	4.61	4.88	5.14	5.38	5.62
$\eta_1=\frac{H_1}{H_2}\sqrt{\frac{N_1}{N_2}\cdot\frac{I_2}{I_1}}$	1.8	3.88	3.97	4.05	4.13	4.21	4.29	4.37	4.44	4.52	4.59	4.66	4.73	4.80	5.13	5.44	5.73	6.00	6.26
	2.0	4.29	4.39	4.48	4.57	4.65	4.74	4.82	4.90	4.99	5.07	5.14	5.22	5.30	5.66	6.00	6.32	6.63	6.92
N_1——上段柱的	2.2	4.71	4.81	4.91	5.00	5.10	5.19	5.28	5.37	5.46	5.54	5.63	5.71	5.80	6.19	6.57	6.92	7.26	7.58
轴心力；	2.4	5.13	5.24	5.34	5.44	5.54	5.64	5.74	5.84	5.93	6.03	6.12	6.21	6.30	6.73	7.14	7.52	7.89	8.24
N_2——下段柱的	2.6	5.55	5.66	5.77	5.88	5.99	6.10	6.20	6.31	6.41	6.51	6.61	6.71	6.80	7.27	7.71	8.13	8.52	8.90
轴心力	2.8	5.97	6.09	6.21	6.33	6.44	6.55	6.67	6.78	6.89	6.99	7.10	7.21	7.31	7.81	8.28	8.73	9.16	9.57
	3.0	6.39	6.52	6.64	6.77	6.89	7.01	7.13	7.25	7.37	7.48	7.59	7.71	7.82	8.35	8.86	9.34	9.80	10.24

注：表中的计算长度系数 μ_2 按下式计算：

$$\tan\frac{\pi\eta_1}{\mu_2}\cdot\tan\frac{\pi}{\mu_2}\cdot\eta_1K_1-1=0$$

柱上端可移动但不转动的单阶柱下段的计算长度系数 μ_2　　附表 5-4

简图	K_1 / η_1	0.06	0.08	0.10	0.12	0.14	0.16	0.18	0.20	0.22	0.24	0.26	0.28	0.3	0.4	0.5	0.6	0.7	0.8
	0.2	1.96	1.94	1.93	1.91	1.90	1.89	1.88	1.86	1.85	1.84	1.83	1.82	1.81	1.76	1.72	1.68	1.65	1.62
	0.3	1.96	1.94	1.93	1.92	1.91	1.89	1.88	1.87	1.86	1.85	1.84	1.83	1.82	1.77	1.73	1.70	1.66	1.63
I_1　H_1	0.4	1.96	1.95	1.94	1.92	1.91	1.90	1.89	1.88	1.87	1.86	1.85	1.84	1.83	1.79	1.75	1.72	1.68	1.66
	0.5	1.96	1.95	1.94	1.93	1.92	1.91	1.90	1.89	1.88	1.87	1.86	1.85	1.85	1.81	1.77	1.74	1.71	1.69
	0.6	1.97	1.96	1.95	1.94	1.93	1.92	1.91	1.90	1.90	1.89	1.88	1.87	1.87	1.83	1.80	1.78	1.75	1.73
	0.7	1.97	1.97	1.96	1.95	1.94	1.94	1.93	1.92	1.92	1.91	1.90	1.90	1.89	1.86	1.84	1.82	1.80	1.78
I_2　H_2	0.8	1.98	1.98	1.97	1.96	1.96	1.95	1.95	1.94	1.94	1.93	1.93	1.93	1.92	1.90	1.88	1.87	1.86	1.84
	0.9	1.99	1.99	1.98	1.98	1.98	1.97	1.97	1.97	1.97	1.96	1.96	1.96	1.96	1.95	1.94	1.93	1.92	1.92
	1.0	2.00	2.00	2.00	2.00	2.00	2.00	2.00	2.00	2.00	2.00	2.00	2.00	2.00	2.00	2.00	2.00	2.00	2.00
	1.2	2.03	2.04	2.04	2.05	2.06	2.07	2.07	2.08	2.08	2.09	2.10	2.10	2.11	2.13	2.15	2.17	2.18	2.20
$K_1=\frac{I_1}{I_2}\cdot\frac{H_2}{H_1}$	1.4	2.07	2.09	2.11	2.12	2.14	2.16	2.17	2.18	2.20	2.21	2.22	2.23	2.24	2.29	2.33	2.37	2.40	2.42
	1.6	2.13	2.16	2.19	2.22	2.25	2.27	2.30	2.32	2.34	2.36	2.37	2.39	2.41	2.48	2.54	2.59	2.63	2.67
$\eta_1=\frac{H_1}{H_2}\sqrt{\frac{N_1}{N_2}\cdot\frac{I_2}{I_1}}$	1.8	2.22	2.27	2.31	2.35	2.39	2.42	2.45	2.48	2.50	2.53	2.55	2.57	2.59	2.69	2.76	2.83	2.88	2.93
	2.0	2.35	2.41	2.46	2.50	2.55	2.59	2.62	2.66	2.69	2.72	2.75	2.77	2.80	2.91	3.00	3.08	3.14	3.20
N_1——上段柱的轴心力；	2.2	2.51	2.57	2.63	2.68	2.73	2.77	2.81	2.85	2.89	2.92	2.95	2.98	3.01	3.14	3.25	3.33	3.41	3.47
	2.4	2.68	2.75	2.81	2.87	2.92	2.97	3.01	3.05	3.09	3.13	3.17	3.20	3.24	3.38	3.50	3.59	3.68	3.75
N_2——下段柱的轴心力	2.6	2.87	2.94	3.00	3.06	3.12	3.17	3.22	3.27	3.31	3.35	3.39	3.43	3.46	3.62	3.75	3.86	3.95	4.03
	2.8	3.06	3.14	3.20	3.27	3.33	3.38	3.43	3.48	3.53	3.58	3.62	3.66	3.70	3.87	4.01	4.13	4.23	4.32
	3.0	3.26	3.34	3.41	3.47	3.54	3.60	3.65	3.70	3.75	3.80	3.85	3.89	3.93	4.12	4.27	4.40	4.51	4.61

注：表中的计算长度系数 μ_2 按下式计算：

$$\tan\frac{\pi\eta_1}{\mu_2}+\eta_1 K_1\cdot\tan\frac{\pi}{\mu_2}=0$$

附录 6　疲劳计算的构件和连接分类

附录 6-1　非焊接的构件和连接分类

非焊接的构件和连接分类　　附表 6-1

项次	构造细节	说明	类别
1		无连接处的母材轧制型钢	Z1
2		无连接处的母材轧制钢板： （1）两边为轧制边或刨边； （2）两侧为自动、半自动切割边（切割质量标准应符合现行国家标准《钢结构工程施工质量验收标准》GB 50205）	Z1 Z2
3		连系螺栓和虚孔处的母材：应力以净截面面积计算	Z4

续表

项次	构造细节	说明	类别
4		螺栓连接处的母材： 高强度螺栓摩擦型连接应力以毛截面面积计算；其他螺栓连接应力以净截面面积计算 铆钉连接处的母材： 连接应力以净截面面积计算	Z2 Z4
5		受拉螺栓的螺纹处母材： 连接板件应有足够的刚度，保证不产生撬力。否则受拉正应力应考虑撬力及其他因素产生的全部附加应力； 对于直径大于30mm的螺栓，需要考虑尺寸效应对容许应力幅进行修正，修正系数 γ_t： $\gamma_t=\left(\frac{30}{d}\right)^{0.25}$ d——螺栓直径，mm	Z11

注：箭头表示计算应力幅的位置和方向。

附录 6-2　纵向传力焊缝的构件和连接分类

纵向传力焊缝的构件和连接分类　　附表 6-2

项次	构造细节	说明	类别
6		无垫板的纵向对接焊缝附近的母材焊缝符合二级焊缝标准	Z2
7		有连续垫板的纵向自动对接焊缝附近的母材： （1）无起弧、灭弧 （2）有起弧、灭弧	 Z4 Z5
8		翼缘连接焊缝附近的母材翼缘板与腹板的连接焊缝： 自动焊，二级T形对接与角接组合焊缝 自动焊，角焊缝，外观质量标准符合二级 手工焊，角焊缝，外观质量标准符合二级 双层翼缘板之间的连接焊缝： 自动焊，角焊缝，外观质量标准符合二级 手工焊，角焊缝，外观质量标准符合二级	 Z2 Z4 Z5 Z4 Z5

续表

项次	构造细节	说明	类别
9	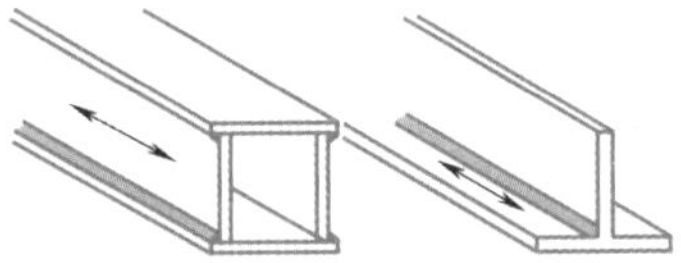	仅单侧施焊的手工或自动对接焊缝附近的母材，焊缝符合二级焊缝标准，翼缘与腹板很好贴合	Z5
10	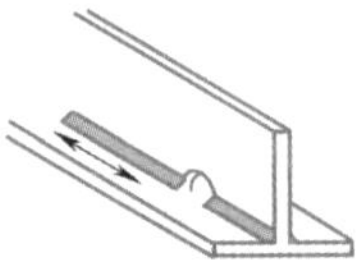	开工艺孔处焊缝符合二级焊缝标准的对接焊缝、焊缝外观质量符合二级焊缝标准的角焊缝等附近的母材	Z8
11	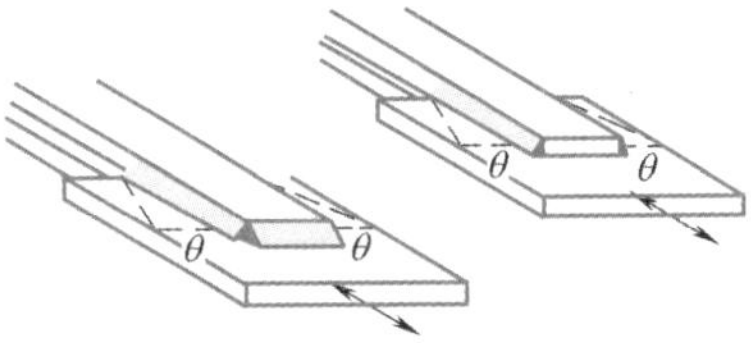	节点板搭接的两侧面角焊缝端部的母材 节点板搭接的三面围焊时两侧角焊缝端部的母材	Z10 Z8
		三面围焊或两侧面角焊缝的节点板母材（节点板计算宽度按应力扩散角 θ 等于 30° 考虑）	Z8

注：箭头表示计算应力幅的位置和方向。

附录 6-3　横向传力焊缝的构件和连接分类

横向传力焊缝的构件和连接分类应符合附表 6-3 的规定。

横向传力焊缝的构件和连接分类　　附表 6-3

项次	构造细节	说明	类别
12	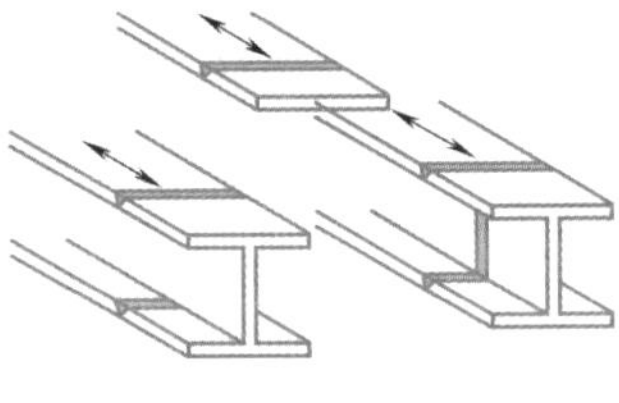	横向对接焊缝附近的母材，轧制梁对接焊缝附近的母材 符合现行国家标准《钢结构工程施工质量验收标准》GB 50205 的一级焊缝，且经加工、磨平 符合现行国家标准《钢结构工程施工质量验收标准》GB 50205 的一级焊缝	Z2 Z4
13	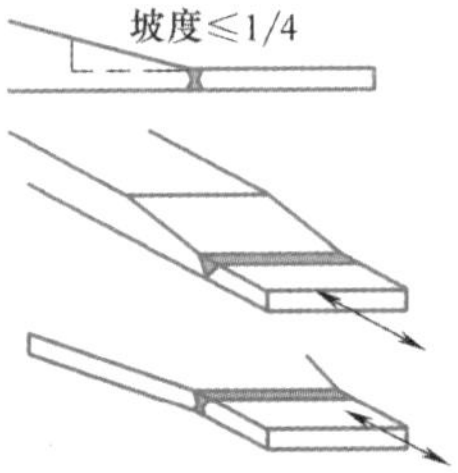 坡度≤1/4	不同厚度（或宽度）横向对接焊缝附近的母材 符合现行国家标准《钢结构工程施工质量验收标准》GB 50205 的一级焊缝，且经加工、磨平 符合现行国家标准《钢结构工程施工质量验收标准》GB 50205 的一级焊缝	Z2 Z4
14	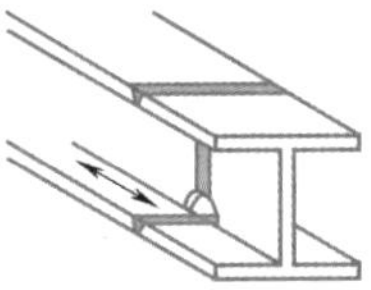	有工艺孔的轧制梁对接焊缝附近的母材，焊缝加工成平滑过渡并符合一级焊缝标准	Z6

续表

项次	构造细节	说明	类别
15	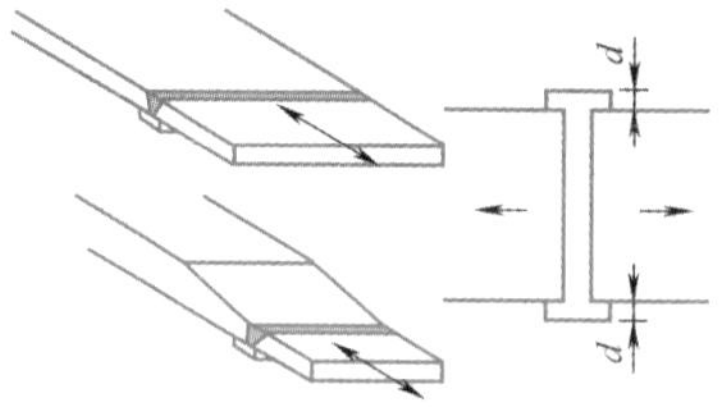	带垫板的横向对接焊缝附近的母材垫板端部超出母板距离 d： $d \geqslant 10$mm $d < 10$mm	 Z8 Z11
16	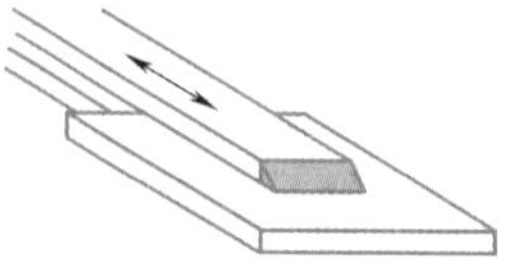	节点板搭接的端面角焊缝的母材	Z7
17	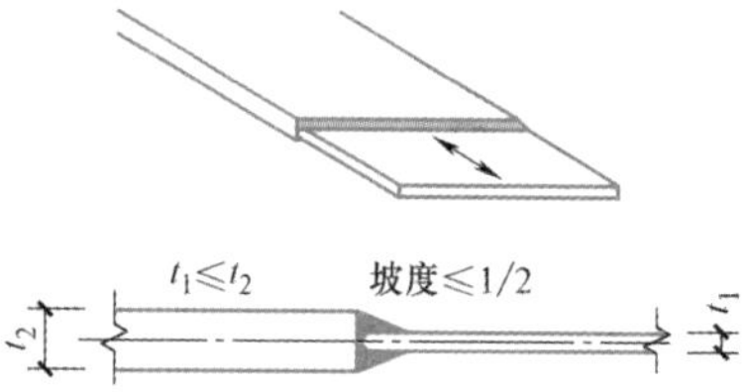 $t_1 \leqslant t_2$　坡度$\leqslant 1/2$	不同厚度直接横向对接焊缝附近的母材，焊缝等级为一级，无偏心	Z8
18	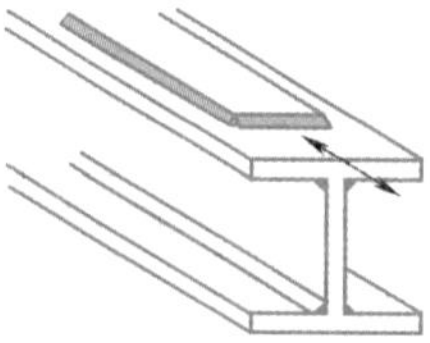	翼缘盖板中断处的母材（板端有横向端焊缝）	Z8
19	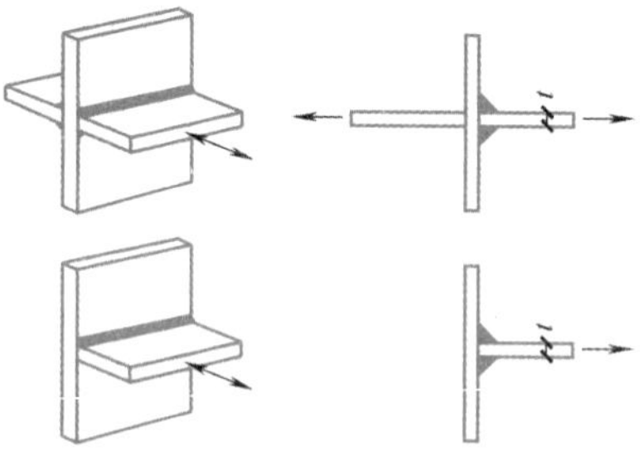	十字形连接、T形连接 （1）K形坡口、T形对接与角接组合焊缝处的母材，十字形连接两侧轴线偏离距离小于$0.15t$，焊缝为二级，焊趾角 $\alpha \leqslant 45°$ （2）角焊缝处的母材，十字形连接两侧轴线偏离距离小于$0.15t$	Z6 Z8
20	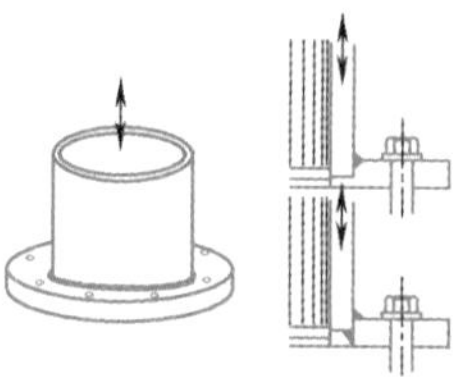	法兰焊缝连接附近的木材 （1）采用对接焊缝，焊缝为一级 （2）采用角焊缝	Z8 Z13

注：箭头表示计算应力幅的位置和方向。

附录 6-4　非传力焊缝的构件和连接分类

非传力焊缝的构件和连接分类　　附表 6-4

项次	构造细节	说明	类别
21	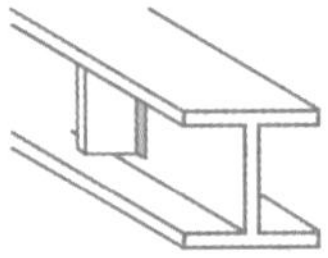	横向对接焊缝附近的母材： 肋端焊缝不断弧（采用回焊） 肋端焊缝断弧	 Z2 Z4
22	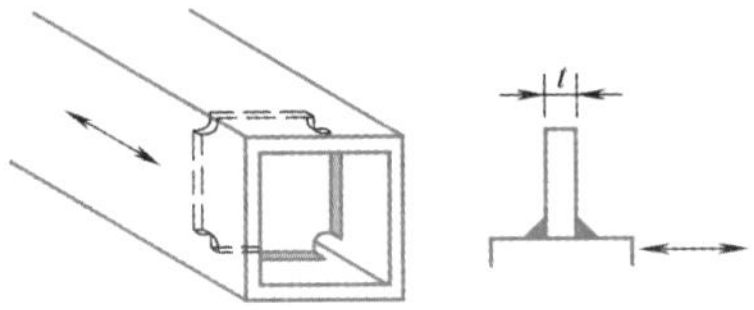	横向对接焊缝附近的母材： （1）$t \leqslant 50\text{mm}$ （2）$50\text{mm} \leqslant t \leqslant 80\text{mm}$ t 为焊接附件的板厚	 Z7 Z8
23	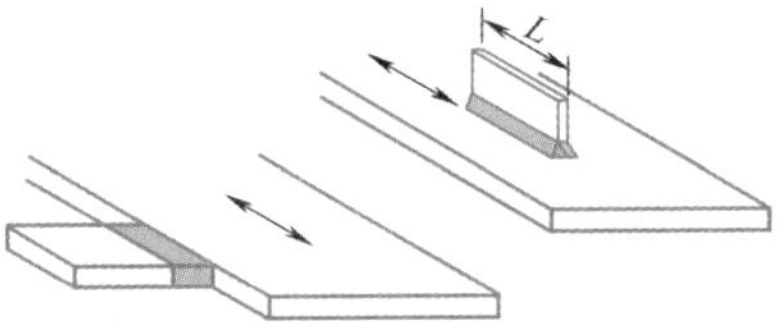	矩形节点板焊接于构件翼缘或腹板处的母材（节点板焊缝方向的长度 $L > 150\text{mm}$）	Z8
24	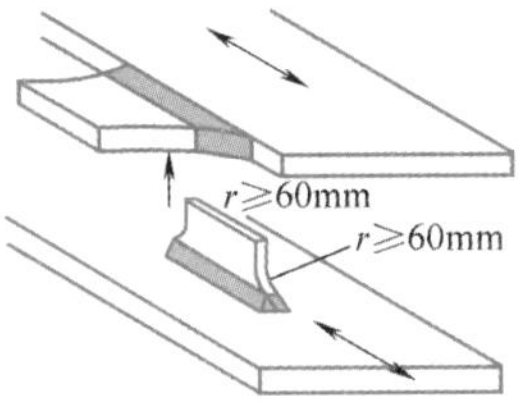	带圆弧的梯形节点板用对接焊缝焊于梁翼缘、腹板以及桁架构件处的母材，圆弧过渡处在焊后铲平、磨光、圆滑过渡，不得有焊接起弧、灭弧缺陷	Z6
25	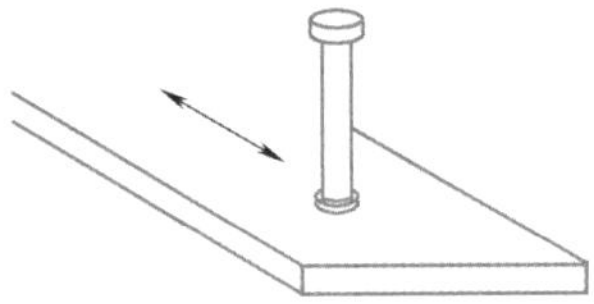	焊接剪力栓钉附近的钢板母材	Z7

注：箭头表示计算应力幅的位置和方向。

附录 6-5　钢管截面的构件和连接分类

钢管截面的构件和连接分类　　附表 6-5

项次	构造细节	说明	类别
26	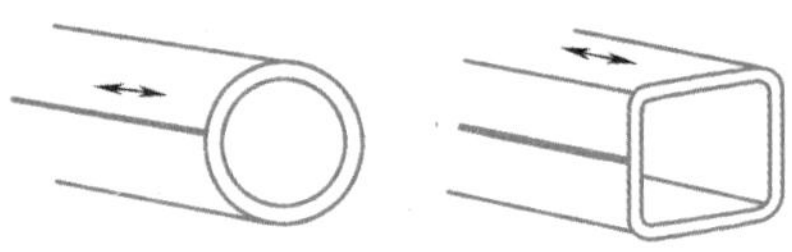	钢管纵向自动焊缝的母材： （1）无焊接起弧、灭弧点 （2）有焊接起弧、灭弧点	 Z3 Z6

续表

项次	构造细节	说明	类别
27	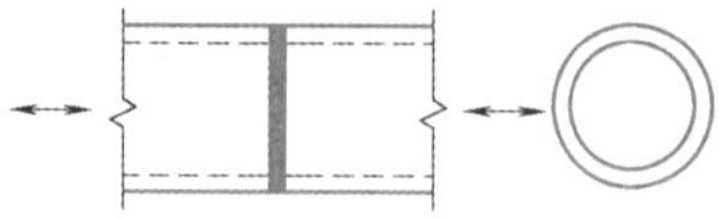	圆管端部对接焊缝附近的母材，焊缝平滑过渡并符合现行国家标准《钢结构工程施工质量验收标准》GB 50205 的一级焊缝标准，余高不大于焊缝宽度的 10%： （1）圆管壁厚 8mm < t ≤ 12.5mm （2）圆管壁厚 t ≤ 8mm	Z6 Z8
28	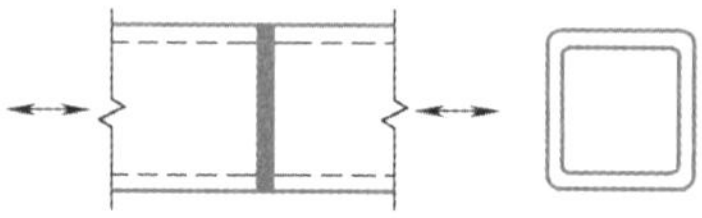	矩形管端部对接焊缝附近的母材，焊缝平滑过渡并符合一级焊缝标准，余高不大于焊缝宽度的 10%： （1）方管壁厚 8mm < t ≤ 12.5mm （2）方管壁厚 t ≤ 8mm	Z8 Z10
29	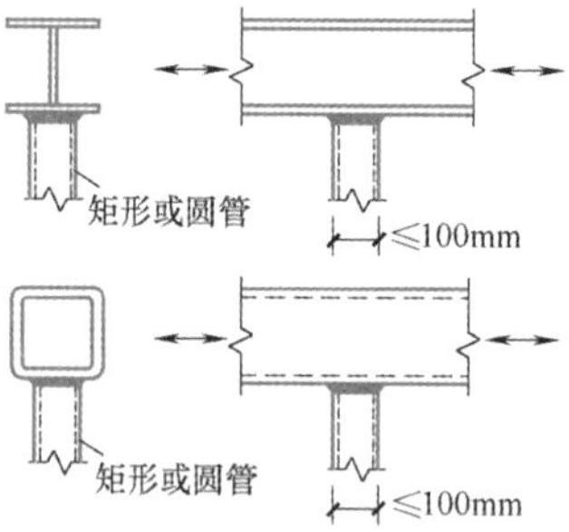 矩形或圆管 ≤100mm 矩形或圆管 ≤100mm	焊有矩形管或圆管的构件，连接角焊缝附近的母材，角焊缝为非承载焊缝，其外观质量标准符合二级，矩形管宽度或圆管直径不大于 100mm	Z8
30	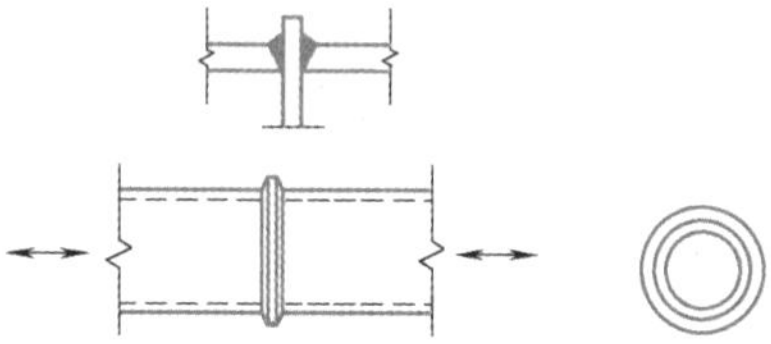	通过端板采用对接焊缝拼接的圆管母材，焊缝符合一级质量标准： （1）圆管壁厚 8mm < t ≤ 12.5mm （2）圆管壁厚 t ≤ 8mm	Z10 Z11
31	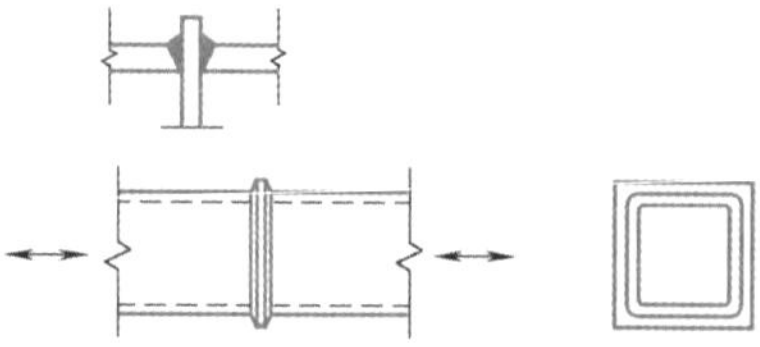	通过端板采用对接焊缝拼接的矩形管母材，焊缝符合一级质量标准： （1）方管壁厚 8mm < t ≤ 12.5mm （2）方管壁厚 t ≤ 8mm	Z11 Z12
32	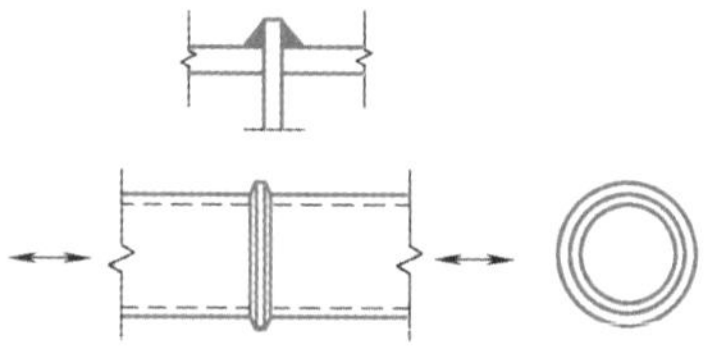	通过端板采用角焊缝拼接的圆管母材，焊缝外观质量标准符合二级，管壁厚度 t ≤ 8mm	Z13

续表

项次	构造细节	说明	类别
33	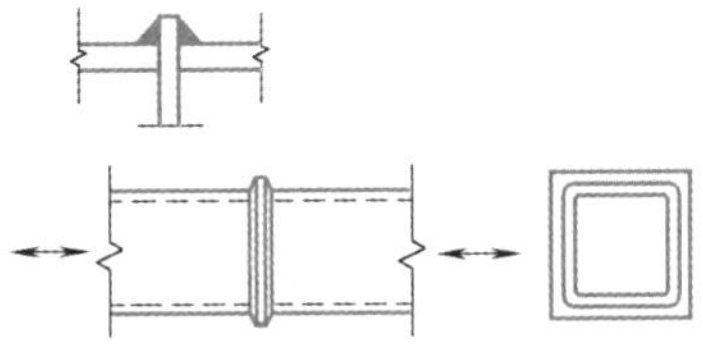	通过端板采用角焊缝拼接的矩形管母材，焊缝外观质量标准符合二级，管壁厚度 $t \leq 8$mm	Z14
34	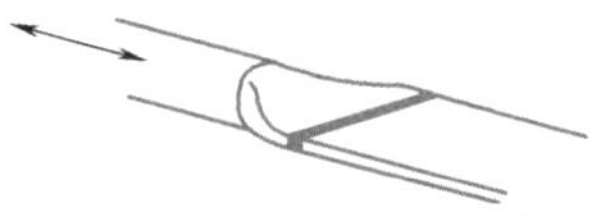	钢管端部压扁与钢板对接焊缝连接（仅适用于直径小于 200mm 的钢管），计算时采用钢管的应力幅	Z8
35	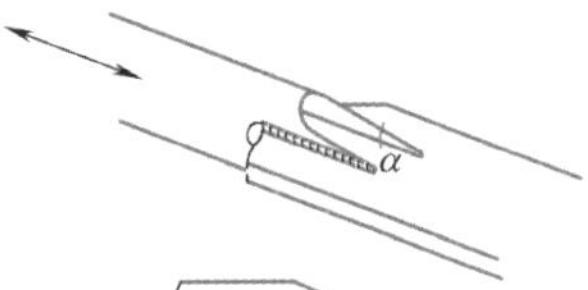 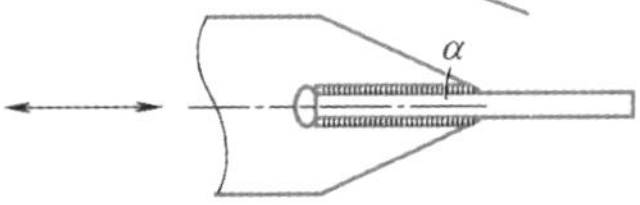	钢管端部开设槽口与钢板角焊缝连接，槽口端部为圆弧，计算时采用钢管的应力幅	
		（1）倾斜角 $\alpha \leq 45°$ （2）倾斜角 $\alpha > 45°$	Z8 Z9

注：箭头表示计算应力幅的位置和方向。

附录 6-6　剪应力作用下的构件和连接分类

剪应力作用下的构件和连接分类　　附表 6-6

项次	构造细节	说明	类别
36	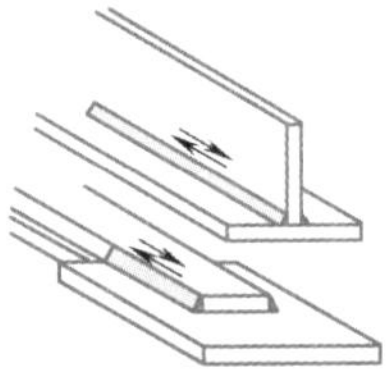	各类受剪角焊缝： 剪应力按有效截面计算	J1
37	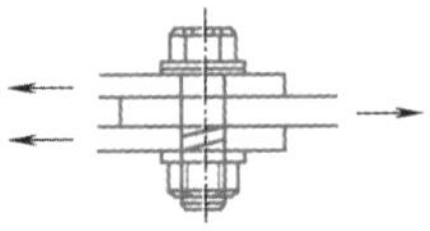	受剪力的普通螺栓： 采用螺杆截面的剪应力	J2
38	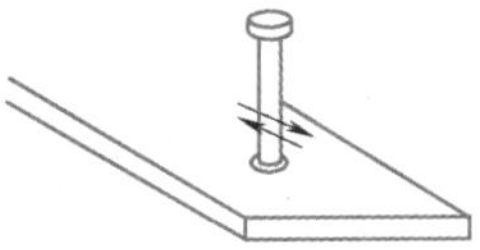	焊接剪力栓钉： 采用栓钉名义截面的剪应力	J3

注：箭头表示计算应力幅的位置和方向。

附录 7 型钢表

普通工字钢 附表 7-1

符号 h——高度；
b——翼缘宽度；
t_w——腹板厚；
t——翼缘平均厚度；
I——惯性矩；
W——截面模量

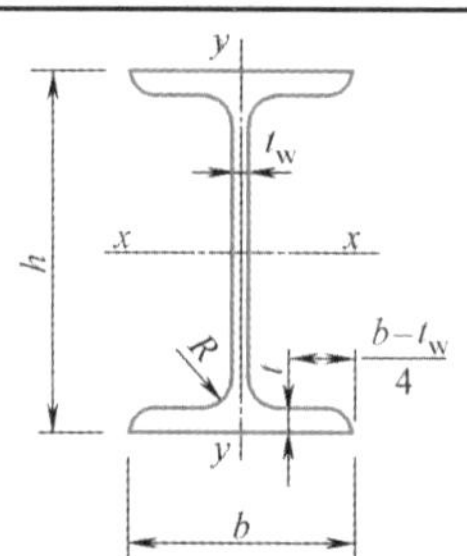

i——回转半径；
S——半截面的静力矩。
长度：型号 10～18，长 5～19m；
型号 20～63，长 6～19m

型号	尺寸					截面积	质量	x-x 轴				y-y 轴		
	h	b	t_w	t	R	(cm²)	(kg/m)	I_x	W_x	i_x	I_x/S_x	I_y	W_y	i_y
	(mm)							(cm⁴)	(cm³)	(cm)		(cm⁴)	(cm³)	(cm)
10	100	68	4.58	7.6	6.5	14.3	11.2	245	49	4.14	8.69	33	9.6	1.51
12.6	126	74	5.0	8.4	7.0	18.1	14.2	488	77	5.19	11.0	47	12.7	1.61
14	140	80	5.5	9.1	7.5	21.5	16.9	712	102	5.75	12.2	64	16.1	1.73
16	160	88	6.0	9.9	8.0	26.1	20.5	1127	141	6.57	13.9	93	21.1	1.89
18	180	94	6.5	10.7	8.5	30.7	24.1	1699	185	7.37	15.4	123	26.2	2.00
20a	200	100	7.0	11.4	9.0	35.5	27.9	2369	237	8.16	17.4	158	31.6	2.11
20b		102	9.0			39.5	31.1	2502	250	7.95	17.1	169	33.1	2.07
22a	220	110	7.5	12.3	9.5	42.1	33.0	3406	310	8.99	19.2	226	41.1	2.32
22b		112	9.5			46.5	36.5	3583	326	8.78	18.9	240	42.9	2.27
25a	250	116	8.0	13.0	10.0	48.5	38.1	5017	401	10.2	21.7	280	48.4	2.40
25b		118	10.0			53.5	42.0	5278	422	9.93	21.4	297	50.4	2.36
28a	280	122	8.5	13.7	10.5	55.4	43.5	7115	508	11.3	24.3	344	56.4	2.49
28b		124	10.5			61.0	47.9	7481	534	11.1	24.0	364	58.7	2.44
32a	320	130	9.5	15.0	11.5	67.1	52.7	11080	692	12.8	27.7	459	70.6	2.62
32b		132	11.5			73.5	57.7	11626	727	12.6	27.3	484	73.3	2.57
32c		134	13.5			79.9	62.7	12173	761	12.3	26.9	510	76.1	2.53
36a	360	136	10.0	15.8	12.0	76.4	60.0	15796	878	14.4	31.0	555	81.6	2.69
36b		138	12.0			83.6	65.6	16574	921	14.1	30.6	584	84.6	2.64
36c		140	14.0			90.8	71.3	17351	964	13.8	30.2	614	87.7	2.60
40a	400	142	10.5	16.5	12.5	86.1	67.6	21714	1086	15.9	34.4	660	92.9	2.77
40b		144	12.5			94.1	73.8	22781	1139	15.6	33.9	693	96.2	2.71
40c		146	14.5			102	80.1	23847	1192	15.3	33.5	727	99.7	2.67
45a	450	150	11.5	18.0	13.5	102	80.4	32241	1433	17.7	38.5	855	114	2.89
45b		152	13.5			111	87.4	33759	1500	17.4	38.1	895	118	2.84
45c		154	15.5			120	94.5	35278	1568	17.1	37.6	938	122	2.79
50a	500	158	12.0	20	14	119	93.6	46472	1859	19.7	42.9	1122	142	3.07
50b		160	14.0			129	101	48556	1942	19.4	42.3	1171	146	3.01
50c		162	16.0			139	109	50639	2026	19.1	41.9	1224	151	2.96
56a	560	166	12.5	21	14.5	135	106	65576	2342	22.0	47.9	1366	165	3.18
56b		168	14.5			147	115	68503	2447	21.6	47.3	1424	170	3.12
56c		170	16.5			158	124	71430	2551	21.3	46.8	1485	175	3.07
63a	630	176	13.0	22	15	155	122	94004	2984	24.7	53.8	1702	194	3.32
63b		178	15.0			167	131	98171	3117	24.2	53.2	1771	199	3.25
63c		180	17.0			180	141	102339	3249	23.9	52.6	1842	205	3.20

H 型钢和 T 型钢

附表 7-2

符　　号：h——H 型钢截面高度；b——翼缘宽度；t_1——腹板厚度；t_2——翼缘厚度；W——截面模量；i——回转半径；I——惯性矩。

对 T 型钢：截面高度 h_T，截面面积 A_T，质量 q_T，惯性矩 i_{yT} 等于相应 H 型钢的 1/2。

HW、HM、HN 分别代表宽翼缘、中翼缘、窄翼缘 H 型钢。

TW、TM、TN 分别代表各自 H 型钢剖分的 T 型钢。

H 型钢									H 和 T	T 型钢				
类别	H 型钢规格 ($h\times b\times t_1\times t_2$)	截面积 A	质量 q	x-x 轴			y-y 轴			重心 C_x	x_T-x_T 轴		T 型钢规格 ($h_T\times b\times t_1\times t_2$)	类别
				I_x	W_x	i_x	I_y	W_y	i_y，i_{yT}		I_{xT}	i_{xT}		
		cm^2	kg/m	cm^4	cm^3	cm	cm^4	cm^3	cm	cm	cm^4	cm		
HW	100×100×6×8	21.90	17.2	383	76.5	4.18	134	26.7	2.47	1.00	16.1	1.21	50×100×6×8	TW
	125×125×6.5×9	30.31	23.8	847	136	5.29	294	47.0	3.11	1.19	35.0	1.52	62.5×125×6.5×9	
	150×150×7×10	40.55	31.9	1660	221	6.39	564	75.1	3.73	1.37	66.4	1.81	75×150×7×10	
	175×175×7.5×11	51.43	40.3	2900	331	7.50	984	112	4.37	1.55	115	2.11	87.5×175×7.5×11	
	200×200×8×12	64.28	50.5	4770	477	8.61	1600	160	4.99	1.73	185	2.40	100×200×8×12	
	*200×204×12×12	72.28	56.7	5030	503	8.35	1700	167	4.85	2.09	256	2.66	*100×204×12×12	
	250×250×9×14	92.18	72.4	10800	867	10.8	3650	292	6.29	2.08	412	2.99	125×250×9×14	
	*250×255×14×14	104.7	82.2	11500	919	10.5	3880	304	6.09	2.58	589	3.36	*125×255×14×14	
	*294×302×12×12	108.3	85.0	17000	1160	12.5	5520	365	7.14	2.83	858	3.98	*147×302×12×12	
	300×300×10×15	120.4	94.5	20500	1370	13.1	6760	450	7.49	2.47	798	3.64	150×300×10×15	
	300×305×15×15	135.4	106	21600	1440	12.6	7100	466	7.24	3.02	1110	4.05	150×305×15×15	
	*344×348×10×16	146.0	115	33300	1940	15.1	11200	646	8.78	2.67	1230	4.11	*172×348×10×16	
	350×350×12×19	173.9	137	40300	2300	15.2	13600	776	8.84	2.86	1520	4.18	175×350×12×19	

续表

类别	H型钢规格 ($h \times b \times t_1 \times t_2$)	截面积 A	质量 q	x-x 轴			y-y 轴			重心 C_x	x_T-x_T 轴		T型钢规格 ($h_T \times b \times t_1 \times t_2$)	类别
		H型钢							H和T	T型钢				
				I_x	W_x	i_x	I_y	W_y	i_y, i_{yT}		I_{xT}	i_{xT}		
		cm^2	kg/m	cm^4	cm^3	cm	cm^4	cm^3	cm	cm	cm^4	cm		
HW	*388×402×15×15	179.2	141	49200	2540	16.6	16300	809	9.52	3.69	2480	5.26	*194×402×15×15	TW
	*394×398×11×18	187.6	147	56400	2860	17.3	18900	951	10.0	3.01	2050	4.67	*197×398×11×18	
	400×400×13×21	219.5	172	66900	3340	17.5	22400	1120	10.1	3.21	2480	4.75	200×400×13×21	
	*400×408×21×21	251.5	197	71100	3560	16.8	23800	1170	9.73	4.07	3650	5.39	*200×408×21×21	
	*414×405×18×28	296.2	233	93000	4490	17.7	31000	1530	10.2	3.68	3620	4.95	*207×405×18×28	
	*428×407×20×35	361.4	284	119000	5580	18.2	39400	1930	10.4	3.90	4380	4.92	*214×407×20×35	
HM	148×100×6×9	27.25	21.4	1040	140	6.17	151	30.2	2.35	1.55	51.7	1.95	74×100×6×9	TM
	194×150×6×9	39.75	31.2	2740	283	8.30	508	67.7	3.57	1.78	125	2.50	97×150×6×9	
	244×175×7×11	56.24	44.1	6120	502	10.4	985	113	4.18	2.27	289	3.20	122×175×7×11	
	294×200×8×12	73.03	57.3	11400	779	12.5	1600	160	4.69	2.82	572	3.96	147×200×8×12	
	340×250×9×14	101.5	79.7	21700	1280	14.6	3650	292	6.00	3.09	1020	4.48	170×250×9×14	
	390×300×10×16	136.7	107	38900	2000	16.9	7210	481	7.26	3.40	1730	5.03	195×300×10×16	
	440×300×11×18	157.4	124	56100	2550	18.9	8110	541	7.18	4.05	2680	5.84	220×300×11×8	
	482×300×11×15	146.4	115	60800	2520	20.4	6770	451	6.80	4.90	3420	6.83	241×300×11×15	
	488×300×11×18	164.4	129	71400	2930	20.8	8120	541	7.03	4.65	3620	6.64	244×300×11×15	
	582×300×12×17	174.5	137	103000	3530	24.3	7670	511	6.63	6.39	6360	8.54	291×300×12×17	
	588×300×12×20	192.5	151	118000	4020	24.8	9020	601	6.85	6.08	6710	8.35	294×300×12×20	
	*594×302×14×23	222.4	175	137000	4620	24.9	10600	701	6.90	6.33	7920	8.44	*297×302×14×23	
HN	100×50×5×7	12.16	9.54	192	38.5	3.98	14.9	5.96	1.11	1.27	11.9	1.40	50×50×5×7	TN
	125×60×6×8	17.01	13.3	417	66.8	4.95	29.3	9.75	1.31	1.63	27.5	1.80	62.5×60×6×8	
	150×75×5×7	18.16	14.3	679	90.6	6.12	49.6	13.2	1.65	1.78	42.7	2.17	75×75×5×7	
	175×90×5×8	23.21	18.2	1220	140	7.26	97.6	21.7	2.05	1.92	70.7	2.47	87.5×90×5×7	

续表

类别	H型钢规格 ($h \times b \times t_1 \times t_2$)	截面积 A	质量 q	x-x 轴			y-y 轴			重心 C_x	x_T-x_T 轴		T型钢规格 ($h_T \times b \times t_1 \times t_2$)	类别
				I_x	W_x	i_x	I_y	W_y	i_y，i_{yT}		I_{xT}	i_{xT}		
		cm^2	kg/m	cm^4	cm^3	cm	cm^4	cm^3	cm	cm	cm^4	cm		
HN	198×99×4.5×7	23.59	18.5	1610	163	8.27	114	23.0	2.20	2.13	94.0	2.82	99×99×4.5×7	TN
	200×100×5.5×8	27.57	21.7	1880	188	8.25	134	26.8	2.21	2.27	115	2.88	100×100×5.5×8	
	248×124×5×8	32.89	25.8	3560	287	10.4	255	41.1	2.78	2.62	208	3.56	124×124×5×8	
	250×125×6×9	37.87	29.7	4080	326	10.4	294	47.0	2.97	2.78	249	3.62	125×125×6×9	
	298×149×5.5×8	41.55	32.6	6460	433	12.4	443	59.4	3.26	3.22	395	4.36	149×149×5.5×8	
	300×150×6.5×9	47.53	37.3	7350	490	12.4	508	67.7	3.27	3.38	465	4.42	150×150×6.5×9	
	346×174×6×9	53.19	41.8	11200	649	14.5	792	91.0	3.86	3.68	681	5.06	173×174×6×9	
	350×175×7×11	63.66	50.0	13700	782	14.7	985	113	3.93	3.74	816	5.06	175×175×7×11	
	*400×150×8×13	71.12	55.8	18800	942	16.3	734	97.9	3.21	—	—	—	—	
	396×199×8×12	72.12	56.7	20000	1010	16.7	1450	145	4.48	4.17	1190	5.76	198×199×7×11	
	400×200×8×13	84.12	66.0	23700	1190	16.8	1740	174	4.54	4.23	1400	5.76	200×200×8×13	
	*450×150×9×14	83.41	65.5	27100	1200	18.0	793	106	3.08	—	—	—	—	
	446×199×8×12	84.95	66.7	29000	1300	18.5	1580	159	4.31	5.07	1880	6.65	223×199×8×12	
	450×200×9×14	97.41	76.5	33700	1500	18.6	1870	187	4.38	5.13	2160	6.66	225×200×9×14	
	*500×150×10×16	98.23	77.1	38500	1540	19.8	907	121	3.04	—	—	—	—	
	496×199×9×14	101.3	79.5	41900	1690	20.3	1840	185	4.27	5.90	2840	7.49	248×199×9×14	
	500×200×10×16	114.2	89.6	47800	1910	20.5	2140	214	4.33	5.96	3210	7.50	250×200×10×16	
	*506×201×11×19	131.3	103	56500	2230	20.8	2580	257	4.43	5.95	3670	7.48	253×201×11×19	
	596×199×10×15	121.2	95.1	69300	2330	23.9	1980	199	4.04	7.76	5200	9.27	298×199×10×15	
	600×200×11×17	135.2	106	78200	2610	24.1	2280	228	4.11	7.81	5820	9.28	300×200×11×17	
	*606×201×12×20	153.3	120	91000	3000	24.4	2720	271	4.21	7.76	6580	9.26	303×201×12×20	
	*692×300×13×20	211.5	166	172000	4980	28.6	9020	602	6.53	—	—	—	—	
	700×300×13×24	235.5	185	201000	5760	29.3	10800	722	6.78	—	—	—	—	

注：“*”表示的规格为非常用规格。

普通槽钢　　附表 7-3

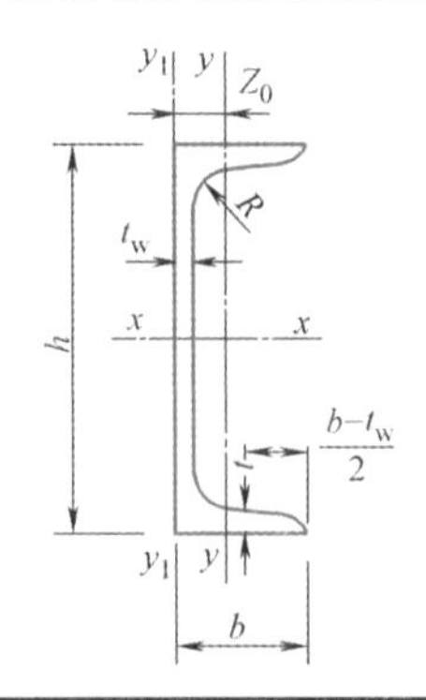

符号　h——高度；
b——翼缘宽度；
t_w——腹板厚；
t——翼缘平均厚度；
I——惯性矩；
W——截面模量

i——回转半径。
长度：型号 5～8，长 5～12m；
型号 10～18，长 5～19m；
型号 20～40，长 6～19m

型号	尺寸 h (mm)	b	t_w	t	R	截面积 (cm^2)	质量 kg/m	x-x轴 I_x (cm^4)	W_x (cm^3)	i_x (cm)	y-y轴 I_y (cm^4)	W_y (cm^3)	i_y (cm)	y_1-y_1轴 I_{y1} (cm^4)	Z_0 (cm)
5	50	37	4.5	7.0	7.0	6.92	5.44	26	10.4	1.94	8.3	3.5	1.10	20.9	1.35
6.3	63	40	4.8	7.5	7.5	8.45	6.63	51	16.3	2.46	11.9	4.6	1.19	28.3	1.39
8	80	43	5.0	8.0	8.0	10.24	8.04	101	25.3	3.14	16.6	5.8	1.27	37.4	1.42
10	100	48	5.3	8.5	8.5	12.74	10.00	198	39.7	3.94	25.6	7.8	1.42	54.9	1.52
12.6	126	53	5.5	9.0	9.0	15.69	12.31	389	61.7	4.98	38.0	10.3	1.56	77.8	1.59
14a	140	58	6.0	9.5	9.5	18.51	14.53	564	80.5	5.52	53.2	13.0	1.70	107.2	1.71
14b		60	8.0	9.5	9.5	21.31	16.73	609	87.1	5.35	61.2	14.1	1.69	120.6	1.67
16a	160	63	6.5	10.0	10.0	21.95	17.23	866	108.3	6.28	73.4	16.3	1.83	144.1	1.79
16b		65	8.5	10.0	10.0	25.15	19.75	935	116.8	6.10	83.4	17.6	1.82	160.8	1.75
18a	180	68	7.0	10.5	10.5	25.69	20.17	1273	141.4	7.04	98.6	20.0	1.96	189.7	1.88
18b		70	9.0	10.5	10.5	29.29	22.99	1370	152.2	6.84	111.0	21.5	1.95	210.1	1.84
20a	200	73	7.0	11.0	11.0	28.83	22.63	1780	178.0	7.86	128.0	24.2	2.11	244.0	2.01
20b		75	9.0	11.0	11.0	32.83	25.77	1914	191.4	7.64	143.6	25.9	2.09	268.4	1.95
22a	220	77	7.0	11.5	11.5	31.84	24.99	2394	217.6	8.67	157.8	28.2	2.23	298.2	2.10
22b		79	9.0	11.5	11.5	36.24	28.45	2571	233.8	8.42	176.5	30.1	2.21	326.3	2.03
25a	250	78	7.0	12.0	12.0	34.91	27.40	3359	268.7	9.81	175.9	30.7	2.24	324.8	2.07
25b		80	9.0	12.0	12.0	39.91	31.33	3691	289.6	9.52	196.4	32.7	2.22	355.1	1.99
25c		82	11.0	12.0	12.0	44.91	35.25	3880	310.4	9.30	215.9	34.6	2.19	388.6	1.96
28a	280	82	7.5	12.5	12.5	40.02	31.42	4753	339.5	10.90	217.9	35.7	2.33	393.3	2.09
28b		84	9.5	12.5	12.5	45.62	35.81	5118	365.6	10.59	241.5	37.9	2.30	428.5	2.02
28c		86	11.5	12.5	12.5	51.22	40.21	5484	391.7	10.35	264.1	40.0	2.27	467.3	1.99
32a	320	88	8.0	14.0	14.0	48.50	38.07	7511	469.4	12.44	304.7	46.4	2.51	547.5	2.24
32b		90	10.0	14.0	14.0	54.90	43.10	8057	503.5	12.11	335.6	49.1	2.47	592.9	2.16
32c		92	12.0	14.0	14.0	61.30	48.12	8603	537.7	11.85	365.0	51.6	2.44	642.7	2.13
36a	360	96	9.0	16.0	16.0	60.89	47.80	11874	659.7	13.96	455.0	63.6	2.73	818.5	2.44
36b		98	11.0	16.0	16.0	68.09	53.45	12652	702.9	13.63	496.7	66.9	2.70	880.5	2.37
36c		100	13.0	16.0	16.0	75.29	59.10	13429	746.1	13.36	536.6	70.0	2.67	948.0	2.34
40a	400	100	10.5	18.0	18.0	75.04	58.91	17578	878.9	15.30	592.0	78.8	2.81	1057.9	2.49
40b		102	12.5	18.0	18.0	83.04	65.19	18644	932.2	14.98	640.6	82.6	2.78	1135.8	2.44
40c		104	14.5	18.0	18.0	91.04	71.47	19711	985.6	14.71	687.8	86.2	2.75	1220.3	2.42

等边角钢　　附表 7-4

角钢型号	圆角 R	重心矩 Z_0	截面积 A	质量	惯性矩 I_x	截面模量 W_x^{max}	截面模量 W_x^{min}	回转半径 i_x	回转半径 i_{x0}	回转半径 i_{y0}	i_y，当 a 为下列数值 6mm	8mm	10mm	12mm	14mm
	单角钢										双角钢				
	mm	mm	cm^2	kg/m	cm^4	cm^3	cm^3	cm	cm	cm	cm	cm	cm	cm	cm
∟20×3	3.5	6.0	1.13	0.89	0.40	0.66	0.29	0.59	0.75	0.39	1.08	1.17	1.25	1.34	1.13
∟20×4	3.5	6.4	1.46	1.15	0.50	0.78	0.36	0.58	0.73	0.38	1.11	1.19	1.28	1.37	1.46
∟25×3	3.5	7.3	1.43	1.12	0.82	1.12	0.46	0.76	0.95	0.49	1.27	1.36	1.44	1.53	1.61
∟25×4	3.5	7.6	1.86	1.46	1.03	1.34	0.59	0.74	0.93	0.48	1.30	1.38	1.47	1.55	1.64
∟30×3	4.5	8.5	1.75	1.37	1.46	1.72	0.68	0.91	1.15	0.59	1.47	1.55	1.63	1.71	1.80
∟30×4	4.5	8.9	2.28	1.79	1.84	2.08	0.87	0.90	1.13	0.58	1.49	1.57	1.65	1.74	1.82
∟36×3	4.5	10.0	2.11	1.66	2.58	2.59	0.99	1.11	1.39	0.71	1.70	1.78	1.86	1.94	2.03
∟36×4	4.5	10.4	2.76	2.16	3.29	3.18	1.28	1.09	1.38	0.70	1.73	1.80	1.89	1.97	2.05
∟36×5	4.5	10.7	3.38	2.65	3.95	3.68	1.56	1.08	1.36	0.70	1.75	1.83	1.91	1.99	2.08
∟40×3	5	10.9	2.36	1.85	3.59	3.28	1.23	1.23	1.55	0.79	1.86	1.94	2.01	2.09	2.18
∟40×4	5	11.3	3.09	2.42	4.60	4.05	1.60	1.22	1.54	0.79	1.88	1.96	2.04	2.12	2.20
∟40×5	5	11.7	3.79	2.98	5.53	4.72	1.96	1.21	1.52	0.78	1.90	1.98	2.06	2.14	2.23
∟45×3	5	12.2	2.66	2.09	5.17	4.25	1.58	1.39	1.76	0.90	2.06	2.14	2.21	2.29	2.37
∟45×4	5	12.6	3.49	2.74	6.65	5.29	2.05	1.38	1.74	0.89	2.08	2.16	2.24	2.32	2.40
∟45×5	5	13.0	4.29	3.37	8.04	6.20	2.51	1.37	1.72	0.88	2.10	2.18	2.26	2.34	2.42
∟45×6	5	13.3	5.08	3.99	9.33	6.99	2.95	1.36	1.71	0.88	2.12	2.20	2.28	2.36	2.44
∟50×3	5.5	13.4	2.97	2.33	7.18	5.36	1.96	1.55	1.96	1.00	2.26	2.33	2.41	2.48	2.56
∟50×4	5.5	13.8	3.90	3.06	9.26	6.70	2.56	1.54	1.94	0.99	2.82	2.36	2.43	2.51	2.59
∟50×5	5.5	14.2	4.80	3.77	11.21	7.90	3.13	1.53	1.92	0.98	2.30	2.38	2.45	2.53	2.61
∟50×6	5.5	14.6	5.69	4.46	13.05	8.95	9.68	1.51	1.91	0.98	2.32	2.40	2.48	2.56	2.64
∟56×3	6	1.48	3.34	2.62	10.19	6.86	2.48	1.75	2.20	1.13	2.50	2.57	2.64	2.72	2.80
∟56×4	6	1.53	4.39	3.45	13.18	8.63	3.24	1.73	2.18	1.11	2.52	2.59	2.67	2.74	2.82
∟56×5	6	1.57	5.42	4.25	16.02	10.22	3.97	1.72	2.17	1.10	2.54	2.61	2.69	2.77	2.85
∟56×8	6	1.68	8.37	6.57	23.63	14.06	6.03	1.68	2.11	1.09	2.60	2.67	2.75	2.83	2.91
∟63×4	7	17.0	4.98	3.91	19.03	11.22	4.13	1.96	2.46	1.26	2.79	2.87	2.94	3.02	3.09
∟63×5	7	17.4	6.14	4.82	23.17	13.33	5.08	1.94	2.45	1.25	2.82	2.89	2.96	3.04	3.12
∟63×6	7	17.8	7.29	5.72	27.12	15.26	6.00	1.93	2.43	1.24	2.83	2.91	2.98	3.06	3.14
∟63×8	7	18.5	9.51	7.47	34.45	18.59	7.75	1.90	2.39	1.23	2.87	2.95	3.03	3.10	3.18
∟63×10	7	19.3	11.66	9.15	41.09	21.34	9.39	1.88	2.36	1.22	2.91	2.99	3.07	3.15	3.23
∟70×4	8	18.6	5.57	4.37	26.39	14.16	5.14	2.18	2.74	1.40	3.07	3.14	3.21	3.29	3.36
∟70×5	8	19.1	6.88	5.40	32.21	16.89	6.32	2.16	2.73	1.39	3.09	3.16	3.24	3.31	3.39
∟70×6	8	19.5	8.16	6.41	37.77	19.39	7.48	2.15	2.71	1.38	3.11	3.18	3.26	3.33	3.41
∟70×7	8	19.9	9.42	7.40	43.09	21.68	8.59	2.14	2.69	1.38	3.13	3.20	3.28	3.36	3.43
∟70×8	8	20.3	10.67	8.37	48.17	23.79	9.68	2.13	2.68	1.37	3.15	3.22	3.30	3.38	3.46
∟75×5	9	20.3	7.41	5.82	39.96	19.73	7.30	2.32	2.92	1.50	3.29	3.36	3.43	3.50	3.58
∟75×6	9	20.7	8.80	6.91	46.91	22.69	8.63	2.31	2.91	1.49	3.31	3.38	3.45	3.53	3.60
∟75×7	9	21.1	10.16	7.98	53.57	25.42	9.93	2.30	2.89	1.48	3.33	3.40	3.47	3.55	3.63
∟75×8	9	21.5	11.50	9.03	59.96	27.93	11.20	2.28	2.87	1.47	3.35	3.42	3.50	3.57	3.65
∟75×10	9	22.2	14.13	11.09	71.98	32.40	13.64	2.26	2.84	1.46	3.38	3.46	3.54	3.61	3.69

续表

角钢型号	单角钢										双角钢				
	圆角	重心矩	截面积	质量	惯性矩	截面模量		回转半径			i_y，当 a 为下列数值				
	R	Z_0	A		I_x	W_x^{max}	W_x^{min}	i_x	i_{x0}	i_{y0}	6mm	8mm	10mm	12mm	14mm
	mm		cm^2	kg/m	cm^4	cm^3		cm			cm				
5		21.5	7.91	6.21	48.79	22.70	8.34	2.48	3.13	1.60	3.49	3.56	3.63	3.71	3.78
6		21.9	9.40	7.38	57.35	26.16	9.87	2.47	3.11	1.59	3.51	3.58	3.65	3.73	3.80
∟80× 7	9	22.3	10.86	8.53	65.58	29.38	11.37	2.46	3.10	1.58	3.53	3.60	3.67	3.75	3.83
8		22.7	12.30	9.66	73.50	32.36	12.83	2.44	3.08	1.57	3.55	3.62	3.70	3.77	3.85
10		23.5	15.13	11.87	88.43	37.68	15.64	2.42	3.04	1.56	3.58	3.66	3.74	3.81	3.89
6		24.4	10.64	8.35	82.77	33.99	12.61	2.79	3.51	1.80	3.91	3.98	4.05	4.12	4.20
7		24.8	12.30	9.66	94.83	39.28	14.54	2.78	3.50	1.78	3.93	4.00	4.07	4.14	4.22
∟90× 8	10	25.2	13.94	10.95	106.5	42.30	16.42	2.76	3.48	1.78	3.95	4.02	4.09	4.17	4.24
10		25.9	17.17	13.48	128.6	49.57	20.07	2.74	3.45	1.76	3.98	4.06	4.13	4.21	4.28
12		26.7	20.31	15.94	149.2	55.93	23.57	2.71	3.41	1.75	4.02	4.09	4.17	4.25	4.32
6		26.7	11.93	9.37	115.0	43.04	15.68	3.10	3.91	2.00	4.30	4.37	4.44	4.51	4.58
7		27.1	13.80	10.83	131.9	48.57	18.10	3.09	3.89	1.99	4.32	4.39	4.46	4.53	4.61
8		27.6	15.64	12.28	148.2	53.78	20.47	3.08	3.88	1.98	4.34	4.41	4.48	4.55	4.63
∟100× 10	12	28.4	19.26	15.12	179.5	63.29	25.06	3.05	3.84	1.96	4.38	4.45	4.52	4.60	4.67
12		29.1	22.80	17.90	208.9	71.72	29.47	3.03	3.81	1.95	4.41	4.49	4.56	4.64	4.71
14		29.9	26.26	20.61	236.5	79.19	33.73	3.00	3.77	1.94	4.45	4.53	4.60	4.68	4.75
16		30.6	29.63	23.26	262.5	85.81	37.82	2.98	3.74	1.93	4.49	4.56	4.64	4.72	4.80
7		209.6	15.20	11.93	177.2	59.78	22.05	3.41	4.30	2.20	4.72	4.79	4.86	4.94	5.01
8		30.1	17.24	13.53	199.5	66.36	24.95	3.40	4.28	2.19	4.74	4.81	4.88	4.96	5.03
∟110× 10	12	30.9	21.26	16.69	242.2	78.48	30.60	3.38	4.25	2.17	4.78	4.85	4.92	5.00	5.07
12		31.6	25.20	19.78	282.6	89.34	36.05	3.35	4.22	2.15	4.82	4.89	4.96	5.04	5.11
14		32.4	29.06	22.81	320.7	99.07	41.31	3.32	4.18	2.14	4.85	4.93	5.00	5.08	5.15
8		33.7	19.75	15.50	297.0	88.20	32.52	3.88	4.88	2.50	5.34	5.41	5.48	5.55	5.62
∟125× 10	14	34.5	24.37	19.13	361.7	104.8	39.97	3.85	4.85	2.48	5.38	5.45	5.52	5.59	5.66
12		35.3	28.91	22.70	423.2	119.9	47.17	3.83	4.82	2.46	5.41	5.48	5.56	5.63	5.70
14		36.1	33.37	26.19	481.7	133.6	54.16	3.80	4.78	2.45	5.45	5.52	5.59	5.67	5.74
10		38.2	27.37	21.49	514.7	134.6	50.58	4.34	5.46	2.78	5.98	6.05	6.12	6.20	6.27
∟140× 12	14	39.0	32.51	25.52	603.7	154.6	59.80	4.31	5.43	2.77	6.02	6.09	6.16	6.23	6.31
14		39.8	37.57	29.49	688.8	173.0	68.75	4.28	5.40	2.75	6.06	6.13	6.20	6.27	6.34
16		40.6	42.54	33.39	770.2	189.9	77.46	4.26	5.36	2.74	6.09	6.16	6.23	6.31	6.38
10		43.1	31.50	24.73	779.5	180.8	66.70	4.97	6.27	3.20	6.78	6.85	6.92	6.99	7.06
∟160× 12	16	43.9	37.44	29.39	916.6	208.6	78.98	4.95	6.24	3.18	6.82	6.89	6.96	7.03	7.10
14		44.7	43.30	33.99	1048	234.4	90.95	4.92	6.20	3.16	6.86	6.93	7.00	7.07	7.14
16		45.5	49.07	38.52	1175	258.3	102.6	4.89	6.17	3.14	6.89	6.96	7.03	7.10	7.18
12		48.9	42.24	33.16	1321	270.0	100.8	5.59	7.05	3.58	7.63	7.70	7.77	7.84	7.91
∟180× 14	16	49.7	48.90	38.38	1514	304.6	116.3	5.57	7.02	3.57	7.67	7.74	7.81	7.88	7.95
16		50.5	55.47	43.54	1701	336.9	131.4	5.54	6.98	3.55	7.70	7.77	7.84	7.91	7.98
18		51.3	61.95	48.63	1881	367.1	146.1	5.51	6.94	3.53	7.73	7.80	7.87	7.95	8.02
14		54.6	54.64	42.89	2104	385.1	144.7	6.20	7.82	3.98	8.47	8.54	8.61	8.67	8.75
16		55.4	62.01	48.68	2366	427.0	163.7	6.18	7.79	3.96	8.50	8.57	8.64	8.71	8.78
∟200× 18	18	56.2	69.30	54.40	2621	466.5	182.2	6.15	7.75	3.94	8.53	8.60	8.67	8.75	8.82
20		56.9	76.50	60.06	2867	503.6	200.4	6.12	7.72	3.93	8.57	8.64	8.71	8.78	8.85
24		58.4	90.66	71.17	3338	571.5	235.8	6.07	7.64	3.90	8.63	8.71	8.78	8.85	8.92

不等边角钢　　附表 7-5

单角钢　双角钢

角钢型号 $B\times b\times t$		圆角	重心矩		截面积	质量	回转半径			i_{y1}，当 a 为下列数值				i_{y2}，当 a 为下列数值			
		R	Z_x	Z_y	A		i_x	i_y	i_{y0}	6mm	8mm	10mm	12mm	6mm	8mm	10mm	12mm
		mm			cm^2	kg/m	cm			cm				cm			
∟25×16×	3	3.5	4.2	8.6	1.16	0.91	0.44	0.78	0.34	0.84	0.93	1.02	1.11	1.40	1.48	1.57	1.66
	4		4.6	9.0	1.50	1.18	0.43	0.77	0.34	0.87	0.96	1.05	1.14	1.42	1.51	1.60	1.68
∟32×20×	3		4.9	10.8	1.49	1.17	0.55	1.01	0.43	0.97	1.05	1.14	1.23	1.71	1.79	1.88	1.96
	4		5.3	11.2	1.94	1.52	0.54	1.00	0.43	0.99	1.08	1.16	1.25	1.74	1.82	1.90	1.99
∟40×25×	3	4	5.9	13.2	1.89	1.48	0.70	1.28	0.54	1.13	1.21	1.30	1.38	2.07	2.14	2.23	2.31
	4		6.3	13.7	2.47	1.94	0.69	1.26	0.54	1.16	1.24	1.32	1.41	2.09	2.17	2.25	2.34
∟45×28×	3	5	6.4	14.7	2.15	1.69	0.79	1.44	0.61	1.23	1.31	1.39	1.47	2.28	2.36	2.44	2.52
	4		6.8	15.1	2.81	2.20	0.78	1.43	0.60	1.25	1.33	1.41	1.50	2.31	2.39	2.47	2.55
∟50×32×	3	5.5	7.3	16.0	2.43	1.91	0.91	1.60	0.70	1.37	1.45	1.53	1.61	2.49	2.56	2.64	2.72
	4		7.7	16.5	3.18	2.49	0.90	1.59	0.69	1.40	1.47	1.55	1.64	2.51	2.59	2.67	2.75
∟56×36×	3	6	8.0	17.8	2.74	2.15	1.03	1.80	0.79	1.51	1.59	1.66	1.74	2.75	2.82	2.90	2.98
	4		8.5	18.2	3.59	2.82	1.02	1.79	0.78	1.53	1.61	1.69	1.77	2.77	2.85	2.93	3.01
	5		8.8	18.7	4.42	3.47	1.01	1.77	0.78	1.56	1.63	1.71	1.79	2.80	2.88	2.96	3.04
∟63×40×	4	7	9.2	20.4	4.06	3.19	1.14	2.02	0.88	1.66	1.74	1.81	1.89	3.09	3.16	3.24	3.32
	5		9.5	20.8	4.99	3.92	1.12	2.00	0.87	1.68	1.76	1.84	1.92	3.11	3.19	3.27	3.35
	6		9.9	21.2	5.91	4.64	1.11	1.99	0.86	1.71	1.78	1.86	1.94	3.13	3.21	3.29	3.37
	7		10.3	21.6	6.80	5.34	1.10	1.97	0.86	1.73	1.81	1.89	1.97	3.16	3.24	3.32	3.40
∟70×45×	4	7.5	10.2	22.3	4.55	3.57	1.29	2.25	0.99	1.84	1.91	1.99	2.07	3.39	3.46	3.54	3.62
	5		10.6	22.8	5.61	4.40	1.28	2.23	0.98	1.86	1.94	2.01	2.09	3.41	3.49	3.57	3.64
	6		11.0	23.2	6.64	5.22	1.26	2.22	0.97	1.88	1.96	2.04	2.11	3.44	3.51	3.59	3.67
	7		11.3	23.6	7.66	6.01	1.25	2.20	0.97	1.90	1.98	2.06	2.14	3.46	3.54	3.61	3.69
∟75×50×	5	8	11.7	24.0	6.13	4.81	1.43	2.39	1.09	2.06	2.13	2.20	2.28	3.60	3.68	3.76	3.83
	6		12.1	24.4	7.26	5.70	1.42	2.38	1.08	2.08	2.15	2.23	2.30	3.63	3.70	3.78	3.86
	8		12.9	25.2	9.47	7.43	1.40	2.35	1.07	2.12	2.19	2.27	2.35	3.67	3.75	3.83	3.91
	10		13.6	26.0	11.6	9.10	1.38	2.33	1.06	2.16	2.24	2.31	2.40	3.71	3.79	3.87	3.95
∟80×50×	5	8	11.4	26.0	6.38	5.00	1.42	2.57	1.10	2.02	2.09	2.17	2.24	3.88	3.95	4.03	4.10
	6		11.8	26.5	7.56	5.93	1.41	2.55	1.09	2.04	2.11	2.19	2.27	3.90	3.98	4.05	4.13
	7		12.1	26.9	8.72	6.85	1.39	2.54	1.08	2.06	2.13	2.21	2.29	3.92	4.00	4.08	4.16
	8		12.5	27.3	9.87	7.75	1.38	2.52	1.07	2.08	2.15	2.23	2.31	3.94	4.02	4.10	4.18
∟90×56×	5	9	12.5	29.1	7.21	5.66	1.59	2.90	1.23	2.22	2.29	2.36	2.44	4.32	4.39	4.47	4.55
	6		12.9	29.5	8.56	6.72	1.58	2.88	1.22	2.24	2.31	2.39	2.46	4.34	4.42	4.50	4.57
	7		13.3	30.0	9.88	7.76	1.57	2.87	1.22	2.26	2.33	2.41	2.49	4.37	4.44	4.52	4.60
	8		13.6	30.4	11.2	8.78	1.56	2.85	1.21	2.28	2.35	2.43	2.51	4.39	4.47	4.54	4.62

续表

角钢型号 $B\times b\times t$		单角钢								双角钢								
		圆角	重心矩		截面积	质量	回转半径			i_{y1}，当 a 为下列数值				i_{y2}，当 a 为下列数值				
		R	Z_x	Z_y	A		i_x	i_y	i_{y0}	6mm	8mm	10mm	12mm	6mm	8mm	10mm	12mm
		mm			cm^2	kg/m	cm			cm				cm			
∟100×63×	6	10	14.3	32.4	9.62	7.55	1.79	3.21	1.38	2.49	2.56	2.63	2.71	4.77	4.85	4.92	5.00
	7		14.7	32.8	11.1	8.72	1.78	3.20	1.37	2.51	2.58	2.65	2.73	4.80	4.87	4.95	5.03
	8		15.0	33.2	12.6	9.88	1.77	3.18	1.37	2.53	2.60	2.67	2.75	4.82	4.90	4.97	5.05
	10		15.8	34.0	15.5	12.1	1.75	3.15	1.35	2.57	2.64	2.72	2.79	4.86	4.94	5.02	5.10
∟100×80×	6		19.7	29.5	10.6	8.35	2.40	3.17	1.73	3.31	3.38	3.45	3.52	4.54	4.62	4.69	4.76
	7		20.1	30.0	12.3	9.66	2.39	3.16	1.71	3.32	3.39	3.47	3.54	4.57	4.64	4.71	4.79
	8		20.5	30.4	13.9	10.9	2.37	3.15	1.71	3.34	3.41	3.49	3.56	4.59	4.66	4.73	4.81
	10		21.3	31.2	17.2	13.5	2.35	3.12	1.69	3.38	3.45	3.53	3.60	4.63	4.70	4.78	4.85
∟110×70×	6	10	15.7	35.3	10.6	8.35	2.01	3.54	1.54	2.74	2.81	2.88	2.96	5.21	5.29	5.36	5.44
	7		16.1	35.7	12.3	9.66	2.00	3.53	1.53	2.76	2.83	2.90	2.98	5.24	5.31	5.39	5.46
	8		16.5	36.2	13.9	10.9	1.98	3.51	1.53	2.78	2.85	2.92	3.00	5.26	5.34	5.41	5.49
	10		17.2	37.0	17.2	13.5	1.96	3.48	1.51	2.82	2.89	2.96	3.04	5.30	5.38	5.46	5.53
∟125×80×	7	11	18.0	40.1	14.1	11.1	2.30	4.02	1.76	3.13	3.18	3.25	3.33	5.90	5.97	6.04	6.12
	8		18.4	40.6	16.0	12.6	2.29	4.01	1.75	3.13	3.20	3.27	3.35	5.92	5.99	6.07	6.14
	10		19.2	41.4	19.7	15.5	2.26	3.98	1.74	3.17	3.24	3.31	3.39	5.96	6.04	6.11	6.19
	12		20.0	42.2	23.4	18.3	2.24	3.95	1.72	3.20	3.28	3.35	3.43	6.00	6.08	6.16	6.23
∟140×90×	8	12	20.4	45.0	18.0	14.2	2.59	4.50	1.98	3.49	3.56	3.63	3.70	6.58	6.65	6.73	6.80
	10		21.2	45.8	22.3	17.5	2.56	4.47	1.96	3.52	3.59	3.66	3.73	6.62	6.70	6.77	6.85
	12		21.9	466	26.4	20.7	2.54	4.44	1.95	3.56	3.63	3.70	3.77	6.66	6.74	6.81	6.89
	14		22.7	47.4	30.5	23.9	2.51	4.42	1.94	3.59	3.66	3.74	3.81	6.70	6.78	6.86	6.93
∟160×100×	10	13	22.8	52.4	25.3	19.9	2.85	5.14	2.19	3.84	3.91	3.98	4.05	7.55	7.63	7.70	7.78
	12		23.6	53.2	30.1	23.6	2.82	5.11	2.18	3.87	3.94	4.01	4.09	7.60	7.67	7.75	7.82
	14		24.3	54.0	34.7	27.2	2.80	5.08	2.16	3.91	3.98	4.05	4.12	7.64	7.71	7.79	7.86
	16		25.1	54.8	39.3	30.8	2.77	5.05	2.15	3.94	4.02	4.09	4.16	7.68	7.75	7.83	7.90
∟180×110×	10	14	24.4	58.9	28.4	22.3	3.13	5.81	2.42	4.16	4.23	4.30	4.36	8.49	8.56	8.63	8.71
	12		25.2	59.8	33.7	26.5	3.10	5.78	2.40	4.19	4.26	4.33	4.40	8.53	8.60	8.68	8.75
	14		25.9	60.6	39.0	30.6	3.08	5.75	2.39	4.23	4.30	4.37	4.44	8.57	8.64	8.72	8.79
	16		26.7	61.4	44.1	34.6	3.05	5.72	2.37	4.26	4.33	4.40	4.47	8.61	8.68	8.76	8.84
∟200×125×	12		283	65.4	37.9	29.8	3.57	6.44	2.75	4.75	4.82	4.88	4.95	9.39	9.47	9.54	9.62
	14		29.1	66.2	43.9	34.4	3.54	6.41	2.73	4.78	4.85	4.92	4.99	9.43	9.51	9.58	9.66
	16		29.9	67.0	49.7	39.0	3.52	6.38	2.71	4.81	4.88	4.95	5.02	9.47	9.55	9.62	9.70
	18		30.6	67.8	55.5	43.6	3.49	6.35	2.70	4.85	4.92	4.99	5.06	9.51	9.59	9.66	9.74

注：一个角钢的惯性矩 $I_x=Ai_x^2$，$I_y=Ai_y^2$；一个角钢的截面模量 $W_x^{max}=I_x/Z_x$，$W_x^{min}=I_x/(b-Z_x)$；$W_y^{max}=I_y/Z_y$，$W_y^{min}=I_y/(B-Z_y)$。

热轧无缝钢管

附表 7-6

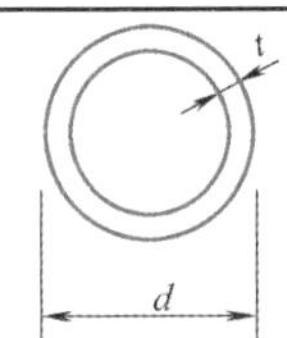

符号 I——截面惯性矩；

W——截面模量；

i——截面回转半径

尺寸（mm）		截面面积 A	每米重量	截面特性			尺寸（mm）		截面面积 A	每米重量	截面特性		
d	t			I	W	i	d	t			I	W	i
		cm^2	kg/m	cm^4	cm^3	cm			cm^2	kg/m	cm^4	cm^3	cm
32	2.5	2.32	1.82	2.54	1.59	1.05	63.5	3.0	5.70	4.48	26.15	8.24	2.14
	3.0	2.73	2.15	2.90	1.82	1.03		3.5	6.60	5.18	29.79	9.38	2.12
	3.5	3.13	2.46	3.23	2.02	1.02		4.0	7.48	5.87	33.24	10.47	2.11
	4.0	3.52	2.76	3.52	2.20	1.00		4.5	8.34	6.55	36.50	11.50	2.09
38	2.5	2.79	2.19	4.41	2.32	1.26		5.0	9.19	7.21	39.60	12.47	2.08
	3.0	3.30	2.59	5.09	2.68	1.24		5.5	10.02	7.87	42.52	13.39	2.06
	3.5	3.79	2.98	5.70	3.00	1.23		6.0	10.84	8.51	45.28	14.26	2.04
	4.0	4.27	3.35	6.26	3.29	1.21	68	3.0	6.13	4.81	32.42	9.54	2.30
42	2.5	3.10	2.44	6.07	2.89	1.40		3.5	7.09	5.57	36.99	10.88	2.28
	3.0	3.68	2.89	7.03	3.35	1.38		4.0	8.04	6.31	41.34	12.16	2.27
	3.5	4.23	3.32	7.91	3.77	1.37		4.5	8.98	7.05	45.47	13.37	2.25
	4.0	4.78	3.75	8.71	4.15	1.35		5.0	9.90	7.77	49.41	14.53	2.23
45	2.5	3.34	2.62	7.56	3.36	1.51		5.5	10.80	8.48	53.14	15.63	2.22
	3.0	3.96	3.11	8.77	3.90	1.49		6.0	11.69	9.17	56.68	16.67	2.20
	3.5	4.56	3.58	9.89	4.40	1.47	70	3.0	6.31	4.96	35.50	10.14	2.37
	4.0	5.15	4.04	10.93	4.86	1.46		3.5	7.31	5.74	40.53	11.58	2.35
50	2.5	3.73	2.93	10.55	4.22	1.68		4.0	8.29	6.51	45.33	12.95	2.34
	3.0	4.43	3.48	12.28	4.91	1.67		4.5	9.26	7.27	49.89	14.26	2.32
	3.5	5.11	4.01	13.90	5.56	1.65		5.0	10.21	8.01	54.24	15.50	2.30
	4.0	5.78	4.54	15.41	6.16	1.63		5.5	11.14	8.75	58.38	16.68	2.29
	4.5	6.43	5.05	16.81	6.72	1.62		6.0	12.06	9.47	62.31	17.80	2.27
	5.0	7.07	5.55	18.11	7.25	1.60	73	3.0	6.60	5.18	40.48	11.09	2.48
54	3.0	4.81	3.77	15.68	5.81	1.81		3.5	7.64	6.00	46.26	12.67	2.46
	3.5	5.55	4.36	17.79	6.59	1.79		4.0	8.67	6.81	51.78	14.19	2.44
	4.0	6.28	4.93	19.76	7.32	1.77		4.5	9.68	7.60	57.04	15.63	2.43
	4.5	7.00	5.49	21.61	8.00	1.76		5.0	10.68	8.38	62.07	17.01	2.41
	5.0	7.70	6.04	23.34	8.64	1.74		5.5	11.66	9.16	66.87	18.32	2.39
	5.5	8.38	6.58	24.96	9.24	1.73		6.0	12.63	9.91	71.43	19.57	2.38
	6.0	9.05	7.10	26.46	9.80	1.71	76	3.0	6.88	5.40	45.91	12.08	2.58
57	3.0	5.09	4.00	18.61	6.53	1.91		3.5	7.97	6.26	52.50	13.82	2.57
	3.5	5.88	4.62	21.14	7.42	1.90		4.0	9.05	7.10	58.81	15.48	2.55
	4.0	6.66	5.23	23.52	8.25	1.88		4.5	10.11	7.93	64.85	17.07	2.53
	4.5	7.42	5.83	25.76	9.04	1.86		5.0	11.15	8.75	70.62	18.59	2.52
	5.0	8.17	6.41	27.86	9.78	1.85		5.5	12.18	9.56	76.14	20.04	2.50
	5.5	8.90	6.99	29.84	10.47	1.83		6.0	13.19	10.36	81.41	21.42	2.48
	6.0	9.61	7.55	31.69	11.12	1.82	83	3.5	8.74	6.86	69.19	16.67	2.81
60	3.0	5.37	4.22	21.88	7.29	2.02		4.0	9.93	7.79	77.64	18.71	2.80
	3.5	6.21	4.88	24.88	8.29	2.00		4.5	11.10	8.71	85.76	20.67	2.78
	4.0	7.04	5.52	27.73	9.24	1.98		5.0	12.25	9.62	93.56	22.54	2.76
	4.5	7.85	6.16	30.41	10.14	1.97		5.5	13.39	10.51	101.04	24.35	2.75
	5.0	8.64	6.78	32.94	10.98	1.95		6.0	14.51	11.39	108.22	26.08	2.73
	5.5	9.42	7.39	35.32	11.77	1.94		6.5	15.62	12.26	115.10	27.74	2.71
	6.0	10.18	7.99	37.56	12.52	1.92		7.0	16.71	13.12	121.69	29.32	2.70

续表

尺寸（mm）		截面面积	每米重量	截面特性		
d	t	A		I	W	i
		cm²	kg/m	cm⁴	cm³	cm
89	3.5	9.40	7.38	86.05	19.34	3.03
	4.0	10.68	8.38	96.68	21.73	3.01
	4.5	11.95	9.38	106.92	24.03	2.99
	5.0	13.19	10.36	116.79	26.24	2.98
	5.5	14.43	11.33	126.29	28.38	2.96
	6.0	15.65	12.28	135.43	30.43	2.94
	6.5	16.85	13.22	144.22	32.41	2.93
	7.0	18.03	14.16	152.67	34.31	2.91
95	3.5	10.06	7.90	105.45	22.20	3.24
	4.0	11.44	8.98	118.60	24.97	3.22
	4.5	12.79	10.04	131.31	27.64	3.20
	5.0	14.14	11.10	143.58	30.23	3.19
	5.5	15.46	12.14	155.43	32.72	3.17
	6.0	16.78	13.17	166.86	35.13	3.15
	6.5	18.07	14.19	177.89	37.45	3.14
	7.0	19.35	15.19	188.51	39.69	3.12
102	3.5	10.83	8.50	131.52	25.79	3.48
	4.0	12.32	9.67	148.09	29.04	3.47
	4.5	13.78	10.82	164.14	32.18	3.45
	5.0	15.24	11.96	179.68	35.23	3.43
	5.5	16.67	13.09	194.72	38.18	3.42
	6.0	18.10	14.21	209.28	41.03	3.40
	6.5	19.50	15.31	223.35	43.79	3.38
	7.0	20.89	16.40	236.96	46.46	3.37
114	4.0	13.82	10.85	209.35	36.73	3.89
	4.5	15.48	12.15	232.41	40.77	3.87
	5.0	17.12	13.44	254.81	44.70	3.86
	5.5	18.75	14.72	276.58	48.52	3.84
	6.0	20.36	15.98	297.73	52.23	3.82
	6.5	21.95	17.23	318.26	55.84	3.81
	7.0	23.53	18.47	338.19	59.33	3.79
	7.5	25.09	19.70	357.58	62.73	3.77
	8.0	26.64	20.91	376.30	66.02	3.76
121	4.0	14.70	11.54	251.87	41.63	4.14
	4.5	16.47	12.93	279.83	46.25	4.12
	5.0	18.22	14.30	307.05	50.75	4.11
	5.5	19.96	15.67	333.54	55.13	4.09
	6.0	21.68	17.02	359.32	59.39	4.07
	6.5	23.38	18.35	384.40	63.54	4.05
	7.0	25.07	19.68	408.80	67.57	4.04
	7.5	26.74	20.99	432.51	71.49	4.02
	8.0	28.40	22.29	455.57	75.30	4.01
127	4.0	15.46	12.13	292.61	46.08	4.35
	4.5	17.32	13.59	325.29	51.23	4.33
	5.0	19.16	15.04	357.14	56.24	4.32
	5.5	20.99	16.48	388.19	61.13	4.30
	6.0	22.81	17.90	418.44	65.90	4.28
	6.5	24.61	19.32	447.92	70.54	4.27
	7.0	26.39	20.72	476.63	75.06	4.25
	7.5	28.16	22.10	504.58	79.46	4.23
	8.0	29.91	23.48	531.80	83.75	4.22

尺寸（mm）		截面面积	每米重量	截面特性		
d	t	A		I	W	i
		cm²	kg/m	cm⁴	cm³	cm
133	4.0	16.21	12.73	337.53	50.76	4.56
	4.5	18.17	14.26	375.42	56.45	4.55
	5.0	20.11	15.78	412.40	62.02	4.53
	5.5	22.03	17.29	448.50	67.44	4.51
	6.0	23.94	18.79	483.72	72.74	4.50
	6.5	25.83	20.28	518.07	77.91	4.48
	7.0	27.71	21.75	551.58	82.94	4.46
	7.5	29.57	23.21	584.25	87.86	4.45
	8.0	31.42	24.66	616.11	92.65	4.43
140	4.5	19.16	15.04	440.12	62.87	4.79
	5.0	21.21	16.65	483.76	69.11	4.78
	5.5	23.24	18.24	526.40	75.20	4.76
	6.0	25.26	19.83	568.06	81.15	4.74
	6.5	27.26	21.40	608.76	86.97	4.73
	7.0	29.25	22.96	648.51	92.64	4.71
	7.5	31.22	24.51	687.32	98.19	4.69
	8.0	33.18	26.04	725.21	103.60	4.68
	9.0	37.04	29.08	798.29	114.04	4.64
	10	40.84	32.06	867.86	123.98	4.61
146	4.5	20.00	15.70	501.16	68.65	5.01
	5.0	22.15	17.39	551.10	75.49	4.99
	5.5	24.28	19.06	599.95	82.19	4.97
	6.0	26.39	20.72	647.73	88.73	4.95
	6.5	28.49	22.36	694.44	95.13	4.94
	7.0	30.57	24.00	740.12	101.39	4.92
	7.5	32.63	25.62	784.77	107.50	4.90
	8.0	34.68	27.23	828.41	113.48	4.89
	9.0	38.74	30.41	912.71	125.03	4.85
	10	42.73	33.54	993.16	136.05	4.82
152	4.5	20.85	16.37	567.61	74.69	5.22
	5.0	23.09	18.13	624.43	82.16	5.20
	5.5	25.31	19.87	680.06	89.48	5.18
	6.0	27.52	21.60	734.52	96.65	5.17
	6.5	29.71	23.32	787.82	103.66	5.15
	7.0	31.89	25.03	839.99	110.52	5.13
	7.5	34.05	26.73	891.03	117.24	5.12
	8.0	36.19	28.41	940.97	123.81	5.10
	9.0	40.43	31.74	1037.59	136.53	5.07
	10	44.61	35.02	1129.99	148.68	5.03
159	4.5	21.84	17.15	652.27	82.05	5.46
	5.0	24.19	18.99	717.88	90.30	5.45
	5.5	26.52	20.82	782.18	98.39	5.43
	6.0	28.84	22.64	845.19	106.31	5.41
	6.5	31.14	24.45	906.92	114.08	5.40
	7.0	33.43	26.24	967.41	121.69	5.38
	7.5	35.70	28.02	1026.65	129.14	5.36
	8.0	37.95	29.79	1084.67	136.44	5.35
	9.0	42.41	33.29	1197.12	150.58	5.31
	10	46.81	36.75	1304.88	164.14	5.28

续表

尺寸（mm）		截面面积 A	每米重量	截面特性		
d	t			I	W	i
		cm^2	kg/m	cm^4	cm^3	cm
168	4.5	23.11	18.14	772.96	92.02	5.78
	5.0	25.60	20.10	851.14	101.33	5.77
	5.5	28.08	22.04	927.85	110.46	5.75
	6.0	30.54	23.97	1003.12	119.42	5.73
	6.5	32.98	25.89	1076.95	128.21	5.71
	7.0	35.41	27.79	1149.36	136.83	5.70
	7.5	37.82	29.69	1220.38	145.28	5.68
	8.0	40.21	31.57	1290.01	153.57	5.66
	9.0	44.96	35.29	1425.22	169.67	5.63
	10	45.64	38.97	1555.13	185.13	5.60
180	5.0	27.49	21.58	1053.17	117.02	6.19
	5.5	30.15	23.67	1148.79	127.64	6.17
	6.0	32.80	25.75	1242.72	138.08	6.16
	6.5	35.43	27.81	1335.00	148.33	6.14
	7.0	38.04	29.87	1425.63	158.40	6.12
	7.5	40.64	31.91	1514.64	168.29	6.10
	8.0	43.23	33.93	1602.04	178.00	6.09
	9.0	48.35	37.95	1772.12	196.90	6.05
	10	53.41	41.92	1936.01	215.11	6.02
	12	63.33	49.72	2245.84	249.54	5.95
194	5.0	29.69	23.31	1326.54	136.76	6.68
	5.5	32.57	25.57	1447.86	149.26	6.67
	6.0	35.44	27.82	1567.21	161.57	6.65
	6.5	38.29	30.06	1684.61	173.67	6.63
	7.0	41.12	32.28	1800.08	185.57	6.62
	7.5	43.94	34.50	1913.64	197.28	6.60
	8.0	46.75	36.70	2025.31	208.79	6.58
	9.0	52.31	41.06	2243.08	231.25	6.55
	10	57.81	45.38	2453.55	252.94	6.51
	12	68.61	53.86	2853.25	294.15	6.45
203	6.0	37.13	29.15	1803.07	177.64	6.97
	6.5	40.13	31.50	1938.81	191.02	6.95
	7.0	43.10	33.84	2072.43	204.18	6.93
	7.5	46.06	36.16	2203.94	217.14	6.92
	8.0	49.01	38.47	2333.37	229.89	6.90
	9.0	54.85	43.06	2586.08	254.79	6.87
	10	60.63	47.60	2830.72	278.89	6.83
	12	72.01	56.52	3296.49	324.78	6.77
	14	83.13	65.25	3732.07	367.69	6.70
	16	94.00	73.79	4138.78	407.76	6.64
219	6.0	40.15	31.52	2278.74	208.10	7.53
	6.5	43.39	34.06	2451.64	223.89	7.52
	7.0	46.62	36.60	2622.04	239.46	7.50
	7.5	49.83	39.12	2789.96	254.79	7.48
	8.0	53.03	41.63	2955.43	269.90	7.47
219	9.0	59.38	46.61	3279.12	299.46	7.43
	10	65.66	51.54	3593.29	328.15	7.40
	12	78.04	61.26	4193.81	383.00	7.33
	14	90.16	70.78	4758.50	434.57	7.26
	16	102.04	80.10	5288.81	483.00	7.20
245	6.5	48.70	38.23	3465.46	282.89	8.44
	7.0	52.34	41.08	3709.06	302.78	8.42
	7.5	55.96	43.93	3949.52	322.41	8.40
	8.0	59.96	46.76	4186.87	341.79	8.38
	9.0	66.73	52.38	4652.32	379.78	8.35
	10	73.83	57.95	5105.63	416.79	8.32
	12	87.84	68.95	5976.67	487.89	8.25
	14	101.60	79.76	6801.68	555.24	8.18
	16	115.11	90.36	7582.30	618.96	8.12
273	6.5	54.42	42.72	4834.18	354.15	9.42
	7.0	58.50	45.92	5177.30	379.29	9.41
	7.5	62.56	49.11	5516.47	404.14	9.39
	8.0	66.60	52.28	5851.71	428.70	9.37
	9.0	74.64	58.60	6510.56	476.96	9.34
	10	82.63	64.86	7154.09	524.11	9.31
	12	98.39	77.24	8396.14	615.10	9.24
	14	113.91	89.42	9579.75	701.81	9.17
	16	129.18	101.41	10706.79	784.38	9.10
299	7.5	68.68	53.92	7300.02	488.30	10.31
	8.0	73.14	57.41	7747.42	518.22	10.29
	9.0	82.00	64.37	8628.09	577.13	10.26
	10	90.79	71.27	9490.15	634.79	10.22
	12	108.20	84.93	11159.52	746.46	10.16
	14	125.35	98.40	12757.61	853.35	10.09
	16	142.25	111.67	14286.48	955.62	10.02
325	7.5	74.81	58.73	9431.80	580.42	11.23
	8.0	79.67	62.54	10013.92	616.24	11.21
	9.0	89.35	70.14	11161.33	686.85	11.18
	10	98.96	77.68	12286.52	756.09	11.14
	12	118.00	92.63	14471.45	890.55	11.07
	14	136.78	107.38	16570.98	1019.75	11.01
	16	155.32	121.93	18587.38	1143.84	10.94
351	8.0	86.21	67.67	12684.36	722.76	12.13
	9.0	96.70	75.91	14147.55	806.13	12.10
	10	107.13	84.10	15584.62	888.01	12.06
	12	127.80	100.32	18381.63	1047.39	11.99
	14	148.22	116.35	21077.86	1201.02	11.93
	16	168.39	132.19	23675.75	1349.05	11.86

电焊钢管　　附表 7-7

符号　I——截面惯性矩；
W——截面模量；
i——截面回转半径

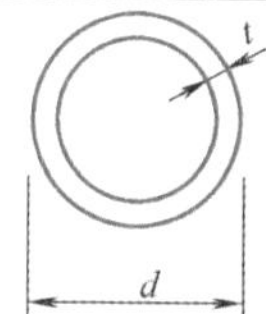

尺寸（mm）		截面面积 A	每米重量	截面特性		
d	t			I	W	i
		cm^2	kg/m	cm^4	cm^3	cm
32	2.0	1.88	1.48	2.13	1.33	1.06
	2.5	2.32	1.82	2.54	1.59	1.05
38	2.0	2.26	1.78	3.68	1.93	1.27
	2.5	2.79	2.19	4.41	2.32	1.26
40	2.0	2.39	1.87	4.32	2.16	1.35
	2.5	2.95	2.31	5.20	2.60	1.33
42	2.0	2.51	1.97	5.04	2.40	1.42
	2.5	3.10	2.44	6.07	2.89	1.40
45	2.0	2.70	2.12	6.26	2.78	1.52
	2.5	3.34	2.62	7.56	3.36	1.51
	3.0	3.96	3.11	8.77	3.90	1.49
51	2.0	3.08	2.42	9.26	3.63	1.73
	2.5	3.81	2.99	11.23	4.40	1.72
	3.0	4.52	3.55	13.08	5.13	1.70
	3.5	5.22	4.10	14.18	5.81	1.68
53	2.0	3.20	2.52	10.43	3.94	1.80
	2.5	3.97	3.11	12.67	4.78	1.79
	3.0	4.71	3.70	14.78	5.58	1.77
	3.5	5.44	4.27	16.75	6.32	1.75
57	2.0	3.46	2.71	13.08	4.59	1.95
	2.5	4.28	3.36	15.93	5.59	1.93
	3.0	5.09	4.00	18.61	6.53	1.91
	3.5	5.88	4.62	21.14	7.42	1.90
60	2.0	3.64	2.86	15.34	5.11	2.05
	2.5	4.52	3.55	18.7	6.23	2.03
	3.0	5.37	4.22	21.88	7.29	2.02
	3.5	6.21	4.88	24.88	8.29	2.00
63.5	2.0	3.86	3.03	18.29	5.76	2.18
	2.5	4.79	3.76	22.32	7.03	2.16
	3.0	5.70	4.48	26.15	8.24	2.14
	3.5	6.60	5.18	29.79	9.38	2.12
60	2.0	4.27	3.35	24.72	7.06	2.41
	2.5	5.30	4.16	30.23	8.64	2.39
	3.0	6.31	4.96	35.50	10.14	2.37
	3.5	7.31	5.74	40.53	11.58	2.35
	4.5	9.26	7.27	49.89	14.26	2.32
76	2.0	4.65	3.65	31.85	8.38	2.62
	2.5	5.77	4.53	39.03	10.27	2.60
	3.0	6.88	5.40	45.91	12.08	2.58
	3.5	7.97	6.26	52.50	13.82	2.57
	4.0	9.05	7.10	58.81	15.48	2.55
	4.5	10.11	7.93	64.85	17.07	2.53
83	2.0	5.09	4.00	41.76	10.06	2.86
	2.5	6.32	4.96	51.26	12.35	2.85
	3.0	7.54	5.92	60.40	14.56	2.83
	3.5	8.74	6.86	69.19	16.67	2.81
	4.0	9.93	7.79	77.64	18.71	2.80
	4.5	11.10	8.71	85.76	20.67	2.78

尺寸（mm）		截面面积 A	每米重量	截面特性		
d	t			I	W	i
		cm^2	kg/m	cm^4	cm^3	cm
89	2.0	5.47	4.29	51.75	11.63	3.08
	2.5	6.79	5.33	63.59	14.29	3.06
	3.0	8.11	6.36	75.02	16.86	3.04
	3.5	9.40	7.38	86.05	19.34	3.03
	4.0	10.68	8.38	96.68	21.73	3.01
	4.5	11.95	9.38	106.92	24.03	2.99
95	2.0	5.84	4.59	63.20	13.31	3.29
	2.5	7.26	5.70	77.76	16.37	3.27
	3.0	8.67	6.81	91.83	19.33	3.25
	3.5	10.06	7.90	105.45	22.20	3.24
102	2.0	6.28	4.93	78.57	15.41	3.54
	2.5	7.81	6.13	96.77	18.97	3.52
	3.0	9.33	7.32	114.42	22.43	3.50
	3.5	10.83	8.50	131.52	25.79	3.48
	4.0	12.32	9.67	148.09	29.04	3.47
	4.5	13.78	10.82	164.14	32.18	3.45
	5.0	15.24	11.96	179.68	35.23	3.43
108	3.0	9.90	7.77	136.49	25.28	3.71
	3.5	11.49	9.02	157.02	29.08	3.70
	4.0	13.07	10.26	176.95	32.77	3.68
114	3.0	10.46	8.21	161.24	28.29	3.93
	3.5	12.15	9.54	185.63	32.57	3.91
	4.0	13.82	10.85	209.35	36.73	3.89
	4.5	15.48	12.15	232.41	40.77	3.87
	5.0	17.12	13.44	254.81	44.70	3.86
121	3.0	11.12	8.73	193.69	32.01	4.17
	3.5	12.92	10.14	223.17	36.89	4.16
	4.0	14.70	11.54	251.87	41.63	4.14
127	3.0	11.69	9.17	224.75	35.39	4.39
	3.5	13.58	10.66	359.11	40.80	4.37
	4.0	15.46	12.13	292.61	46.08	4.35
	4.5	17.32	13.59	325.29	51.23	4.33
	5.0	19.16	15.04	357.14	56.24	4.32
133	3.5	14.24	11.18	298.71	44.92	4.58
	4.0	16.21	12.73	337.53	50.76	4.56
	4.5	18.17	14.26	375.42	56.45	4.55
	5.0	20.11	15.78	412.40	62.02	4.53
140	3.5	15.01	11.78	349.79	49.97	4.83
	4.0	17.09	13.42	395.47	56.50	4.81
	4.5	19.16	15.04	440.12	62.87	4.79
	5.0	21.21	16.65	483.76	69.11	4.78
	5.5	23.24	18.24	526.40	75.20	4.76
152	3.5	16.33	12.82	450.35	59.26	5.25
	4.0	18.60	14.60	509.59	67.05	5.23
	4.5	20.85	16.37	567.61	74.69	5.22
	5.0	23.09	18.13	624.43	82.16	5.20
	5.5	25.31	19.87	680.06	89.48	5.18

附录 8　螺栓和锚栓规格

螺栓螺纹处的有效截面面积　　附表 8-1

公称直径（mm）	12	14	16	18	20	22	24	27	30
螺栓有效截面积 A_e（cm^2）	0.84	1.15	1.57	1.92	2.45	3.03	3.53	4.59	5.61
公称直径（mm）	33	36	39	42	45	48	52	56	60
螺栓有效截面积 A_e（cm^2）	6.94	8.17	9.76	11.2	13.1	14.7	17.6	20.3	23.6
公称直径（mm）	64	68	72	76	80	85	90	95	100
螺栓有效截面积 A_e（cm^2）	26.8	30.6	34.6	38.9	43.4	49.5	55.9	62.7	70.0

锚栓规格　　附表 8-2

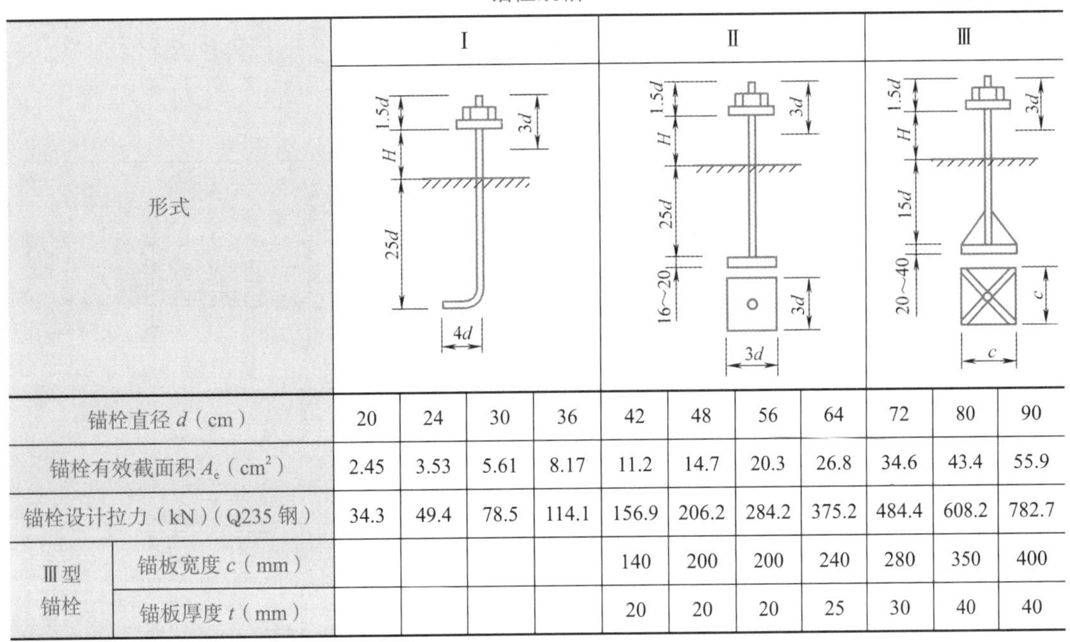

		Ⅰ				Ⅱ				Ⅲ		
形式												
锚栓直径 d（cm）		20	24	30	36	42	48	56	64	72	80	90
锚栓有效截面积 A_e（cm^2）		2.45	3.53	5.61	8.17	11.2	14.7	20.3	26.8	34.6	43.4	55.9
锚栓设计拉力（kN）（Q235 钢）		34.3	49.4	78.5	114.1	156.9	206.2	284.2	375.2	484.4	608.2	782.7
Ⅲ型锚栓	锚板宽度 c（mm）					140	200	200	240	280	350	400
	锚板厚度 t（mm）					20	20	20	25	30	40	40

附录 9　各种截面回转半径的近似值

附表 9-1

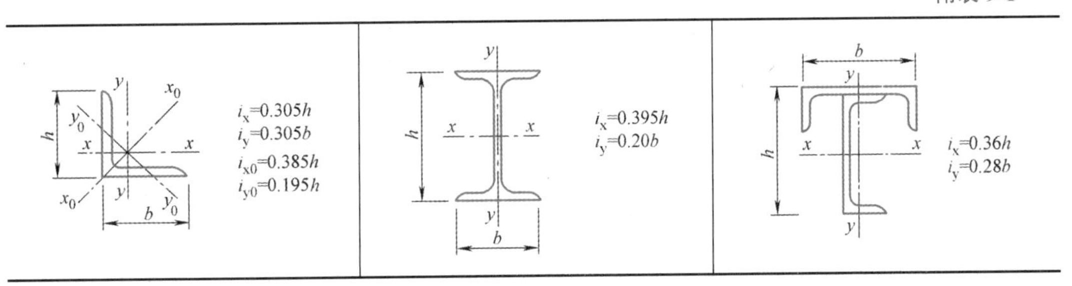

续表

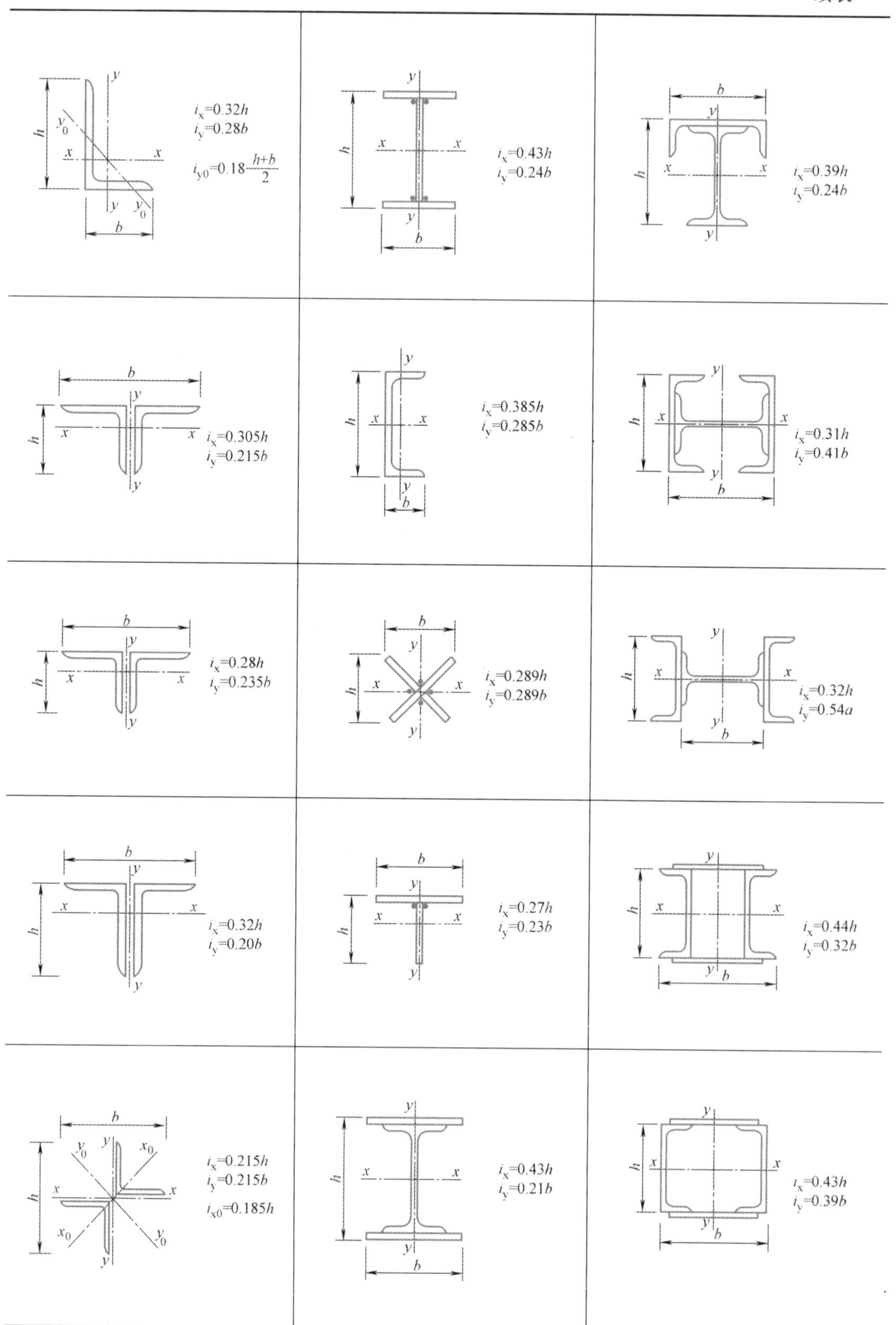
$i_x=0.32h$
$i_y=0.28b$
$i_{y0}=0.18\frac{h+b}{2}$
$i_x=0.43h$
$i_y=0.24b$
$i_x=0.39h$
$i_y=0.24b$
$i_x=0.305h$
$i_y=0.215b$
$i_x=0.385h$
$i_y=0.285b$
$i_x=0.31h$
$i_y=0.41b$
$i_x=0.28h$
$i_y=0.235b$
$i_x=0.289h$
$i_y=0.289b$
$i_x=0.32h$
$i_y=0.54a$
$i_x=0.32h$
$i_y=0.20b$
$i_x=0.27h$
$i_y=0.23b$
$i_x=0.44h$
$i_y=0.32b$
$i_x=0.215h$
$i_y=0.215b$
$i_{x0}=0.185h$
$i_x=0.43h$
$i_y=0.21b$
$i_x=0.43h$
$i_y=0.39b$

续表

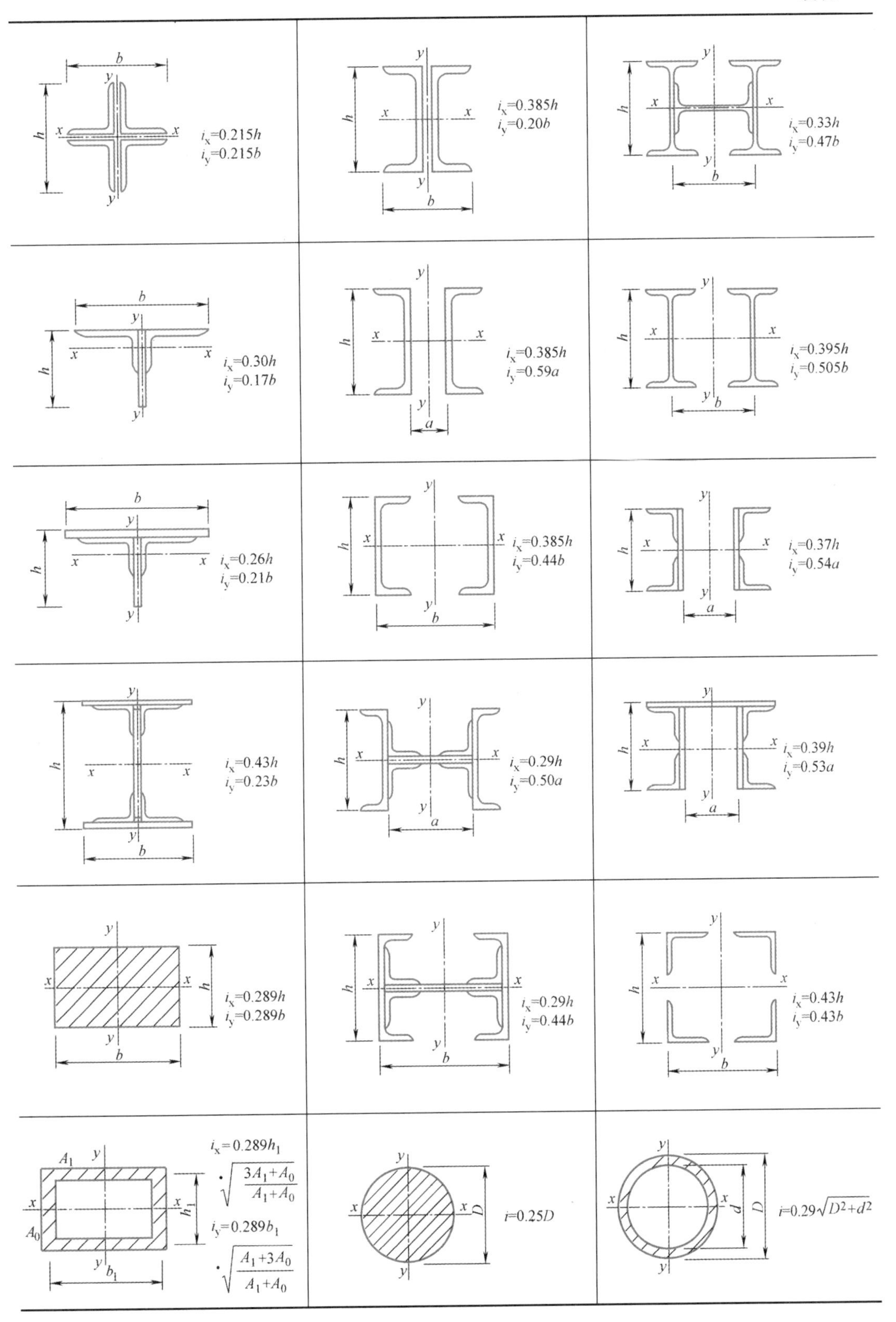

i_x=0.215h
i_y=0.215b
i_x=0.385h
i_y=0.20b
i_x=0.33h
i_y=0.47b
i_x=0.30h
i_y=0.17b
i_x=0.385h
i_y=0.59a
i_x=0.395h
i_y=0.505b
i_x=0.26h
i_y=0.21b
i_x=0.385h
i_y=0.44b
i_x=0.37h
i_y=0.54a
i_x=0.43h
i_y=0.23b
i_x=0.29h
i_y=0.50a
i_x=0.39h
i_y=0.53a
i_x=0.289h
i_y=0.289b
i_x=0.29h
i_y=0.44b
i_x=0.43h
i_y=0.43b
$i_x=0.289h_1\cdot\sqrt{\frac{3A_1+A_0}{A_1+A_0}}$
$i_y=0.289b_1\cdot\sqrt{\frac{A_1+3A_0}{A_1+A_0}}$
$i=0.25D$
$i=0.29\sqrt{D^2+d^2}$

本教材数字资源索引

参考文献

[1] 中华人民共和国住房和城乡建设部，钢结构通用规范：GB 55006—2021 [S]. 北京：中国建筑工业出版社，2021.
[2] 中华人民共和国住房和城乡建设部，钢结构设计标准：GB 50017—2017 [S]. 北京：中国建筑工业出版社，2018.
[3] 中华人民共和国住房和城乡建设部，建筑结构可靠性设计统一标准 GB 50068—2018 [S]. 北京：中国建筑工业出版社，2019.
[4] 中华人民共和国住房和城乡建设部，建筑结构荷载规范：GB 50009—2012 [S]. 北京：中国建筑工业出版社，2012.
[5] 中华人民共和国住房和城乡建设部，建筑结构制图标准：GB/T 50105—2010 [S]. 北京：中国建筑工业出版社，2010.
[6] 但泽义. 钢结构设计手册 [M]. 北京：中国建筑工业出版社，2019.
[7] 沈祖炎等. 钢结构基本原理 [M]. 北京：中国建筑工业出版社，2018.
[8] 陈绍蕃等. 钢结构稳定设计指南 [M]. 2 版. 北京：中国建筑工业出版社，2004.
[9] 魏明钟. 钢结构 [M]. 2 版. 武汉：武汉理工大学出版社，2002.
[10] 王肇民. 建筑钢结构设计 [M]. 上海：同济大学出版社，2001.
[11] 陈骥. 钢结构稳定理论与设计 [M]. 北京：科学出版社，2001.